PIGMENT
CHEMISTRY AND TECHNOLOGY

颜料
化学与工艺学

李媛媛 主 编

肖 琦 朱汝葵 刘乐平 副主编

U0243621

化学工业出版社

·北京·

本书涵盖了无机颜料与有机颜料两类品种。对白色颜料、着色颜料、黑色颜料及特殊颜料等无机颜料和偶氮颜料、多环颜料等有机颜料大部分主要的品种及国内颜料与产品的合成原理、工艺进行了详细的介绍。其中每个颜料品种基本都涉及化学结构、制造工艺、性能及应用范围等。

本书可供颜料生产企业技术管理人员以及高等院校、科研院所化学化工相关专业师生、研究人员参考。

图书在版编目（CIP）数据

颜料化学与工艺学/李媛媛主编 . —北京：化学工业出版社，2020.7（2024.7重印）

ISBN 978-7-122-36005-2

Ⅰ.①颜…　Ⅱ.①李…　Ⅲ.①有机颜料-物理化学②有机颜料-工艺学　Ⅳ.①TQ616.8

中国版本图书馆 CIP 数据核字（2020）第 046976 号

责任编辑：彭爱铭　　　　　　　　　装帧设计：刘丽华
责任校对：杜杏然

出版发行：化学工业出版社（北京市东城区青年湖南街 13 号　邮政编码 100011）
印　　装：北京天宇星印刷厂
710mm×1000mm　1/16　印张 16¼　字数 326 千字　2024 年 7 月北京第 1 版第 2 次印刷

购书咨询：010-64518888　　　　　　　售后服务：010-64518899
网　　址：http：//www.cip.com.cn

凡购买本书，如有缺损质量问题，本社销售中心负责调换。

定　　价：98.00 元

前　言

　　颜料是一类非常重要的化工原料，广泛用于涂料、油墨、塑料、橡胶、皮革、纤维、造纸、陶瓷、家具、建筑、工艺美术、食品、医疗、化妆品等领域。近年来，随着国内外印刷、涂料、塑料、纤维等行业的快速增长，大大促进了我国颜料工业的发展。调查显示，2018 年我国染颜料、中间体、印染助剂等行业经济运行趋势总体较 2017 年快速增长。2018 年，我国染颜料产量 103 万吨，总产值 687 亿元，同比增长 10.7％；销售收入 681 亿元，同比增长 15.3％；利税 119 亿元，同比增长 33.3％。我国在颜料技术、标准等方面都取得了很大的提高和发展。

　　本书涵盖了无机颜料与有机颜料两个品种。对白色颜料、着色颜料、炭黑颜料及特殊颜料等无机颜料和偶氮颜料、多环颜料等有机颜料大部分主要的品种进行了介绍。每个颜料品种从其化学结构、制造工艺、性能及应用范围等方面依次介绍。帮助需要人士了解、掌握颜料的类型、物化特征、应用性能、合成技术、表面改性技术及发展趋势等信息，为我国颜料学术做一点奉献。

　　本书共分为五个部分。第一部分对颜料的概念、发展及用途做了概述，可以让读者简要地了解颜料的大致情况。第二部分介绍了颜料的基本属性，包括分类、光学性能、表面性能、颜料结晶、颗粒性能及稳定性能。第三部分介绍的是有机颜料，首先介绍了有机颜料的概况，再分类介绍了偶氮颜料、多环颜料及其他颜料的具体颜料品种。第四部分介绍了无机颜料，包括白色颜料、着色颜料、炭黑颜料及特殊颜料。第五部分介绍了与颜料有关的法规情况，颜料与生态学和毒理学之间的关系。

　　由于编者水平有限，书中难免存在疏漏或不足之处，敬请读者给予批评和指正。

编者

2019 年 12 月

目 录

第3章

第1章

颜料的概述

作为颜料，给我们最直观的印象就是色彩，着色是颜料最基本的属性。人类对色彩的追求远溯到史前时代，在超过 6 万年以前，人类就已把天然赭石作为着色材料使用。

颜料作为工业产品，其专业化分工和生产源自 18 世纪，目前的颜料厂商大多按照颜料的不同属性如有机或无机的不同类型进行专业化的生产。

随着社会的发展，使用者对于颜料的性能要求越来越高，单纯颜料着色属性已不能满足客户使用颜料的要求，颜料是否还同时具有其他性能，越来越受到更多用户的重视。当前，在建筑领域的涂装产品中，对于使用的颜料是否具备高性能颜料的特点——耐候性、耐温性、环保性和节能性的要求越来越高，同时高性能颜料也是助推整个建筑领域涂装产品向高性能发展的强劲动力。

1.1 颜料的概念

1.1.1 定义

英语中颜料一词 pigment，源自拉丁文 pigmentum。原指有色物质给予人们的一种色感，后来其所指又有了延伸，延伸到有色彩装饰之意（即化妆），至中世纪晚期，这个词也被用于所有的植物萃取物，特别是那些用于着色的萃取物。

英语颜料一词的现代化新解是 20 世纪后才有的事。按照已得到普遍认可的标准，颜料指的是一种由细小颗粒构成的物质，它们基本上不溶解在它们被使用于其中的介质中，其所以被使用的理由是它们的着色、保护或磁性的性质。颜料和染料都被纳入"着色物料"一词的范畴内。着色物料指的是所有那些具有着色性质的物料。使颜料区别于可溶性有机染料的特性就是它们在溶剂和基料中具有极低的溶解度。颜料可以其化学组成区分，亦可因其光学或工艺性质而有别。

　　填料（extenders 或 fillers）是一类粉体物质，基本上不溶解于它们被使用于其中的介质中。它们通常呈白色或略有着色，其所以被应用是基于它们的物理或化学性质。颜料与填料的区别在于其使用目的的不同。填料不是一类色料（colorants），使用填料的目的是改进所应用于其中的某种材料的性质或为其增容（增加体积）。

1.1.2　标准

　　颜料标准一览表见表 1-1。表中 ISO 表示国际标准化组织制订的标准，EN 表示欧洲标准，ASTM 表示美国材料实验协会的标准，DIN 表示德国标准化学会的标准。

表 1-1　颜料标准一览表

关键词	ISO	EN	ASTM	DIN
酸度/碱度	787-4		D1208	同 ISO
铝颜料和铝颜料浆				
采样和检测			D480	55923
规格	1247		D962	55923
铬酸钡颜料				
规格	2068			
渗色	787-22		D279	53775-3
炭黑颜料（参见等黑）				
黑度				55979
溶解可萃取物			D305	55968
规格			D561	55968
镉系颜料				
规格	4620			
粉化度				
胶带法	4628-6			同 ISO
Kempf 法			D4214	53159
强度变化（参见易分散性和 PVC）				
耐化学性	2812-1	同 ISO		同 ISO
氯化物，水溶				
氧化铬颜料				
规格	4621		D263	同 ISO
气候				
含有蒸发水				50017
标准化的	554			50014
开放大气				
含 SO₂大气				
涂料				
名词和定义	4618-1～4618-3			同 EN55945
色差			D1729	
CIELAB	7724-3		D2244	6174
条件/对测量的评价	7724-2			53236
“DIN99”				6716

关键词	ISO	EN	ASTM	DIN
特征				55600
饱和色体系的颜色				
黑色颜料	787-1		D3022	55985-2
彩色颜料	787-1		D3022	55985
白色颜料	787-1		D2805a	55983
建筑材料的着色				EN12878
比色法	7724-1		E259	5033-1～5033-9
	7724-2		E308	6174
	7724-3			
着色物料				
分类				55944
				55944
名词和定义	4618-1	971-1		55943
				EN971
耐腐蚀测试				
NaCl	9227		B117	50021
SO$_2$	6988	同 ISO		同 ISO
密度				
离心法	787-23	同 ISO		同 ISO
比重瓶法	787-10		D153	同 ISO
颜料的起尘表现				
抛落法				55992-2
起尘值				55992-1
易分散性				
醇酸树脂和醇酸三聚氰胺体系				
气干				53238-30
				53238-33
烘干				53238-34
自动研磨机	8780-5	同 ISO	D387	同 ISO
珠磨	8780-4	同 ISO		同 ISO
光泽变化	8781-1	同 ISO		同 ISO
着色力变化	8781-1	同 ISO		同 ISO
研磨细度（见下）				
高速叶片磨	8780-3	同 ISO		同 ISO
介绍	8780-1	同 ISO		同 ISO
振动磨	8780-2	同 ISO		
三辊磨	8780-6	同 ISO		同 ISO
研磨细度	1524		D1210	同 ISO
	8781-2	同 ISO		同 ISO
热稳定性	787-21		D2485	53774-5
遮盖力				
对照比法	6504-3			
着色纸法	6504-1		D2805a	55987
楔形膜法				55601
黑白格法			D2805a	55984
近白样品的色相				55980
与近白样品相关的色相				55981
铁蓝颜料				
分析方法	2495		D1135	
规格	2495		D261	同 ISO

关键词	ISO	EN	ASTM	DIN
铁、锰氧化颜料				
分析方法	1248		D50	同 ISO
天然规格	1248		D3722	同 ISO
黄土，规格	1248		D765	同 ISO
棕土，规格	1248		D763	同 ISO
氧化铁颜料				
黑，规格	1248		D769	同 ISO
棕，规格	1248		D3722	同 ISO
			D3724	
FeO 含量			D3872	
分析方法	1248		D50	55913-2
				同 ISO
红，规格	1248		D3721	55913-1
				同 ISO
黄，规格	1248		D768	同 ISO
灯黑颜料				
规格			D209	55968
铬酸铅颜料				
分析方法	3711		D126	同 ISO
规格	3711		D211	同 ISO
酞菁蓝颜料				
分析方法			D126	
规格				
铬（酸铅）绿				
分析方法			D126	
规格				
铅红（参见红丹）				
硅铬酸铅颜料（碱性）				
分析方法			D1844	
规格			D1648	
铅白（参见白铅）				
光稳定性（参见耐光性）				
快速检测	11341			同 ISO
白色颜料的冲淡力	787-17		D2745	55982
亮度				
白色粉状颜料				53163
立德粉颜料				
规格	473		D3280	55910
溶解于盐酸的物质				
As，Ba，Cd，Co，Cr，Cr(Ⅵ)	3856-1～3856-7		D3718a	53770-1～
Cu，Hg，Mn，Ni，Pb，Sb，Se，			D3618a	53770-15
Zn 含量			D3624a	
			D3717a	
萃取物制备	6713			52770-1
水溶性物质				
氧化物	787-13			同 ISO
冷萃取物	787-8	同 ISO	D2488	同 ISO

关键词	ISO	EN	ASTM	DIN
Cr(Ⅵ) 含量				53780
热萃取物	787-3	同 ISO	D2448	同 ISO
硝酸盐				
Nessler 试剂	787-13			
水杨酸法	787-19	同 ISO		同 ISO
硫酸盐	787-13			同 ISO
挥发性物质	787-2	同 ISO	D280	同 ISO
钼铬橙颜料				
分析方法	3711		D2218	同 ISO
硝酸盐，水溶吸油量	787-5	同 ISO	D281	同 ISO
			D1483	
不透光性；纸，卡片纸	2471			53146
粒度分析				
表述			D1366	53206-1
基本词	9276-1			66141
对数正态图				66144
动力功能图				66143
RRSB 格				66145
沉降法				
平衡法				66116-1
基本标准				66111
移液管法				66115
pH 值	787-9	同 ISO	D1208	同 ISO
酞菁蓝颜料			D3256	
分析方法				
PVC，增塑				
基本混合物				53774-1
耐热性				53774-5
试样制备				53774-2
PVC，增塑				
基本混合物				V53775-1
渗色				53775-3
强度变化				EN13900-2
热稳定性，在烘箱中				EN12877-1＋3
热稳定性，研磨老化				EN12877-1＋4
试样制备				53775-2
红丹				
规格	510		D49	55916
			D83	
反射系数：纸，卡片纸				
荧光				53145-2
非荧光	2469			53145-1
反射仪（光泽评价）	2813		E430	67530
			D523	
筛上残余物				
水洗	787-7			53195
机械法	787-18	同 ISO		同 ISO
耐光性	787-15	同 ISO		同 ISO
水萃取物电阻率	787-14		D2448	同 ISO
采样				

关键词	ISO	EN	ASTM	DIN
名词	15528		D3925	同 ISO
固体物料	15528		D3925	同 ISO
散射力，相对				
灰浆法	787-24	同 ISO		同 ISO
黑背景法				53164
比表面积				
BET 法				ISO9277
N_2 吸附				66132
渗透				66126-1
标准色相深度				
试样调节				53235-2
标准				53235-2
铬酸锶颜料				
规格	2042		D1845	55903
硫酸盐，水溶				
SO_2 抗性	3231			53771
				同 ISO
夯实体积	787-11	同 ISO		同 ISO
检测评价				
图示	4628-1			同 ISO
热塑性塑料				
基本混合物				53773-1
热稳定性				EN12877-1+2
检测试样制备				53773-2
着色力，相对				
着色力变化	8781-1	同 ISO		同 ISO
光度法	787-24	同 ISO	D387	55986/55603
目测法	787-16	同 ISO		同 ISO
二氧化钛颜料				
分析方法	591-1	D1394		55912-2
		D3720		
		D3946		
规格	591-1		D476	55912-2
测试方法	591-1	D4563	D4563	55912-2
		D4767		
		D4797		
透明性				
纸，卡片纸	2469			53147
有颜料/无颜料体系				
群青颜料				
分析方法			D1135	
规格	788		D262	55907
黏度	2884-1		D2196	53229
器具中耐候性	4892-1～4892～2			ENISO11341
	11341			ENISO4892-2
铅白				
分析方法			D1301	
规格			D81	
铬酸锌颜料				

关键词	ISO	EN	ASTM	DIN
规格	1249			55902
锌粉颜料				
分析方法	713			
	714			
	3549		D521	同 ISO
规格	3549			
氧化锌颜料				
分析方法			D3280	55908
规格			D79	
磷酸锌颜料				
分析方法	6745			同 ISO
规格	6745			同 ISO

1.2 颜料的发展

自史前时代起，天然无机颜料就已为人所知。在超过 60000 年以前，在更新世冰期，人类就已经把天然赭石作为着色物料使用。法国南部、西班牙北部和北非的更新世人的洞穴画均使用了木炭、赭石、锰棕和瓷土，其诞生至少是超过 30000 年以前的事。大约在公元前 2000 年，人们煅烧天然赭石，有时还混杂以锰矿，以制取红色、紫色以及黑色颜料供制陶使用。雌黄（三硫化二砷）和锑黄（锑酸铅黄）是最早的鲜明的黄色颜料。群青（ultramarine）和人造埃及蓝（硅酸铜钙）是最早的蓝色颜料。绿土、孔雀石和一种合成的氢氧基氯化铜是最早的绿色颜料。砖用着色釉（即陶瓷颜料）被迦勒底人所广泛使用。那时候使用的白色颜料是方解石、某种形态的硫酸钙和高岭土。

在埃及和巴比伦，绘画、釉瓷、玻璃和染色技术已经发展到了高级阶段。有一种合成的 lapis lazuli（一种铜和钙的硅酸盐）至今被称为埃及蓝。硫化锑和方铅矿石（硫化铅）通常被用为黑色颜料；朱砂为红色颜料；研磨钴玻璃和氧化钴铝为蓝色颜料。

从人类大迁徙（4～6 世纪）到中世纪末的年代，着色物料成员没有什么明显的增加。如果一定要说，那么，重新发明的锑黄颜料以及从远东传来的染织物的某些染料可以算是更新。在文艺复兴早期，颜料领域的新发展开始出现。西班牙人从墨西哥带来了胭脂红（洋红），在欧洲，开发了钴蓝、藏红 T 和含钴的蓝色玻璃。

颜料工业在 18 世纪开始生产柏林蓝、钴蓝、砷酸铜绿和铬黄。19 世纪，开发加速，群青、翠铬绿、钴颜料、氧化铁颜料以及镉颜料陆续涌现。自 20 世纪以来，颜料越来越成为研究开发的课题，在过去的数十年，合成彩色颜料镉红、锰蓝、钼红以及有铋存在其中的混合氧化物都进入了市场。锐钛和金红石二氧化钛、针状氧化锌作为新型白色颜料也在这个过程中面世。有光颜料（金属效应、珠光/闪光以及干涉色颜料）变得越来越重要。

1.3 颜料的用途

颜料的应用面是很广的，目前大量用于涂料、油漆、塑料、橡胶、纺织、陶瓷、艺术水泥着色等方面。新的用途还在不断地增加，如化妆品、食品、黏合剂、静电复印等方面。

正确地选择适合于某种用途的颜料品种是颜料应用工作的重要课题。在选择适用的颜料品种时，应在充分了解颜料的性能、特点的基础上，扬长避短，全面地考虑。既要考虑颜料应用后所起的作用，又要考虑到经济合理性。

第2章 颜料的基本属性

颜料是有色的细小颗粒物质，一般情况下难溶于水、油、溶剂和树脂等介质，但是能较好地分散于各类介质中。由于颜料具有遮盖力、着色力，对光相对稳定等通性，是制造涂料、塑料、橡胶、建材、油墨、化妆品、文教用品的主要着色材料，所以也被称为着色剂。

虽然颜料和染料都被纳入"着色物料"一词的范畴内，但颜料与染料不同，染料一般能够在水或溶剂中溶解，主要用在纺织品的染色中。有的染料也不溶于水，而有的颜料也可用在纺织品的涂料印花及原液着色上，而且有机颜料的化学结构与有机染料类似，所以常把其看作染料的一个分支。

2.1 颜色

2.1.1 颜色的产生

颜色不能用一个简单的概念来描述，它涉及物理学、生理学、心理学等学科的知识。

颜料工作者对颜料的颜色非常重视，颜料的颜色是颜料的重要技术指标之一。

对于颜色的辨认，它是人眼受到一定波长和强度的光波的刺激后所引起的一种视觉神经的感觉。通过这种光波刺激人的生理系统，而引起人的心理反应，这三部分是缺一不可的。如没有光的辐射，就不能产生色彩。人的生理过程发生了缺陷，如患有色盲，也就不会有颜色的心理感受。

2.1.2 颜色的三个参数

在这绚丽多彩的世界里，颜色大致可分红、橙、黄、绿、蓝、紫、黑、灰、白等诸色。它们之间并非都是孤立存在的，各种颜色之间存在着一定的内在联系，一个颜色可以由三个参数来确定，即色调、明度、饱和度。

（1）色调　色调是色彩彼此相互区别的特性，物体的色调决定于光源的光谱组成和物体表面所反射（或透射）的各波长辐射的比例对人眼所产生的感觉。色调体现了颜色在"质"方面的关系。

（2）明度　明度是人眼对物体的明亮感觉，受视觉感受性和过去经验的影响，物体表现出对光的反射率越高，它的明度就越高。它和物理上的亮度不是等同的，明度和亮度有时在提法上发生差异，实际明度受感觉的影响。明度体现了颜色在"量"的不同。

（3）饱和度　饱和度是在色调"质"的基础上所表现出的颜色纯度。可见光的各种单色光是最饱和的彩色，这些颜色当掺入白光越多就越不饱和，对光波的反射选择性就越差，最终结果变成白色；对光波的选择性越强，则越饱和。

2.1.3　颜色的消色和彩色

（1）消色　消色是对可见光波无选择吸收的结果，所呈现的黑、灰、白颜色。当对可见光所有波长反射率在80%以上时体现很高的明度，可看成白色；若对可见光所有波长反射率在4%以下时呈现很低的明度，可看成是黑色；反射率在这两者之间则是各种明度的灰色。

（2）彩色　黑白以外的颜色则是彩色，是对光谱各波长有选择性吸收的结果，这样对光的反射既有"量"的变化也有"质"的不同。所谓"量"的不同，就是对可见光谱反射率的高低。反射率高低表现为彩色对光波的选择性，选择性越强，饱和度越高，反射率越高它的明度越高。

所谓"质"的不同就是对可见光谱的各波长反射率不同，在某一段波长的反射率大，则主要表现该区间光波的颜色，所以不同的光谱反射率曲线其表现色调不同。

彩色能全面包括颜色的三个特性，即色调、明度、饱和度。消色只能包括一个颜色特性——明度。

2.1.4　颜色的分类

颜料至今还没有统一的分类方法，通常是按照生产方法、组成、功能、化学结构和颜色等进行分类的。

颜料按其生产方法可以分为天然颜料和合成颜料。天然颜料如朱砂、红土、雄黄、铜绿、藤黄、靛青等，合成颜料如钛白、锌钡白、铅铬黄、铁蓝、铁红、红丹、大红粉、酞菁蓝、喹吖啶酮红等。

颜料按其组成可以分为无机颜料和有机颜料。无机颜料主要包括炭黑及铁、钡、锌、镉、铅和钛等金属的氧化物和盐，有机颜料可以分为单偶氮、双偶氮、色淀、酞菁、喹吖啶酮及稠环颜料等。无机颜料耐晒、耐热性能好，遮盖力强，但色谱不十分齐全，着色力低，色光艳度差，部分金属盐和氧化物毒性较大。而有机颜料结构多样，色谱齐全，色光鲜艳纯正，着色力强，但耐光、耐气候性和化学稳定性较差，价格较贵。由于无机颜料与有机颜料的不同特点，决定了它们的应用领域上的差别。

颜料按其功能可以分为着色颜料、防锈颜料、体质颜料和特种颜料。着色颜料的功能主要是赋予制品所要求的颜色和遮盖力；防锈颜料是防止金属锈蚀，起到保护作用；体质颜料具有较低的遮盖力和着色力，一方面由于其价格较低，它的加入可以降低制品的成本，更重要的是可以增加制品机械强度、耐久性、耐磨性、耐水性和稳定性等；特种颜料包括示温颜料、发光（夜光）颜料和荧光颜料等，它主要用于标志、温度变化的显示等特殊用途。

颜料按其化学结构进行分类，如有机颜料可以分为偶氮颜料、酞菁颜料、多环颜料、芳甲烷系颜料等；无机颜料可以分为铁系颜料、铬系颜料、铅系颜料、锌系颜料、金属颜料、磷酸盐系颜料、钼酸盐系颜料、硼酸盐系颜料等。

颜料按其颜色进行分类，如白色颜料、黑色颜料、黄色颜料、红色颜料、绿色颜料、蓝色颜料等。从生产和应用角度考虑，本书中无机颜料是按照颜色进行分类，有机颜料是以化学结构进行分类来叙述的。

2.2　颜料的光学性能

2.2.1　遮盖力

颜料加在透明的基料中使之成为不透明，完全盖住基片的黑白格所需的最少颜料量称之为遮盖力。

遮盖力的光学本质是颜料和存在其周围介质折射率之差所造成。当颜料的折射率和基料的折射率相等时就是透明的。当颜料的折射率大于基料的折射率时就出现遮盖力，两者之差越大，表现的遮盖力越强。

颜料的遮盖力还随粒径大小而变，存在着体现该颜料最大遮盖力的最佳粒度，高折射率颜料和颜料粒子大小关系比较大，低折射率颜料和颗粒大小关系比较小。

遮盖力是颜料对光线产生散射和吸收的结果，主要是靠散射。对于白色颜料更是主要靠散射，对于彩色颜料则吸收能力也要起一定作用，高吸收的黑色颜料具有很强的遮盖能力。

在最佳粒径产生最大遮盖力的原因是由于光的衍射作用，当粒径相当于波长的 1/2 时效果最佳，粒径再小时，光线会绕过颜料粒子，发生光的衍射，则不能发挥最大的遮盖作用，随着粒径的减小，透明性增强，遮盖力越来越差。当超过粒径的最佳状态后，随着粒径的增大，光的散射作用越来越差，遮盖力逐渐减弱。

2.2.2　着色力

着色力是某一种颜料与另一基准颜料混合后颜色强弱能力，通常是以白色颜料为基准去衡量各种彩色或黑色颜料对白色颜料的着色能力。

着色力是颜料对光线吸收和散射的结果,主要取决于吸收,吸收能力越大,其着色力越高。不同的颜料,其着色力有很大的不同,着色力的强弱决定于颜料的化学组成。一般来说,相似色调的颜料,有机颜料比无机颜料着色力要强得多,同样化学成分的颜料,着色力的波动取决于颜料粒子大小、形状、粒度分布、晶型结构。着色力一般随着颜料的粒径减小而加强,当超过一定极限后其着色力也会随粒径的减小而减弱。

着色力还和颜料粒子的分散度有关,分散得越细,着色力越强。因此为了提高着色力,要重视颜料的加工后处理,使着色强度发挥得更好。

2.3 颜料的表面性能

2.3.1 表面自由能和比表面积

在颜料粒子内部的分子是处在力场均衡状态,合力等于零。表面分子则处于力场的不均衡状态,横向合力为零。纵向合力为一垂直固体的力,外部表面上每个分子都受到一个指向固体内部的力,使表面收缩,当收缩至面积最小时达到最稳定状态,这时表面上的能量称为表面自由能。粒子分散得越细小,表面自由能越大,物系则越不稳定。为减少表面自由能,粒子要聚集以减少表面积。由于颜料粒子表面自由能高而不稳定,当表面吸附其他物质以后会使整个系统能位降低,所以颜料表面总是吸附一定的分子、离子、基团。

单位质量的颜料所具有的表面积为比表面积,一个颜料的比表面积可以通过该颜料的密度和颗粒直径求得:

$$S = 6/\rho d$$

式中,S 为比表面积;ρ 为密度;d 为颗粒直径。

2.3.2 表面电荷

当颜料粒子与电解质溶液,将在界面附近发生电学性质的变化,这种性质对颜料分散起很大作用。

界面电荷的产生首先是由于电离作用,颜料分散体在分散介质中,分散体表面分子起电离作用,把其中一种离子送到液体中去,使粒子带电,由于介质的 pH 值不同,同样化学成分的粒子可以带上正电或者负电。粒子带电的另一个原因是粒子吸附上溶液中的某种离子而带电,一般认为这种吸附使粒子带负电性较多,因为通常阳离子比阴离子更容易水化。再有带电的原因是离子取代,这是一种比较特殊的荷电机构,如 Ca^{2+} 被 Al^{3+} 所取代,结果使分散体带电。

固体表面带电的本质是由于固体与介质的接触及相互作用,使得固体表面电荷分布不均匀而产生电位差。若是一种电荷的离子紧紧地附于颜料粒子之上,则与电荷相反的离子即在其附近平行排列以组成一个双电层，这个双电层可形成一定的厚度。这个双电层有一部分可随固体运动，其可动部分的电位称 ξ 电位。要改善颜料的分散性能，就要考虑颜料的带电情况，ξ 电位太大，电荷构成了电位屏障，阻止颗粒的联结。如加入电解质使 ξ 电位变小，会造成粒子的联结。根据需要添加助剂可改善粒子带电情况。

2.3.3 表面吸附和吸油量

（1）表面吸附　在颜料颗粒表面存在着很高的自由能，又加上存有一定的表面电荷等原因，颜料颗粒表面总不免要吸附一定的化学物质，如水分、空气、各种盐类、酸类、碱类及有机物，以中和其电性或降低其表面自由能等。

固体表面的原子或分子与其内部的不同，由于原子价或分子力不饱和，强烈地吸引接近表面的气体原子或分子，由此而产生了吸附现象。

固体表面吸附能力并不完全相同，颜料粒子表面那些晶体缺陷和所形成的表面最突出部分其周围的力场最不平衡，吸附能力也越强，形成表面的活性中心，粒子的极度分散与破碎，增加了表面积，同时也增加表面的微观棱角，使其吸附能力大大增强。

（2）吸油量　在定量的粉状颜料中，逐步将油滴入其中，使其均匀调入颜料，直至滴加的油恰能使全部颜料浸润并粘在一起的最低用油量就是吸油量。

颜料颗粒表面吸附油量的大小和粒子的比表面积大小有关。除此之外，还和颜料与颜料之间的空隙度有关。因为所需的油除了吸附在颜料粒子表面外，尚需充填颜料粒子之间的空隙使颜料与油料联为一体，空隙度减小，吸油量会减小。颗粒变小则颜料粒子比表面积增大，导致吸油量增大，但颗粒大小的变动会影响到粒子之间的空隙度，所以吸油量和颗粒大小的关系还要考虑到空隙度问题，不存在简单关系，视具体颜料而定。

对某一化学成分的颜料来说，颜料的吸油量除了和粒子大小有关外，和颗粒的形状也有很大关系。一般说来针状粒子较球状粒子具有更大的吸油量，因为针状粒子比表面积比球状的大，而且颜料颗粒间的空隙也更大。

颜料的表面状态对它的吸油量也有一定的影响，如颜料粒子上所吸附的水溶盐、水分、表面活性剂等。

吸油量是颜料应用于涂料的一个重要指标，吸油量大的颜料比吸油量小的颜料在保持同样稠度的漆浆时，要耗费较多的漆料。

2.4　颜料的颗粒性能

2.4.1　颜料性能与颗粒的关系

颜料是一种固体粉末，其粒度可以处于超细状态。由于超细这一特殊性，使颜料粒子的几何性质和物理性质在颜料使用过程中产生极大的影响。通过颜料结晶学得知，颗粒大小、形状、分布、晶体内部结构等某一方面稍有不同就会影响一系列的颜料性质。

颜料粒子的超细状态会带来颜料粒子处于高能位状态，粒子表面尤其活跃，形成颜料粒子之间、颜料粒子与展色剂之间种种复杂关系。

本来单纯粒子，可以只有两个物理属性，即表面积和密度，而对于颜料粒子则往往不足，颜料的颗粒性质影响着颜料很多方面的性能，剖析颜料粒子的状态，可以对颜料性能了解得更深入。由于同一化学成分的固体物质处于超细状态和不处于超细状态在性能上可以有很多不同之处，所以国外从 20 世纪 30 年代开始便逐渐开展"颗粒学"的研究。现在颗粒学研究的主要课题如下：颗粒的大小、形状和排列方式等与颗粒特性的关系；颗粒的粒度和粒度分布等的标准测量技术；颗粒在流体中的行为和流动规律等。

通过颜料的光学性质得知，在化学组成一定之后，不同的颗粒大小、形状及分布会使颜色发生变色，遮盖力和着色力的强弱也会随之而变。

着色力不但和颗粒大小有关，而且和颗粒形状有关，针状粒子比球状粒子具有更大的比表面积，会造成更强的吸收能力和散射能力，因而表现出更高的着色能力。

2.4.2 颜料颗粒的观察方法

2.4.2.1 筛分法

将预先干燥的颜料粉末，通过一套标准筛筛子的孔径自上而下减小，将被测物放在顶筛上，通过外力使筛子振动而进行筛分，全套筛子下部有一底盘，这样可测得一系列筛上或筛下数据。筛分有一个最大的缺点，就是晶体在操作过程中有可能破碎。筛分特别不适用于测定长形针状或片状颜料粒子，另外粒子形态不规整时，不可能做到准确地筛分，要视具体哪个晶面穿过筛孔。

2.4.2.2 微分法——显微镜法

通过光学显微镜或电子显微镜将被测颜料粒子放大到一定倍数，可以直接观测到粒子的大小、形状，这种方法的优点是，有可能查清颜料的初级单一粒子和颜料的二次粒子聚集情况及颜料晶体各个晶面是否整齐，有无破碎情况。比之筛分法观察粒子更为直观、形象。为了测得样品中各种粒度的分布情况，通常将许多试样照相，然后根据所得的显微照片进行某种粒度的晶体的统计，统计的结果按每一种尺寸进行加和，然后确定计量的粒子总数，这种方法的缺点则是必须完成大量的测量，才能得到比较正确的结果。

2.4.2.3 其他方法

测定粒度的方法很多，为了测定尚在分散系统的试样粒子组成，可利用粒径大小和沉降速度之关系求得。

2.4.3　颜料粒子间的作用

颜料粒子比它制造时初始形成的颜料粒子大得多，所以颜料粒子并不是那么单纯的处于惰性状态的粒子。一般可将颜料粒子分成初级粒子、二次粒子和附聚体、凝聚体。初级粒子又称原级粒子或一次粒子，是颜料开始形成时以独立形态出现的颜料粒子。粒子的表面性质和粒子之间的引力、氢键、极性等，使得这些微细的粒子处于非常活跃的状态。初级粒子有很大的聚集倾向而形成二次粒子，像一个独立存在的粒子一样，导致粒径扩大。有时一次粒子和二次粒子又进一步联合，形成紧密联合的为凝聚体，形成较为松散联合的为附聚体，它们之间只是一种定性的说明。无论是形成二次粒子或凝聚体、附聚体，这样粒子是大大地扩展了，并影响到颜料的使用性能。即使将聚集的粒子进行分散，也不可能全恢复成初级粒子，只能根据需要与可能，使颗粒群达到预期的状态。

2.4.4　颜料的密度和比容

密度是指单位体积内所含颜料粒子的质量。颜料是粒状松散物料，它的体积一部分被颜料粒子所占据，一部分则被粒子之间的空隙所占据。若按颜料的真实密度，它的体积应全是颜料粒子所占的体积，若连颗粒之间的空隙也包括在内，得出的是假密度。它的数值将随堆积的紧密程度而变。密度往往用一定范围表示，密度的单位一般以 g/cm^3 表示。

为了设计涂料配方的方便，将密度换算成比容，数值上互成倒数关系，为单位质量的颜料所占有的体积，以 cm^3/g 表示。只考虑颜料粒子所占的体积为真比容，是设计干漆膜颜料体积浓度不可缺少的数据，除此之外还有视比容和堆积比容之分，视比容是用一定的方法振实之后单位质量所占的体积。这里的体积是由颜料粒子所占体积和粒子间的空隙所组成。同一颜料成分的视比容不是固定的，随粒子的形态而变。

堆积比容对于仓储是重要的依据，同样容量，储存有机颜料和储存无机颜料相差甚多。

2.5　颜料的稳定性能

2.5.1　颜料化学成分的稳定性

颜料的化学成分是颜料间相互区别的主要标志。不同化学成分的颜料，其色泽、遮盖力、着色力、粒度、晶型结构、表面电荷以及极性等物理性能均不相同，并且也决定了颜料的化学性质的不同。

一般来讲，根据颜料的性质及应用，要求颜料有稳定的化学成分，并不受外界环境的影响。但是，有时候为了某种目的还要利用它的不稳定性。例如，颜料粒子基本不溶于水，但为了防锈、防污的目的，或故意加入某种介质使之产生微水溶性或与底材发生微量化学反应，以达到保护底材的目的。

2.5.2　颜料的耐化学物品性

颜料最本质的性质应是一种惰性物质，当然对于具体一个颜料来讲很难做到不和任何物质起反应，此时在使用上就要求扬长避短，一般涂料所接触到的化学物质不外乎酸、碱、盐、水、腐蚀性气体、有机溶剂等。如华蓝不耐碱，但很能耐酸，在使用时就应避免碱性环境。又如铁黄比铬黄耐碱、耐光，这样在建筑涂料就可选用铁黄。

2.5.3　颜料的耐候性、耐光性、耐热性

颜料的耐光性、耐候性、耐热性等是颜料性能在应用上的指标，直接影响着它们的使用价值。一般来说，无机颜料通过阳光大气的作用会导致颜色变暗、变深。同样情况下对有机颜料则表现多是褪色。总的来讲，无机颜料的耐候性、耐光性、耐热性远比一般有机颜料强。颜料的化学稳定性差，通过日光和大气的作用，会使颜料的化学组成起变化，同时也改变了颜色外观。

同一颜料化学成分由于晶形不同或晶型不同导致稳定情况不同，如单斜晶系的铅铬黄比斜方晶系的铅铬黄耐光。

为了改进颜料的耐光性、耐热性、耐候性等性能，可以进行一些处理，例如添加各种化学物质，改变晶格结构，在颜料表面上做包膜处理，钝化其表面等。由于处理方法不同，可形成同一化学成分的不同颜料品种，供不同用途的选择使用。

第3章

有机颜料

3.1 有机颜料的定义

有机颜料是指具有一系列颜料特性的、由有机化合物制成的一类颜料。颜料特性包括耐晒、耐水浸、耐酸、耐碱、耐有机溶剂、耐热、晶型稳定、分散性和遮盖力等。有机颜料与染料的差异在于它与被着色物体没有亲和力，只有通过胶黏剂或成膜物质将有机颜料附着在物体表面，或混在物体内部，使物体着色。其生产所需的中间体、生产设备以及合成过程均与染料的生产大同小异，因此往往将有机颜料在染料工业中组织生产。有机颜料与一般无机颜料相比，通常具有较高的着色力，颗粒容易研磨和分散，不易沉淀，色彩也较鲜艳，但耐晒、耐热、耐候性能较差。有机颜料普遍用于油墨、涂料、橡胶制品、塑料制品、文教用品和建筑材料等物料的着色。

3.1.1 有机颜料的概述

广义地说，有机颜料是不溶性染料，它不溶于水或溶剂中，然而并非所有不溶性染料都可用作有机颜料。因为有机颜料是以微细颗粒的分散状态分布于被着色介质中而使物体着色，因此，其应用性能不仅取决于化学结构，而且与颜料粒径的大小、分布、粒子表面的物理状态、极性、晶型以及与介质的相容性等有密切关系。许多生产颜料的公司，在开发新型结构品种的同时，致力于研究颜料的表面特性，开发易分散型、高透明度、高着色力、流动性优异等不同特性的商品，以改进产品质量，满足各类应用部门的要求。

有机颜料以偶氮颜料和酞菁颜料为主，二者占总有机颜料的 90% 以上。产地主要为西欧、美国和日本。我国生产的品种包括联苯胺黄 G、甲苯胺红、色淀红、酞菁等。

颜料的用途广泛。无机颜料是涂料的主要原材料,如建筑涂料、金属表面用涂料和木料涂料都离不开钛白、氧化铬、铬黄等。钛白、氧化铬、群青、钛黄等因耐热、耐光、耐酸碱、抗迁移而用作塑料的着色剂。颜料因其好的流动性和着色力也用于印刷油墨中。

由于颜料用途广泛,使其生产发展迅猛,其发展趋势有以下几个特征:①改良老品系的同时(如引入不同的取代基),大力开发新品系;②采用新的颜料配比,改进现有品种,提高利用价值,扩大应用范围;③考虑到颜料的形态对载色体容易分散,以及为了防止粉尘飞扬,因此生产的商品剂型由粉状向浆状形态发展。

古代人们从胭脂虫、苏木、靛蓝中浸出有色液,加入黏土作吸附剂,制成色淀可作为天然有机颜料利用。然而其真正合成起源于 WillianPerkin 发明合成染料后。

第一个偶氮颜料——对位红出现于 1895 年,之后便有诸如立索尔红、立索尔宝红 BK 等的出现,1935 年具有全面优良性能的酞菁蓝的问世,这是有机颜料史上的一个里程碑。以后性能更优良的其他现代高级颜料也陆续出现,如喹吖啶酮颜料、异吲哚啉酮颜料、苯并咪唑酮颜料、喹酞酮颜料等。

3.1.2 有机颜料的分类

有机颜料品种繁多,有多种方法可对它们进行分类。较为常用的分类法有以下 3 种。

(1)按色谱不同进行分类 颜料被分为黄、橙、红、紫、棕、蓝、绿色颜料等。

(2)按颜料的功能性进行分类 颜料被分为普通颜料、荧光颜料、珠光颜料、变色颜料等。

(3)按应用对象进行分类 颜料被分为涂料专用颜料、油墨专用颜料、塑料和橡胶专用颜料、化妆品专用颜料等。

另外,按颜料分子的结构不同可分为偶氮颜料、酞菁颜料、缩合多环颜料和其他颜料。按颜料分子的发色体可大致将颜料分为偶氮类颜料和非偶氮类颜料两大类,主要区别在于颜料分子中是否含有偶氮基。

3.1.2.1 偶氮类颜料

在这类颜料中,可根据颜料分子中所含有的偶氮基数目,或是重氮组分及偶合组分的结构特征进一步再行分类。

(1)单偶氮黄色和橙色颜料 单偶氮黄色和橙色颜料是指颜料分子中只含有一个偶氮基而且它们的色谱为黄色和橙色,组成这类颜料的偶合组分主要为乙酰乙酰苯胺及其衍生物和吡唑啉酮及其衍生物。以前者为偶合组分的单偶氮颜料一般为绿光黄色,而以后者为偶合组分的单偶氮颜料一般为红光黄色和橙色。单偶氮黄色和橙色颜料的制造工艺相对较为简单,品种很多,大多具有较好的耐晒牢

度，但是由于分子量较小及其他原因，它们的
耐溶剂性能和耐迁移性能不太理想。单偶氮黄
色和橙色颜料主要用于一般品质的汽车漆、乳
胶漆、印刷油墨及办公用品。典型的品种有汉
沙黄 10G（C. I. 颜料黄 3）（图 3-1）。

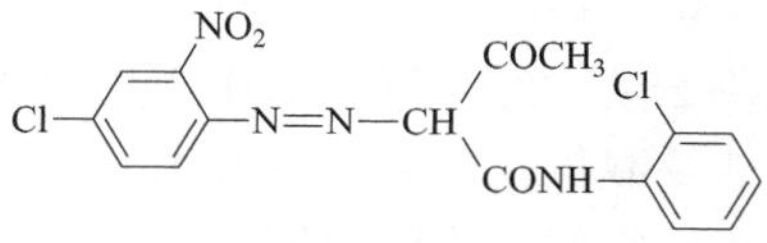

图 3-1　汉沙黄 10G

（2）双偶氮颜料　双偶氮颜料是指颜料分子中含有两个偶氮基的颜料。在颜
料分子中导入两个偶氮基一般有两种方法，一是以二元芳胺的重氮盐（如 3,3′-二
氯联苯胺）与偶合组分（如乙酰乙酰苯胺及其衍生物或吡唑啉酮及其衍生物）偶
合；二是以一元芳胺的重氮盐与二元芳胺（如双乙酰乙酰苯胺及其衍生物或双吡
唑啉酮及其衍生物）偶合。这类颜料的生产工艺相对要复杂一些，色谱有黄色、
橙色及红色。它们的耐晒牢度不太理想，但是耐溶剂性能和耐迁移性能较好，主
要应用于一般品质的印刷油墨和塑料，较少用于涂料。典型的品种有联苯胺黄
（C. I. 颜料黄 12）（图 3-2）。

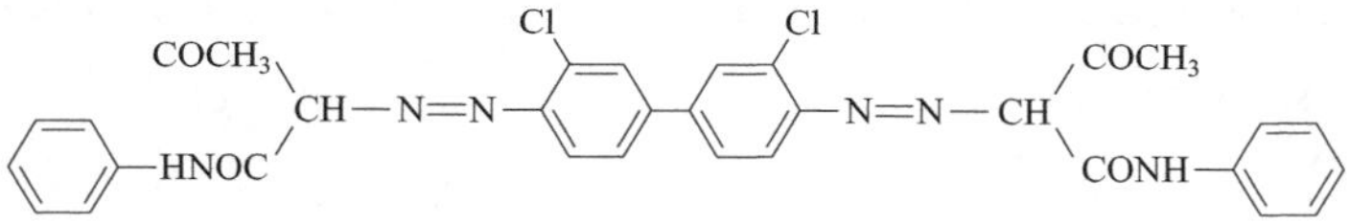

图 3-2　联苯胺黄

（3）β-萘酚系列颜料　从化学结构上看，β-萘酚系列颜料也属于单偶氮颜料，
只是它们以 β-萘酚为偶合组分且色谱主要为橙色和红色，为将其与黄色、橙色的
单偶氮颜料相区分，故将其归类为 β-萘酚系列颜料。它们的耐晒牢度、耐溶剂性
能和耐迁移性能都较理想，但是不耐碱，生产工艺的难易程度同一般意义的单偶
氮颜料，主要用于需要较高耐晒牢度的涂料。典型的品种有甲苯胺红（C. I. 颜料
红 3）（图 3-3）。

（4）色酚 AS 系列颜料　色酚 AS 系列颜料是指颜料分子中以色酚 AS 及其衍
生物为偶合组分的颜料。需要指出的是，以色酚 AS 及其衍生物为偶合组分的颜
料既有单偶氮的，也有双偶氮的，习惯上将那些双偶氮的归类为偶氮缩合颜料，
故色酚 AS 系列颜料一般指那些单偶氮的、以色酚 AS 及其衍生物为偶合组分的颜
料。这类颜料的生产难易程度略高于一般的单偶氮颜料，色谱有黄、橙、红、紫
酱、洋红、棕和紫色。它们的耐晒牢度、耐溶剂性能和耐迁移性能一般，主要用
于印刷油墨和涂料。典型的品种有永固红 FR（C. I. 颜料红 2）（图 3-4）。

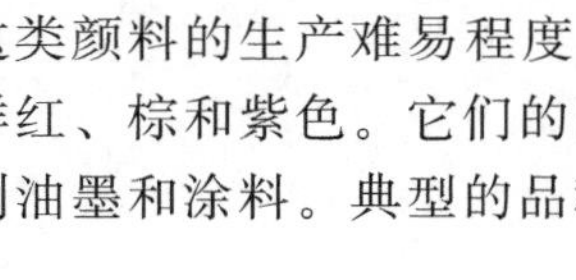

图 3-3　甲苯胺红

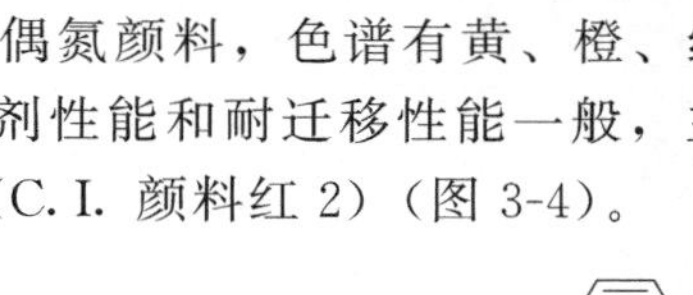

图 3-4　永固红 FR

（5）偶氮色淀类颜料　这类颜料的前体是水溶性的染料，分子中含有磺酸基和羧酸基，经与沉淀剂作用生成水不溶性颜料。所用的沉淀剂主要是无机酸、无机盐及载体。此类颜料的生产难易程度同一般的单偶氮颜料，色谱主要为黄色和红色，它们的耐晒牢度、耐溶剂性能和耐迁移性能一般，主要用于印刷油墨。典型的品种有金光红 C（C.I. 颜料红 53：1）（图 3-5）。

（6）苯并咪唑酮颜料　苯并咪唑酮颜料得名于分子中所含的 5-酰氨基苯并咪唑酮基团。

严格来讲，将该类颜料命名为苯并咪唑酮偶氮颜料更为确切，但因习惯上一直称其为苯并咪唑酮颜料，故在本书中也沿用这个名称。苯并咪唑酮类有机颜料是一类高性能有机颜料，它们的生产难度较高。尽管它们在化学分类上属于偶氮颜料，但是它们的应用性能和各项牢度却是其他偶氮颜料所不能比拟的。苯并咪唑酮类颜料的色泽非常坚牢，适用于大多数工业部门。由于价格、性能比的原因，它们主要被应用于高档的场合，例如轿车原始面漆和修补漆、高层建筑的外墙涂料以及高档塑料制品等。典型的品种有永固黄 S3G（C.I. 颜料黄 154）（图 3-6）。

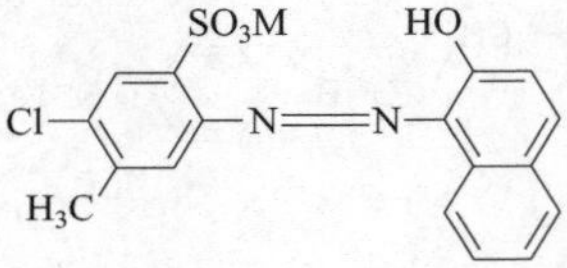

图 3-5　金光红 C

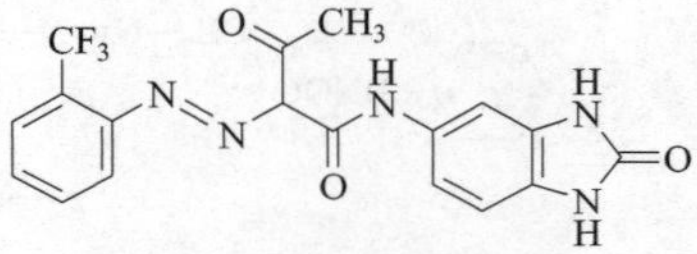

图 3-6　永固黄 S3G

（7）偶氮缩合颜料　这类颜料的分子结构看起来就像普通的双偶氮颜料，但它们是由两个含羧酸基团的单偶氮颜料通过一个二元芳胺缩合形成的。此类颜料的生产工艺较为复杂，色谱主要为黄色和红色。它们的耐晒牢度、耐溶剂性能和耐迁移性能非常好，主要用于塑料和合成纤维的原液着色。典型的品种有固美脱黄 3G（C.I. 颜料黄 93）（图 3-7）。

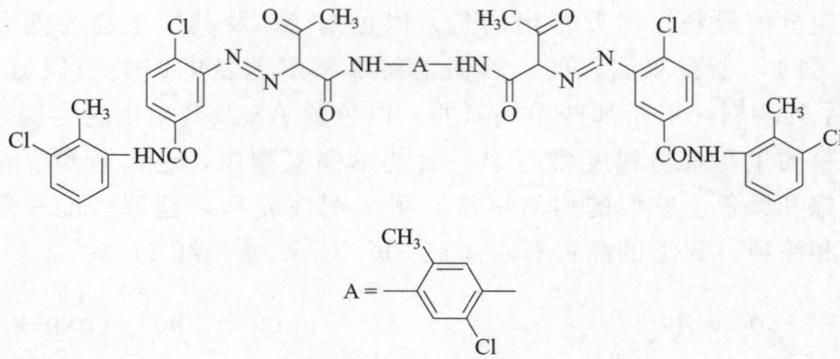

图 3-7　固美脱黄 3G

（8）金属络合颜料　此类颜料是偶氮类化合物及氮甲川类化合物与过渡金属的络合物，已商业化生产的品种数较少。在与金属离子络合之前，这类偶氮化合物及氮甲川化合物的颜色较为鲜艳，但一旦与金属离子络合，则生成的金属络合颜料色光要暗得多。络合的优点在于赋予偶氮类化合物及氮甲川类化合物很高的耐晒牢度和耐气候牢度。现有的此类颜料所用的过渡金属主要是镍、钴、铜和铁，它们的生产工艺较为复杂，色谱大多是黄色、橙色和绿色，主要用于需要较高耐晒牢度和耐气候牢度的汽车漆和其他涂料。典型的品种有 C.I. 颜料黄 150（图 3-8）。

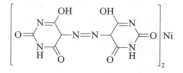

图 3-8　C.I. 颜料黄 150

3.1.2.2　非偶氮类颜料

非偶氮类颜料一般指多环类或稠环类颜料。这类颜料一般为高级颜料，具有很高的各项应用牢度，主要用于高品位的场合。除了酞菁类颜料外，它们的制造工艺相当复杂，生产成本也很高。

（1）酞菁颜料　酞菁本身是一个大环化合物，不含有金属元素。酞菁本身很少用作颜料，作为颜料使用的酞菁类化合物实际上主要是铜酞菁（CuPc）及其卤代衍生物，尽管铜酞菁是一个金属络合物，但一般不将其纳入金属络合颜料类别。除了铜酞菁之外，作为颜料使用的还有钴酞菁及铁酞菁，但它们的用量极小。酞菁颜料的色谱主要是蓝色和绿色，它们具有很高的各项应用牢度，适合在各种场合使用。典型的品种有酞菁蓝 B（C.I. 颜料蓝 15）（图 3-9）。

（2）喹吖啶酮颜料　喹吖啶酮颜料的化学结构是四氢喹啉二吖啶酮，但习惯上都称其为喹吖啶酮。为了与习惯统一，在本书中仍沿用喹吖啶酮这个名称。

尽管喹吖啶酮颜料的分子量比酞菁颜料小得多，但它们像后者一样具有很高的耐晒牢度和耐气候牢度，因它们的色谱主要是红紫色，所以在商业上，常称其为酞菁红。喹吖啶酮颜料的生产工艺相当复杂，主要用于调制高档工业漆，非常适宜用作轿车的原始面漆和修补漆，也适宜用作户外宣传广告漆。典型的品种有酞菁红（C.I. 颜料紫 19）（图 3-10）。

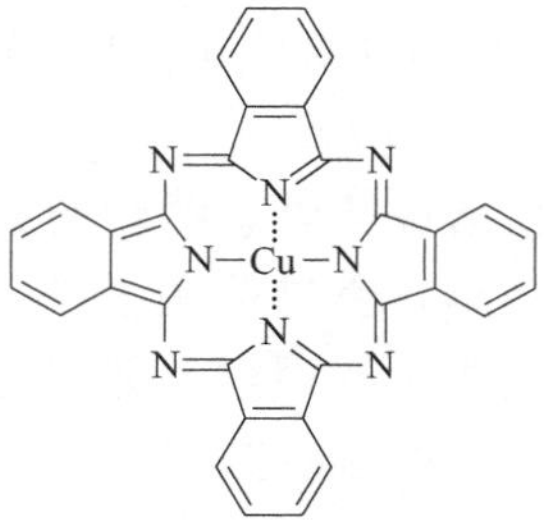

图 3-9　酞菁蓝 B

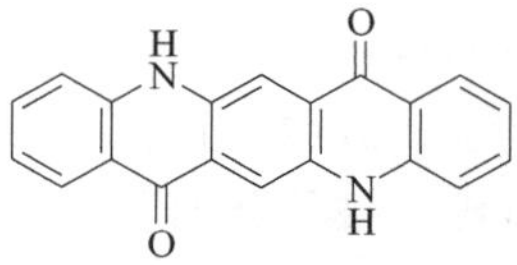

图 3-10　酞菁红

（3）苝系和苊酮系颜料　苝系颜料衍生于 3,4,9,10-苝四甲酸（图 3-11），苊酮系颜料衍生于 1,4,5,8-萘四甲酸（图 3-12）。

这两个酸一经干燥，便以酸酐的形式存在。酸酐的化学性质较为活泼，易与伯胺反应。它们与一元伯胺作用生成酰亚胺类化合物，与邻苯二胺作用则生成咪唑类化合物。这两类颜料都具有很高的耐晒牢度、耐气候牢度和耐热稳定性能。它们的生产工艺都非常复杂，色谱主要是橙色、红色和紫色，常用于需要较高牢度的场合，如用于汽车金属漆、高档塑料制品以及合成纤维原液的着色。典型的品种有 PV 坚牢大红 B（C. I. 颜料红 149）（图 3-13）和 Hostaperm 金橙 GR（C. I. 颜料橙 43）（图 3-14）。

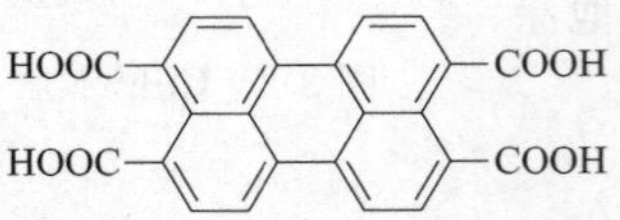

图 3-11　3,4,9,10-苝四甲酸

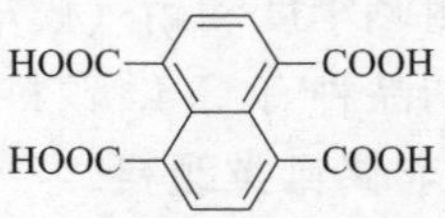

图 3-12　1,4,5,8-萘四甲酸

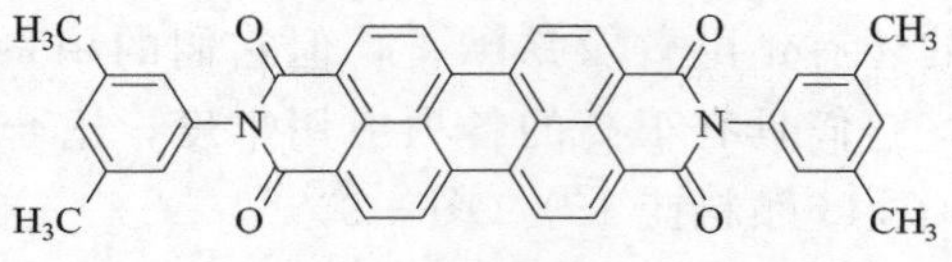

图 3-13　PV 坚牢大红 B

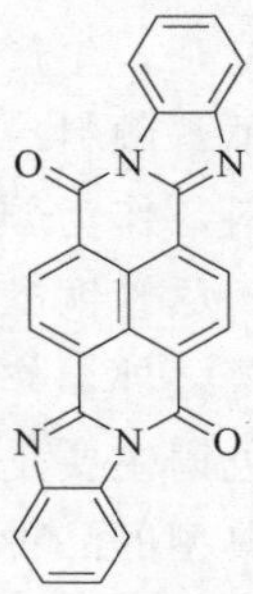

图 3-14　Hostaperm 金橙 GR

（4）硫靛系颜料　硫靛是靛蓝的硫代衍生物，硫靛本身在工业上无多大价值，但它的氯代或甲基化的衍生物作为颜料使用较有价值，一度深受消费者的欢迎。

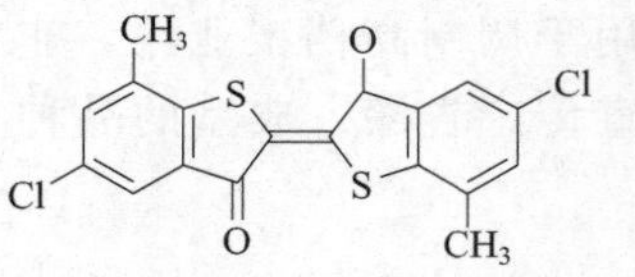

图 3-15　C. I. 颜料红 181

这类颜料具有很高的耐晒牢度、耐气候牢度和耐热稳定性能，它们的生产工艺并不十分复杂，色谱主要是红色和紫色，常用于汽车漆和高档塑料制品。由于它们对人体的毒性较小，故又可作为食用色素使用。典型的品种有 Cosmetic Pink RC01（C. I. 颜料红 181）（图 3-15）。

（5）蒽醌颜料　蒽醌颜料是指分子中含有蒽醌结构或以蒽醌为起始原料的一类颜料，最初被用作还原染料。它们的色泽非常坚牢，色谱范围很广，但是生产工艺非常复杂，以致生产成本很高。由于价格、性能比的因素，并非所有的蒽醌类还原染料都可被用作有机颜料。根据它们的结构，可再将其划分为以下 4 个小类别。

① 蒽并嘧啶类颜料　典型的品种有 C. I. 颜料黄 108（图 3-16）。

② 阴丹酮颜料　典型的品种有 C. I. 颜料蓝 60（图 3-17）。

③ 芘蒽酮颜料　典型的品种有 C. I. 颜料橙 40（图 3-18）。

④ 二苯并芘二酮颜料　典型的品种有 C. I. 颜料红 168（图 3-19）。

（6）二噁嗪类颜料　该类颜料的母体为三苯二噁嗪（图 3-20），它本身是橙色的，没有作为颜料使用的价值。它的 9,10-二氯衍生物，经颜料化后可作为紫色颜料使用。现有的二噁嗪颜料品种较少，最典型的品种是永固紫 RL（C.I. 颜料紫 23）（图 3-21）。该颜料几乎耐所有的有机溶剂，所以在许多应用介质中都可使用且各项牢度都很好。该颜料的基本色调为红光紫，通过特殊的颜料化处理也可得到色光较蓝的品种。它的着色力在几乎所有的应用介质中都特别高，只要很少的量就可给出令人满意的颜色深度。

图 3-16　C.I. 颜料黄 108

图 3-17　C.I. 颜料蓝 60

图 3-18　C.I. 颜料橙 40

图 3-19　C.I. 颜料红 168

图 3-20　三苯二噁嗪

图 3-21　永固紫 RL

（7）异吲哚啉酮系颜料和异吲哚啉系颜料　异吲哚啉酮和异吲哚啉有机颜料分子中均含有图 3-22 所示结构。

当 X^1＝H、X^3＝O 时，上述分子称为异吲哚啉酮；当 X^1、X^3＝H 时，上述分子称为异吲哚啉。现有的异吲哚啉酮和异吲哚啉类化合物可以作为颜料使用且有商业价值的数目很有限。此类颜料的生产工艺较为复杂，其色谱大多是黄色，具有很高的耐晒牢度和耐气候牢度，主要用于高档的塑料和涂料。典型的品种有克劳莫夫塔尔黄 2RLT（C.I. 颜料黄 110）（图 3-23）和异吲哚啉黄 139（C.I. 颜料黄 139）（图 3-24）。

图 3-22　异吲哚啉酮和异吲哚啉

其中，C.I. 颜料黄 110 为异吲哚啉酮系颜料，C.I. 颜料黄 139 为异吲哚啉系颜料。

图 3-23　C.I. 颜料黄 110

图 3-24　C.I. 颜料黄 139

（8）三芳甲烷类颜料　甲烷上的三个氢被三个芳香环取代后的产物称为三芳甲烷。准确地说，作为颜料使用的三芳甲烷实际上是一种阳离子型的化合物，且在三个芳香环中至少有两个带有氨基（或取代氨基）。这类化合物也较为古老，有两种类型，一是内盐形式的，即分子中含有磺酸基团，与母体的阳离子形成内盐；另一种是母体的阳离子与复合阴离子形成的盐。它们的特点是颜色非常艳丽，着色力非常高，但是各项牢度不太好，色谱为蓝色、绿色，主要用于印刷油墨。典型的品种有射光蓝 R（C.I. 颜料蓝 61）（图 3-25）和耐晒射光青莲色淀（C.I. 颜料紫 3）（图 3-26）。

图 3-25　C.I. 颜料蓝 61

图 3-26　C.I. 颜料紫 3

其中，C.I. 颜料蓝 61 是分子内盐，由分子中的阳离子与磺酸基组成，C.I. 颜料紫 3 是染料母体的阳离子与复合阴离子形成的盐。

（9）吡咯并吡咯二酮系颜料　1,4-吡咯并吡咯二酮系颜料（即 DPP 系颜料）是近年来最有影响的新发色体颜料，它是由 Ciba 公司在 1983 年研制成功的一类全新结构的高性能有机颜料，生产难度较高。DPP 系颜料属交叉共轭型发色系，色谱主要为鲜艳的橙色和红色，它们具有很高的耐晒牢度、耐气候牢度和耐热稳定性能，但不耐碱，常单独或与其他颜料拼混使用以调制汽车漆。典型的品种有 DPP 红（C.I. 颜料红 255）（图 3-27）。

（10）喹酞酮类颜料　喹酞酮本身是一类较古老的化合物，但是作为颜料使用的历史不长。该类颜料具有非常好的耐晒牢度、耐气候牢度、耐热性能、耐溶剂性能和耐迁移性能，生产工艺不是很复杂，色光主要为黄色，颜色非常鲜艳，主要用于调制汽车漆及塑料制品的着色。典型的品种有喹酞酮黄（C.I. 颜料黄 138）（图 3-28）。

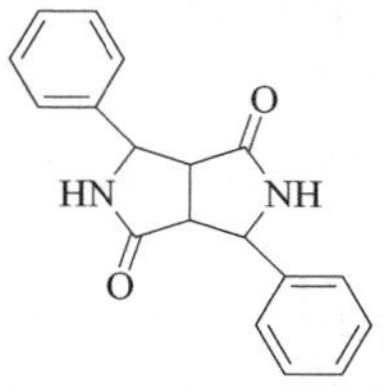

图 3-27　C. I. 颜料红 255

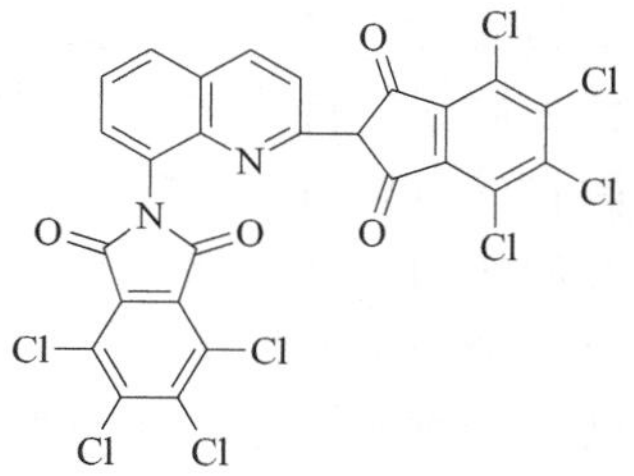

图 3-28　C. I. 颜料黄 138

（11）其他杂类颜料　这类颜料的品种很杂，既不能划归到上述各个类别，又不好各自成为一类，故将它们放在一起。它们中包括一些多环染料的羧酸或硫酸铝盐，以甲川黄（C. I. 颜料黄 101）为代表的偶氮甲川颜料，以 C. I. 颜料黄 148 为代表的均三嗪类颜料，以 C. I. 颜料黄 192 为代表的多环缩合类颜料，以 C. I. 颜料橙 67 为代表的吡唑-喹唑酮类颜料等。还有近年来刚刚上市的变色魔幻颜料和作为荧光标识材料用的无色荧光颜料。

3.1.3　有机颜料的属性

3.1.3.1　色彩性质

有机颜料色彩鲜明，着色力强；密度小，无毒性，但部分品种的耐光、耐热、耐溶剂和耐迁移性往往不如无机颜料。颜色的品种变化无尽、绚丽多彩，但各种颜色之间存在一定的内在联系，每一种颜色都可用 3 个参数来确定，即色调、明度和饱和度。色调是彩色彼此相互区别的特征，取决于光源的色谱组成和物体表面所发射的各波长对人眼产生的感觉，可区别红色、黄色、绿色、蓝色、紫色等特征。明度，也称为亮度，是表示物体表面明暗程度变化的特征值；通过比较各种颜色的明度，颜色就有了明亮和深暗之分。饱和度，也称为彩度，是表示物体表面颜色浓淡的特征值，使色彩有了鲜艳与阴晦之别。色调、明度和饱和度构成了一个立体，用这三者建立标度，就能用数字来测量颜色。自然界的颜色千变万化，但最基本的是红、黄、蓝三种，称为原色。

3.1.3.2　有机颜料应用系统的流动性

（1）流变性　按牛顿定律，流体的剪切力 τ 与剪切速度成正比。在实际应用中，大部分不含有机颜料的油墨连接料或油漆料都被视为理想的流体，或称作牛顿流体。

对于牛顿流体来讲，剪切力 τ 与剪切速度 D 之比是一个常数，仅取决于温度和压力。当然对于特别黏稠的或具有触变性的流体，上述定律不适用，这些流体具有独特的流变性。

在牛顿流体中加入有机颜料，流体的性质就会发生变化。对牛顿流体，其剪切力与剪切速度呈正比，故图形是一条直线，该直线的斜率便是该流体的黏度。在该流体中加入有机颜料后，因流体的性质发生变化，所以图形就不再是一条直线。线性关系转变为一条曲线，曲线的斜率随剪切力和剪切速度的增加而降低，这种现象称作为假塑体行为，该曲线的斜率便是该假塑体的特征黏度。此时，用于粉碎有机颜料的剪切力会使颜料-流体系统内的分子及颗粒重新排序，因此减少了系统间相互的作用，从而使得黏度下降。不管剪切作用的时间多长，在剪切力及黏度之间有一个固定的关系。

（2）触变性　触变性是描述非理想流体的一个可逆的与时间有关的参数，它或多或少地与有机颜料的浓度有关。具有触变性的流体都含有凝胶结构，但是外界的剪切力会破坏原先稳定的有机颜料-介质的结构，因而触变性的流体的黏度会因施加剪切力而降低，最终达到极小值。

（3）膨胀性　膨胀性较少在有机颜料应用系统中出现。在有机颜料的湿滤饼进行挤水换相的加工中，或是在减少颜料滤饼中水分的过程中，施加剪切力可能会造成介质黏度的上升。当有机颜料浓度接近临界体积浓度时，或超过临界体积浓度时，提高剪切张力 τ 或剪切速度 D 会使得流体变得更厚。这样会给水性有机颜料制备物的生产带来难度。因此在对有机颜料的湿滤饼进行这样的加工前，有必要对这些滤饼在高剪切下的膨胀性进行测试。

（4）黏弹性　大部分有机颜料应用系统均具有黏弹性质。在剪切速度较低或系统的变形速度较慢时，这些系统基本上是黏性的。当剪切速度较大或变形速度加快时，体系的黏性变化不大，但弹性却增加较大。在高速印刷时，油墨被高速输送，此时油墨的流动性便呈现出黏弹性。在周期性的外力作用下，实验时间接近于体系的松弛时间，则黏弹性体不能以足够快的速度流动。

印刷油墨或其他制品的黏弹性能基本上是有机颜料及介质极性的函数，但是要定量描述体系的流变性是十分困难的，因为制品的结构黏度、触变性、膨胀性有可能会同时出现。

对于油墨、油漆等体系来讲，控制它们的流变性是十分重要的。影响流变性的因素很多，既有有机颜料的因素也有介质的因素，如有机颜料的浓度、比表面积、颗粒形状、表面结构、介质的物理化学性质等。在众多的因素中，有机颜料的分散条件是最主要的。分散设备往往对分散起了决定性因素，分散的好坏决定了有机颜料颗粒表面被介质润湿的程度。有机颜料颗粒间以及与介质的界面间的相互作用也对分散起着极大的影响。

3.1.4　有机颜料的应用领域

3.1.4.1　有机颜料在涂料中的应用

有机颜料在涂料工业中应用比例不断上升，目前在涂料着色颜料使用中约占 26%。近年来随着我国涂料工业迅速发展，新型涂料不断研制开发，高档涂料品种占有的比例增幅较大，有机颜料的需求增长迅速，对其品种和性能提出了更多、更高的要求。高性能涂料为了满足施工和功用性能，应具有良好的分散性、储存稳定性，其涂膜应具有优良的耐紫外性、耐候性、耐溶剂性、耐沾污性、抗划伤性，以及优良的耐水性、耐酸性、耐碱性等。如果是烘烤型涂料，还要具有优良的耐热性，特别是汽车面漆，除了上述性能外，更要有鲜艳的色泽、高的鲜映性、良好的质感和丰满度。一般无机颜料虽然有很好的耐久性和遮盖力，但色泽不如有机颜料鲜艳，感官不如有机颜料有质感。因此，许多具有优异特性的有机颜料被愈来愈多地应用于高性能涂料工业。但是由于不同的涂料体系所用的成膜物不同，在制定配方时，应根据树脂性能、助剂及溶剂体系，选择相应的有机颜料。

（1）有机颜料在建筑涂料中的应用　由于乳胶漆色彩丰富，浓淡艳雅可随意选取，装饰效果好，使用周期长，以丙烯酸乳液为成膜物的建筑涂料在城市装扮中起着越来越重要的作用。作为乳胶漆中重要的组成物质，有机颜料的选择和使用直接影响到乳胶漆的保色性，而对颜料性能和应用的了解，可以指导高质量的乳胶漆生产。有机颜料在使用过程中不会受到物理及化学因素的影响，一般不溶于使用的介质，而始终以原来的晶体状态存在。有机颜料的着色是靠对光线有选择的吸收及散射来实现的。

① 颜料色浆　有机颜料在建筑涂料中的应用主要是通过颜料色浆来完成的。色浆是高度分散的颜料备制剂。

色浆中有机颜料含量为 30％～50％，无机颜料含量为 60％～75％；颜料含量越高，对色浆体系的不良影响越小。要求色浆分散性好，与水性聚合物乳液相容性好，不含黏结剂、乙二醇和对人体有害的重金属离子；要求色浆批次均匀性好，着色力误差控制在±5％（更高要求±3％）以内；要求色浆稳定性好，至少 2 年储存期。要求色浆可按任意比例与乳胶漆混合，各种色浆的组成及生产条件因所含颜料的性质不同而异。

② 颜料色浆的应用　颜料色浆广泛地应用于各种内外墙建筑涂料（乳胶漆）、水性工业涂料、水性木器涂料等。色浆在乳胶漆中的使用是两种分散体系的混合。色浆中的颜料在表面活性剂 A 的作用下分散在水中，表面活性剂的性能、数量决定了颜料的含量、分散程度及稳定性；而乳胶漆中的成膜物质（树脂）在表面活性剂 B 的作用下分散在水中，表面活性剂的性质、数量决定了乳胶漆的平均粒度、光泽及稳定性。两种分散体系相容性不好就会出现以下问题：

A. 如果色浆所用的分散剂种类不匹配，则会使分散剂相互反应，破乳。

B. 如果色浆所用的分散剂数量不够，则会导致建筑涂料稳定性差。

C. 如果色浆所用的分散剂数量过多，则会使涂膜耐水性、干燥性能差。

D. 如果颜料发生凝聚，将导致涂料着色力下降、色相变化、遮盖力下降、光泽下降、流动性差、流平性差。

③ 使用颜料色浆注意事项　选择使用高品质颜料色浆。色浆应具有稳定的色相和着色力，并具有良好的耐光性、耐候性、耐酸碱性；要与涂料体系相容，并可互相调配；储存稳定，不沉淀，不絮凝，不干不冻；合理的性能价格比。

使用前，应做色浆和涂料相容性试验，并充分搅拌均匀，避免因运输途中温度变化或储存时间过长而导致色浆状态不均匀（分层，上下层存在密度差），从而影响添加量的准确度；最好是边搅拌涂料边加入色浆，且涂料也要搅拌均匀。色浆最好直接加入使用，不能用水稀释后再加入。如果一次用不完整桶色浆，使用后必须马上盖好盖子，以免色浆表面污染或因水分挥发而造成色浆表面干燥粉化，影响下次使用。

色浆在乳胶漆中的最高添加量要控制在合理的范围，超出合理范围会破坏乳胶漆体系的平衡，严重的会影响涂膜的耐久性特别是耐水性。有机颜料色浆最高添加量不要超过8%，无机颜料色浆最高添加量在15%以内。生产外墙涂料时，尽量选择耐晒性、耐候性及耐碱性好的色浆，一般来说氧化铁类的颜料色浆比有机颜料色浆的耐碱性要好。

（2）有机颜料在汽车涂料中的应用　随着经济的发展，中国的汽车产量逐年上升，涂料需求旺盛。按每辆车20kg的原厂漆计算，1000万辆汽车将直接从厂家采购20万吨的原厂漆用于生产线涂装，这给汽车涂料带来了很大的发展空间，特别是高档的轿车涂料。汽车涂料主要分底漆、中涂和面漆3个部分，使用颜料的面漆约占涂料使用量的1/3，有机颜料在面漆中的使用量为2%～4%。

在涂料工业中，汽车涂料技术含量高，生产难度大，可以说，一个国家的汽车涂料水平基本上代表了这个国家涂料行业的整体水平，这给用于配套汽车涂料的树脂和颜料提出了很高的质量要求。汽车涂料要满足金属表面涂膜的耐候性、耐热性、耐酸雨性、抗紫外照射性以及色相的耐迁移性能等。汽车涂料用颜料是一种高质量的着色剂，汽车色彩的变化就是靠对涂料中有机颜料的调整来解决的，因此，有机颜料在汽车涂料中应用必须具备光稳定性、耐化学品性、抗渗移性、热稳定性；对于汽车面漆，如金属闪光漆就需要有机颜料有较高的透明性，与无机颜料的遮盖力相得益彰。下面从汽车涂料的几种常见颜色分类说明有机颜料在汽车涂料中的应用。

① 红色　配制红色的汽车涂料是一个复杂的问题，红色有机颜料的擦拭褪色是一个很大的难题，如汽车面漆低温烘烤易擦拭褪色，烘烤温度过高红色有机颜料易黄变。对红色来说，主要强调的是单色调漆，多色调漆容易产生批次色差。

红色汽车涂料中比较重要的有机颜料是一些稠环型颜料，包括喹吖啶酮红和由蒽醌与硫靛派生而来的还原型颜料；另有一些杂环型偶氮和缩合型偶氮等颜料及金属络合型颜料。铬猩红颜料是唯一能够提供具有足够遮盖力的明亮红色颜料，它也被用于中间红色和蓝光红色涂料的生产。铬猩红要使用一种紫色颜料来调配成为一种蓝光红色有机颜料，喹吖啶酮紫（C.I.颜料紫19）就是为此目的而广泛使用的一种紫色颜料，因为它具有所要求的着色力和耐久性。由喹吖啶酮紫和铬猩红拼混可形成一个从中间红色到蓝光红色的广泛色谱，它们均具有优秀的遮盖力和良好的耐久性。为了制得蓝光红、正红和紫酱红，单一的有机颜料的使用是非常重要的，C.I.颜料红178、179、224、228是经常使用的品种，蒽醌红（C.I.颜料红177）也常被使用；四氯硫靛（C.I.颜料红88）是另外一个用于拼制蓝光红、紫酱红的颜料。

② 黄色和橙色　在黄色和橙色的汽车涂料中，各种各样单色和金属色的配制比较复杂，各种系列的无机和有机颜料均可使用。最重要的无机颜料是铅铬系颜料及通用型和透明型的氧化铁黄。在有机颜料中，有杂环偶氮系颜料，如 C.I. 颜料黄 151 和 154、C.I. 颜料橙 60；有异吲哚啉酮系黄，如 C.I. 颜料黄 109、110 和 173；以及还原系颜料，如黄蒽酮（C.I. 颜料黄 24）、蒽酮嘧啶（C.I. 颜料黄 108）、还原橙（GR）（C.I. 颜料橙 43）、吡蒽酮橙（C.I. 颜料橙 51）。有些其他结构的品种也可使用，如偶氮次甲基酮络合物 C.I. 颜料黄 117 和 129，二肟镍的络合物 C.I. 颜料黄 153 及铜酞菁（C.I. 颜料绿 36）等，用这些品种调色，可把色谱扩展到绿光黄一侧。用于汽车涂料的所有铬系颜料可提高汽车表面的耐酸碱性。

在需要浓黄和浓橙色调的无铅无铬涂料时，通常是借助于浓黄色和浓橙色的有机颜料。加入一定比例的二氧化钛和氧化铁黄，可提高该涂料的遮盖力和流动性。如果要求该涂料保持良好的耐久性，就要使用杂环偶氮颜料，如 C.I. 颜料黄 151 和 154，以及 C.I. 颜料橙 3；或使用绿光黄异吲哚啉酮颜料，如 C.I. 颜料黄 173，它们可使用于浓黄色中，在暴晒后不易失光变色。对于单色和金属色的中黄色、淡黄及橙色的汽车涂料来说，多环型颜料是所使用的颜料中最重要的一类，重要的品种还有还原型有机颜料和异吲哚啉酮颜料。还原型颜料包括有高着色力的红光黄，如黄蒽酮（C.I. 颜料黄 24），和绿光黄，如蒽酮嘧啶（C.I. 颜料黄 108）。在配制浅橙、中间橙和橙色的单色漆和金属漆时，可使用还原橙（GR）和吡蒽酮橙。在浅色和中间黄色中，使用金属络合颜料较为有意义，如 C.I. 颜料黄 129、17 和 153。在所有色调浓度中，通用型和透明型氧化铁黄被当作无光剂使用，这些氧化铁系颜料在使用时很经济，而且具有很强的耐久性。

③ 绿色　汽车涂料中大多数绿色是由酞菁绿颜料制成的，每一类型酞菁绿的颜色变化取决于卤化的程度和卤化类型。酞菁绿颜料色光艳丽，具有汽车涂料所要求的着色力和耐久性，是一种功能性极佳的透明颜料。酞菁绿颜料适用于各种浓度的单色调涂料，但使用不宜过高，因为在暴晒下会出现"泛铜光"现象。为了配制明亮深绿色调，可以使用酞菁蓝和经过表面处理过的铅铬黄颜料来进行拼色，其色调比酞菁绿要强烈一些，在暴晒中呈现的泛铜光趋向很不明显，而且它们的价格较便宜。配制暗淡的绿色调，可采用氧化铁黄与酞菁绿或酞菁蓝相拼混。

④ 蓝色和紫色　大部分类型的蓝色调是由酞菁蓝形成的，它是汽车涂料色调中最廉价的一种，容易制备，原料来源丰富。实际上可以把酞菁蓝颜料看成是已达到近似理想程度的有机颜料，这类颜料色光鲜艳，着色力高，是一种功能性极佳的透明颜料。用于汽车涂料的酞菁蓝颜料是对溶剂较稳定的，带有红光的 α 型酞菁蓝和带有绿光的 β 型酞菁蓝，带有红光的酞菁蓝在汽车涂料中经常使用。在汽车涂料中使用酞菁蓝颜料时，絮凝是一个经常遇到的问题，通常在表面涂层中使用的是一种具有良好抗絮凝性的酞菁蓝。酞菁蓝经过表面处理后则具有

良好的分散性、流动性及抗絮凝性，适用于金属色调和单一色调的各种色调浓度。

汽车涂料中比较流行的蓝色颜料还有阴丹士林蓝，如 C. I. 颜料蓝 60。阴丹士林蓝是一种性能优异的透明性红光蓝色颜料，具有卓越的耐久性，而且可用于很淡或很深的色调。阴丹士林蓝在日光下表现出比酞菁蓝更小的泛铜光的趋向，最适用于较深的蓝色色调，但是它无法配制单一色调的面漆和金属闪光漆，主要是与酞菁蓝拼混形成红光蓝色调。

紫色在汽车工业中不很流行，偶尔也能遇到。紫色调可用咔唑二噁嗪紫（C. I. 颜料紫 23），也可用直线性 β 型喹吖啶酮（C. I. 颜料紫 19）来配制。

现有颜料品种尚不能完全满足汽车涂料实际色谱的要求，还应该继续开发研制新型颜料。有机颜料在汽车涂料中的应用是通过原厂漆和修补漆完成的，原厂漆的找色工作是在汽车涂料生产厂家进行的；修补漆需要先用醛酮树脂、叔碳酸酯树脂等通用色浆树脂与颜料、助剂配制成色浆，再根据不同的颜色需要用色浆和涂料调配出修补漆；修补漆的找色工作是在修配厂完成的，现在修补漆大多通过人工和电脑配合找色。

（3）有机颜料在卷材涂料中的应用　卷材涂料按功能分面漆、底漆和背面漆，底漆的品种主要有环氧类、聚酯类和聚氨酯类；面漆和背面漆的品种主要有 PVC 塑熔胶类、聚酯类、聚氨酯类、丙烯酸类、氟碳类和硅改性聚酯类等。在彩板生产过程中，每吨镀锌板要消耗 20～25kg 卷材涂料，使用颜料的面漆占涂料使用量的 70% 左右。通用的颜色有白灰、海蓝和绯红等，其中白灰约占 50%，海蓝约占 30%，绯红约占 10%，其他颜色占 10% 左右。海蓝和绯红中的有机颜料占卷材涂料使用量的 3%～5%。

通常卷材涂料对颜料的耐高温性和耐候性要求比较高，因此，选择有机颜料的时候，应考虑选具有对称结构的杂环类颜料才能满足其要求，同汽车涂料类似，如喹吖啶酮类、酞菁类、DPP 类颜料。卷材涂料对颜料的要求大体如下。

① 耐热性　要求能承受 250℃ 以上高温的烘烤，颜色无任何变化。

② 耐候性　尤其要注意冲淡色的耐候性。

③ 耐絮凝性能　一般要求色差 $\Delta E \leqslant 0.5$。

④ 耐溶剂性能　卷材涂料会用到乙二醇丁醚、甲乙酮等强极性溶剂。

⑤ 耐迁移性能　颜料在溶解性强的溶剂里显示出部分微溶性能。由于涂料体系中使用了不同的颜料，特别是有机颜料和无机颜料溶解性能不同会导致渗色和浮色现象的产生。聚酯和聚氨酯涂料中含有芳烃溶剂，有些有机颜料在芳烃溶剂中会产生结晶现象，同时导致晶型转变，使色光变化，着色力降低。

3.1.4.2　有机颜料在油墨中的应用

随着印刷业的迅速发展，对有机颜料的需求量也逐年增大，并且对有机颜料的性能要求也越来越高，特别是颜色、分散度、耐光牲、透明度等。要求彩色颜料的色调接近光谱颜色，饱和度应尽可能大，三原色油墨所用的品红、蓝、黄色颜料透明度一定要高，所有颜料不仅要有耐水性，而且要迅速而均匀地和连接料结合，颜料的吸油能力不应太大，颜料最好具有耐碱、耐酸、耐醇和耐热等性能。

（1）油墨体系的颜料选择　油墨由于体系及应用的原因对有机颜料主要存在以下几点要求：

① 颜色　颜料是油墨的发色基团，首先要求其色彩鲜艳、明亮、饱和度好。

② 着色力　颜料着色力的高低直接影响着颜料在油墨中的用量，进而影响着成本及墨性。

③ 透明性和遮盖力　由于印刷方式和承印物的不同，对颜料的透明性和遮盖力要求不同。

④ 光泽　由于印刷品光泽要求的提高，对颜料光泽性的要求也提高。

⑤ 吸油量　吸油量一般与颜料颗粒度、分散度、润湿能力、水分表面静电等有关。颜料的吸油量大则油墨的浓度不易提高，墨性调节困难。

⑥ 分散性　分散性直接关系到油墨性能的稳定，是一项比较重要的指标，一般与颜料的润湿能力、颗粒大小、晶型大小等有关。

⑦ 物化性能　印刷品的应用场合越来越广，因此对颜料物化性能的要求也越来越多，主要有耐光、耐热、耐溶剂、耐酸碱、耐迁移等性能。

油墨中使用的有机颜料以偶氮颜料（单偶氮、双偶氮、缩合偶氮、苯并咪唑酮）、酞菁颜料、色淀颜料（酸性色淀、碱性色淀）为主。下面简单介绍几种主要油墨的颜料选择。

（2）胶印油墨　胶印油墨目前用量最大，全世界平均用量约占油墨总量的40%，国内达到70%左右。其所用颜料的选择主要考虑以下几点：

① 体系溶剂主要是矿物油和植物油，因此它的体系中含有一定数量的羧基（—COOH），故不能用碱性大的颜料。

② 在印刷过程中，油墨要与给水辊接触，因此耐水性要好。

③ 印刷时墨层较薄，因此浓度要高。

④ 胶印采用套印比较多，故要求透明性好，尤其是黄颜料。

综合以上分析，红颜料一般用颜料红#49：1（立索尔大红）、颜料红#53：1（金光红 C）、颜料红#57：1（洋红 6B）。

蓝颜料一般用颜料蓝#1（品蓝色淀）、颜料蓝#15：3（β-酞菁蓝）、颜料蓝#19（射光蓝浆）。

黄颜料一般用颜料黄#12、颜料黄#13、颜料黄#14。

其他颜色常用的有颜料橙#13、颜料红#81、颜料紫#1、颜料紫#3、颜料紫#23、颜料绿#7。

（3）溶剂型凹印油墨　此类油墨中的溶剂主要是各类有机溶剂，如苯类、醇类、酯类、酮类等。不同的体系溶剂对颜料的选择有不同的要求，但概括起来，总体上要考虑以下几点：

① 凹印油墨本身的黏度较低，这就要求颜料的分散性要好。在连接料中有良

好的流动性，并且在储存过程中不会发生絮凝及沉淀现象。

② 由于印刷物的原因，溶剂型凹印油墨以挥发干燥为主，故要求在体系干燥时有良好的溶剂释放性。

③ 耐溶剂性要好，在溶剂体系中不会发生变色、褪色现象。

④ 在印刷过程中要与金属辊筒接触。颜料中的游离酸对金属辊筒不应有腐蚀作用。

综合以上因素，适用溶剂型凹印油墨的颜料主要有颜料红#48：1、颜料红#48：2、颜料红#53：1、颜料红#57：1、颜料蓝#15：2、颜料蓝#15：3、颜料蓝#15：4、颜料橙#13、颜料黄#12。

溶剂型凹印油墨中醇溶型、酯溶型油墨由于对人体毒害性小，是将来的发展方向。

(4) 紫外光光固化油墨（UV 油墨） UV 油墨最近几年在全世界得到了广泛的应用，年增长率超过 10%，远远高于油墨的总增长率。它主要有胶印、柔印和丝印三种形式，它的干燥方式决定了颜料选择主要考虑以下因素：

① 颜料在紫外光下不会变色。

② 为避免影响油墨的固化速度，应选用对紫外光谱吸收率小的颜料。

在实际选材中，我们一般选用联苯胺黄、酞菁蓝、永久红、桃红、宝红、耐晒深红等。

(5) 水性油墨 水性油墨主要采用柔印、凹印两种形式，由于水性油墨一般呈碱性，故不宜使用含有易在碱性环境中反应的离子的颜料；另外，水性油墨中一般含醇类溶剂。故要求颜料要耐醇。一般选用联苯胺黄、永固橘黄 G、BBC 耐晒红、BBN 耐晒红、酞菁蓝等。

从长远来看，水性油墨与 UV 油墨由于极低的挥发性有机化合物（VOC），极具环保性，是今后油墨的发展方向，有机颜料的研制也应该往这个方向靠拢。

3.1.4.3　有机颜料在塑料中应用

塑料着色是塑料工业中不可缺少的一个组成部分，其重要意义在于美化产品。那些能改变物体的感知色，或者能给无色物体赋予颜色的物质统称为着色剂。有机颜料用于塑料着色，除了其应有的着色性能外，还需要满足塑料着色加工工艺所需要的分散性、耐热性、耐迁移性，被着色制品在使用环境下应具有的耐候性、耐光性、耐溶剂性和满足食品卫生标准的要求等。传统经典的偶氮类有机颜料因其色谱齐、色泽鲜艳、价格合理已大量用于塑料制品的着色，但其化学结构等因素在耐热性、耐光性、耐迁移性等方面存在种种缺陷，特别在浅色着色上其差距更大。另外传统的联苯胺黄、橙系列颜料在用于聚合物加工温度超过 200℃时会发生热分解，分解的产物是单偶氮化合物和芳香胺。当温度超过 240℃时还会产生双氯联苯胺。颜料分解物对人体和环境的影响越来越引起人们的重视，所以寻求高热稳定性的颜料也是近年来研究的重点之一。

3.2 偶氮颜料化学及工艺学

偶氮颜料是分子中含有偶氮基（—N=N—）的颜料。颜料分子中的偶氮基是通过重氮化与偶合反应而导入的。偶氮化合物存在顺反异构现象，它们通常被写成反式结构，因为这种结构较为稳定。然而，X射线衍射分析表明偶氮化合物通常以腙式结构存在。

3.2.1 偶氮颜料的合成

3.2.1.1 重氮化反应

重氮化反应是芳香族伯胺与亚硝化试剂（如亚硝酸、亚硝酰硫酸）的反应，反应一般在 $0 \sim 5 ℃$ 的酸性水溶液中进行。

$$Ar—NH_2 \xrightarrow[2HX]{NaNO_2} Ar—N\equiv NX + 2H_2O + NaX$$

式中，Ar为芳香烃或杂环；X为Cl、Br、HSO_4。

（1）重氮化反应的3个因素　在进行重氮化反应时，要注意下列3个因素。

① 酸的用量　从上面反应式中可看出，酸的理论用量为2mol，但在实际的反应中，酸的作用首先是使芳胺类化合物溶解，其次是与亚硝酸钠生成亚硝酸，最后是稳定生成的重氮盐。所以重氮化反应时酸的用量在 $2.5 \sim 3.5$ mol 之间，使整个反应过程及反应完成后的反应介质仍呈强酸性。若酸的用量不足，生成的重氮盐容易和未反应的芳胺偶合，生成如下的重氮氨基化合物。

$$Ar—N_2X + ArNH_2 \rightarrow Ar—N=N—NHAr + HX$$

这是一种不可逆的自偶合反应，一旦生成，直接会影响偶氮颜料的产率及质量。

② 亚硝化试剂的用量　重氮化反应进行时，自始至终必须保持亚硝化试剂微过量，否则会引起自偶合反应。在反应中还必须保持一定的亚硝化试剂的加入速度，过慢则已反应的重氮盐会与未反应的芳胺发生自偶合；过快则一部分亚硝化试剂来不及与芳胺发生反应而产生红棕色的二氧化氮气体，既污染环境又影响反应配比。

③ 反应温度　重氮化反应一般都在 $0 \sim 5 ℃$ 进行，这是因为大部分重氮盐在低温条件下比较稳定。较高的温度会促使重氮盐分解。另外，亚硝化试剂在较高温度下也容易分解。对于氨基苯磺酸类化合物的重氮化反应，由于该类化合物的重氮盐因生成内盐而比较稳定，所以重氮化反应可在 $10 \sim 15 ℃$ 时进行。在间歇式反应釜中重氮化反应时间相对较长，保持较低的反应温度是正确的。对于管道式反应，应在较高的温度下进行。

在工厂生产中，一般用pH试纸或刚果红试纸或pH计测定重氮液的酸度；用碘化钾-淀粉试纸或乙酸铜-皂黄试纸测定亚硝酸是否过量；用温度计（仪）测定反应温度。在用碘化钾-淀粉试纸检验亚硝化酸时，应以 0.5～2s 时间内显色为准。否则，由于空气中的氧在酸性条件下也可使碘化钾-淀粉试纸氧化而变色，使检验失去作用。

（2）重氮化反应的机理　重氮化反应的机理有成盐学说和亚硝化学说，现在普遍接受的是亚硝化学说。亚硝化学说认为：游离的芳胺与亚硝化试剂首先发生 N-亚硝化反应，生成一个不稳定的中间产物 N-亚硝化物，然后 N-亚硝化物在酸性溶液中迅速分解而转化成重氮盐。整个反应的速度受第一步反应的控制。

$$Ar-NH_2 \xrightarrow{X-NO} Ar-NH-NO \longrightarrow Ar-N=N-OH \xrightarrow{H_3O^+} Ar-\overset{+}{N}\equiv \overset{\cdot\cdot}{N}$$

从上面反应式中也可以看出，真正参加重氮化反应的是溶解的游离芳胺而不是芳胺的铵盐。

（3）重氮化反应的条件　在选择重氮化反应条件时，首先要考虑重氮组分的碱性情况，根据芳胺的碱性强弱，选择在何种酸及在何种浓度的酸中进行反应。

一般来说，在选择酸的浓度时要注意下列两个平衡关系。

$$Ar-NH_2 + H_3O^+ \Longrightarrow Ar-N^+H_3 + H_2O \tag{3-1}$$

$$HNO_2 + H_2O \Longrightarrow H_3O^+ + NO_2 \tag{3-2}$$

当酸的浓度增加时，式(3-1) 所示的反应向铵盐方向移动，游离芳胺浓度降低，因而重氮化反应速度变慢；式(3-2) 所示的反应向亚硝酸方向移动，抑制了亚硝酸的电离，加速了重氮化反应。因此，酸的用量一般为芳胺：酸＝1：(2.5～3.5)（摩尔比），反应时酸的浓度为 0.01～1mol/L。

重氮化反应一般用酸作为反应介质，可用的酸有盐酸、硫酸、冰醋酸。可以先在硫酸或冰醋酸中将芳胺溶解，稀释，再在盐酸中进行重氮化反应。由于所用的酸不同，参与重氮化反应的亲电子试剂也不相同。在稀硫酸或冰醋酸介质中参与反应的是亚硝酸酐；在盐酸中除了亚硝酸酐外，还有亚硝酰氯；在溴氢酸介质中或在含溴化钾的盐酸中进行的重氮化反应中，除了亚硝酸酐外，还有亚硝酰溴存在；在浓硫酸介质中，反应的质点是亚硝酰硫酸。这些质点的亲电子能力大小顺序为：

$$NOHSO_4 > NOBr > NOCl > N_2O_3$$

从亲电子能力大小可看出，在实验室中分析芳胺含量时，在盐酸中加入溴化钾能生成亚硝酰溴，因而使反应速度加快。不能用一般方法进行重氮化的弱碱性芳胺类可在浓硫酸介质中进行重氮化反应，这不仅因为此类芳胺能溶解在浓硫酸中，更重要的是因为在浓硫酸中参与反应的亲电试剂（亚硝酰硫酸）的活泼性最强，只有用这个亚硝化试剂对电子云密度较低的氨基氮原子进行 N-亚硝化反应，方可使反应发生。

虽然酸的浓度、用量以及酸的种类可影响芳胺的重氮化反应，但真正影响重氮化的是芳胺本身的结构和由此而引起的芳胺的不同性质，如碱性的强弱、无机酸成盐的难易、铵盐在水中的溶解度和稳定性等。所以可根据芳胺的这些不同性质，确定它们的重氮化反应条件。这些条件是亚硝化试剂、反应温度、反应浓度、酸的用量及种类、加料顺序等。经过长期的生产实践，人们将适合于生产偶氮颜料的各种重氮化方法，归纳为4种不同类型。

① 碱性较强的芳胺 如苯胺、甲苯胺、甲氧基苯胺、二甲苯胺以及3,3′-二甲基联苯胺、3,3′-二甲氧基联苯胺等。这些芳胺的特点是碱性较强，分子中不含吸电子取代基，容易和无机酸生成稳定的铵盐，铵盐较难水解且易溶解于水。进行重氮化反应时酸用量不宜过多，否则抑制了溶液中游离芳胺的生成，影响重氮化反应的速度。在重氮化反应时，一般将芳胺溶于稀酸中，然后加入碎冰降温至0～5℃，再加入亚硝酸钠的水溶液进行重氮化反应。

② 碱性较弱的芳胺 如对硝基苯胺、硝基甲苯胺、多氯苯胺等，这些芳胺分子中都含有吸电子取代基，碱性较弱，难以与稀酸成盐，即使生成了铵盐，在水中也很容易水解成游离的芳胺，所以它们的反应速度比碱性较强的芳胺快。在重氮化反应中，一般是先将此类芳胺加到较浓的酸中加热至全溶，再加入碎冰使之降温至0～5℃而重新析出细小的颗粒，最后快速加入亚硝酸钠水溶液进行重氮化反应，通常反应在20～30min内便可结束。

③ 弱碱性芳胺 如2,4-二硝基-6-氯苯胺、2,4-二硝基-6-溴苯胺、氨基蒽醌等，这类芳胺的碱性降低到了即使用很浓的盐酸也不能溶解。它们的重氮化反应一般用亚硝酰硫酸为亚硝化试剂在浓硫酸或冰醋酸中进行。由于这类芳胺的铵盐很不稳定并且很容易水解，所以它们的酸溶液不能用水稀释，也不能用盐酸来溶解。

④ 芳胺磺酸 如2-氨基-4-氯-5-甲基苯磺酸（2B酸）、2-氨基-5-甲基苯磺酸（4B酸）、2-氨基-4-甲氧-5-氯苯磺酸（CA酸）、2-氨基-4-甲基-5 氯苯磺酸（CLT酸）、2-氨基萘磺酸（吐氏酸）等都是含有磺酸基的芳胺，它们的特点是大多数呈内盐形式而难溶于水，但它们可溶于碱性水溶液。所以对这类芳胺进行重氮化反应时，一般是先将其溶于纯碱溶液或液体烧碱，加入亚硝酸钠后，再加酸使之重氮化。由于重氮盐呈内盐形式，故酸的用量为芳胺磺酸1.25～2.5mol即可。

（4）重氮化反应的方法 下面介绍几种生产偶氮颜料常用的重氮化方法，至于实际生产中具体选择何种方法，则取决于芳胺的碱性和溶解性，以及出于对环境、成本等因素的考虑。

① 直接重氮化法 芳胺用适量的酸溶解后，用碎冰将该溶液冷却到0～5℃，然后加入亚硝酸钠溶液使之重氮化。在反应期间，应保持反应介质的pH值＜2.0，温度为0～5℃，反应时间为1～2h。此方法也称为顺式重氮化法。

② 间接重氮化法 这一方法尤其适用于芳香族氨基羧酸和氨基磺酸，因为这两类芳胺通常在稀酸中呈微溶状态。将胺类化合物溶解在碱性溶液中，再与等摩尔量的亚硝酸钠混合，将此混合液倒入酸与冰的混合液中进行重氮化反应，也可反过来将酸、冰的混合液倒入胺与亚硝酸盐的溶液中。此方法也称为反式重氮化法。

③ 在浓硫酸中的重氮化方法　将碱性非常弱的芳胺溶解在浓硫酸中，用亚硝酰硫酸作亚硝化剂进行重氮化反应。亚硝酰硫酸是由浓硫酸与亚硝酸钠固体反应生成的透明性溶液。这类芳胺的重氮化反应一般在较高的温度下（50～70℃）进行。

④ 在有机溶剂中的重氮化方法　在水中几乎或完全不溶解的芳胺用冰醋酸溶解，或加入有机溶剂（如乙醇）使其溶解，再加入酸、亚硝化试剂进行重氮化反应。亚硝化试剂包括亚硝酰硫酸、亚硝酰氯、烷基亚硝酸盐等。

对于常温下不能溶解的芳胺，可以采用以下方法：A. 加盐酸后升温溶解，快速冷却后使之以细小粒子析出，再进行顺式重氮化反应；B. 用浓硫酸溶解，再进行顺式重氮化反应；C. 用少量冰醋酸升温溶解，常温或低温析出细小粒子后，再加盐酸等进行顺式重氮化反应。

大多数芳胺的重氮化反应可通过调节温度、pH 值、反应介质的浓度等因素来控制。对于微溶性芳胺类的重氮化反应，除以上几个参数外，加入乳化剂或分散剂等表面活性剂也会影响重氮化反应的结果。

3.2.1.2　偶合反应

芳香族重氮盐与芳胺类、酚类或含活泼亚甲基的化合物作用，生成偶氮化合物的反应称为偶合反应。能与重氮盐发生偶合反应的芳胺、酚或含活泼亚甲基的化合物等总称为偶合组分。

$$Ar-N\equiv NX + Ar'-OH \longrightarrow Ar-N=N-Ar'-OH$$
$$Ar-N\equiv NX + Ar'-NH_2 \longrightarrow Ar-N=N-Ar'-NH_2$$

（1）偶合反应的机理　偶合反应是一个亲电子取代反应。重氮盐正离子进攻偶合组分上电子云密度较高的碳原子，生成中间产物，然后迅速失去氢质子，不可逆地转化为偶氮化合物。

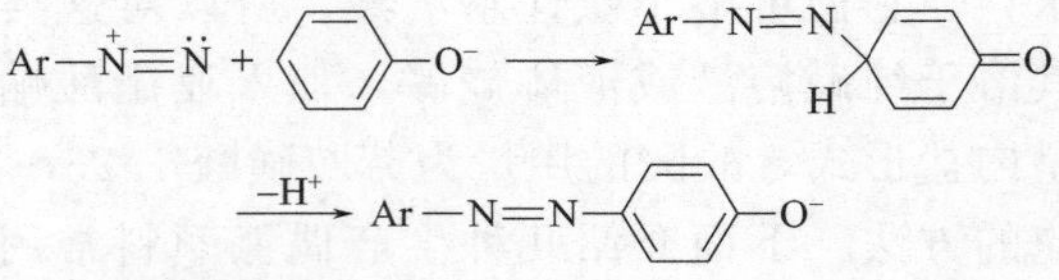

（2）影响偶合反应的因素

① 重氮组分与偶合组分的性质　重氮组分与偶合组分芳核上存在的取代基，对偶合反应的速度有较大的影响。当重氮组分的芳核上有吸电子取代基存在时，加强了重氮盐的亲电子性，偶合活泼性高；若有给电子取代基存在时，则减弱了重氮盐的亲电子性，活泼性低，不利于偶合。偶合组分也有类似情况，即芳核上有给电子基时，偶合反应较容易进行；当芳核上有吸电子基时，偶合反应就较困难。

② 介质的 pH 值　在偶合反应过程中，偶合液的 pH 值对偶合反应速度影响较大。如以萘酚及其衍生物作为偶合组分，在偶合反应过程中，随着介质 pH 值的增加，偶合反应速度增大。当 pH 值达到 9 左右时，偶合反应速度达到最大值，

再继续增加 pH 值时，偶合反应速度反而下降。偶合反应介质 pH 值增高，偶合反应速度增大的原因是因为偶合组分生成了活泼形式的酚负离子之故。在碱性介质中有利于酚负离子的生成，所以偶合反应速度增加。

$$ArOH \longrightarrow ArO^- + H^+$$

$$Ar\overset{+}{-}N\equiv N + Ar\overset{..}{O}^- \longrightarrow Ar-N=N-ArO^-$$

当 pH 值大于 9 时，偶合反应速度变慢的原因是因为在强碱性介质中，活泼的重氮盐会转变为不活泼的反式重氮酸盐，所以酚类及其衍生物的偶合反应的 pH 值通常在 7～9 之间。

以芳胺为偶合组分时，随着介质 pH 值升高，偶合反应速度增大。pH 值升高至 5 后，偶合反应速度和 pH 值的关系不大。待 pH 值升高至 9 以上时，偶合反应速度降低。芳胺类化合物的偶合反应 pH 值在 3.5～7 之间。

以活泼的亚甲基类化合物作偶合组分时，通常先用液体烧碱或纯碱溶液将其溶解，加酸使之析出后再进行偶合反应，偶合反应的 pH 值通常在 3.5～9 之间进行。

在合成偶氮颜料的偶合反应过程中，反应介质的 pH 值在不断地发生变化，这对颜料的粒子细度和晶体构型及偶合反应的速度都会产生直接的影响。最终表现为颜料的色光、着色力、各项牢度指标及吸油量等性能方面不尽如人意。因此在偶合反应前或在偶合反应过程中加入缓冲溶液或对流碱以稳定介质的 pH 值，将其控制在较小的变化范围内。常用的缓冲剂有醋酸与醋酸钠、磷酸与磷酸氢钠、碳酸与碳酸氢钠等，以及 3%～6% 的氢氧化钠稀溶液等。

③ 偶合反应的速度　在进行偶合反应时，同时发生重氮盐分解的副反应，生成焦油状物质。已知偶合反应的活化能为 59.4～71.9kJ/mol，重氮盐分解反应的活化能为 95.3～138.8kJ/mol，重氮盐分解活化能大于偶合反应的活化能。因此，反应温度每增加 10℃，偶合反应速度增加 2～2.4 倍，重氮盐分解速度增加 3.1～5.3 倍，所以偶合反应在较低温度下进行比较合适。

（3）间歇式偶合反应的方法

① 顺式偶合法　此方法使用较多。将偶合组分在碱溶液中溶解，加入活性炭脱色，过滤后，将滤液放入含有表面活性剂的偶合反应器中，根据工艺需要可加入醋酸、盐酸或磷酸进行酸析以调整偶合反应的 pH 值，然后匀速加入澄清的重氮盐进行偶合反应。

② 反式偶合法　当偶合组分溶解后较难酸析时使用此方法较适宜。将重氮盐放入偶合反应器中，调整体积、温度，根据工艺需要可加入醋酸、醋酸钠等缓冲剂及合适的表面活性剂，然后将偶合组分缓慢、均匀地加入重氮盐中进行偶合。由于偶合过程主要在酸性中进行，偶合速度较慢，所以偶合组分溶液的加入速度不宜过快，否则会引起物料的结团现象，直接影响颜料的质量。

③ 并流偶合　此法适合于对偶合 pH 值波动范围要小、成本要低、环境要求较高的场合。将 5%～10% 的偶合组分先放到偶合反应器中，调整体积、温度及表

面活性剂，将重氮液、偶合液及对流碱以均匀、稳定的流速同时加到偶合反应器中使之进行偶合反应。此法可使废液的化学需氧量（COD）指标降低，但含盐量略有增加，颜料的漂洗时间须增加。

④ 以有机溶剂为介质的偶合法　此法使用较少。当原料在水溶液中不溶解或微溶时，用部分或全部溶剂溶解，这些溶剂包括芳香族碳氢化合物、氯代碳氢化合物、醋酸酯及其他惰性溶剂，如二甲基甲酰胺、二甲基砜、四甲基脲及 N-甲基吡咯烷酮等。在重氮与偶合反应中，这些溶剂不参与反应。反应完毕必须回收所用的溶剂，否则会影响颜料的性能，或者造成环境污染。

偶氮颜料较难提纯，它们在制造过程中就已经形成了几乎不溶解的物质。因此原料的纯度对颜料的质量有直接的影响。然而，这只是其中的一个因素，下列几个因素在颜料合成中对产成品的影响比较大：偶合工艺，如反应物加入的顺序和速度；反应物的浓度；反应物的温度；反应用的有机溶剂；工艺及操作参数，如反应器及搅拌器的形状和尺寸，以及搅拌速度等。

（4）偶合反应的终点控制　进行偶合反应时，要随时检查反应液中重氮盐和偶合组分存在的情况，即使重氮盐（或偶合组分）滴加结束也并不意味着偶合反应的结束。一般要求当反应结束时，重氮盐要完全作用完毕，偶合组分微微过量。通常的检验方法如下：取偶合反应液一滴，滴于滤纸上，在润圈的一边缘滴上1-氨基-8-萘酚-3,6-二磺酸（H 酸）溶液，两润圈交汇处显示红色或紫色，表示重氮盐未反应完毕或重氮盐过量；在润圈的另一边缘滴上一滴对硝基苯胺重氮盐，若有红色或黄色显示，则表示偶合组分存在；若两边同时显色，说明偶合反应尚未结束，应继续反应一段时间，直至润圈显色变浅，最后某一种颜色消失即达终点。

在偶氮颜料制造中应注意，重氮组分过量较多时，会导致颜料色光变暗；若偶合组分过量较多时，会导致颜料着色率下降，两者都会影响颜料的其他应用指标。若在酸性介质中偶合，两种组分同时存在其润圈颜色较长时间不褪，则说明工艺条件选择不当，使反应速度过缓，应加以调整。有时重氮组分与偶合组分的配比正确，但达到反应终点时，重氮盐过量较多，则可能是重氮盐中亚硝酸钠过量较多，在偶合时与部分偶合组分进行亚硝化反应，消耗了一部分偶合组分，所以使重氮盐过量。这只有在以后的重氮化反应中将过量的亚硝酸用尿素或氨基磺酸或重氮组分加以平衡，以保证亚硝酸不带入到偶合反应中去。

3.2.1.3　合成偶氮颜料常用的原料

（1）重氮组分　重氮化反应主要由芳香族伯胺类化合物作为重氮组分，例如含各种取代基的苯胺类化合物。下面是一些重要的、常用的重氮组分。

① 取代的苯胺类化合物

邻硝基苯胺　　　　邻氨基苯甲酸　　　　邻氨基苯甲酸甲酯

2,5-二氯苯胺

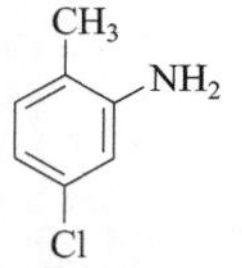

2-甲基-5-氯-苯胺 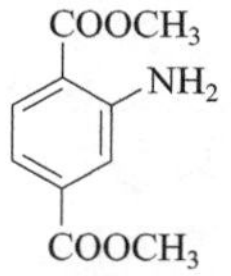　　2,5-二甲酸甲酯苯胺 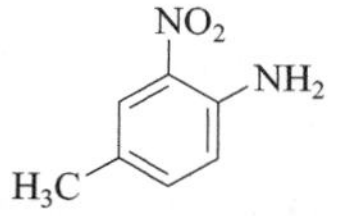　　邻硝基对甲苯胺 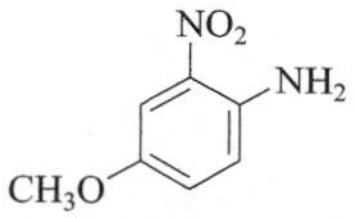　　邻硝基对甲氧基苯胺

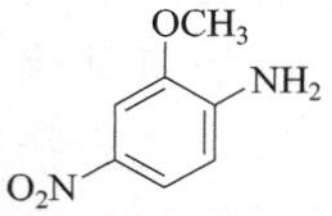

邻甲氧基对硝基苯胺 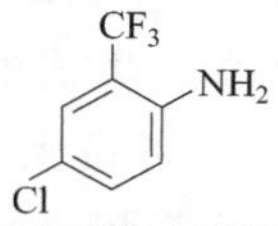　　邻三氟甲基对氯苯胺 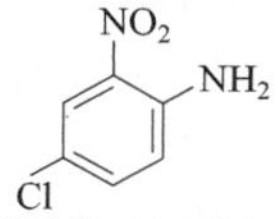　　邻硝基对氯苯胺 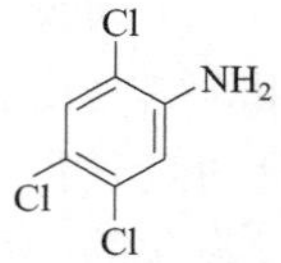　　2,4,5-三氯苯胺

② 氨基芳酰胺类化合物

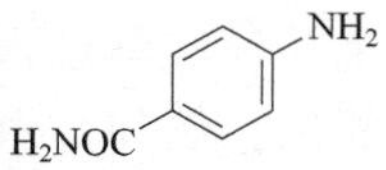

对氨基苯甲酰胺

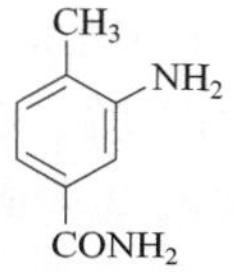

3-氨基-4-甲基-苯甲酰胺

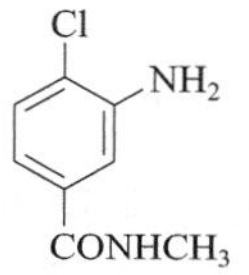

3-氨基-4-氯-N-甲基-苯甲酰胺

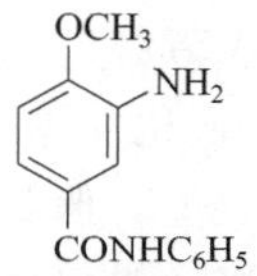

3-氨基-4-甲氧基-N-苯基-苯甲酰胺

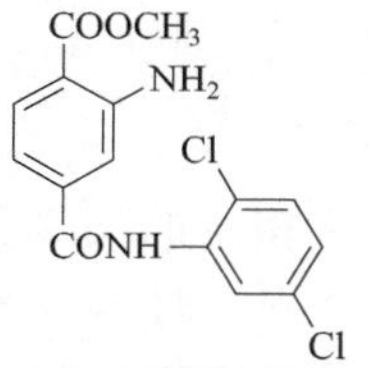

3-氨基-4-甲酸甲酯-N-2′,5′-二氯苯基-苯甲酰胺

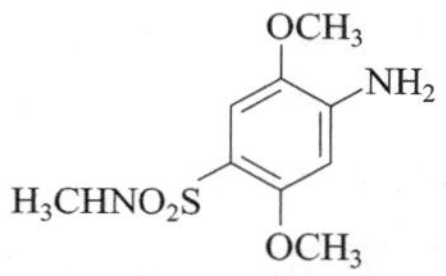

2,5-二甲氧基-4-氨基-N-甲基磺酰胺

③ 联苯胺类

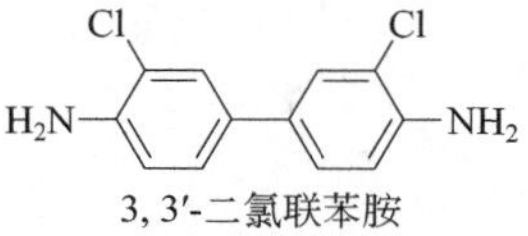

3,3′-二氯联苯胺

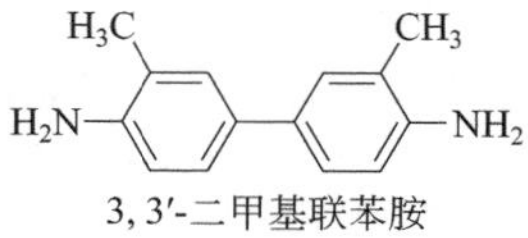

3,3′-二甲基联苯胺

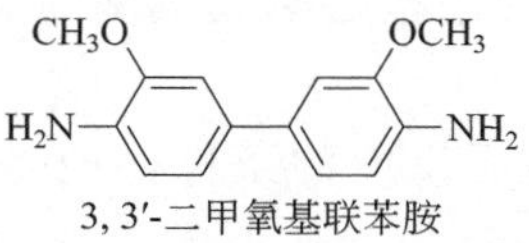

3,3′-二甲氧基联苯胺

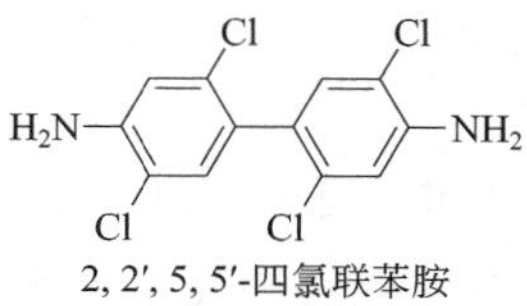

2,2′,5,5′-四氯联苯胺

④ 芳香族氨基磺酸类

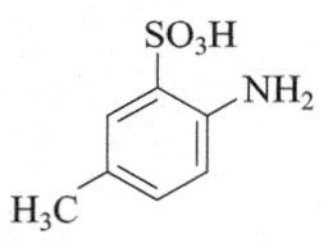

4B酸 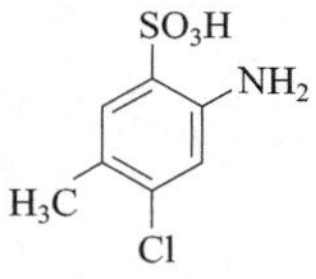　　2B酸 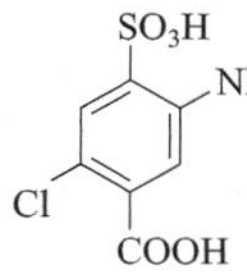　　CA酸 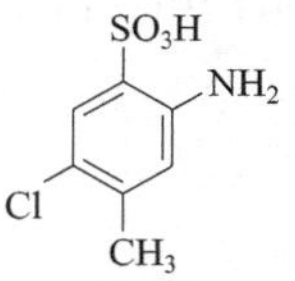　　CLT酸

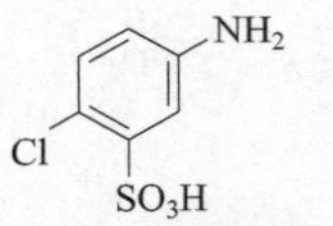

2-氯-4-氨基苯磺酸 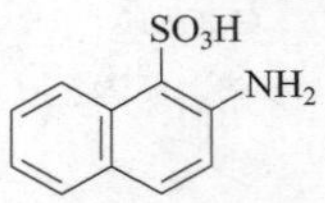   吐氏酸

（2）合成重氮组分的单元反应

① 烘焙磺化 芳香族氨基磺酸类化合物在生产偶氮色淀颜料中有着广泛的应用，它是由相应的硝基化合物通过磺化、还原后生成的。也可由相应的氨基化合物通过磺化，或所谓的"烘焙磺化"制得。"烘焙磺化"是对芳香伯胺类化合物进行磺化的一种特殊的方法。利用这种方法制备芳胺磺酸，硫酸的用量仅为理论量或略多一点。这样就可避免因使用传统的磺化方法而产生的大量废酸。此举对环境保护十分有益。进行"烘焙磺化"反应时，先将等摩尔量的芳香伯胺与硫酸混合制成芳胺的硫酸盐，再将该硫酸盐放在烘盘上于 $200\sim300℃$ 的温度中进行烘焙。"烘焙磺化"这一名称即来源于此。若是苯系的芳胺，反应的结果是磺酸基进入氨基的对位。假如对位已被其他基团取代，则磺酸基转到氨基的邻位。例如，由对甲苯胺经烘焙磺化制 4B 酸。

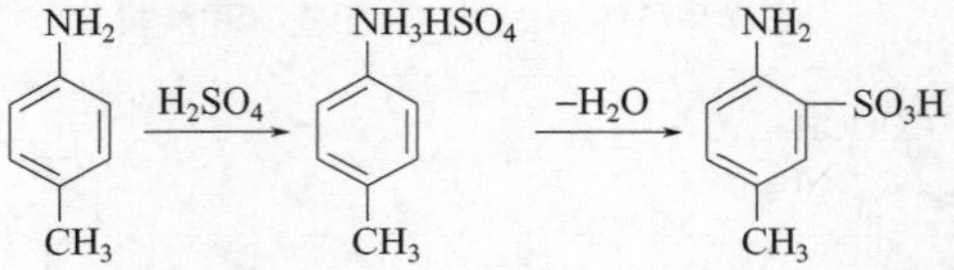

② 硝化 芳香族氨基化合物的生产通常是从相应的硝基化合物开始的。芳香族硝基化合物是通过用硝酸或硝酸与硫酸的混合物，对苯或各种芳香族化合物进行硝化反应而获得的。硝化反应时使用混酸可起到稳定反应温度，使反应温和进行的目的。混酸硝化是制备硝基化合物的一种非常有效的方法。例如，由氯苯经混酸硝化制邻、对硝基氯苯。

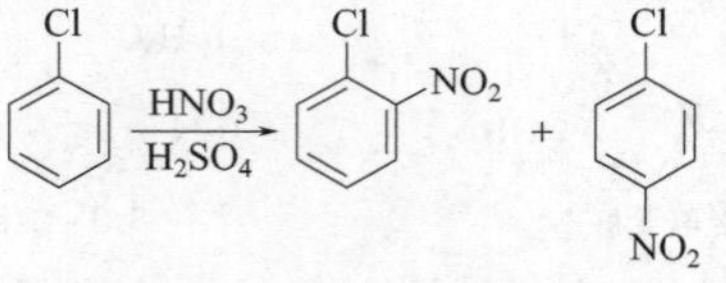

③ 硝基的还原 将芳香族硝基化合物中的硝基还原成氨基的反应，在工业上有以下几种方法。

A. 液相催化加氢还原 液相催化加氢还原反应的条件一般是在 $20\sim120℃$，$1\sim10MPa$ 的压力下，在耐压、抗震的容器中反应。典型的催化剂通常是镍或它的化合物，如骨架镍，在某些情况中使用贵金属，如钯或铂来替代镍作催化剂。例如，由 2,4-二硝基甲苯经骨架镍催化加氢制 2,4-二氨基甲苯。

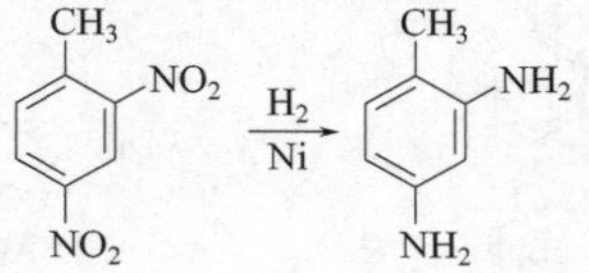

B. 铁粉还原　此方法是在酸性或接近中性的介质中用铁粉将芳烃中的硝基还原成氨基的传统工艺，1854 年被发现，1857 年工业化生产。凡是容易与铁泥分离的芳胺均可适用，我国目前仍有采用此方法者。但铁粉还原的方法在反应中产生大量的铁泥（Fe_3O_4），铁泥的环保问题较难解决，所以此方法已逐步被淘汰。

C. 在碱性介质中用锌粉还原　此方法在颜料工业中主要用于生产联苯胺及其衍生物，其反应步骤如下。

$$Ar-NO_2+Zn \longrightarrow Ar-NO+ZnO$$
$$Ar-NO+Zn+H_2O \longrightarrow Ar-NHOH+ZnO$$
$$Ar-NO+Ar-NHOH \longrightarrow Ar-NO=N-Ar+H_2O$$
$$Ar-NO=N-Ar+H_2O+2Zn \longrightarrow Ar-NH-NH-Ar+2ZnO$$
$$Ar-NH-NH-Ar \longrightarrow NH_2-Ar-Ar-NH_2$$

D. 用肼还原　此方法一般应用于敏感的硝基化合物，如邻位/对位取代基的硝基苯。肼还原一般是用肼作还原剂，用骨架镍或贵金属铂、钯作催化剂。但也有用三价铁盐作催化剂的，例如，对硝基甲苯在适量铁盐催化剂的存在下在回流温度与肼反应 5h，对甲苯胺的收率可达 98%。

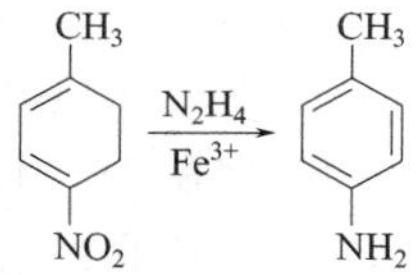

E. 亚硫酸盐的还原反应　当硝基物（或亚硝基物）与亚硫酸盐溶液共热而后酸化，除了硝基（或亚硝基）被还原以外，还发生环上磺化。这种还原并同时磺化的方法如果反应条件控制得当的话，则合成的氨基磺酸成本较低。例如，将间二硝基苯与亚硫酸钠溶液一起加热，然后把酸化的溶液煮沸，即得到 2-硝基-4-氨基苯磺酸钠。

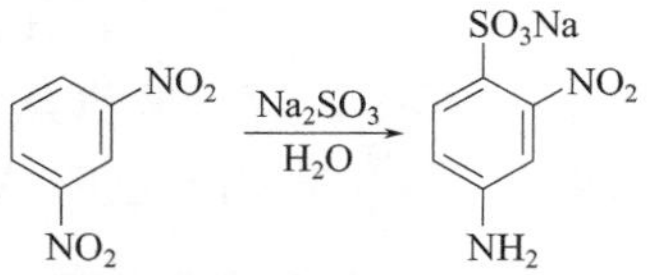

F. 硫化碱的还原反应　在弱碱性介质中采用硫化碱作为还原剂进行反应。常用的还原剂有硫化钠、硫氢化钠、多硫化钠等，用量一般为理论量的 120% 或稍多一点。反应较温和，可控制多硝基化合物中的一个硝基被还原，但对于含有磺酸基的硝基化合物不适宜。例如，2,4-二硝基苯胺部分还原制 4-硝基邻苯二胺。

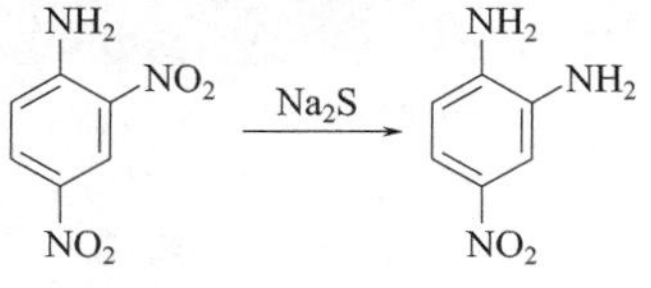

（3）常用的偶合组分及其合成方法　工业上较重要的偶合组分及其合成方法如下。

① 含有活泼亚甲基的化合物（箭头所指处为亚甲基） 这类化合物中最典型的代表是乙酰乙酰芳胺类化合物，它是由乙酰乙酸乙酯或双乙烯酮与芳香族伯胺反应而成的。这个反应可在水、醋酸水溶液或任何对乙酰乙酸乙酯（或双乙烯酮）惰性的有机溶剂中进行。乙酰乙酰胺类化合物中也包括双乙酰乙酰氨基类型的双官能团化合物。用双乙烯酮作为酰化剂进行上述反应，操作容易，几乎没有副产物，产品的质量和收率都较高。但双乙烯酮不够稳定，存放时间不宜过久。

含活泼亚甲基的化合物　乙酰乙酰芳胺类化合物

② 2-萘酚（2-羟基萘） 在磺化反应器内加入熔融的萘，调整温度至130～140℃，加入98%硫酸，加完后将物料升温至160～170℃，保温数小时。然后将磺化产物转移到水解反应器内，加入水并通入直接蒸汽将1-萘磺酸水解掉。水解完毕，加入30%硫酸钠并保持一定的温度，将萘吹出。加入15%的亚硫酸钠对2-萘磺酸中和，冷却、过滤即得2-萘磺酸钠盐。在碱熔反应器内加入98%烧碱，升温至260℃使其熔融，加入2-萘磺酸钠盐，升温至320～330℃，保温1h。将物料稀释后通入二氧化硫进行酸化。冷却、分层、真空蒸馏即得成品2-萘酚。

③ 2-羟基-3-萘甲酸（2,3酸） 在成盐反应器内加入60%的液体烧碱，升温至120℃，加入2-萘酚，在120～130℃保温1～2h，压入羧基化反应器内，升温至240℃，通入二氧化碳进行羧基化，然后稀释、分离出反应中生成的树脂状副产物，中和、酸析、抽滤、干燥，得成品2,3酸。

2-萘酚　2-羟基-3-萘甲酸

④ 色酚 AS 及其衍生物 在搪玻璃釜中加入氯苯及 2,3 酸，升温至65～130℃，加入苯胺或其衍生物，然后加入三氯化磷，在此温度下反应数小时，压入已溶有纯碱的蒸馏釜中，调整 pH 值＞8，直接蒸汽蒸馏至无氯苯为止，过滤、洗涤、干燥得色酚 AS 或其衍生物。工业上常用的色酚 AS 及其衍生物见表 3-1。

表 3-1　常用的色酚 AS 及其衍生物

名称	染料索引号	染料索引结构号	R²	R³	R⁴	R⁵
色酚 AS	C. I. 偶合组分 2	37505	H	H	H	H
色酚 AS-D	C. I. 偶合组分 18	37520	CH₃	H	H	H
色酚 AS-OL	C. I. 偶合组分 20	37530	OCH₃	H	H	H
色酚 AS-PH	C. I. 偶合组分 14	37558	OC₂H₅	H	H	H

名称	染料索引号	染料索引结构号	R²	R³	R⁴	R⁵
色酚 AS-BS	C.I. 偶合组分 17	37515	H	NO$_2$	H	H
色酚 AS-E	C.I. 偶合组分 10	37510	H	H	Cl	H
色酚 AS-RL	C.I. 偶合组分 11	37535	H	H	OCH$_3$	H
色酚 AS-VL	C.I. 偶合组分 30	37559	H	H	OC$_2$H$_5$	H
色酚 AS-MX	C.I. 偶合组分 29	37527	CH$_3$	H	CH$_3$	H
色酚 AS-KB	C.I. 偶合组分 21	37526	CH$_3$	H	H	Cl
色酚 AS-CA	C.I. 偶合组分 34	37531	OCH$_3$	H	H	Cl
色酚 AS-BG	C.I. 偶合组分 19	37545	OCH$_3$	H	H	OCH$_3$
色酚 AS-ITR	C.I. 偶合组分 12	37550	OCH$_3$	H	OCH$_3$	Cl
色酚 AS-LC	C.I. 偶合组分 23	37555	OCH$_3$	H	Cl	OCH$_3$

⑤ 由乙酰乙酸乙酯或双乙烯酮、2,3 酸、杂环胺衍生的杂环偶合组分　如生产黄色苯并咪唑酮类有机颜料的关键中间体 5-乙酰乙酰氨基苯并咪唑酮。

还有生产红色苯并咪唑酮类有机颜料的关键中间体，5-(2′-羟基-3′-萘甲酰)-氨基苯并咪唑酮，即色酚 AS-BI。

⑥ 吡唑啉酮及其衍生物　吡唑啉酮及其衍生物是重要的杂环偶合组分，它们是由 1,3-双乙烯酮或乙酰乙酸乙酯与芳香肼或它的衍生物通过缩合闭环而成的，缩合闭环的副产物是水和乙醇，对环境的污染甚小。

R = CH$_3$, COOCH$_3$, COOC$_2$H$_5$
R′ = H, CH$_3$

3.2.1.4 偶氮颜料的后处理或颜料化处理

大多数偶氮颜料与偶氮染料在制造过程所形成的颗粒形式有很大的不同。水溶性的偶氮染料是从水溶液中通过盐析得到的，在洗涤、干燥中所涉及的工作量较少，在最后的染料标准化过程中一般是将助剂、固体稀释剂加到产品中，这种过程现在几乎被固定化了。而偶氮颜料则不同，在合成过程中它首先形成不溶于水的晶核，晶核再成长为晶体。这一阶段的粒子相当细，大约为 $0.1\sim0.5\mu m$，一般称为一次粒子或初级粒子。初级粒子很容易发生聚集，聚集后的粒子称为二次粒子，其粒径为 $0.5\sim10\mu m$。二次粒子的形成有两种途径，一种是在液相介质中聚集而成，另一种是在滤饼干燥过程中结成的大块，然后颜料经过研磨、分散而成。不同的颜料，甚至是同种化学结构的颜料，因合成的方式不同或颜料化方法不同，得到的二次粒子大小与聚集形态是不同的，相应的应用性能也不一定相同。所以颜料的某些物理性质，例如晶体构型、晶体大小、晶体质量，以及粒子大小与分布等都必须在合成或颜料化过程中进行调整，以符合应用的质量要求。颜料初级粒子的性质很明显跟颜料结构本身有关，在偶合过程中通过调节反应参数，如 pH 值、温度、反应浓度和搅拌速度，以及加入表面活性剂等可对此进行修饰，以符合一定的标准。

在工业生产中，偶氮颜料粗品都必须进行颜料化处理。直接对颜料滤饼进行干燥会形成聚集体。若聚集体的结构较松散，则有利于在分散介质中制成高度分散的体系。若聚集体粒子较硬，则难以分散，因此着色强度也较低。一旦形成坚硬的聚集体，即使用研磨的方法也不可能把它转变成有用的颜料。

要改变颜料粒子的物理参数，热处理也是一种颜料化的处理方法。在水中或有机溶剂中，对颜料粗品的悬浮物进行高温热处理可改善颜料颗粒的表面物理性能。这样的处理方法可减少容易凝聚的、相当细小的颜料粒子，使粒子尺寸分布均匀。在有机溶剂中，尤其是在乙醇、冰醋酸、氯苯、邻二氯苯、吡啶或 N,N'-二甲基甲酰胺（DMF）等溶剂中，在 $60\sim150℃$ 进行处理能使颜料粒子增大到合适的粒径。因此，粒子尺寸的分布朝大的尺寸方向移动，这不仅能改善颜料的流变性质，而且能有效地增加颜料的遮盖率（不透明性）。

为了改善颜料粒子的表面结构，在反应介质中加入一定比例的、具有不同化学结构的表面活性剂，也能获得较好的效果。这过程一般称为表面处理。在偶合期间或偶合之后，立即将松香或表面活性剂加到反应混合物中以抑制颜料晶体的进一步增长，能产生出细微的粒子，具有良好的透明性。这种方法在偶氮颜料的生产中经常使用。

对颜料进行的颜料化处理中，其他常用的方法还有：在颜料粗品中添加脂肪族胺类化合物的表面处理，添加二元或多元表面活性剂的表面处理，添加与颜料母体结构相同的衍生物的表面处理以及高分子超分散剂的表面处理等，或者对颜料粗品用酸溶法、酸胀法、挤水换相、研磨等工艺进行表面处理。

在反应的不同阶段加入不同的表面活性剂，所起的作用也各不相同。在重氮组分溶解前加入表面活性剂，主要有利于它的溶解，便于重氮化反应，但一般宜加入非离子表面活性剂。在偶合组分溶解前加入表面活性剂，有助于粉状原料润湿、溶解，这一阶段使用阴离子表面活性剂较多。在偶合前加入表面活性剂有利于生成的颜料初级粒子不再进一步聚集，容易获得较透明的颜料性能及较高的着色力。在偶合后热处理前加入表面活性剂，可避免颜料在热处理过程中和干燥过程中进一步聚集而导致着色力下降。此时也可根据颜料的用途添加表面活性剂，如果需要使颜料在水中容易分散，可添加阴离子表面活性剂，如萘磺酸的甲醛缩合物、木质素磺酸钠、烷基磺酸钠、苯基磺酸钠等；如果要使颜料在水中不容易分散，即亲油性好，可在颜料中添加非离子表面活性剂，如山梨醇类、脂肪醇类、烷基胺与环氧乙烷的加成物等。应注意的是，非离子表面活性剂在合成过程中因工艺条件的不同，其产物的亲水亲油平衡（HLB）值也各不相同。一般来说，HLB 值在 8~18 时适合于颜料在水中分散，HLB 值在 4~7 时适合于颜料在油中分散。

颜料化处理不仅能够改变颜料的许多物理性质，如颗粒大小、粒径分布、表面特性、比表面积、晶型等，而且能够改善颜料的应用性能，如色光、着色强度、鲜艳度、透明度或遮盖力、分散性、流动性以及耐晒牢度、耐溶剂牢度、耐气候牢度和耐迁移牢度等，使颜料能够适应不同用户的需要。

用脂肪族胺类化合物对颜料进行颜料化也许会发生一些副反应，因此部分颜料被转变成胺与颜料的缩合物，一种化学结构相当于氮甲川的衍生物。当所用的脂肪胺其烷基碳链足够长时，这种化合物在甲苯中有一定的溶解度。对于调制凹版印刷油墨，甲苯是最重要的溶剂。如此，用这种颜料化方法获得的颜料在调制此类油墨时，能减少油墨的黏度。

偶氮颜料被合成后，经颜料化处理，再经干燥、粉碎得到粉末状的颜料，然后在使用时再将其分散于应用介质中，这一程序不够经济。如今，在实际生产中经常省掉其中的干燥和粉碎这两步，而用挤水换相等方法直接将颜料分散于应用介质中。

3.2.1.5 过滤、干燥、磨粉

颜料制造的后阶段过程是把颜料从反应悬浮液中分离出来并进行洗涤与干燥，固液分离最有效的手段就是过滤。洗涤的目的在于除去颜料滤饼中的无机盐或其他水溶性物质。这些过程可以连续操作，也可以间歇操作，主要取决于产品的产量及劳动力成本。板框式压滤机比较适合于间歇式的过滤。现在的板框式压滤机主要是由聚丙烯塑料制成，而以前的木制板框正在被逐步取代。另外，产量大的

产品，一般用连续传动带式过滤器或旋转式过滤器进行过滤，然后再进行水洗操作。

在干燥前，可先将颜料滤饼在压榨机中通过强力挤压使滤饼的含固率提高（板框压滤机在卸料前通常用压缩空气吹若干时间，以提高颜料的含固率）。传统的干燥器干燥滤饼的时间较长，消耗时间短的约 10h，长的则可能 2～3 天。为了加速干燥过程，增加颜料滤饼的表面积是比较有利的，这可通过机械在烘盘中把滤饼切碎，或用挤压机把滤饼挤压成较小的块状。间歇干燥一般是在具有循环热空气加热的干燥箱中进行，也可以在间歇式真空干燥箱中进行操作。选择哪一种形式的干燥箱，主要取决于颜料的热敏感性。

连续式干燥操作可在带式干燥器、闪蒸干燥器中进行。典型的带式干燥器的操作原理是热空气通过管道逆向地送到运行颜料滤饼的金属带上，但这时的温度和时间参数是可变的。在喷雾式闪蒸干燥器中，浆状颜料通过一个旋转盘或喷嘴进入热空气循环的锥形喷雾室中，已干燥的颜料粉末（沉降）下降至底部。

对于块状颜料的磨粉来说，有各种型号的磨粉机可供选择。为了达到最佳的颜料性能，对于颜料的磨粉（碎）最好在操作中进行中间测试，这样可避免过度磨粉以致引起初级粒子重新聚集。在工业化生产中，磨粉前最好对每一个颜料的粉尘做一下爆炸极限范围的试验，这样可测出磨粉时每一种颜料的危险等级。

3.2.2　单偶氮黄橙颜料

大多数单偶氮黄色和橙色颜料的化学结构如图 3-29 所示。

式中，R^a 为重氮组分中的取代基团；R^c 为偶合组分中的取代基团；m，n 为取代基团的个数（1～3 个）。

重氮组分和偶合组分中 R^a、R^c 表示 CH_3、OCH_3、OC_2H_5、Cl、Br、NO_2、CF_3 等基团。此外，偶合组分也可以是吡唑啉酮及其衍生物，用它作为偶合组分得到的单偶氮黄色和橙色颜料的化学结构如图 3-30 所示。

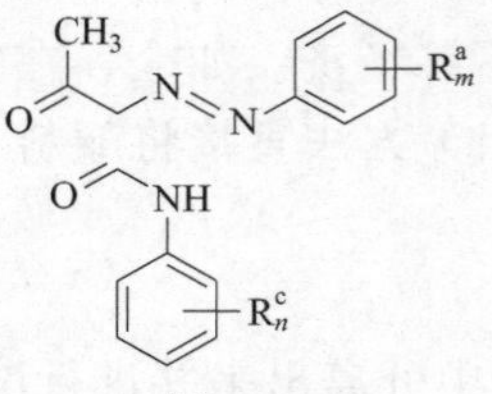

图 3-29 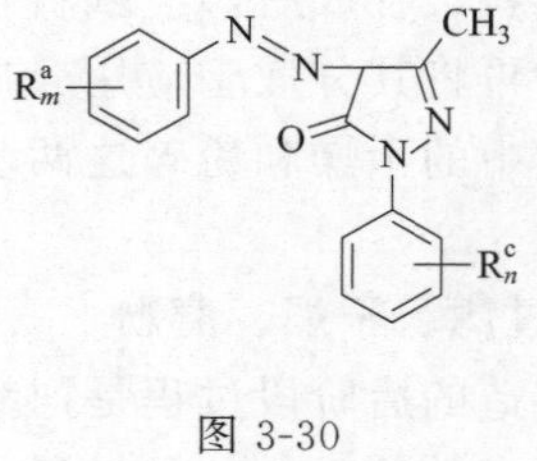　　　　　　　　　　　　　　图 3-30

合成单偶氮黄色和橙色颜料的习惯方法如下：①在酸性水介质中，0～5℃的温度下用 30% 亚硝酸钠水溶液对重氮组分进行重氮化；②乙酰乙酰苯胺及其衍生物（或吡唑啉酮及其衍生物）在碱中溶解后再加酸析出细微的粒子，调整 pH 值至 4～5 后进行偶合反应；③将得到的颜料悬浮液在短时间内加热到 70～80℃，过滤，用水漂洗净滤饼中的盐分及可溶性杂质，在 60～80℃ 进行干燥。在整个反应过程中需要加入分散剂或乳化剂以控制颜料的粒子尺寸，随后的热处理也可在压力下进行，使颜料粒子尺寸的大小与分布达到理想的状态。

典型的重氮组分中大多数带有硝基，在氨基的邻位较少含有卤基、甲基及甲氧基。这类颜料的耐溶剂性和耐迁移性不好，为了改善它们的这些性能，在后来的研究与开发中，将酰氨基或磺酰氨基引入到重氮组分或偶合组分的芳环上，这样生成的偶氮颜料（图 3-31 和图 3-32）具有较好的耐溶剂性能和耐迁移性能。

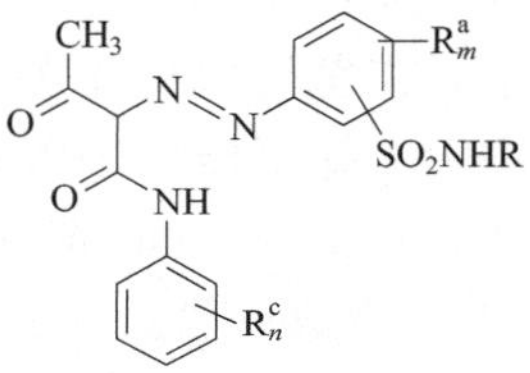

图 3-31 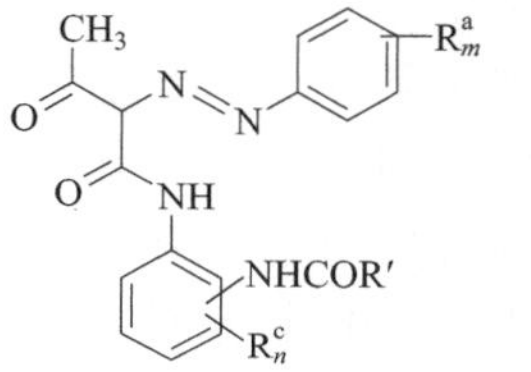   图 3-32

单偶氮黄色或橙色颜料的色谱范围从绿光黄、红光黄到黄光橙。用吡唑啉酮及其衍生物作偶合组分得到的颜料呈红光黄色，在国际市场上以吡唑啉酮及其衍生物作偶合组分的颜料已开始被其他的颜料品种所取代。

汉沙黄系列的颜料其着色强度大约是双偶氮类黄色颜料的一半，但在调制全色或深色制品时耐晒牢度较好。由于汉沙黄系列颜料的生产成本低，售价也低廉，所以在市场上仍占有一定的比例。为了在使用时此类颜料的应用性能达到最佳状态，可在合成时适当调整物理参数，如粒子尺寸和结晶形式等。

单偶氮黄色颜料（汉沙黄系列）和橙色颜料在有机溶剂中呈微溶状态，导致在应用时出现渗色性及重结晶现象，这一缺点很明显地限制了该类颜料的应用范围。

大部分单偶氮黄色颜料主要应用于气干性油漆和乳胶漆中。在多数应用介质中这类颜料或多或少地会出现重结晶现象，但是这种情况的出现对此类颜料是不可避免的。单偶氮黄色颜料，尤其是 C. I. 颜料黄 1 和 C. I. 颜料黄 3，由于具有良好的耐晒牢度而应用于汽车漆中，但是用钛白粉冲淡后，其性能会有所改变。以 C. I. 颜料黄 1 为例，其本身的耐晒牢度为 7～8 级，而以 1∶5 的比例用钛白粉冲淡后，耐晒牢度降低为 5～6 级，在 1∶60 的情况下，则进一步降至 4～5 级。单偶氮黄色颜料因具有优异的遮盖力和亮丽的色相，故它们适于代替无机的铬黄颜料，尤其在那些需要无铬的配方中。此外，这类颜料具有良好的流动性，使得它们即使以高浓度使用也不会影响漆类或涂料类制品的流动性。虽然这类有机颜料的透明性较好，但如使用浓度过高，则它们的遮盖力就会显得较突出。

单偶氮黄色和橙色颜料在多数介质中较易分散，大多数品种甚至在长碳链的醇酸树脂系统中具有较为可观的溶解度。

单偶氮黄色颜料在应用介质中会起霜，同时耐溶剂性较差，这使得它们的应用范围受到了限制。在工业漆中，由于对应用牢度的要求日趋严格，而对颜料的耐溶剂性要求更高，因此单偶氮黄色颜料很少应用于工业漆，只在特殊情况下才使用。最终决定某一品种在工业漆中是否可用的因素是颜料的使用浓度，而不是它在特定的应用系统中是否会发生起霜的问题。这些颜料即使在应用系统中不起霜，也会有渗色性。

在一般的单偶氮黄色颜料中引入磺酰胺基团可增强其耐溶剂性。经此化学修饰，产生了像 C. I. 颜料黄 97 之类的品种，它们可以应用于烘烤磁漆。这类产品在一般的加工条件下不会起霜，在中等固化温度下，甚至可以抗渗色。单偶氮黄色和橙色颜料因其在塑料中具有较强的迁移性，实际上并不能用于塑料原浆的着色。在大多数应用系统中，它们会出现渗色和起霜，但 C. I. 颜料黄 97 例外。在某些条件下，C. I. 颜料黄 97 可用于聚氯乙烯浆料中。少数单偶氮黄色颜料品种可以有限制地应用在聚氨酯树脂（热固性塑料）中。

印刷油墨是某些单偶氮黄色颜料的主要应用领域，尤其是在联苯胺类黄色颜料的耐晒牢度不能满足用户需要的场合，例如广告、包装、墙纸等，但它们主要还是应用在包装用品的印刷油墨中。

然而，在调制专用的包装凹版印刷油墨中，溶剂的选择仍是一个问题。由于加工条件，尤其是分散方法的影响，颜料会在某些溶剂中产生重结晶现象。重结晶现象的出现会使颜料的着色强度、透明性等性能变差，不仅降低了着色力，而且使油墨变得不透明。应用在水性油墨或水溶性油墨中，则不会发生此类问题。较低的热稳定性和较差的耐迁移性使它们无法应用于金属脱印印刷油墨。

在印刷油墨工业中，单偶氮黄色和橙色颜料的用量仅次于联苯胺类双偶氮黄色颜料，后者在着色强度和耐溶剂性方面的性能均比前者要好得多。前者的最大优点在于耐晒牢度较好。

涂料、印刷油墨和塑料并非是单偶氮黄色和橙色颜料仅有的应用对象。在许多其他行业，人们也可发现它们的存在。它们以多种形式（粉状颜料或颜料制备物）被用于众多的办公用品中，如蘸水钢笔墨水、绘图墨水、彩色铅笔、蜡笔、水彩笔等。它们也可作为木材着色剂或其他类型的着色剂用于诸如三夹板、胶合板、鞋油、地板蜡、肥皂、火柴头，以及日用化学品工业中。这些颜料也用于纺织品的印花涂料、纸张喷涂料和纸张的原浆着色。

最早的单偶氮黄色颜料是 C. I. 颜料黄 1，它是在 1910 年上市的，至今仍被大量生产并应用。表 3-2 和表 3-3 所列的是常见的单偶氮黄色和橙色颜料，以及其他结构的单偶氮黄色和橙色颜料，它们的重氮组分多数在偶氮基的邻位带有硝基。较耐迁移的颜料黄 97 在其分子中没有硝基，但是有磺酰氨基。乙酰乙酰邻甲氧基苯胺常作为单偶氮黄色颜料的偶合组分，它是世界上生产单偶氮和双偶氮黄色颜料的最重要的中间体之一。

表 3-2　常见的单偶氮黄色和橙色颜料

染料索引号	R¹	R²	R³	R⁴	R⁵	R⁶	色光
C. I. 颜料黄 1	NO₂	CH₃	H	H	H	H	黄
C. I. 颜料黄 2	NO₂	Cl	H	CH₃	CH₃	H	红光黄
C. I. 颜料黄 3	NO₂	Cl	H	Cl	H	H	强绿光黄
C. I. 颜料黄 5	NO₂	H	H	H	H	H	强绿光黄
C. I. 颜料黄 6	NO₂	Cl	H	H	H	H	黄
C. I. 颜料黄 49	CH₃	Cl	H	OCH₃	Cl	OCH₃	绿光黄
C. I. 颜料黄 65	NO₂	OCH₃	H	OCH₃	H	H	红光黄
C. I. 颜料黄 73	NO₂	Cl	H	OCH₃	H	H	黄
C. I. 颜料黄 74	OCH₃	NO₂	H	OCH₃	H	H	绿光黄
C. I. 颜料黄 75	NO₂	Cl	H	H	OC₂H₅	H	红光黄
C. I. 颜料黄 97	OCH₃	SO₂NHAr	OCH₃	OCH₃	Cl	OCH₃	黄
C. I. 颜料黄 98	NO₂	Cl	H	CH₃	Cl	H	绿光黄
C. I. 颜料黄 111	OCH₃	NO₂	H	OCH₃	H	Cl	绿光黄
C. I. 颜料黄 116	Cl	CONH₂	H	H	NHCOCH₃	H	黄
C. I. 颜料橙 1	NO₂	OCH₃	H	CH₃	H	H	强红光黄

表 3-3　其他结构的单偶氮黄色和橙色颜料

染料索引号	重氮组分	偶合组分	色光
C. I. 颜料黄 10	2,5-二氯苯胺	PMP	红光黄
C. I. 颜料黄 60	邻氯苯胺	PMP	红光黄
C. I. 颜料黄 165	未公开	未公开	红光黄
C. I. 颜料黄 167	3-氨基邻苯二甲酰亚胺	AADM	绿光黄
C. I. 颜料橙 6	邻硝基对甲苯胺	PMP	橙

注：PMP=1-苯基-3-甲基-5-吡唑酮；AADM=2,4-二甲基乙酰乙酰苯胺。

3.2.3 双偶氮颜料

双偶氮颜料是指颜料的分子中含有两个偶氮基的颜料，这类颜料的母体大多为联苯胺（图 3-33）和对苯二胺（图 3-34）。

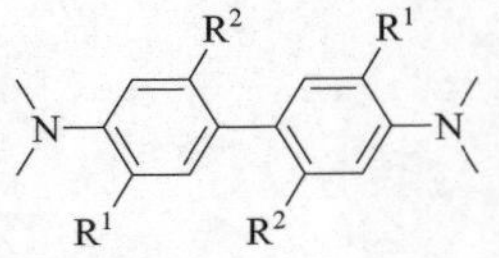

图 3-33

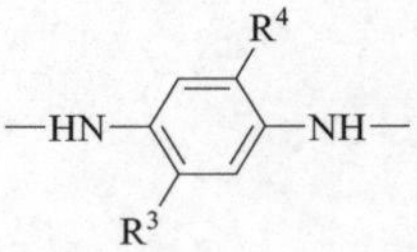

图 3-34

在图 3-33 中，R^1 为 Cl、OCH_3、CH_3，R^2 为 H、Cl，在图 3-34 中，R^3、R^4 为 H、CH_3、OCH_3、Cl。从这两个结构来看，双偶氮颜料的两个基本类型或是通过二元芳胺中的氨基经重氮化后与其他偶合组分形成双偶氮化合物（图 3-35），或是以二元芳胺作为偶合组分与两个重氮盐经偶合成为双偶氮化合物（图 3-36）。

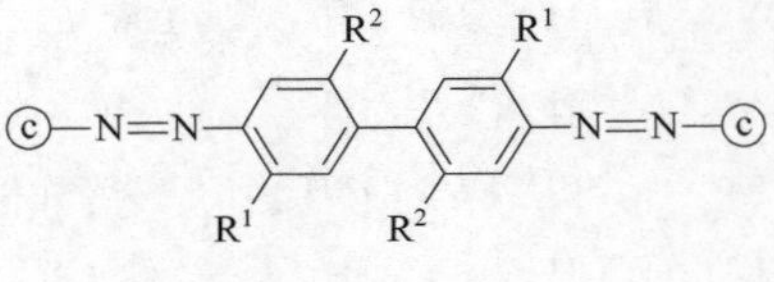

图 3-35

ⓒ代表偶合组分

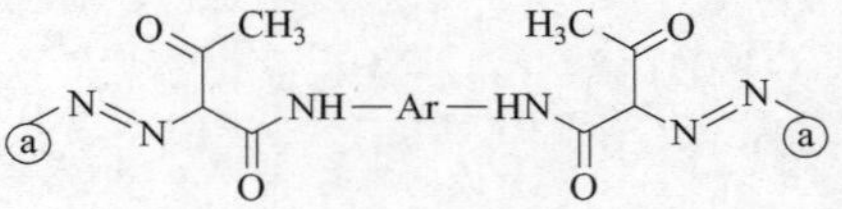

图 3-36

Ar 代表芳环，ⓐ代表重氮组分

双乙酰乙酰芳胺及其衍生物和 1-芳基-5-吡唑啉酮衍生物是合成双偶氮黄色颜料最常用的偶合组分，重氮组分则品种繁多。双偶氮黄色和橙色颜料的色谱从绿光黄色到红光橙色，与单偶氮黄色和橙色颜料相仿。但是双偶氮黄色颜料的分子量比单偶氮黄色颜料大得多，较之在介质中更耐有机溶剂和耐迁移。

3.2.3.1 双芳胺类黄色偶氮颜料

从化学结构上看，最简单的双偶氮黄色颜料可由 3,3′-双氯联苯胺的重氮盐与乙酰乙酰苯胺偶合而得到。如此制得的颜料具有比单偶氮黄色颜料高得多的着色强度，尤其是用在印刷油墨中。此后人们对双芳胺类黄色偶氮颜料的结构进行了化学修饰，这一趋势一直延续到第二次世界大战后。那时，欧洲的印刷油墨工业也开始采用双芳胺类黄色偶氮颜料代替单偶氮黄色颜料。在这一过程中，德国市场上相继出现了耐晒牢度和耐迁移牢度好的双芳胺类黄色偶氮颜料，如 C.I. 颜料黄 81、C.I. 颜料黄 83 和 C.I. 颜料黄 113。从此，双偶氮黄色颜料在市场上有了长足的发展。

如今市场上的双芳胺类黄色偶氮颜料一般具有以下化学结构。

$$R^1, R^2 = H, Cl;$$
$$R^3, R^4, R^5 = H, Cl, OCH_3, OC_2H_5$$

3,3′-双氯联苯胺是合成此类颜料的重氮组分，它是在碱性介质中用锌粉还原邻硝基氯苯（或是将邻硝基氯苯进行催化加氢部分还原）先制成 2,2′-双氯二苯肼，然后再在稀盐酸中进行分子重排而获得的。

合成双芳胺类黄色偶氮颜料时，先用盐酸或硫酸将 3,3′-双氯联苯胺溶解，再加入亚硝酸钠溶液进行重氮化反应，生成的重氮盐再与两倍摩尔量的乙酰乙酰芳胺进行偶合。在偶合之前，该偶合组分须先在碱性介质中溶解，再用稀醋酸或稀盐酸酸析，这样可获得细小的固体粒子，使偶合反应容易进行并且完全。3,3′-双氯联苯胺在重氮化反应过程中，重氮化反应不会分步进行。若亚硝酸钠的用量不足，则不会有 3,3′-双氯联苯胺的单重氮盐生成，而是有过量的 3,3′-双氯联苯胺残留在反应物中。

在颜料化的加工中，不仅要添加表面活性剂和分散剂，还要添加树脂、脂肪胺和其他化合物。表面活性剂的功能与分散剂相似，加入树脂是为了控制颜料粒子的尺寸，使其变得非常细小而又均匀。研究表明，在颜料黄 12 的颜料化加工过程中，若加入过量的树脂，则会改变它的晶型。另有研究表明，在该类颜料的颜料化加工过程中，若加入长碳链的脂肪胺，则不仅仅具有物理效应，还会发生化学反应。反应的结果是生成了颜料与脂肪胺的缩合。

颜料的表面若吸附有松香一类的物质，可减慢或加速颜料晶体的增长，这取决于松香的浓度。在生产双芳胺类黄色偶氮颜料时，若有过量松香的存在，也可对颜料晶体进行物理修饰，这可用 X 射线衍射分析来识别。

偶合后的悬浮物一般要在较高的温度下进行热处理，有时这种热处理也可以在有机溶剂中进行，尤其是欲生产高遮盖力的产品时。假如有机溶剂通过蒸馏能从水介质中分离并能循环使用的话，则使用有机溶剂进行热处理是最经济的。常用的有机溶剂是异丁醇，因为它在颜料悬浮液中可以非常方便地经水蒸气蒸馏而与颜料悬浮液分离。

1980 年以后，为了开发更有价值的产品，出现了一种混合偶合的工艺，即将两种或多种不同的乙酰乙酰芳胺类化合物作为偶合组分与重氮盐偶合。在混合偶合中，较为常用的偶合组分是乙酰乙酰苯胺、乙酰乙酰-2-甲基苯胺、乙酰乙酰-2-甲氧基苯胺、乙酰乙酰-2-氯苯胺、乙酰乙酰-4-甲氧基苯胺、乙酰乙酰-2,4-二甲基苯胺和乙酰乙酰-2,5-二甲氧基-4-氯苯胺。当然，也可以用两种或多种不同的重氮组分与同一种乙酰乙酰芳胺类化合物偶合。在这样的混合偶合中，常用的重氮组分是 3,3′-双氯联苯胺和 3,3′-双甲氧基联苯胺。混合偶合制得的颜料其应用性能并不一定是各组分颜料的性能总和，有时还会具有额外的效应。这种效应称之为加合增效。产生加合增效的一个原因是混合偶合会生成一个新的晶体或一个不对称的新化合物，它们的存在改变了颜料的应用性能。利用这一效应可在不增加成本的情况下，改善颜料的色光及应用范围。

双芳胺类黄色偶氮颜料的色谱在强绿光黄色与强红光黄色之间。色光较绿的黄色颜料常用 2,2',5,5'-四氯联苯胺作重氮组分，采用 3,3'-双氯联苯胺为重氮组分制得的颜料色光要红一些。

双芳胺类黄色偶氮颜料具有较高的着色强度，它们的着色强度比相同颜色的单偶氮黄色颜料高一倍以上。例如，就用于调制活版印刷油墨来说，颜料黄 12 的着色强度比颜料黄 1 高一倍。用于调制气干性醇酸漆时，颜料黄 83 的着色强度比颜料黄 65 高三倍。

大多数双芳胺类黄色偶氮颜料的粒子较细，比表面积在 $50 \sim 90 m^2/g$ 之间，非常适合调制印刷油墨。不同的颜料化加工得到的颜料其比表面积数值并不相同。有些品种的实际数值较之要大一些。例如，颜料黄 83 在用树脂进行颜料化加工时，其比表面积会从原先的 $70 m^2/g$ 增大到加工后的 $100 m^2/g$ 以上。需要指出的是，残留在颜料表面的树脂要完全洗涤干净。

大部分双芳胺类黄色偶氮颜料主要应用于印刷油墨，因为它们具有优异的着色力和透明性，可满足用户的各种需要。在印刷油墨工业中，要求有良好的，至少是充分的耐通用溶剂性。通过保持一个合适的加工温度和保持较低的分散温度可以使颜料的颗粒最小化，为高透明性印刷油墨提供合适的着色剂。应用此目的时，除了双芳胺类黄色偶氮颜料外别无选择。制备高透明性的颜料品种，需要用到硬脂酸类的树脂。至于这类树脂是否能增强产品的抗结晶性，至今还不清楚。各种高透明性双芳胺类黄色偶氮颜料中树脂的含量依牌号的不同而差异很大，尤其是颜料黄 12 和颜料黄 13 以及它们的衍生品种（如颜料黄 127）。这就要求在调制印刷油墨时，根据这一点调整配方。

在调制胶印印刷油墨时，首先考虑的是树脂类添加剂的影响。好的分散性是双芳胺类黄色偶氮颜料与油墨介质易混合的重要保证。在分散过程中，树脂或多或少地溶解在油墨中，颜料颗粒先被树脂包覆，然后在介质中分布。如果所用的树脂不当，则会因溶解度的原因引起油墨制品发胀。此时会给人一种颜料分散不充分的假象，致使许多人欲通过延长分散时间来解决此现象，遗憾的是这样做是徒劳的。

双芳胺类黄色偶氮颜料常被选为凹版包装印刷油墨的着色剂，是因为它有很好的抗结晶性。虽然应用硝基纤维素类基料调制油墨可预防加工过程中的重结晶现象，但使用硝基纤维素会使产品的光泽受到影响，并进而影响到产品的透明性。庆幸的是包装印刷油墨不像胶印印刷油墨那样需要高透明性。颜料黄 83 的透明性很好，即使是用于包装油墨，用它制得的油墨印在铝箔上也会产生亮丽的金光。铅印油墨通常要求颜料具有较细的颗粒和透明性，用于此目的时，可选用颜料黄

17，或是其他的类似品种。

双芳胺类黄色偶氮颜料在印刷油墨中具有良好的热稳定性，它们可以耐180～200℃的温度。这远远超过单偶氮黄色颜料的耐热性能。双芳胺类黄色偶氮颜料可广泛用作装饰印刷油墨的着色剂，它们一般耐清漆涂层，也耐消毒处理。耐酸、耐碱和耐水性都极好。

许多双芳胺类黄色偶氮颜料能满足墙纸印刷品对耐晒牢度的要求，但耐迁移性不够理想，以致它们中的许多品种不能用于调制用于聚氯乙烯墙纸的印刷油墨。

与在印刷油墨中的需求相比，双芳胺类黄色偶氮颜料在涂料工业中的用量要少得多。这是因为它们的耐晒牢度和耐气候牢度无法满足户外使用的要求。除了颜料黄83能满足户外使用的要求外，涂料市场主要被单偶氮黄色颜料占据。此外，更适合在户外使用的产品是苯并咪唑酮、异吲哚啉酮和嘧啶类黄色颜料。

与单偶氮黄色颜料相比，双芳胺类黄色偶氮颜料（除了颜料黄83外）的耐晒牢度一般，这也限制了它们在乳胶漆中的应用。

双芳胺类黄色偶氮颜料广泛用于塑料工业，尤其是颜料黄13、17、81、83和113这些品种。在聚烯烃中，这些颜料可耐受200～270℃达5min。

研究发现，有些双芳胺类黄色颜料品种用于聚合物的加工时，当温度超过200℃时会发生热分解，热分解的产物是单偶氮化合物和芳香胺，当温度超过240℃时还会产生双氯联苯胺。这些品种是颜料橙13、34和颜料红38。这些结果表明上述的双芳胺类黄色偶氮颜料不适合用于加工温度超过200℃的聚合物，既不适用于塑料，如聚丙烯和聚苯乙烯，也不适用于烘烤温度超过200℃的粉末涂料。

假设双芳胺类黄色偶氮颜料在高温下，一溶解在聚合物中热分解就开始了，那么这意味着热分解过程是通过颜料的溶解状态进行的。如果这种假设成立，就能解释为什么这些颜料本身的耐热温度高达340℃，却不能用于加工温度比200℃略高的聚合物。

双芳胺类黄色偶氮颜料在塑料中的起霜现象通常不易观察到，但在某些条件下可能发生，如加工温度不适宜，大量使用增塑剂，颜料的使用浓度低于0.05%等。在这样的条件下，这些品种不适宜用于软质聚氯乙烯。大多数双芳胺类黄色偶氮颜料在塑料中有非常好的耐渗色性，这使得它们在各类聚氯乙烯制品中有较广泛的应用。这些颜料在塑料中的着色力也较高，这使得它们在塑料中的应用成本较合理。这些颜料在塑料中一般还具有良好的耐用性，这也使得它们在塑料中的应用范围日趋广泛。

总之，双芳胺类黄色偶氮颜料可用于软（硬）质聚氯乙烯、聚烯烃、发泡聚氨酯、橡胶、树脂和其他聚合物的着色，也可用于合成纤维的原液着色。除此之外，还可用于各类清洁剂和溶剂以及办公用品（如铅笔、水笔、粉笔、美术涂料）等的着色。双芳胺类黄色偶氮颜料也可应用于涂料印花。

双芳胺类黄色偶氮颜料是1935年问世的，第一个品种是C. I. 颜料黄13，由德国IG Farben公司推出，商品名为Vulcan-Echtgelb GR。该颜料被设计用于天然橡胶的着色。几年以后，C.I. 颜料黄 12 在美国问世，设计用于代替汉沙黄类的单偶氮黄颜料（如 C.I. 颜料黄 1）。当时颜料黄 1 的应用非常广泛，几乎占据整个黄色颜料的市场。随着双芳胺类黄色偶氮颜料的应用稳步发展，其品种数也急剧增加。经过几十年的工业实践，它们中的许多品种已从市场消失或仅在某些地区有少量的应用。如今，以 3,3'-二甲氧基联苯胺、3,3'-二甲基联苯胺或 2,2'-二氯-5,5'-二甲氧基联苯胺为重氮组分的双芳胺类黄色偶氮颜料取代了大多数以 3,3'-双氯联苯胺为重氮组分的双芳胺类黄色偶氮颜料。只有颜料橙 15、16 和 44 在美国和日本市场上仍占有一定的重要地位。目前仍在使用的双芳胺类黄色和橙色偶氮颜料列于表 3-4。

表 3-4　双芳胺类黄色和橙色偶氮颜料

染料索引号	染料索引结构号	R¹	R²	R³	R⁴	R⁵	色光
C.I. 颜料黄 12	21090	Cl	H	H	H	H	黄
C.I. 颜料黄 13	21100	Cl	H	CH₃	CH₃	H	黄
C.I. 颜料黄 14	21095	Cl	H	CH₃	H	H	黄
C.I. 颜料黄 17	21105	H	H	OCH₃	H	H	绿光黄
C.I. 颜料黄 55	21096	Cl	H	H	CH₃	H	红光黄
C.I. 颜料黄 63	21091	Cl	H	Cl	H	H	黄
C.I. 颜料黄 81	21127	Cl	Cl	CH₃	CH₃	H	强绿光黄
C.I. 颜料黄 83	21108	Cl	H	OCH₃	Cl	OCH₃	红光黄
C.I. 颜料黄 87	21107	Cl	H	OCH₃	H	OCH₃	红光黄
C.I. 颜料黄 90		Cl	H	H	H	H	红光黄
C.I. 颜料黄 106		Cl	H	CH₃/OCH₃	CH₃/H	H/H	绿光黄
C.I. 颜料黄 113	21126	Cl	Cl	CH₃	Cl	H	强绿光黄
C.I. 颜料黄 114	21092	Cl	H	H/H	H/CH₃	H/H	红光黄
C.I. 颜料黄 121	21091	Cl	H	H	H	H	黄
C.I. 颜料黄 124	21107	Cl	H	OCH₃	OCH₃	H	黄
C.I. 颜料黄 126	21101	Cl	H	H	H/OCH₃	H/H	黄
C.I. 颜料黄 127	21102	Cl	H	CH₃/OCH₃	CH₃/H	H/H	黄
C.I. 颜料黄 136		Cl	H				黄
C.I. 颜料黄 152	21111	Cl	H	H	OC₂H₅	H	红光黄
C.I. 颜料黄 170	21104	Cl	H	H	OCH₃	H	黄光橙

染料索引号	染料索引结构号	R¹	R²	R³	R⁴	R⁵	色光
C. I. 颜料黄 171	21106	Cl	H	CH$_3$	Cl	H	黄
C. I. 颜料黄 172	21109	Cl	H	OCH$_3$	H	Cl	黄
C. I. 颜料黄 174	21098	Cl	H	CH$_3$/CH$_3$	CH$_3$/H	H/H	黄
C. I. 颜料黄 176	21103	Cl	H	CH$_3$/OCH$_3$	CH$_3$/H	H/OCH$_3$	黄
C. I. 颜料黄 188	21094	Cl	H	CH$_3$/H	CH$_3$/H	H	黄
C. I. 颜料橙 15	21130	CH$_3$	H	H	H	H	黄光橙
C. I. 颜料橙 16	21160	OCH$_3$	H	H	H	H	黄光橙
C. I. 颜料橙 44	21162	OCH$_3$	H	H	Cl	H	红光橙

3.2.3.2 双乙酰乙酰芳胺类偶氮颜料

双乙酰乙酰芳胺类偶氮颜料以双乙酰乙酰芳胺类化合物为偶合组分，所用的双芳胺类化合物主要是对苯二胺和 4,4'-联苯二胺及它们的衍生物。尽管颜料分子中也有对苯二胺和 4,4'-联苯二胺的骨架，但此时的对苯二胺和 4,4'-联苯二胺不再是重氮组分，而是先与双乙烯酮反应生成双乙酰乙酰芳胺，再与各种重氮组分偶合成双偶氮颜料。双乙酰乙酰芳胺类偶氮颜料的基本结构见图 3-37。

R = H, Cl, CH$_3$, OCH$_3$
n = 1, 2

图 3-37 双乙酰乙酰芳胺类颜料的基本结构

双乙酰乙酰芳胺类偶氮颜料的特点是具有很好的耐有机溶剂性能。与双芳胺类偶氮颜料相比，着色强度略低，但已能满足一般用户的要求。关于双乙酰乙酰芳胺类偶氮颜料的研究与开发曾经有相当多的专利，但是真正实现商业化生产的并不多，所以双乙酰乙酰芳胺类偶氮颜料的品种比起双芳胺类偶氮颜料要少得多。

双乙酰乙酰芳胺类偶氮颜料中，以双乙酰乙酰苯胺为偶合组分的典型品种是 C. I. 颜料黄 155（图 3-38），以双乙酰乙酰联苯胺为偶合组分的典型品种是 C. I. 颜料黄 16（图 3-39）。下面分别予以介绍。

图 3-38 C. I. 颜料黄 155

图 3-39 C. I. 颜料黄 16

（1）C. I. 颜料黄 16　颜料黄 16 的色光为正黄色。随着用户对颜料应用牢度的要求日趋严格，这个原来使用量较大的品种其应用领域受到了限制。

颜料黄 16 具有非常好的耐各种脂肪类有机溶剂（醇和酯）的性质，但耐芳烃类（如二甲苯）溶剂的牢度不够高。如果颜料黄 16 被用于调制含有芳烃溶剂的制品，如烘烤磁漆和包装凹版印刷油墨，则会引起重结晶，使色光偏红。X 射线衍射分析表明，颜料黄 16 在含有芳烃的溶剂中会发生晶型的改变，伴随着颜料晶型的变化，它的色光也发生变化。

在涂料工业中，颜料黄 16 主要用于调制工业漆，例如烘烤磁漆。只要该烘烤磁漆不含有芳烃类溶剂，则颜料黄 16 在其中的耐再涂性能很好，并且耐渗色性能也很好。用它调制的全色制品，耐晒牢度可高达 7～8 级。按颜料∶钛白粉＝1∶5 的比例加入钛白粉，制品的牢度降低到 5 级。只有全色制品的耐气候牢度令人满意。

颜料黄 16 有一个高遮盖力的专用品种，用它调制的工业漆具有很好的流动性，因此可得到高颜料浓度的漆制品。这个专用品种常用来代替无机的铬黄颜料，以调制不含铬的油漆制品。该专用品种的颗粒较粗大，所以比起它的标准产品有较好的耐气候牢度和耐芳烃溶剂的性能。不过油漆制品并不适合用于长期露置在户外的场合，因为时间一长，制品的色光会变暗。

颜料黄 16 适合用于调制各类印刷油墨。在油墨中，它的着色力较高，耐晒牢度也较高。例如，1/1 标准色深度的制品耐晒牢度为 5 级，1/3 标准色深度的制品耐晒牢度为 4 级，而高遮盖力的专用品种牢度要比这高 0.5～1 级。这些制品都耐清漆涂层和耐消毒处理。颜料黄 16 在油墨中可耐受 200℃的温度，所以它也适合用于调制金属装潢印刷油墨。

颜料黄 16 很少用于塑料着色，因为它在塑料中的耐迁移牢度不够高，也不耐渗色。部分品种在塑料中的耐热牢度不理想。当然也有一些品种在塑料中可耐受 230～240℃的温度。

此外，颜料黄 16 还可用于纺织品的涂料印花以及办公用品和文教用品。

（2）C. I. 颜料黄 155　颜料黄 155 呈绿光黄色，色光非常艳丽。颜料黄 155 具有非常好的耐各种有机溶剂的性质，耐酸、耐碱并有较高的着色力。颜料黄 155 被推荐用于油漆、印刷油墨和塑料。在烘烤磁漆中它有非常好的牢度。例如，在醇酸/密胺树脂漆中，它可在 140℃耐受 30min。在油漆中它的耐晒牢度与颜料黄 16 相近，但白色颜料冲淡后的制品其牢度要高于后者。颜料黄 155 有一个高遮盖力的专用品种，用它调制的工业漆具有很好的流动性，因此可得到高颜料浓度的制品。这个专用品种常用来代替无机的铬黄颜料，以调制不含铬的油漆制品。该专用品种的颗粒较粗大，所以比起它的标准产品有较好的耐气候牢度和耐芳烃溶剂的性能。

在涂料工业中，颜料黄 155 主要用于调制工业漆。颜料黄 155 在其中可耐受 160℃温度。颜料黄 155 可用于塑料着色，它在软质聚氯乙烯中可耐受 180℃温度且具有较高的着色强度。例如，配制 1/3 标准色深度的制品（含 5％钛白粉）需要 0.7％的颜料。用它配制的透明性（0.1％颜料）和遮盖性（0.1％颜料、5％钛白粉）的聚氯乙烯制品耐晒牢度都可达到 7～8 级。1/3 标准色深度的高密度聚乙烯制品（含 5％钛白粉）可耐受 260℃ 5min。为此，颜料黄 155 被推荐用于聚丙烯和聚苯乙烯，但不可用于聚酯。

颜料黄 155 还可用于调制各类印刷油墨，制品具有非常高的牢度并可耐黄油和皂类制品。

3.2.3.3 吡唑啉酮类双偶氮颜料

吡唑啉酮类双偶氮颜料是以吡唑啉酮为偶合组分的双偶氮颜料。尽管此类颜料中的第一个品种出现于 1910 年，但是它的商业化应用却在 20 年后，主要是此类颜料的应用性能并不十分令人满意。到了 20 世纪 50 年代初期，C.I. 颜料橙 34 才被市场认可。

在吡唑啉酮类双偶氮颜料问世的早期，曾经开发出许多品种，但是经过市场的优胜劣汰，如今只有少数几个品种残存。本来吡唑啉酮类双偶氮颜料的色谱范围从红光黄色、橙色、红色到紫酱色，现在只有橙色、红色的品种仍在生产和使用。应用领域为印刷油墨、涂料和塑料。表 3-5 列出了这些品种。

表 3-5 吡唑啉酮类双偶氮颜料

染料索引号	染料索引结构号	R¹	R²	R³	色光
C.I. 颜料橙 13	21110	Cl	CH₃	H	黄光橙色
C.I. 颜料橙 34	21115	Cl	CH₃	CH₃	黄光橙色
C.I. 颜料红 37	21205	OCH₃	COOC₂H₅	CH₃	黄光红色
C.I. 颜料红 38	21120	Cl	H	H	红色
C.I. 颜料红 41	21200	OCH₃	H	H	红色
C.I. 颜料红 111	未公开	—	—	—	红色

下面分别介绍这些典型品种。

（1）C.I. 颜料橙 13　颜料橙 13 呈艳丽的黄光橙色，市售的品种大多为半透明型的，比表面积约 35m²/g。色光比颜料橙 34 略黄，着色强度比其略低，在介质中的牢度也要比其差一些。

颜料橙 13 适用于调制各种印刷油墨，但很少用于包装印刷油墨。在油墨中的耐晒牢度一般，不如颜料黄 12（它在印刷油墨中作为测试耐晒牢度的标准品）。它在油墨中的耐溶剂性能却相当好，以致制得的油墨制品可耐热 200℃，并耐消毒处理和清漆涂层。为此，颜料橙 13 非常适宜调制金属装饰印刷油墨。

在塑料工业中，颜料橙 13 不适宜用于软质聚氯乙烯，因为它在该介质中既不耐迁移又不耐渗色。颜料橙 13 不能以低于 0.1％的颜料浓度用于硬质聚氯乙烯。

颜料橙 13 很少用于聚烯烃，在这类介质中它只能承受 200℃的温度。因此它不能用于加工温度高于 200℃的塑料，例如聚苯乙烯、聚甲基丙烯酸酯等。颜料橙

13 用于塑料的唯一优点是它不影响部分结晶性塑料的扭曲性，尽管如此，还是很少有人将它用于聚烯烃类的塑料。

（2）C. I. 颜料橙 34　颜料橙 34 呈艳丽的黄光橙色。它有多种品种，有比表面积为 $15m^2/g$ 的高遮盖性品种，也有比表面积为 $75m^2/g$ 的高透明性品种。

透明性的颜料橙 34 常用于印刷油墨。在油墨中，颜料橙 34 具有较高的着色力，例如调制 1/1 标准色深度的铅印油墨，需 7.6％的颜料，这与高着色力的颜料黄 12 相同。颜料橙 34 在油墨中的色光比相同强度的颜料橙 13 红些。在相等的颜色深度下，颜料橙 34 的耐晒牢度比颜料橙 13 高 1 级。1/3～1/1 标准色深度的油墨制品耐晒牢度都为 4 级，这与颜料黄 13 差不多。

颜料橙 34 耐有机溶剂的性能好于颜料橙 13。尽管如此，颜料橙 34 在印刷油墨中仍会发生重结晶现象。颜料橙 34 耐石蜡和邻苯二甲酸二辛酯，也耐清漆涂层和耐消毒处理。透明性的颜料橙 34 对热比较敏感，通常耐热温度只有 100～140℃，较高的消毒温度或金属装饰印刷温度会使颜色转向红橙色。

颜料橙 34 适用于调制各类印刷油墨，尤其是以硝基纤维素为基料的包装印刷油墨。当用户对耐溶剂性的要求不是很高时，它经常被用于代替牢度较好的颜料橙 5，以得到颜色更为鲜艳的油墨制品。颜料橙 34 像联苯胺黄颜料一样，用于装饰印刷油墨时耐溶剂牢度不够理想，尤其是不耐苯乙烯单体和丙酮。在密胺树脂中，它的耐晒牢度很差，耐渗色牢度也很差，所以无法应用于该树脂。

颜料橙 34 在纺织印染工业中较受欢迎。在纺织品上，该颜料的耐晒牢度尚可，1/3 标准色深度的制品耐晒牢度 5～6 级。制品的耐干洗剂性能极好，能经受温度为 200℃的干洗。

在塑料工业中，颜料橙 34 可用于软质聚氯乙烯着色，但在使用浓度低于 0.1％的情况下会起霜。在高浓度下，颜料在软质聚氯乙烯中又会有渗色性，但它的耐晒牢度比颜料橙 13 高。在相等颜色深度下，1/3 标准色深度的制品耐晒牢度为 6 级，而相应的颜料橙 13 制品只有 4 级。透明性的颜料橙 34 在硬质聚氯乙烯中较耐晒，但是当颜料的使用浓度低于 0.1％时不适用，因为会起霜。

颜料橙 34 很少用于聚烯烃，在这类介质中它只能承受 200℃的温度，而且它的不透明性品种耐晒牢度不够而且有起霜的趋势。颜料橙 34 适用于其他塑料，例如聚氨酯、不饱和聚酯等。

透明性的颜料橙 34 品种在涂料工业中的应用极为有限。在汽车漆中，全色制品耐晒牢度为 6～7 级，而加了钛白粉（颜料∶钛白粉＝1∶5）后制品的耐晒牢度只有 3 级。在烘烤磁漆中，颜料橙 34 不耐再涂。

（3）C. I. 颜料红 37　颜料红 37 呈黄光红色。它的应用性能在许多介质中都较差，故仅用于橡胶和塑料的着色。

在橡胶中，它可满足用户所有的牢度要求，同时还具有良好的固化性和耐迁移性。制品非常耐水和耐清洁液。

颜料红 37 在聚氯乙烯中有很高的着色力，但耐晒牢度不高，1/3 标准色深度的制品的耐晒牢度为 2～3 级，而 1/25 标准色深度的制品耐晒牢度只有 1 级。在软质聚氯乙烯中，颜料红 37 的耐渗色性却与颜料黄 13 一样好。颜料红 37 有许多形式的制备物。由于它具有良好的绝缘性，常用于电缆绝缘层的着色，但不能用于聚烯烃材质的绝缘层。

（4）C. I. 颜料红 38　颜料红 38 呈正红色，它主要应用在橡胶和塑料中。它比颜料红 37 耐有机溶剂，在橡胶中的耐晒牢度很高，几乎可在任何条件下应用。颜料红 38 在天然橡胶及合成树脂中完全抗固化，抗渗色。制品耐水、耐皂化、耐清洁液，同样也耐许多种类的有机溶剂，包括汽油。颜料红 38 在聚氯乙烯中有较高的着色力，但在低浓度下使用会起霜。与颜料红 37 相比，低颜料浓度的颜料红 38 在硬质聚氯乙烯中会起霜，但颜料红 38 的耐晒牢度比颜料红 37 好得多。1/3 标准色深度制品的耐晒牢度达到 6 级，相当于颜料黄 13 的耐晒牢度。在聚氯乙烯中，颜料红 38 可耐受 180℃温度。由于它具有良好的绝缘性，常用于电缆绝缘层的着色。

（5）C. I. 颜料红 41　颜料红 41 被称为吡唑啉酮红。它在应用介质呈中红色或蓝光红色，色光比颜料红 38 蓝。颜料红 41 在美国有适量的生产和应用，主要用于橡胶着色。颜料红 41 很少用于聚氯乙烯。由于它具有良好的绝缘性，常用于电缆绝缘层聚氯乙烯的着色。

颜料红 41 的耐晒牢度不如颜料红 38，但它的耐酸性和耐碱性与颜料红 38 相似。颜料红 41 在橡胶中耐晒牢度较高，1% 颜料浓度的制品耐晒牢度为 6～7 级。事实上，颜料红 41 的耐晒牢度能满足橡胶着色的任何需要。该颜料在天然橡胶或合成树脂中耐迁移性能很好，不会发生渗色现象。用颜料红 41 着色的橡胶制品耐沸水、耐酸和耐皂化。

（6）C. I. 颜料红 111　颜料红 111 的化学结构尚未公开，但据披露，与颜料橙 34 和颜料红 37 很相似。颜料红 111 的色光比颜料红 37 蓝。颜料红 111 的耐晒牢度介于颜料橙 34 和颜料红 37 之间，其他牢度性能也与它们相似。该颜料尤其适用于橡胶和聚氯乙烯着色，极好的绝缘性使它适用于电缆绝缘层材质的着色。颜料红 111 的热稳定性不高，无法用于聚烯烃、聚苯乙烯、丙烯腈丁二烯苯乙烯共聚物（ABS）和其他塑料。

3.2.4　β-萘酚颜料

β-萘酚系列颜料指以 β-萘酚为偶合组分的单偶氮颜料，它们主要是橙色和红色的，结构通式见图 3-40。

β-萘酚系列颜料问世较早，第一个品种出现于 1885 年。在这之前，β-萘酚被用作为冰染染料的一种组分对棉纤维等纤维进行染色。由于这种在纤维上生成的染料具有水不溶性，所以在 1885 年有人用对硝基苯胺的重氮盐与 β-萘酚偶合得到了 C. I. 颜料红 1。这

R=H, Cl, NO₂, CH₃, OCH₃, OC₂H₅

图 3-40　β-萘酚系列的结构式

个颜料的商品名为"对位红"，被认为是第一个有价值的、人工合成的有机颜料，在当时被广泛用于纺织品的印染。1895 年，有人用邻硝基苯胺的重氮盐与 β-萘酚偶合得到了 C.I. 颜料橙 2，商品名为"邻位橙"。进入 20 世纪后，β-萘酚系列颜料的发展进入一个旺盛期，相继有"甲苯胺红"（即 C.I. 颜料红 3，1905 年）、"氯化对位红"（即 C.I. 颜料红 4，1906 年）、"对氯红"（即 C.I. 颜料红 6，1907 年）等颜料问世，这些颜料直到今天仍被大量生产和使用。

对位红、甲苯胺红、对氯红还是首次被 X 射线衍射分析表征化学结构的有机颜料，其中对位红被发现有 3 种晶型。从结构分析中发现，这类颜料的结构有下列特点。

① 偶氮基两边邻位上的取代基均与偶氮基成反式构型。

② 偶氮化合物均呈醌腙式结构（图 3-41）而不是偶氮结构（图 3-42）。

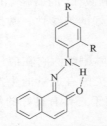 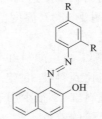

图 3-41　醌腙式结构　　　　　　图 3-42　偶氮结构

③ 由于分子内氢键的存在，颜料分子均呈平面的几何形状。

④ 不存在分子间氢键，分子之间的力为范得华力。

由于这些事实，可以认为：第一，至少所有的 β-萘酚系列颜料都具有上述结构特征，也许色酚 AS 系列颜料也具有上述结构特征；第二，由于颜料分子均呈醌腙式结构而不是偶氮结构，所以将它们称之为偶氮颜料也许是一个错误。不过，为了不引起混淆，本书还是称它们为偶氮颜料。

表 3-6 列出了 β-萘酚系列颜料的品种。

表 3-6　β-萘酚系列颜料

染料索引号	染料索引结构号	R¹	R²	商品名
C.I. 颜料橙 2	12060	NO_2	H	邻位橙
C.I. 颜料橙 54	12075	NO_2	NO_2	二硝苯胺橙
C.I. 颜料红 1	12070	H	NO_2	对位红
C.I. 颜料红 3	12120	NO_2	CH_3	甲苯胺红
C.I. 颜料红 4	12085	Cl	NO_2	氯化对位红
C.I. 颜料红 6	12090	NO_2	Cl	对氯红

3.2.5 色酚 AS 颜料

色酚 AS 系列颜料是以色酚 AS 及其衍生物为偶合组分的颜料。色酚 AS 是指 2,3-酸与苯胺的缩合物（图 3-43）。如果用取代苯胺代替苯胺与 2,3-酸缩合，得到的衍生物就是色酚 AS 衍生物。

需要指出的是，色酚 AS 的英文名称为 naphthol AS，这实际上是早年德国 Hoechst 公司此类产品的商品名，所以在美国称色酚 AS 系列颜料为红色色酚系列颜料（napholreds）。2,3-酸也称为 BONA，这是 2,3-酸的英文（beta-oxy-naphthoic acid）缩写，这样由 2,3-酸衍生的颜料也称为 BONA 类颜料。

有商业价值的色酚 AS 及其衍生物的生产方法较为简单，一般是在氯苯介质中，在三氯化磷的存在下，将 2,3-酸与苯胺（或它的衍生物）进行缩合便可制得。这类化合物是在 1920~1930 年间由德国的 IG Farben 开发的，此后色酚 AS 系列颜料便应运而生。在工业上可根据色酚 AS 系列颜料的化学结构将其分为两大类。

第一类：具有简单取代基（如 Cl、NO_2、CH_3、OCH_3）的色酚 AS 系列颜料。

第二类：具有磺酰氨基或羧酰氨基的色酚 AS 系列颜料。

尽管色酚 AS 系列颜料问世较早，但是它们在工业上的应用至今仍然非常广泛，是一类较有价值的红色有机颜料。

色酚 AS 系列颜料一般具有如（图 3-44）所示的结构通式。

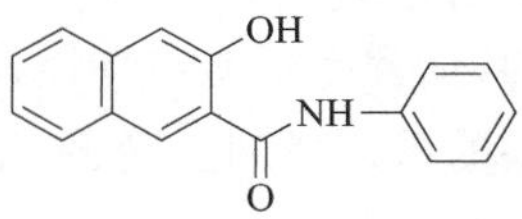

图 3-43 色酚 AS 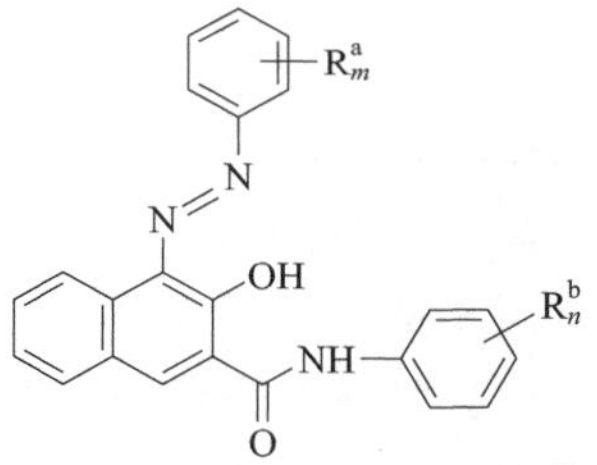　　　　　图 3-44 色酚 AS 系列颜料的一般结构通式

$R^a = R^b$，$COOCH_3$，$CONHC_6H_5$，$SO_2N(C_2H_5)_2$；

$R^b = CH_3$，OCH_3，OC_2H_5，Cl，NO_2，$NHCOCH_3$

m，$n = 0 \sim 3$

色酚 AS 系列颜料的生产方法如同一般的单偶氮颜料，所不同的是重氮盐与色酚 AS 的偶合需在碱性条件下进行。对第一类色酚 AS 系列颜料，在偶合反应结束后，仅对偶合产物在 60~80℃进行热处理就可以了，不需要特殊的颜料化处理。对第二类色酚 AS 系列颜料，则必须在偶合反应结束后进行特殊的颜料化处理，有时这种处理还需要在有机溶剂中进行。

曾经有人对色酚 AS 系列颜料的晶体结构作过分析与研究，发现这类颜料的结构具有如下特征。

① 分子几乎是平面的。

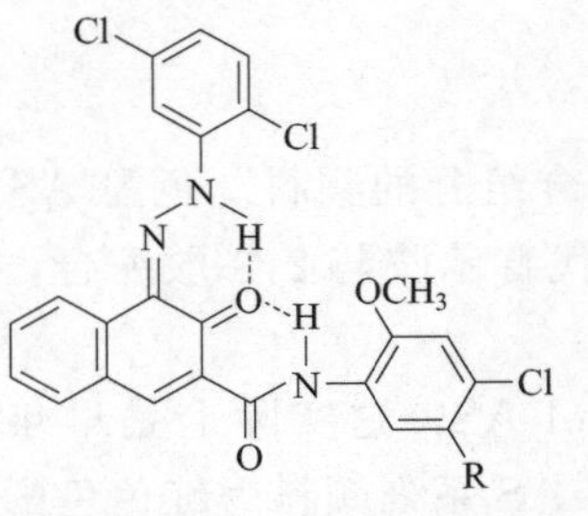

图 3-45　C.I. 颜料红 9（R＝H）和
C.I. 颜料棕 1（R＝OCH₃）的结构式

② 分子中的偶氮键一般不以偶氮的形式存在，而是以腙式结构存在。

③ 分子内普遍存在氢键，但分子间不存在氢键，例如 C.I. 颜料红 9（图 3-45，R＝H）和 C.I. 颜料棕 1（图 3-45，R＝OCH₃）的氯化衍生物。这两个化合物常被作为演示此类颜料结构与颜色性能的模型化合物。

色酚 AS 系列颜料的色谱在黄光红与蓝光红之间，与同类色谱的偶氮颜料相比，它们的着色力要高一些。对第一类色酚 AS 系列颜料，如果重氮组分是氯代苯胺，则生成的色酚 AS 系列颜料色光为橙色或大红；如果重氮组分是氯代甲苯胺，则生成的色酚 AS 系列颜料色光为蓝光红色。它们中唯一的例外是 C.I. 颜料蓝 25（图 3-46），这是一个双偶氮颜料，由 3,3′-二甲氧基联苯胺的重氮盐与色酚 AS 偶合制得，它的色光呈红光蓝色。

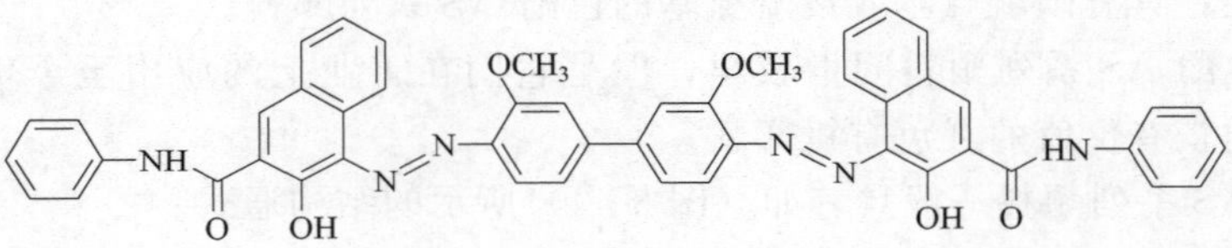

图 3-46　C.I. 颜料蓝 25

色酚 AS 系列颜料也具有同质多晶现象，大多数此类颜料都具有两种以上的晶体构型。第二类色酚 AS 系列颜料的耐溶剂性能要明显高于第一类色酚 AS 系列颜料，这是由于前者分子中存在磺酰氨基或羧酰氨基的缘故。除个别品种外，大多数色酚 AS 系列颜料的耐晒牢度不好，甚至低于萘酚系列颜料。色酚 AS 系列颜料的耐热牢度，依品种的不同也有较大的差别，最高可耐热 200℃，最低则只能耐 120℃。

由于色酚 AS 系列颜料的应用性能不能满足用户日益增长的严格要求，随着高性能颜料的相继问世，一些性能较差的品种便逐步被市场淘汰。例如颜料红 22 和 23，曾经是大规模生产和应用的品种，但如今在美国和欧洲市场已很少使用。

色酚 AS 系列颜料的主要应用领域为涂料和印刷油墨，它们在油漆中的应用则受到其耐溶剂性能的限制，即使是性能好的品种也仅限用于气干性油漆或其他在室温下使用的油漆。只有极少数品种适合用于高级工业漆或汽车原始面漆与修补漆。

3.2.5.1　具有简单取代基的色酚 AS 系列颜料

（1）C.I. 颜料红 2　颜料红 2 呈中红色，比颜料红 112 稍黄。大多数市售的品种具有的比表面积在 20～30m²/g，所以透明性较差。颜料红 2 主要用于调制印刷油墨，在某些场合它的应用性能甚至比颜料红 112 还要好，当然它的牢度不如后者，例如它的耐晒牢度比颜料红 112 低 1/2 级。由于它的颗粒较粗大，故常被用于调制高颜料含量的油墨，这种油墨具有很好的流动性能并具有很亮的光泽。颜料红 2 主要用于调制胶版印刷油墨、包装凹版印刷油墨和柔性印刷油墨。颜料红 2 很少用于涂料，仅用于家用汽车漆。

（2）C.I. 颜料红 7　颜料红 7 呈蓝光红色，主要用于印刷油墨、油漆和塑料。颜料红 7 在 20 年前还是一个深受用户欢迎的品种，但由于生产它所需要的一个原料在国际市场上停止了供应，所以它正在被颜料红 170 取代。

（3）C.I. 颜料红 8　颜料红 8 呈非常艳丽的蓝光红色，主要用于调制铅印油墨、胶版印刷油墨、包装凹版印刷油墨和柔性印刷油墨。颜料红 8 的比表面积为 $50\sim60\,m^2/g$，颗粒较细，有较高的透明性。在油墨中，它的着色力非常强，尽管它的耐溶剂性好于颜料红 7，但仍不能满足用户的需要。油墨制品具有较好的耐晒牢度，但一经钛白粉冲淡，牢度就急剧下降。例如，1/1 标准色深度铅印油墨的耐晒牢度为 5 级，而 1/25 标准色深度铅印油墨的耐晒牢度仅为 3 级。这些油墨制品耐皂化性能很好，但是耐石蜡、耐各类油脂的性能一般。制品不耐清漆涂层，也不耐消毒处理。颜料红 8 在油墨中的热稳定性能较差，只耐温 140℃。颜料红 8 也可用于油漆、塑料以及纸张，尤其是可用于纸张原浆的着色。

（4）C.I. 颜料红 9　颜料红 9 呈非常艳丽的黄光红色。颜料红 9 具有同质多晶性，但市售的品种其晶型属不稳定型，所以对芳烃类有机溶剂非常敏感，主要用于不含芳烃的场合。在芳烃介质中会发生晶型的变化，以致色光等性能也会随之发生变化。

颜料红 9 主要用于调制铅印油墨、胶版印刷油墨和水性的柔性印刷油墨。在油墨中，它具有比颜料红 53∶1 更好的耐晒牢度，两者的差距达好几级。油墨制品耐皂化、耐石蜡、耐脂肪烃类溶剂、耐酸、耐碱。

用于涂料时，颜料红 9 仅限用于不含芳烃的油漆。此时，颜料红 9 的耐晒牢度较好，即使加入钛白粉亦是如此。它适合调制乳胶漆，全色漆制品的耐晒牢度很好，但不适合用于户外。

（5）C.I. 颜料红 10　颜料红 10 呈非常艳丽的黄光红色，类似于颜料红 9。它具有同质多晶性，市售的品种其晶型属稳定型，主要用于调制包装凹版印刷油墨和柔性印刷油墨。在油墨中，它的耐晒牢度比颜料红 9 好，但不耐清漆涂层，也不耐消毒处理。颜料红 10 在油墨中的热稳定性能也较差。

颜料红 10 用于纺织品性能也不好，不耐四氯乙烯干洗剂。颜料红 10 不能用于聚氯乙烯材质的印花，否则会引起渗色。颜料红 10 可用于办公用品和美术颜料，如彩色钢笔墨水、水彩笔和彩色铅笔、广告涂料以及清洁剂。

（6）C.I. 颜料红 11　颜料红 11 呈蓝光红色，比它的异构体颜料红 7 更蓝。它的应用性能也与后者相似，只是耐晒牢度不如颜料红 7。

（7）C.I. 颜料红 12　颜料红 12 呈枣红色，它是最重要的枣红色颜料。它具有同质多晶性，市售的商品为晶型不稳定的品种，但它非常容易转化成稳定晶型的品种。如在油性的油墨联结料中，只要有氧化锌存在，稍加剪切力就可使之发生晶型的转变。伴随着晶型的变化，颜料的色光不可避免地会发生变化。颜料红12主要用于调制胶版印刷油墨、包装凹版印刷油墨和柔性印刷油墨。在油墨中，它具有较好的耐晒牢度，例如1/25～1/1标准色深度铅印油墨的耐晒牢度为5～6级或6级。油墨制品的耐石蜡、耐油脂性能一般，也不耐碱。

颜料红12也用于其他底物的着色，例如汽车清漆、地板漆、鞋油等。颜料红12还可用于办公用品。

（8）C. I. 颜料红13　颜料红13呈蓝光红色，它的应用有限，所以在商业上价值不大。

（9）C. I. 颜料红14　颜料红14呈艳丽的枣红色，比颜料红12黄得多。像颜料红12一样，它也有两种晶型。市售的品种其晶型属于不稳定型，它具有优异的应用性能。如将其转化成稳定的晶型，则反而失去了颜料的应用价值。颜料红14主要用于调制工业漆和涂料，有时也用于印刷油墨或其他领域。

（10）C. I. 颜料红15　颜料红15呈艳丽的中红色，它的牢度较差，使用范围较小，所以在商业上价值不大。

（11）C. I. 颜料红16　颜料红16具有同质多晶性，市售的品种一般为枣红色的多晶体。它主要用于印刷油墨，但耐溶剂牢度较差，所以在商业上价值不大。再则，颜料红16的耐晒牢度不能适应现代工业标准的要求。

（12）C. I. 颜料红17　颜料红17呈正红色。它的牢度较差，所以在商业上价值不大，生产量较低，使用范围较小。颜料红17耐酸、耐碱也耐皂化，因此它可用于对耐碱和耐皂化比较注重的胶版、凹版和柔性印刷油墨。颜料红17也用于纸张的原浆着色和表面着色。

（13）C. I. 颜料红18　颜料红18呈栗色，它是颜料红114的异构体，目前在欧洲已不使用，仅在日本和中美洲有生产。颜料红18的应用性能属于该类颜料中较差的，使用范围很有限。

（14）C. I. 颜料红21　颜料红21呈黄光红色，由于它不能满足用户对牢度日益增长的严格要求，所以它的应用受到很大的限制，但在美国和日本现在仍有生产和应用。

（15）C. I. 颜料红22　颜料红22呈黄光红色，主要用于纺织品的涂料印花，也可用于印刷油墨，如胶版和凹版油墨，尤其是硝基纤维素油墨。颜料红22的优点在于它的耐皂化性和耐碱性较好，能满足一般用户的要求，它还具有较高的着色力。以高浓度使用时，它的耐晒牢度比颜料红9好，以较低浓度使用时，它的色光较黄。与颜料红2相比，颜料红22的色光明显艳于后者，但它的耐晒牢度比后者要差。与颜料红112相比，则耐晒牢度要差得多。与颜料红53∶1相比，它的色光较蓝也较艳，同时它的耐晒牢度比后者高1级。

颜料红22用于涂料时，主要用于调制气干性油漆，也可用于调制乳胶漆，但只能用于室内的场合。颜料红22偶尔也用于调制工业漆，但它在漆制品中会起霜。颜料红 22 在油漆中的耐晒牢度比颜料红 112 要低许多。颜料红 22 还适合用于纸张的原浆着色和表面着色以及文教用品和办公用品、彩色铅笔、美术颜料的着色。

（16）C. I. 颜料红 23　颜料红 23 呈蓝光红色，色光较暗，比颜料红 146 偏黄且暗。大多数颜料红 23 品种的耐溶剂性能和其他应用性能都较高，耐晒牢度则一般。例如，1/1 标准色深度铅印油墨的耐晒牢度为 3 级，而颜料红 146 同样深度制品的耐晒牢度达到 5 级。商品化的颜料红 23 的颗粒度一般比颜料红 146 要小，故它的着色强度更高一些，也更艳丽，但同时颜料红 23 在油墨中的黏度也高。耐溶剂性的不足导致了颜料红 23 在油墨中有重结晶的趋势，因此它在包装凹版印刷油墨中比颜料红 146 更不透明，着色力更弱。该颜料还能应用于水性和硝基纤维素油墨，也能用于纺织涂料。

颜料红 23 也用于涂料工业，在该领域它的主要竞争对手是颜料红 146。尽管它的着色力强，色光较黄，但颜料红 23 的耐再涂性比颜料红 146 差，耐晒牢度也较差。与颜料红 22 相似，颜料红 23 曾有过辉煌的历史。如今，它在工业上的重要性已大大降低，在有些地区已完全不再使用。

（17）C. I. 颜料红 95　颜料红 95 呈蓝光红色，或称作洋红色。该颜料用于印刷油墨和涂料，可满足中等需要。1/1 标准色深度铅印制品的耐晒牢度为 4～5 级，油墨不耐植物油和各种动物油，它们耐酸、耐碱，但不完全耐皂化。该颜料耐热 180℃（10min），但不十分耐消毒处理。

颜料红 95 适用于调制各种印刷油墨，但它的耐迁移性较差，耐增塑剂的牢度也不十分好，因而它不适合用在软性聚氯乙烯专用的凹版油墨中。颜料红 95 在涂料工业领域主要适用于调制各类工业漆和涂料。

（18）C. I. 颜料红 112　颜料红 112 呈非常艳丽的正红色。有关它的合成与应用性能虽然早在 1939 年就有专利报道，但是它被推向市场只不过是近 20 年的事。由于它具有优异的应用性能，所以上市后不久，它的产量和使用量就迅速增加。颜料红 112 主要用于调制印刷油墨、工业漆和涂料，有时也用在其他领域。

（19）C. I. 颜料红 114　颜料红 114 是颜料红 18 的异构体，只在日本市场有售，其重要性也较小。它的颜色为蓝光红色（即洋红色）。该颜料的应用性能尤其是牢度性能与颜料红 22 非常相似。

（20）C. I. 颜料红 119　颜料红 119 呈艳丽的黄光红色，主要用于涂料和印刷油墨。颜料红 119 在油漆中具有良好的耐晒牢度，例如，中油度醇酸树脂漆或醇酸/密胺树脂漆的全色制品（含 5% 颜料）的耐晒牢度都为 7～8 级，只是见光后色光有些变暗。加入钛白粉后，1/25 标准色深度制品的耐晒牢度仍可达 5 级。此时，它的色光比颜料红 112 要蓝一些，耐气候牢度也比后者高一些。

（21）C. I. 颜料红 136　虽然颜料红 136 被认为是色酚 AS 系列颜料中的一员，但是它真正的化学结构还未公布。颜料红 136 的商品有两种类型，透明型的品种比表面积为 70m²/g，色光为樱桃红；遮盖型的品种比表面积为 25m²/g，色光为酒红色，并具有较好的流动性。遮盖型的品种主要以全色或相似深度使用以提高制品的遮盖力。

这两种类型的产品在涂料中可耐受 160℃ 温度，但像其他的色酚 AS 系列颜料一样，颜料红 136 的耐溶剂性和耐再涂性能都不够高。例如，在 160℃ 时，如颜料红 136 在醇酸/密胺树脂烘烤漆的浓度低于 0.05％ 则会起霜。这两种类型的颜料红 136 都具有良好的耐晒牢度和耐气候牢度，只是见光后色光会变暗。遮盖型的品种比透明型的品种具有更高一些的耐晒牢度和耐气候牢度，可用于汽车修补漆。

（22）C. I. 颜料红 148　颜料红 148 呈非常黄的红色或红橙色，它主要用于印刷油墨、涂料、彩色铅笔以及黏胶纤维原液的着色。颜料红 148 的耐晒牢度、耐溶剂性能和耐迁移性能已不再能满足目前的工业标准，这大大地限制了它的应用。目前它很少单独使用，常与其他色酚 AS 系列颜料拼混使用。

（23）C. I. 颜料红 223　颜料红 223 呈蓝光红色，其色光比颜料红 170 还要蓝一些。它主要用于高级工业漆。全色制品具有良好的耐晒牢度，并能满足公共交通车辆的使用要求，但它不耐再涂。颜料红 223 曾有过一定的商业重要性，现在已失去了往日的辉煌。

（24）C. I. 颜料橙 22　颜料橙 22 呈红橙色，主要用于弹性人造丝和黏胶纤维的原液着色。它以颜料制备物的形式出售。用其着色的纺织品具有较为出色的牢度性能和应用性能，例如，制品的耐晒牢度、耐干/湿摩擦牢度、耐干洗牢度和耐过氧化物的漂白性能都极好。

（25）C. I. 颜料橙 24　颜料橙 24 只在日本有生产，它的耐溶剂性比其他色酚 AS 系列颜料都差。该颜料的耐晒牢度已不能满足现在的工业标准。

（26）C. I. 颜料棕 1　颜料棕 1 呈中棕色。该颜料在有机溶剂中不稳定，它主要用于调制耐溶剂性要求不高的印刷油墨。该油墨制品也不耐皂化和植物油脂，不耐清漆涂层，也不耐消毒处理。颜料棕 1 具有非常好的耐晒牢度，例如，1/25～1/1 标准色深度铅印油墨的耐晒牢度为 6～7 级。用于高级油墨时，颜料棕 1 已被其他棕色颜料（如颜料棕 23 和 25）取代，后两个颜料都具有非常好的应用性能，并且耐消毒处理。由于用橙色、红色和黄色颜料与炭黑拼混可获得颜料棕 1 的色调，而且拼色的制品所表现出来的应用性能比它更好，所以颜料棕 1 往日的市场正在渐渐地失去。

颜料棕 1 不适合用于涂料。颜料棕 1 适合用于某些塑料，如硬质聚氯乙烯。获得的透明性制品（含 0.1％颜料）的耐晒牢度为 7 级，而遮盖性制品的耐晒牢度为 6～7 级。

颜料棕 1 也用于聚苯乙烯的着色。它在该底物中有适量的溶解度，当它溶解在其中时，可赋予聚苯乙烯橙色。颜料棕 1 在弹性人造丝和黏胶纤维的原液着色方面有一定的重要性。该颜料在印花涂料中具有极好的耐晒牢度和不褪色性，全色制品的耐晒牢度为 8 级，用钛白粉冲淡后的 1/6 标准色深度制品的耐晒牢度为 7 级。尽管该颜料不耐四氯乙烯干洗剂，但它的其他应用性能非常好。颜料棕 1 也可用于彩色铅笔。

（27）C.I. 颜料紫 13　颜料紫 13 呈艳丽的紫色，主要用于印刷油墨。与其他色酚 AS 系列颜料相比，颜料紫 13 的许多性能都较差。1/1 标准色深度铅印油墨的耐晒牢度只有 3 级，而 1/3 标准色深度制品的耐晒牢度只有 2 级。在油墨中，颜料紫 13 耐酸，但不耐碱也不耐皂化。同样，油墨制品不耐再涂和不耐消毒处理。目前，颜料紫 13 已开始退出印刷油墨工业。

3.2.5.2　具有磺酰氨基或羧酸氨基的色酚 AS 系列颜料

（1）C.I. 颜料红 5　颜料红 5 的色光呈蓝光红色，与颜料红 8 相似，但比颜料红 8 更耐晒。在欧洲它主要用于印刷油墨，而在美国和日本，该颜料主要用于涂料领域。

（2）C.I. 颜料红 31　颜料红 31 呈蓝光红色，主要用于橡胶着色，在天然橡胶中非常耐渗色，也具有良好的耐晒牢度。

（3）C.I. 颜料红 32　颜料红 32 的牢度和应用性能与化学结构类似的色酚 AS 颜料非常相似。

（4）C.I. 颜料红 146　颜料红 146 呈蓝光红色，主要用于印刷油墨和涂料，具有非常好的耐溶剂性。

（5）C.I. 颜料红 147　颜料红 147 呈微蓝的淡红色，主要用于印刷油墨。油墨制品耐皂化、石蜡、邻苯二甲酸二丁酯、白油和甲苯，但不完全耐油脂和其他脂肪。它耐清漆涂层，但不耐消毒处理。颜料红 147 常用于调制胶印印刷油墨、包装凹版印刷和各类柔性印刷油墨。

（6）C.I. 颜料红 150　C.I. 颜料红 150 视应用介质和钛白粉的含量，它的色光范围从蓝紫色至洋红色。颜料红 150 主要用于生产涂料印花色浆，过去曾大量用于聚氯乙烯的着色，但现在已基本不用于此介质。

（7）C.I. 颜料红 164　颜料红 164 为双偶氮的色酚 AS 颜料品种，它的色光较暗，呈黄光红色，着色力较低。颜料红 164 可用于印刷油墨、涂料和塑料，但产量很小。它的耐晒牢度较差，不能用于外墙涂料。在气干漆中，全色制品（含 5% 颜料）的耐晒牢度为 6～7 级，加入钛白粉（颜料∶钛白粉＝1∶5）后，制品的耐晒牢度为 5～6 级。含有 30% 颜料红 164 的铅印油墨，耐晒牢度为 5～6 级。制品在石蜡、油脂中稳定，也耐消毒处理，但不耐酸碱，也不耐皂化。

（8）C.I. 颜料红 170　颜料红 170 呈正红色，在有些底物中微带蓝光。颜料红 170 具有同质多晶性。商品形式的颜料红 170 有两种晶型，两者的差别在于透明度的不同。透明性的品种色调略带蓝光，高遮盖性的品种则在各类溶剂中较透明性的品种更稳定。两者的耐溶剂性能都相当好，在醇类、酯类、二甲苯和其他溶剂中非常稳定。透明性的品种在乙二醇和甲基乙基酮中的稳定性为 3 级，而遮盖性的品种则为 4 级。

由于颜料红 170 具有较好的牢度性能，所以它适合用于高级工业漆，如工具漆、仪器漆、农机漆和汽车漆。高遮盖性的品种尤其适合用作汽车漆和修补漆。

（9）C. I. 颜料红 184　颜料红 184 呈蓝光红色，与颜料红 146 相似。此外，它的大多数应用性能都与颜料红 146 非常相似。它耐皂化、耐油脂、耐石蜡、耐邻苯二甲酸二丁酯、耐白油和甲苯。

（10）C. I. 颜料红 187　颜料红 187 有两种晶型，它们在颜色和牢度方面都不同。有商业价值品种呈蓝光红色，它的比表面积较高（约 $75m^2/g$），因而有较高的透明性。

颜料红 187 主要用于塑料，它在软质聚氯乙烯中耐迁移，且具有较高的耐晒牢度。

（11）C. I. 颜料红 188　颜料红 188 呈艳丽的黄光红色，具有很好的应用牢度，主要应用领域为印刷油墨和涂料，适合用于调制各种印刷油墨。

（12）C. I. 颜料红 210　颜料红 210 呈蓝光红色，比颜料红 170 要蓝些，主要用于印刷油墨。除了印刷油墨外，颜料红 210 还可用于透明性的水彩画颜料。

（13）C. I. 颜料红 212　颜料红 212 的化学结构还没公布，除了日本外，其他国家很少生产。颜料红 212 呈蓝光红色。与色光近似的颜料红 122 相比，颜料红 212 的色泽较暗，着色力较弱，牢度也差一些。例如，1/3 标准色深度铅印油墨的耐晒牢度为 2～3 级，而含有颜料红 122 的油墨制品耐晒牢度为 6～7 级。颜料红 212 与栗色的颜料紫 32 相比，耐晒牢度要低 2～3 级，但后者的色光更蓝更暗。

颜料红 212 主要用于印刷油墨工业和涂料印花色浆。

（14）C. I. 颜料红 213　颜料红 213 的化学结构还未公布。颜料红 213 呈蓝光红色，但蓝光很强。商品化的品种为高遮盖型，与其他色酚 AS 颜料相比耐晒牢度略差。例如，1/3 标准色深度铅印油墨的耐晒牢度为 3～4 级，而 1/25 标准色深度制品只有 3 级。

（15）C. I. 颜料红 222　颜料红 222 呈蓝光红色，透明性非常好，主要用于调制三色和四色印刷的油墨。颜料红 222 油墨的热稳定温度为 180℃，这使它适合用于调制金属装饰印刷用油墨。它的耐有机溶剂性也很好，能耐再涂，但不耐消毒处理。用于软质聚氯乙烯薄膜上的凹版印刷时，制品会微有迁移性。颜料红 222 在塑料工业中主要用于聚氨酯的着色，具有中等的着色力。例如，在高密度聚乙烯中，1/3 标准色深度制品（含 1％钛白粉）所需的颜料浓度为 0.23％。

（16）C. I. 颜料红 238　颜料红 238 的化学结构还未公布。颜料红 238 主要用于印刷油墨和涂料，它的色光比欧洲三色印刷中的洋红标准蓝得多。颜料红 238 不耐清漆涂层，也不耐消毒处理。在涂料中，颜料红 238 的着色力中等且有渗色性。

该颜料也用于涂料印花色浆。

（17）C. I. 颜料红 245　颜料红 245 的色光为蓝光红色，主要用于印刷油墨，尤其是用于以聚酰胺纤维素或氯乙烯醋酸乙烯共聚物为基料的包装油墨。在这些介质中，颜料红 245 有较高的着色力，但耐晒牢度一般。

（18）C. I. 颜料红 253　颜料红 253 呈正红色，比颜料红 170 黄。颜料红 253

具有良好的透明性，尤其适用于涂料。在涂料中，颜料红 253 的耐有机溶剂性和耐化学品性与色酚 AS 系列第二类的其他颜料相一致，它完全耐再涂。全色和相似色深度的制品均具有良好的耐晒牢度和耐气候牢度，但添加了钛白粉后制品的耐气候牢度明显降低。

颜料红 253 还可用于包装印刷油墨。此时，它的着色力中等，能耐有机溶剂。1/1 标准色深度铅印制品的耐晒牢度为 5 级。

（19）C. I. 颜料红 256　颜料红 256 呈黄光红色，适合用于工业漆和装饰漆。在这类应用中，与其他同色相和同牢度的颜料相比，颜料红 256 的着色力中等，耐晒牢度较好一些。全色和相似色深度的制品耐晒牢度为 7 级，添加了钛白粉后制品的耐晒牢度几乎不变。

（20）C. I. 颜料红 258　颜料红 258 首先由日本制造者在《染料索引》中报道，但它的化学结构还未公布。现在也没有商品颜料问世。

（21）C. I. 颜料红 261　颜料红 261 首先由美国制造者在《染料索引》中报道，并公布了它的化学结构。现在也没有商品颜料问世。

（22）C. I. 颜料红 266　颜料红 266 呈蓝光红色，比颜料红 170 和颜料红 210 都蓝。该颜料目前只在欧洲有生产，主要用于调制包装凹版印刷油墨和柔性印刷油墨。颜料红 266 的各项牢度都比颜料红 170 差，用它调制的铅印油墨制品在耐晒牢度方面比颜料红 170 低 1/2 至 1 级。它对清漆涂层和消毒处理都很敏感。颜料红 266 在油墨中的着色力和透明性都与颜料红 170 和 210 相似，油墨制品耐溶剂、耐石蜡、耐皂化、耐酸和碱。

（23）C. I. 颜料红 267　颜料红 267 呈微暗的黄光红色，主要用于调制印刷油墨。

（24）C. I. 颜料红 268　颜料红 268 呈蓝光红色，主要用于调制印刷油墨。

（25）C. I. 颜料红 269　颜料红 269 呈强蓝光红色，主要用于调制印刷油墨。

（26）C. I. 颜料橙 38　颜料橙 38 呈黄光红色，主要用于印刷油墨和塑料中。颜料橙 38 的应用范围较广，还可用于蜡烛、美术颜料、木材等的着色。

（27）C. I. 颜料紫 25　颜料紫 25 只在日本生产，主要用于印刷油墨中。

（28）C. I. 颜料紫 44　颜料紫 44 与颜料紫 50 的化学结构相同，有关这两个颜料的颜色性能以及应用性能的文字表达都非常相似。很有可能是同一个颜料在《染料索引》上列出了两次。

（29）C. I. 颜料紫 50　颜料紫 50 产于日本，它的耐晒牢度较差，无法满足用户对有机颜料应用性能日益增长的严格要求。颜料紫 50 可用在印刷油墨和办公用品中。

由于在塑料中耐晒牢度较差且具有较强的迁移性，所以它不能用于塑料中，也不能用于涂料中。

（30）C. I. 颜料蓝 25　颜料蓝 25 呈红光蓝色，色光随合成工艺的变化而变化，主要用于二醋酸酯纤维的原液着色以及橡胶和包装印刷油墨。

颜料蓝 25 在应用介质中的牢度很好，它耐脂肪、耐油脂、耐皂化和耐石蜡，这使它适合用于包装油墨，但制品的耐晒牢度不是很好。在天然橡胶中，颜料蓝 25 耐硫化工艺，耐水、耐皂化、耐碱性溶液和醋酸溶液。

3.2.6 苯并咪唑酮颜料

苯并咪唑酮颜料得名于分子中所含的 5-酰氨基苯并咪唑酮基团（图 3-47），所有的苯并咪唑酮颜料都含有该基团。严格来讲，将该类颜料命名为苯并咪唑酮偶氮颜料更为确切，但因习惯上一直称其为苯并咪唑酮颜料，故在本书中也沿用苯并咪唑酮颜料这个名称。

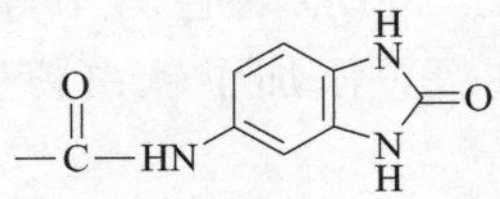

图 3-47 5-酰氨基苯并咪唑酮基团

苯并咪唑酮类有机颜料是一类高性能的有机颜料，它们的生产难度较高。尽管它们在化学分类上属于偶氮颜料，但是它们的应用性能和各项牢度却是其他偶氮颜料不能相提并论的。苯并咪唑酮类颜料的色泽非常坚牢，适用于大多数工业部门。由于价格/性能比的原因，它们主要被应用于高档的场合，例如轿车面漆、罩光漆、修补漆和高层建筑的外墙涂料以及高档塑料制品等。

苯并咪唑酮类有机颜料被《染料索引》登录的有 17 个品种，其中黄色的有 7 个品种，即 C. I. 颜料黄 120、151、154、175、180、181 和 194；橙色的有 3 个品种，即 C. I. 颜料橙 36、60 和 62；红色的有 5 个品种，即 C. I. 颜料红 171、175、176、185 和 208；紫色和棕色的各有 1 个品种，即 C. I. 颜料紫 32 和 C. I. 颜料棕 25。这些品种在国外被广泛使用，瑞士 Clariant 公司是此类有机颜料的主要生产商。

欲提高有机颜料的耐溶剂和耐迁移性能一般有下列两种方法。

① 加大颜料的分子量，如像偶氮缩合大分子颜料那样。

② 在颜料分子中引入可降低颜料溶解度的取代基。

对于苯并咪唑酮颜料而言，采用了第二种方法。

早期的研究发现，有这样一些颜料，如果在它们的分子中引入磺酸基或羧酸基，则这些颜料在有机溶剂中的溶解度就大大降低。此外，这些颜料分子中的磺酸基或羧酸基还可以和碱土金属离子形成水不溶性的盐。如果在分子中引入酰亚胺基团，则可得到耐溶剂性和耐迁移性极好的颜料，根据这个发现，色酚 AS 系列颜料便应运而生。

后来，一些五元和六元的杂环被引入颜料分子中，其中较为有效的是四氢喹唑啉-2,4-二酮（图 3-48），四氢喹喔啉二酮（图 3-49）和苯并咪唑酮基团。以后的实践证明将杂环作为偶合组分的一部分引入到颜料分子中是非常有益的。

黄色苯并咪唑酮颜料中最重要的偶合组分是 5-乙酰乙酰氨基苯并咪唑酮（简称 AA-BI）（图 3-50），红色苯并咪唑酮颜料所用的偶合组分是 5-(2′-羟基-3′-萘甲酰)氨基苯并咪唑酮（简称色酚 AS-BI）（图 3-51）。AA-BI 相当于单偶氮黄色系列颜料中的乙酰乙酰芳胺。很明显，色酚 AS-BI 是色酚 AS 的系列衍生物之一。

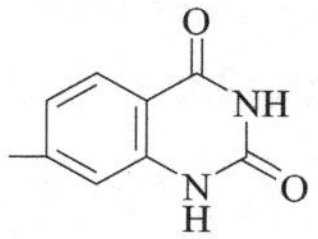

图 3-48　四氢喹唑啉-2,4-二酮

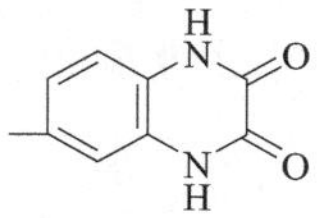

图 3-49　四氢喹喔啉二酮

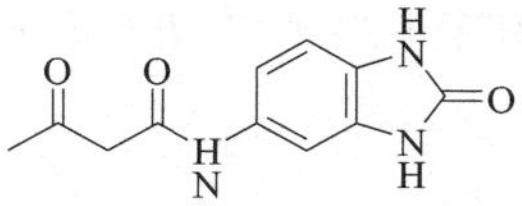

图 3-50　5-乙酰乙酰氨基苯并咪唑酮

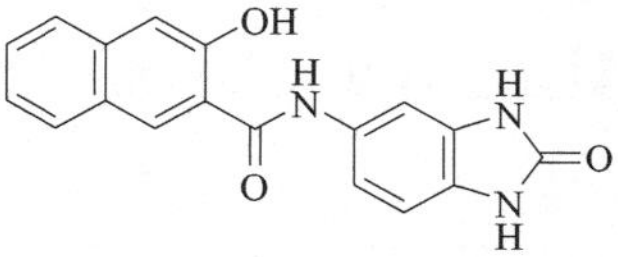

图 3-51　色酚 AS-BI

3.2.6.1　专用中间体的生产

（1）5-氨基苯并咪唑酮　5-氨基苯并咪唑酮是生产苯并咪唑酮颜料的关键中间体。它的制法有好多种，在我国较为常用的合成路线如下：

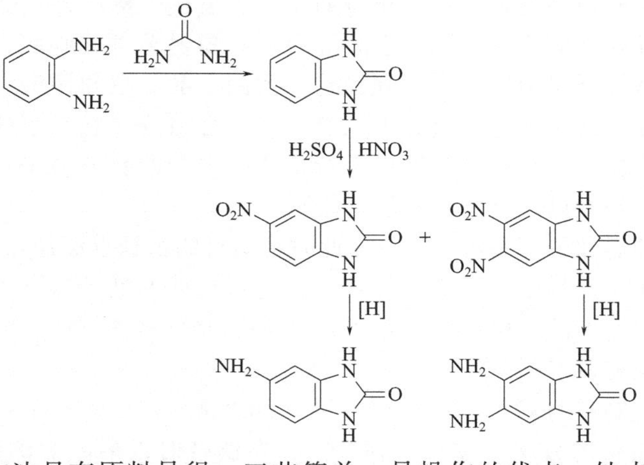

这种合成方法具有原料易得、工艺简单、易操作的优点。缺点是苯并咪唑酮在硝化时容易生成二硝基物，且二硝基物不易去除。当一硝基苯并咪唑酮被还原时，二硝基苯并咪唑酮也同时被还原。产物中的二氨基苯并咪唑酮极易被氧化而生成黑色的氧化产物，从而影响最终产品的质量。因此，该缺点是致命的。为此，这种合成路线在国外已被淘汰。

为了避免二氨基物对最终产品质量的影响，可以采用下面的合成路线。

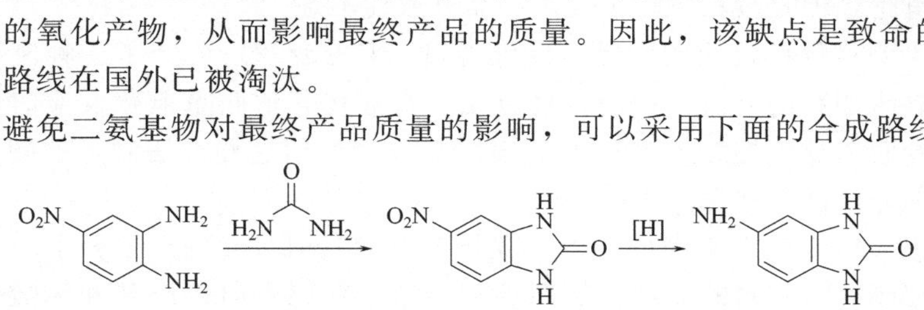

以 2-氨基-4-硝基苯胺作为起始原料，用光气或熔融的尿素与其反应生成 5-硝基苯并咪唑酮，还原后即得 5-氨基苯并咪唑酮。此合成路线的一个缺点在于，它所用的起始原料目前在国内尚没有工业化生产。

（2）5-乙酰乙酰氨基苯并咪唑酮　黄色和橙色苯并咪唑酮颜料的偶合组分 5-乙酰乙酰氨基苯并咪唑酮由 5-氨基苯并咪唑酮与双乙烯酮或乙酰乙酸乙酯制得。

（3）5-(2′-羟基-3′-萘甲酰)氨基苯并咪唑酮　将 5-氨基苯并咪唑酮与 2-羟基-3-萘甲酰氯或 2-羟基-3-萘甲酸（2,3-酸）和三氯化磷在有机溶剂中进行反应即得。

3.2.6.2　颜料的合成及后处理

苯并咪唑酮颜料的制备是先将相应的芳胺重氮化，然后将重氮组分加入 5-乙酰乙酰氨基苯并咪唑酮或 5-(2′-羟基-3′-萘甲酰)氨基苯并咪唑酮的悬浮液中进行反应。由于在碱性介质中反应得不到均匀一致的产品，故须用酸（通常用醋酸或盐酸）连同表面活性剂将偶合组分再沉淀，使偶合组分以悬浮着的微小粒子参与偶合反应。偶合反应一般在水溶液中进行，这样得到的颜料粒子通常较硬，故必须将粗品进行后处理以获得颜料的使用性能。

颜料粗品的后加工可在水中进行，此时将颜料的水悬浮液加热到 100～150℃，使颜料粗品处于一定的压力下进行热处理。进行这样的处理时，可在水中加入某种水溶性或水不溶性的有机溶剂，也可以加入各种非离子或阴、阳离子表面活性物质，或者用纯有机溶剂来处理。

关于颜料的制备与后处理，德国专利（DE2347532）公开了一种制备黄色苯并咪唑酮有机颜料的方法。按照这种方法，在偶合时以醋酸和醋酸钠为缓冲剂，在偶合液中添加乳化剂，再将偶合液加入重氮液中。反应结束后，将含水的滤饼再用水打成浆，然后在压力釜中加热到 150℃ 处理 5h。用这种方法制得的颜料虽然色光较鲜艳，但是颜料颗粒很硬，产品分散性不好。

为解决颜料颗粒较硬的问题，欧洲专利（EP10272）公开了一种制备黄色苯并咪唑酮有机颜料的方法。按照这种方法，在取代芳伯胺重氮化反应时就添加分散剂，偶合时将反应的温度控制在 10～20℃ 之间。用这种方法制得的颜料虽然颗粒不硬，但是产品的着色力不高。

为解决颜料着色力不高的问题，美国专利（US4370269）公开了一种制备黄色苯并咪唑酮有机颜料的方法。按照这种方法，在偶合时以磷酸和磷酸钠为缓冲剂，再将偶合液和重氮液同时加到缓冲剂中，反应结束后，在异丁醇中对湿滤饼进行热处理。用这种方法制得的颜料虽然其着色力得到提高，但是产品的色光却又不够鲜艳。

3.2.6.3 晶体结构分析

以往，曾对许多黄色的单偶氮颜料及红色的色酚 AS 系列偶氮颜料做过单晶 X 射线衍射分析，本以为这些偶氮化合物的晶体结构应具有以下特征：

①存在氧代腙构造；②存在最大可能的分子内氢键数；③氢键连接三个原子（分叉式氢键）；④分子几乎是完全平面的。

但所有的分析结果表明，这些受测对象中并没有分子内氢键的结构特征，因分子间的距离过大，以致束缚整个晶体的力就是范德华力。

最近对一个黄色的苯并咪唑酮颜料（图 3-52）和一个红色的苯并咪唑酮颜料（图 3-53）进行了同样的 X 射线衍射分析，测试结果表明：这两例偶氮颜料的结构特征与普通偶氮颜料相反，它们是首次被发现分子中含有额外分子间氢键的偶氮颜料。这两种颜料中的氢键都是一维的，因而颜料分子在同一方向上连接形成分子带。从分子结构来讲，苯并咪唑酮颜料代表了一种全新的偶氮颜料。其优异的耐溶剂性能和耐迁移性能正是源于这种奇特的结构，该种结构尚未在其他的偶氮颜料中发现。

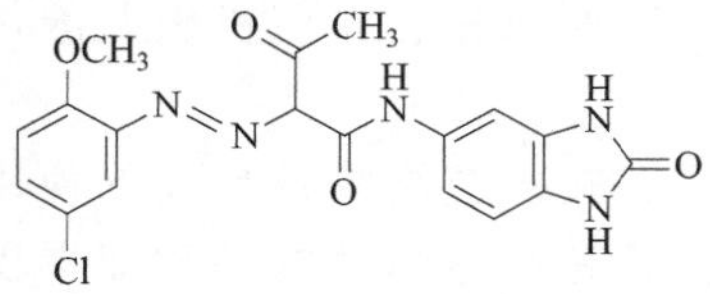

图 3-52

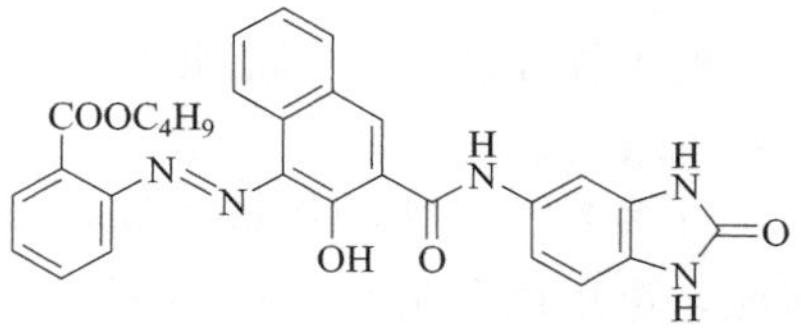

图 3-53

在单偶氮黄色颜料或红色色酚 AS 系列颜料分子中引入苯并咪唑酮作为组成部分将特别有利于提高母体颜料的许多性能，如耐溶剂性、耐迁移性以及耐晒牢度和耐气候牢度。正是由于苯并咪唑酮颜料各种卓越的坚牢度性能，使得其非常适用于各种对牢度要求非常严格的场合。

3.2.6.4 性能与应用

用 5-乙酰乙酰氨基苯并咪唑酮为偶合组分制得的颜料，其色光范围为强绿光黄到橙色。而由 5-(2′-羟基-3′-萘甲酰) 氨基苯并咪唑酮制得的颜料，其色光范围包含了主要的红色色光，如枣红、褐红、洋红，工业上有重要价值的棕色颜料亦可由此偶合组分得到。

苯并咪唑酮系列颜料的着色力各不相同。各种类型颜料所具有的不同的物理特性，尤其是粒径分布的宽窄，明显地影响色光和着色力。有些晶体的着色力较强，而有些则较弱。例如，调制 1/3 标准色深度的软质聚氯乙烯（含 5% TiO_2）分别需要 3.6%（最弱类型）或 0.4%（最强类型）的颜料。黄色和橙色系列苯并咪唑酮类颜料的着色力相当于单偶氮黄色颜料，而红色系列的苯并咪唑酮颜料的着色力则接近于色酚 AS 系列颜料。

苯并咪唑酮颜料之所以具有很高的耐溶剂性、化学惰性和耐迁移性能，就在于它的分子中具有苯并咪唑酮构造。苯并咪唑酮颜料的耐渗色性也很好。除了颜料黄151外，其他品种都有良好的或优越的耐渗色性和耐再涂性。所有的苯并咪唑酮颜料都耐酸、耐碱。在普通的应用介质中，大多数品种的苯并咪唑酮颜料都很容易分散。

在实际应用中，相当数量的苯并咪唑酮颜料品质能满足用户的耐热要求，其中有些甚至是目前已知的最为耐热的有机颜料品种。苯并咪唑酮颜料还具有优越的耐晒牢度，黄、橙系列的品种还具有很高的耐气候牢度。

目前已有不同类型的专用产品，其物理指标经专门优化以满足不同用户的不同需求。普通产品可根据用户的要求对某些性能指标作适当调节，如透明度、流动性或其他的牢度性能，使之更适合用户的需要。

同质多晶性在苯并咪唑酮颜料中也普遍存在，但目前已上市的商品化颜料仅以一种晶体构型供应。

由于具有各种优越的牢度性能，苯并咪唑酮系列颜料的应用几乎遍布整个颜料的应用领域。它们能满足比较特殊或非常特殊的应用要求，特别是考虑到它们的耐晒牢度、耐气候牢度、热稳定性、化学惰性和耐迁移性。苯并咪唑酮颜料可用于整个油漆行业以制造各种各样的工业漆，来满足工业机械、农用机械及配件的着色要求。

许多苯并咪唑酮颜料能满足轿车漆的应用标准，有些甚至能满足最高的使用标准，可用以制造轿车原始面漆、修补漆和金属漆。具有高透明性的品种能提供金属性的效果。具有高遮盖性的品种经性能优化可用作诸如铬黄、钼铬红等无机颜料的替代产品。优越的流动性能使其能提高油漆中的颜料浓度而不影响油漆的光泽，油漆的遮盖力因而可得以提高。这种高遮盖性品种常与无机颜料拼混使用，如铬黄、镍钛黄、氧化铁黄颜料，这些混合品种也具有优异的耐晒牢度和耐气候牢度。但有些这样的品种，它们的耐气候牢度会随着白色颜料浓度的提高而迅速降低。

用于烘烤漆中的颜料需要满足一项重要的技术指标，即耐再涂性。对苯并咪唑酮颜料而言，它们在很多应用介质中都具有这种性能。大多数苯并咪唑酮颜料适宜用于以聚酯、聚丙烯酸酯或聚氨酯为基料的粉末涂料，因为这类颜料具有很高的热稳定性能，可满足加工和应用的需求，并且在这些介质中不会变色。大多数该类颜料品种甚至能满足卷钢涂料的高耐热标准。当然，它们同样适合用于建筑用漆和乳胶漆。

苯并咪唑酮颜料，特别是红色系列，最初主要被用于塑料的着色，至今还没有发现它们中有任何品种会对宿主介质的物理特性产生负面影响。在典型的应用条件下，用于软质聚氯乙烯或其他聚合物时，它们通常是耐渗色、耐迁移的。

用于聚氯乙烯时，大多数苯并咪唑酮颜料在220℃以下是稳定的，具有特别高的耐晒牢度，其中一些颜料在耐冲击聚氯乙烯中和硬质聚氯乙烯中有很高的耐气候牢度，甚至有长期的耐气候性。大多数苯并咪唑酮颜料可用于以聚氯乙烯为基材的合成皮革涂层胶。

　　用于聚烯烃时，苯并咪唑酮颜料表现出相当好的热稳定性，它们可以承受300℃以下的温度。根据对热稳定性的不同要求，已开发出专用的品种以满足各种不同类型的聚烯烃，如高密度聚乙烯（HDPE）、低密度聚乙烯（LDPE）及聚丙烯（PP）。由于许多苯并咪唑酮颜料品种不会影响聚烯烃注塑制品的扭曲性，故可用于厚壁的、大型的、非对称的注塑制品，例如塑料瓶坯子。苯并咪唑酮颜料适用于聚苯乙烯（PS）、ABS及其他须在高温下加工的聚合物，具有优异的耐晒牢度，还能满足不饱和聚酯的耐热要求而不影响该聚合物的固化。各种苯并咪唑酮颜料有足够的热稳定性，可用于丙纶、腈纶、黏胶、改性黏胶或二醋酸纤维等的原液着色。

　　油墨工业上用苯并咪唑酮颜料制造高级印刷油墨，透明系列的品种已引起相关领域的极大兴趣。含有苯并咪唑酮颜料的油墨用于印刷效果良好，大部分颜料品种耐油墨中的联结料并且耐消毒处理。耐热性好的品种能耐220℃达30min，并能满足金属装潢印刷的严格要求。同在其他应用介质中一样，大部分苯并咪唑酮颜料用于印刷油墨，有极高的耐晒牢度。这使得它们适宜作为耐用产品或消费品的着色剂，例如户外广告或其他用品。由于良好的耐溶剂性、耐增塑剂和耐迁移性，使得它们经常被应用于聚氯乙烯或其他塑料薄膜的印刷。

　　苯并咪唑酮颜料可用于溶剂型的木材着色剂，还适用于其他的非常规用途。

3.2.6.5　典型品种

　　（1）黄色和橙色苯并咪唑酮颜料　《染料索引》登录的黄色、橙色苯并咪唑酮颜料如表3-7所示。

表 3-7　黄色、橙色苯并咪唑酮颜料

染料索引号	R^1	R^2	R^3	R^4	色光
C.I. 颜料黄 120	H	COOCH$_3$	H	COOCH$_3$	黄
C.I. 颜料黄 151	COOH	H	H	H	绿光黄
C.I. 颜料黄 154	CF$_3$	H	H	H	绿光黄
C.I. 颜料黄 175	COOCH$_3$	H	H	COOCH$_3$	强绿光黄
C.I. 颜料黄 180	(A)	H	H	H	绿光黄
C.I. 颜料黄 181	H	H	(B)	H	红光黄
C.I. 颜料黄 194	OCH$_3$	H	H	H	黄
C.I. 颜料橙 36	NO$_2$	H	Cl	H	橙

染料索引号	R¹	R²	R³	R¹	色光
C. I. 颜料橙 60	Cl	H	H	CF₃	红光黄
C. I. 颜料橙 62	H	H	NO₂	H	黄光橙

注：(A) =

(B) = —OCNH—⟨⟩—CONH₂。

① 颜料黄 120　呈中黄色，具有良好的耐溶剂性能，这与该系列其他的黄色颜料相近。颜料黄 120 主要用于塑料，特别是聚氯乙烯，已经有专用于此用途的颜料制备物问世。

颜料黄 120 在油墨工业中，主要用于装潢用印刷油墨，这类油墨是印刷在密胺薄膜和聚酯薄膜上的。用颜料黄 120 调制的高级油墨，主要用于户外广告和包装用金属薄膜印刷。用于软质聚氯乙烯的凹版油墨，其性能得到很高的评价。颜料黄 120 很少用于涂料工业。颜料黄 120 也可用于包括汽车修补漆在内的工业漆。因其耐碱性较好，故也适用于建筑漆。

② 颜料黄 151　于 1971 年问世，其色光为清晰的绿光黄，较颜料黄 154 绿一些，比颜料黄 175 明显偏红，颗粒较粗大，遮盖力较高。颜料黄 151 在颜料工业中的地位较为重要，主要应用领域为油漆工业，特别是高级工业漆。良好的流变性能使其掺入油漆的用量可多达约 30%（与油漆基料的比值）而不影响涂层的光泽。含颜料黄 151 的涂料耐晒牢度很好且经久耐用。

颜料黄 151 可用于丙纶纤维原液的着色，特别适用于那些流动性能良好、能在 210～230℃ 进行加工的聚合物。颜料黄 151 在这些介质中的耐晒牢度非常高。颜料黄 151 还可用于需要高耐晒牢度的印刷油墨，适合用于聚酯薄膜装饰用印刷油墨。颜料黄 151 不溶于苯乙烯单体和丙酮。由于在水性密胺树脂中有一定的溶解度，故颜料黄 151 不适宜在此介质中使用。

③ 颜料黄 154　呈绿光黄色，耐晒牢度和耐气候牢度都非常好。其色调明显比颜料黄 175 红，较颜料黄 151 稍红。颜料黄 154 非常耐常见的有机溶剂，如醇、酯（包括乙酸丁酯、邻苯二甲酸二丁酯）、脂肪烃（如矿物油）和芳香烃（如甲苯）。

颜料黄 154 主要应用于涂料和油漆，是耐气候牢度最好的有机黄色颜料之一。颜料黄 154 可用于包括轿车面漆在内的高级工业漆。在烘烤磁漆中，当温度低于130℃ 时，耐再涂性很好。超过该温度，可发现其有渗色性，在 140℃ 时仅有轻微的渗色。在塑料领域中主要用于聚氯乙烯。由于其优异的耐晒牢度和耐久性能，颜料黄 154 非常适用于硬质和耐冲击聚氯乙烯，也非常适合在户外的应用场合。

对于需要高耐晒牢度的印刷油墨，颜料黄 154 是一种很有用的颜料。颜料黄 154 还可应用于其他介质，如画家用的油彩颜料。

④ 颜料黄 175　呈艳丽的强绿光黄色，色光较其他黄色苯并咪唑酮颜料绿，较同色谱的颜料黄 109、128 和 138 也偏绿。

颜料黄 175 主要用于工业漆，特别是轿车面漆和修补漆。在塑料工业中，该颜料也具有很高的耐晒牢度和耐气候牢度，不过它的耐晒牢度不如颜料黄 154。尽管如此，颜料黄 175 在塑料着色方面潜在的应用前景仍引起该行业的兴趣。在印刷油墨工业中，颜料黄 175 只用于高级产品。

⑤ 颜料黄 180　呈绿光黄色。它是一种双偶氮颜料，并且是苯并咪唑酮颜料中唯一的双偶氮颜料，在塑料着色方面特别有价值。用于高密度聚乙烯，当加工温度低于 290℃ 时，颜料黄 180 是热稳定的。它不影响塑料的扭曲性，故可用于注塑制品。在印刷油墨领域，颜料黄 180 主要用在那些普通的黄色偶氮颜料不能使用的场合。在塑料行业，颜料黄 180 有着重要的地位。

⑥ 颜料黄 181　在聚氯乙烯中耐迁移，而且在此介质中有优异的耐晒牢度。颜料黄 181 的热稳定性极好，因而适合用于须在高温条件下加工的聚合物，如 PS、ABS、聚酯、聚甲醛和其他工程塑料。颜料黄 181 也可用在油漆中，但由于着色力差，颜料黄 181 较少用于此目的。

⑦ 颜料黄 194　呈艳丽的黄色，色光与颜料黄 97 相近。该颜料目前在美国的使用量较大。从色光和耐晒牢度来讲，可以同单偶氮的双乙酰乙酰芳胺类黄色颜料（如颜料黄 16）相媲美。颜料黄 194 主要用于工业油漆，也适合用于塑料着色。

⑧ 颜料橙 36　呈暗橙色，耐晒牢度和耐气候牢度很高，是一个极为重要的颜料。市售的该颜料有高遮盖力和高透明性两大类，各个品种间在色光、鲜艳度、着色强度以及牢度等方面的差异非常明显。

颜料橙 36 的应用范围很广，主要在油漆领域。全色和相近色深制品的耐晒牢度非常优异。目前，为适应颜料无铅化的环保要求，高遮盖性的颜料橙 36 品种是橙色系列颜料的标准品。颜料橙 36 还能用于汽车修补漆、商用车辆和农用机械的油漆以及普通工业漆，颜料橙 36 在这些领域中应用都很广泛。在油墨行业，颜料橙 36 被用于各种类型的胶印油墨、凸印油墨、凹印油墨和柔性油墨以及金属装潢印刷用油墨。在塑料工业中，颜料橙 36 可用于聚氯乙烯着色。在硬质聚氯乙烯中，当颜料橙 36 的浓度较低时，耐晒牢度较差。颜料橙 36 还适宜用于不饱和聚酯树脂的着色，无论是高透明性的还是高遮盖性的颜料品种，在这些介质中耐晒牢度都达到 7 级，它不影响该塑料的扭曲性。

⑨ 颜料橙 60　呈黄光橙色，耐晒牢度、耐久性俱佳。它主要用于高级工业漆，如汽车漆，特别是轿车面漆。颜料橙 36 常与白色颜料拼混使用，以冲淡它的色调。颜料橙 60 是橙色有机颜料中耐晒牢度最高的颜料之一。颜料橙 60 还可应用于印刷油墨和塑料，以满足高耐晒牢度和耐久性的要求。有少量的 TiO_2 存在时不影响颜料的耐气候性和耐久性。尽管其着色力较差，颜料橙 60 在其他的应用介

质中（如油画用油彩颜料、户外广告用油墨等）都有应用。

⑩ 颜料橙 62　呈艳丽的黄光橙色，市售的颜料橙 62 比表面积较小，约为 $12m^2/g$，故它的粒子较粗，遮盖力较强。

颜料橙 62 可用于所有的油漆，特别是适合用在需要艳丽的黄光红色或红光黄色的场合。颜料橙 62 常用于印刷油墨，以生产耐晒的胶印油墨和水性柔性油墨，在这些介质中它的耐晒牢度为 5~6 级。它不完全耐碱，不耐清漆涂层，也不耐消毒处理。在硬质聚氯乙烯中，颜料橙 62 也具有优异的耐晒牢度和耐久性，然而它并不能满足长期耐气候的高标准要求。颜料橙 62 可用于丙纶纤维原液或其他可在 230℃进行加工的合成纤维的原液着色。

（2）红、紫、棕色苯并咪唑酮颜料　《染料索引》登录的红、紫、棕色苯并咪唑酮颜料如表 3-8 所示。

表 3-8　红、紫、棕色苯并咪唑酮颜料

染料索引号	R^1	R^3	R^4	色光
C. I. 颜料红 171	OCH$_3$	NO$_2$	H	枣红
C. I. 颜料红 175	COOCH$_3$	H	H	蓝光红
C. I. 颜料红 176	OCH$_3$	CONHC$_6$H$_5$	H	洋红
C. I. 颜料红 185	OCH$_3$	SO$_2$NHCH$_3$	CH$_3$	洋红
C. I. 颜料红 208	COOC$_4$H$_9$	H	H	红
C. I. 颜料紫 32	OCH$_3$	SO$_2$NHCH$_3$	OCH$_3$	紫酱
C. I. 颜料棕 25	Cl	H	Cl	棕

① 颜料红 171　呈黄光红色，色调较暗。该颜料各种坚牢度良好，具有较高的透明性。

颜料红 171 可用在塑料和油漆中。在聚氯乙烯中的耐晒牢度为 7~8 级。它常与黄色有机颜料及无机氧化铁黄拼混使用，以配制棕色着色剂。其高透明性品种可配制枣红色制品。颜料红 171 的着色力非常高，用于丙纶原液着色后得到的制品具有很高的耐晒牢度，纺丝后的产品耐干摩擦牢度很好，但耐湿摩擦牢度欠佳。含颜料红 171 的油漆耐再涂性能很好，耐晒牢度和耐气候牢度也很好。这使得它适用于各种高级工业漆，包括汽车修补漆。由于它在漆膜中的高透明性，颜料红 171 能满足金属漆的使用要求。颜料红 171 能满足各种印刷油墨所需要的牢度要求，并可与其他颜料拼混以配制栗色制品。

② 颜料红 175　呈暗红色，各种坚牢度良好，完全不溶于（或几乎不溶于）

常见的有机溶剂。市售的品种比表面积较大，因此透明性非常高。

在油漆工业中，颜料红175主要用于工业漆和汽车修补漆，高透明性使其能满足透明性制品和金属漆的技术要求。在塑料中，颜料红175的耐晒牢度和耐气候牢度很好。软质聚氯乙烯制品和硬质聚氯乙烯制品的耐晒牢度分别为7级和8级。在这些介质中，颜料红175经常和炭黑拼混使用，以配制棕色着色剂。在软质聚氯乙烯中，它的耐迁移性能很好，从未观察到有起霜和渗色现象。颜料红175可用于聚氯乙烯和聚氨酯泡沫。颜料红175可用于丙纶纤维的原液着色。对于聚苯乙烯和聚酯，它也是一个比较重要的着色剂。

③ 颜料红176　呈蓝光红色，色光较颜料红187和颜料红208蓝，较颜料红185黄。颜料红176主要应用于塑料及其薄膜。在软质聚氯乙烯中，它的耐迁移性很好，1/3标准色深度制品（含5%TiO$_2$）的耐晒牢度为6～7级，1/25标准色深度制品的耐晒牢度为6级，透明性制品（含0.1%颜料）的耐晒牢度为7级。在硬质聚氯乙烯中，透明性制品的耐晒牢度为7～8级。用于聚苯乙烯和聚烯烃时，耐晒牢度也很好。透明性的聚苯乙烯样品（含0.1%颜料）耐热280℃。颜料红176可用于塑料薄膜印刷用的油墨。塑料薄膜中耐渗色性能很好，即使浸入到密胺树脂液中也观察不到有渗色现象，因而是密胺和聚酯薄膜印刷用油墨的首选颜料。与该系列颜料中其他同色谱颜料相比，它的耐晒牢度要差1级。颜料红176的色光接近标准品红，可用于三色或四色彩印油墨。颜料红176可用于丙纶纤维原液的着色。

④ 颜料红185　具有同质多晶性，市售的品种呈艳丽的蓝光红色。颜料红185完全不溶（或几乎不溶）于常见的有机溶剂。颜料红185的主要应用领域为图案印刷油墨和塑料色母粒。在印刷油墨工业中，颜料红185可用于调制各种印刷油墨，制品非常耐常规溶剂，也耐消毒处理。颜料红185还可用于聚氯乙烯薄膜和聚酯薄膜印刷用油墨。在塑料工业中，颜料红185用于聚氯乙烯和聚烯烃等的着色。在油漆工业中，颜料红185用于普通工业漆。

⑤ 颜料红208　呈中红色，耐溶剂且化学惰性，主要应用领域为塑料色母粒和包装印刷用凹版印刷油墨。颜料红208可与颜料黄83和炭黑拼制成棕色着色剂。颜料红208是聚氯乙烯合成革着色的主要颜料，该合成革主要用于汽车行业。颜料红208还可用于腈纶纤维的原液着色，制品同样具有优异的纺织性能和良好的耐晒性能。颜料红208适用于各种印刷油墨，且耐晒牢度非常高。此外，颜料红208还可用于溶剂型木材着色剂。

⑥ 颜料紫32　色光较蓝，色调较暗。它耐常规的有机溶剂，可用于油漆、塑料、印刷油墨及合成纤维原液的着色。

⑦ 颜料棕25　呈红棕色，市售的品种比表面积较大，约90m^2/g，因而透明性很好。与同系列的其他颜料相比，颜料棕25在某些底物中的耐晒牢度相对较低。它适用于油漆、塑料、印刷油墨等。可用于这些目的的颜料品种较多，最为典型的是颜料棕23。但颜料棕23与颜料棕25相比，色光偏黄，比表面积较小，遮盖性相对较高。

3.2.7 偶氮缩合颜料

黄色的单偶氮颜料大多以乙酰乙酰芳胺为偶合组分，而红色的单偶氮颜料大多以色酚 AS 为偶合组分。单偶氮颜料虽具有制造工艺相对简单的特点，但是由于分子量相对较小及其他原因，它们的耐溶剂性能和耐迁移性能不理想。黄色的双偶氮颜料大多以双乙酰乙酰芳胺为偶合组分，尽管其结构略微复杂且分子量相对较大，但它们的耐溶剂性能和耐迁移性能仍与结构简单的单偶氮颜料相似。对于单偶氮颜料，要提高它们的耐溶剂性能和耐迁移性能，可以用下列方法进行化学修饰：①在分子中引入酰氨基团；②加大颜料的分子量。

根据这种思路，Ciba 公司已开发出分子量较大且含多个酰氨基团的红色双偶氮颜料，这些颜料现在被称为偶氮缩合颜料。

偶氮缩合颜料分子结构的特点，可以下列红色的偶氮缩合颜料为例加以说明。

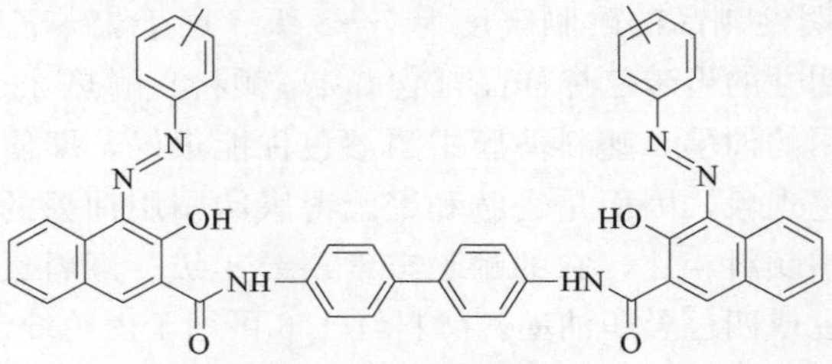

红色的偶氮缩合颜料

这类颜料看起来就像是两个单偶氮的色酚 AS 颜料的联合体，但是它们的结构特征完全体现了上述的化学修饰思路，即：增加分子中酰氨基团的数目和增加颜料的分子量。

从上面这个事例，也可看出本章述及的偶氮缩合颜料与普通的双偶氮颜料相比，不同之处在于：①分子中两个单偶氮颜料的构造是通过一个芳二酰胺的桥连接在一起；②含有多个酰氨基团。这样的分子结构有助于大大改善颜料的耐溶剂性能和耐迁移性能。不过，这种结构的分子不能用传统的合成方法得到，正是 Ciba 公司的发明，才为此类颜料的发展铺平了道路。

黄色偶氮缩合颜料的化学结构大体上有两种类型，即：分子中的两个偶氮结构既可以通过重氮组分引入（图 3-54），也可以通过偶合组分引入（图 3-55）。

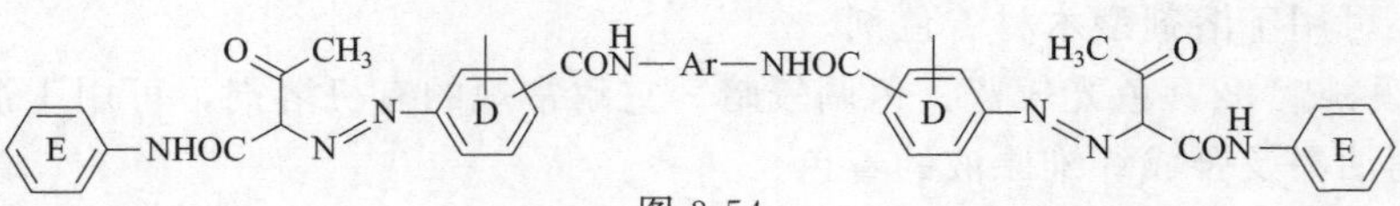

图 3-54

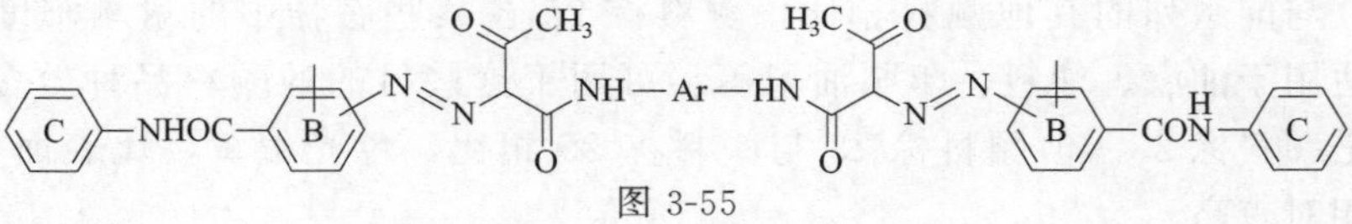

图 3-55

上述结构式中的环 B～环 E 一般都带有诸如 CH_3、OCH_3、OC_2H_5、Cl，NO_2、$COOCH_3$、CF_3、OC_6H_5 等取代基。

3.2.7.1 合成方法

偶氮缩合颜料合成起来较为困难。若试图用两分子的重氮组分与一分子的双官能团偶合组分偶合的方法来完成，则得到的产物并不一定是所期望的。因为当一分子重氮组分与偶合组分发生偶合时，所生成的单偶氮化合物因在反应介质中的溶解度极小而从该介质中析出，这样就无法再继续后面的反应。为了解决溶解度过低的问题，有人对生成的单偶氮化合物进行砂磨，试图以减小颗粒尺寸的方法来进行后面的反应，但收效甚微；也有人在有机溶剂中进行重氮化；还有人采用带氨基的重氮组分在醋酸介质中与含两个羟基的化合物进行偶合反应。这些尝试都有缺陷，以致得不到高纯度的反应产物。

欲合成如图 3-54 所示的黄色偶氮缩合颜料，可以采用如下的反应程序。

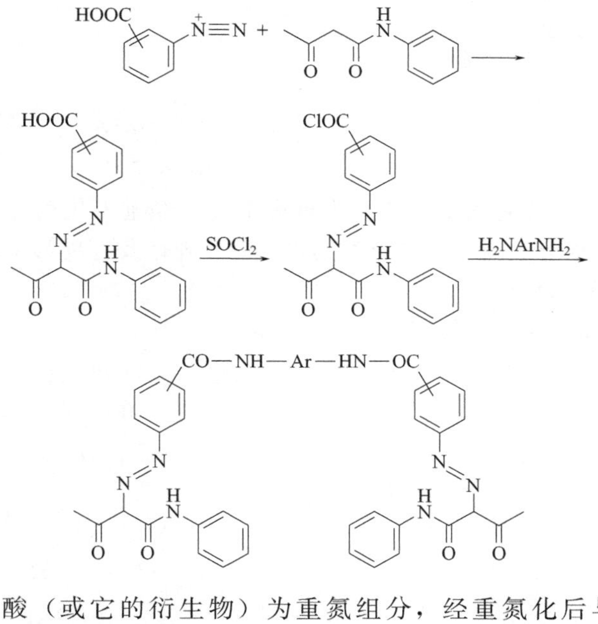

以氨基苯甲酸（或它的衍生物）为重氮组分，经重氮化后与乙酰乙酰芳胺（或它的衍生物）偶合，得到的偶合产物再与氯化亚砜反应将羧基转化成酰氯，该产物与二元芳胺缩合便得到目标化合物。

欲合成如图 3-55 所示的黄色偶氮缩合颜料，可以采用如下的反应程序。

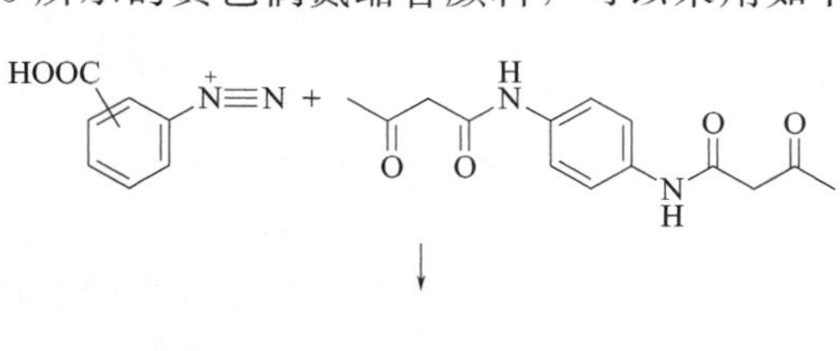

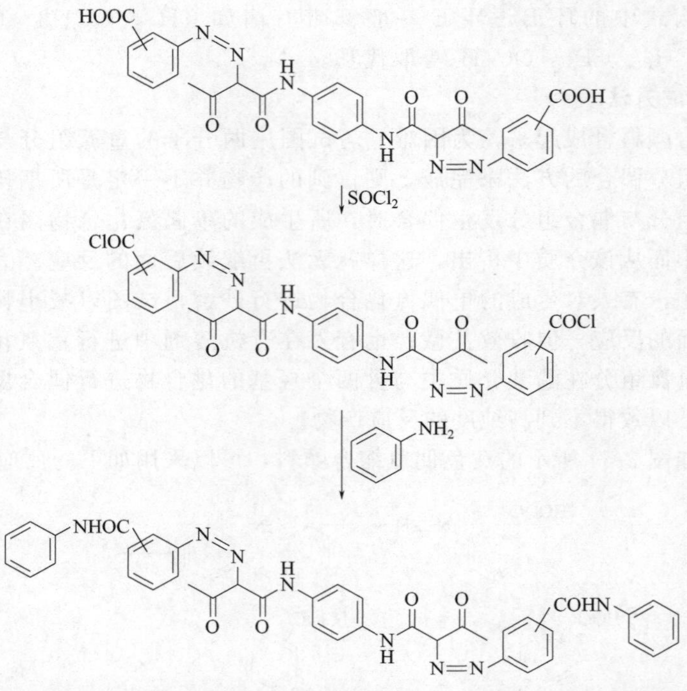

以氨基苯甲酸（或它的衍生物）为重氮组分，经重氮化后与双乙酰乙酰芳胺（或它的衍生物）偶合，得到的偶合产物再与氯化亚砜反应将羧基转化成酰氯，它再与芳胺缩合便得到目标化合物。

红色的偶氮缩合颜料一般以下述两法合成。

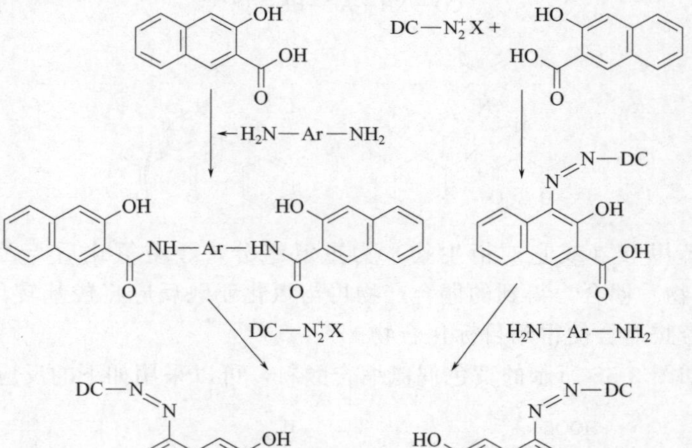

（1）由重氮组分与 2,3-酸在碱性介质中偶合得到带羧基的单偶氮化合物。在氯苯中，采用共沸脱水的方法对这个偶氮化合物进行干燥，然后与 PCl_5 或氯化亚

砜作用生成相应的酰氯，最后与二元芳胺缩合从而得到所期望的产物。整个反应过程都在有机溶剂中进行，所以最终的分离非常容易。

（2）2,3-酸经酰氯化后与二元芳胺缩合，得到双色酚 AS 类化合物。它再与重氮组分偶合得到所期望的产物。

3.2.7.2　性能和应用

偶氮缩合颜料的色谱较广，从绿光很强的黄色到蓝光红色或紫色直至棕色。该类颜料一般具有较高的着色强度。经过化学修饰颜料的分子量明显增加，又因为在有机溶剂中反应，所以获得的产物颗粒较大以致它们的耐溶剂牢度有了明显的提高，尤其是黄色品种非常耐醇、脂肪烃和芳香烃，不过在酯和酮类溶剂中不太耐渗色。

偶氮缩合颜料的生产成本较高。所以，尽管它们可被用于各个工业部门，但主要用于高档的场合，尤其是高档塑料制品、合成纤维原液着色、高档印刷油墨、轿车面漆等。

在塑料工业，它们被用于聚氯乙烯和聚烯烃。由于它们的分子量大，故在此底物中，它们非常耐迁移。黄色品种比红色品种还要耐渗色。偶氮缩合颜料的耐热性很好，既能满足软质聚氯乙烯又能满足硬质聚氯乙烯的需求。不过有些黄色品种的着色力较低。例如，调制 1/3 标准色深度软质聚氯乙烯制品，需 $0.7\%\sim2.0\%$（含 $5\%TiO_2$）的黄色偶氮缩合颜料。而对于普通的乙酰乙酰芳胺类双偶氮颜料而言，要达到同样的目的，仅需 $0.3\%\sim1.0\%$ 的颜料。尽管双乙酰乙酰苯胺类黄色颜料的着色较高，但是它们的牢度太差。对于红色偶氮缩合颜料来说，调制 1/3 标准色深度软质聚氯乙烯制品，颜料的使用量在 $0.5\%\sim1.4\%$。

在软质聚氯乙烯中偶氮缩合颜料的耐晒牢度非常好，可满足用户的技术需求。不过它们的耐气候牢度则稍为逊色。在硬质聚氯乙烯中，除了 C.I. 颜料棕 23 外，其余的偶氮缩合颜料都不能用于制造须长期露置于户外的产品。

偶氮缩合颜料也被大量用于聚烯烃，此时各个品种的着色强度差别较大。例如，调制 1/3 标准色深度的高密度聚乙烯制品，颜料的使用量在 $0.18\%\sim0.44\%$（含 $1\%TiO_2$）之间。高低之差达 2.5 倍。制品的耐热温度在 $250\sim300℃$ 之间。某些偶氮缩合颜料会影响聚乙烯的扭曲性。不但用于聚烯烃或其他部分结晶性聚合物的着色时，会发生扭曲现象，用于其他的弹性体（如聚苯乙烯、聚氨酯等）时也会有此现象产生。

由于偶氮缩合颜料的耐热性很好，所以它们常被用于合成纤维的原液着色，例如丙纶和腈纶的原液着色，制得的纺织品具有很好的应用性能。像其他颜料一样，偶氮缩合颜料也可以制备物的形式使用。

在油漆工业中，有些偶氮缩合颜料品种的使用量较大。例如 C.I. 颜料黄 128，它被大量地用于调制轿车的原始面漆和修补漆。一般而言，偶氮缩合颜料在大多数油漆料中的耐再涂性很好。该颜料也常被用于调制建筑漆，有些品种还适用于乳胶漆。

偶氮缩合颜料在印刷油墨工业中的应用也较普遍，适宜调制各种类型的印刷油墨。不过在该领域，它们的应用对象主要是高档品种，例如包装印刷用油墨。由于具有很好的耐迁移性和耐溶剂性，所以在调制用于聚氯乙烯薄膜印刷用的酮/酯基的凹版印刷油墨时，它们是首选的品种之一。

由偶氮缩合颜料制得的印刷油墨在印刷制品中对于所包装的内容物（如黄油、奶酪和皂类）都呈化学惰性。当然它们也耐酸、耐碱。印刷制品耐再涂性很好，也耐压延和耐消毒处理。在 160℃ 可耐受 60min，但在 200℃ 的环境中，耐受 15min 后颜料的色光会略微有变化。正因为如此，它们非常适合调制金属装潢印刷用的油墨。当然，所有的印刷制品都具有非常优异的耐晒牢度。

3.2.7.3 典型品种

（1）黄色偶氮缩合颜料　典型的黄色偶氮缩合颜料见表 3-9。

表 3-9　典型的黄色偶氮缩合颜料

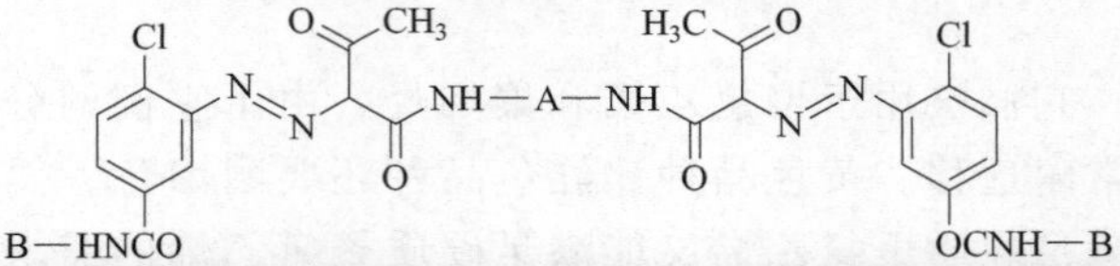

染料索引号	A	B	色光
C.I. 颜料黄 93	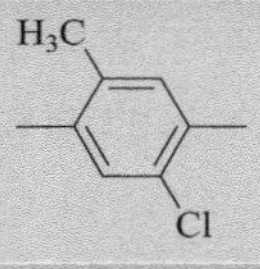 （结构）	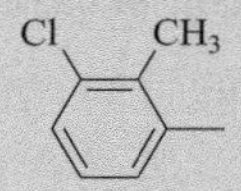 （结构）	黄
C.I. 颜料黄 94	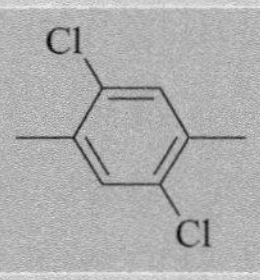 （结构）	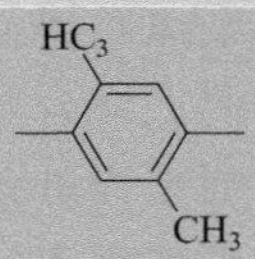 （结构）	绿光黄
C.I. 颜料黄 95	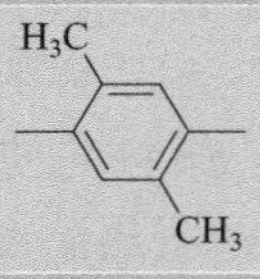 （结构）	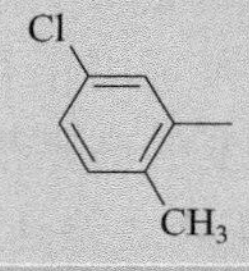 （结构）	红光黄
C.I. 颜料黄 128	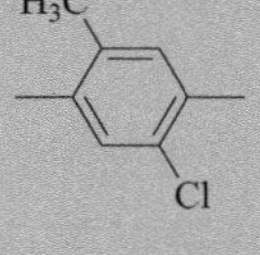 （结构）	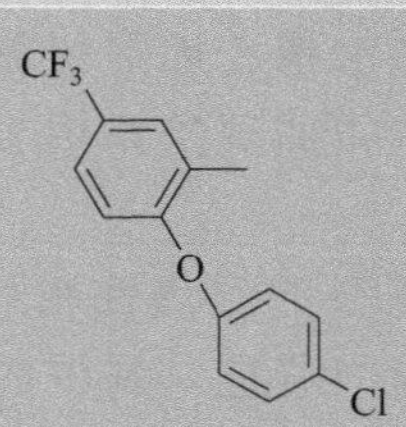 （结构）	绿光黄
C.I. 颜料黄 166	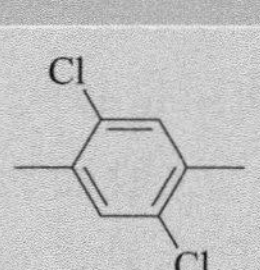 （结构）	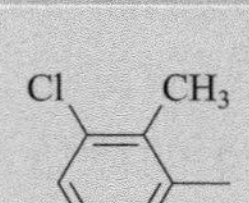 （结构）	黄

（2）橙色、红色、棕色偶氮缩合颜料　典型的橙色、红色和棕色偶氮缩合颜料列于表3-10。

表 3-10　典型的橙色、红色和棕色偶氮缩合颜料

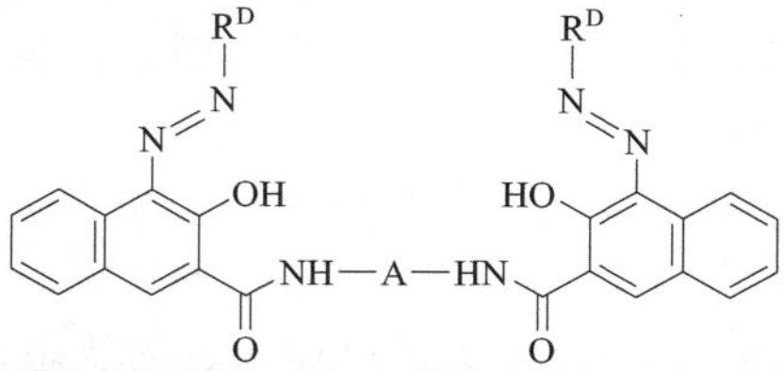

染料索引号	R^D	A	色光
C.I. 颜料橙 31	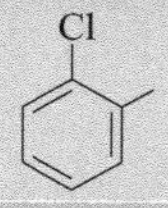	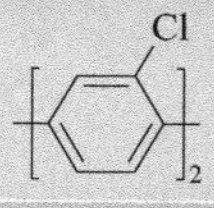	橙
C.I. 颜料红 144	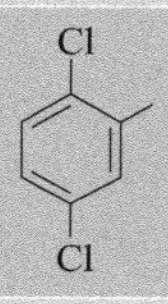	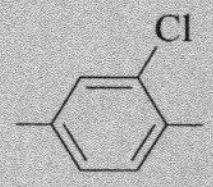	蓝光红
C.I. 颜料红 166	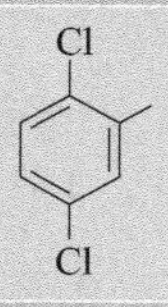	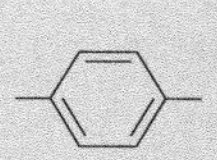	黄光红
C.I. 颜料红 214	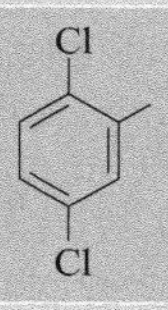	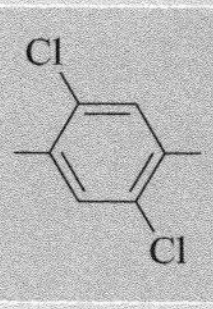	蓝光红
C.I. 颜料红 220	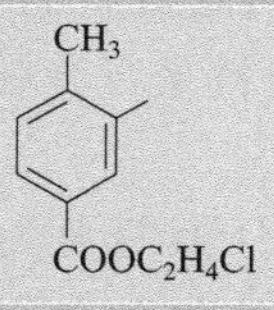	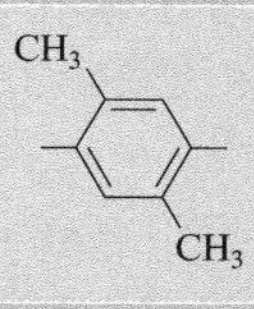	蓝光红
C.I. 颜料红 221	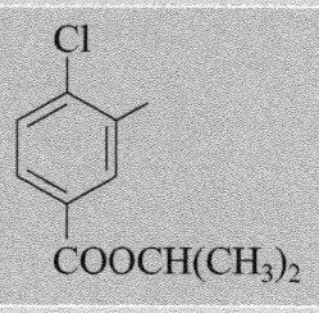	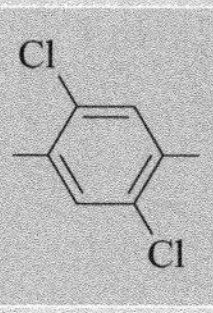	蓝光红
C.I. 颜料红 242	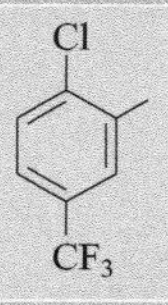	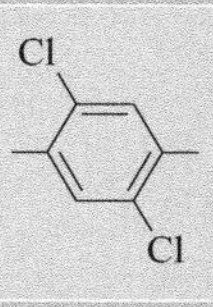	大红
C.I. 颜料棕 23	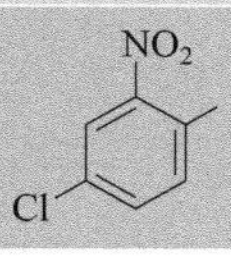	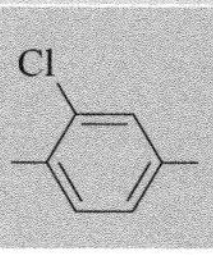	棕

3.2.8　金属复合颜料

含有氨基、羟基、羧基的某些偶氮颜料和氮甲川颜料能与过渡金属元素生成分子内络合物，这样的络合物被称为金属络合颜料。需要指出的是本节的内容不涉及金属酞菁类化合物及其颜料。

在金属络合颜料中，有机部分称为配位体，无机部分称为络合离子。配位体中的杂原子至少含有一对未共享电子，所以在本质上倾向于与其他元素共享此对电子以降低分子的内能，从而使分子处于更加稳定的状态。

另一方面，作为络合离子的过渡金属元素的核外电子层含有未充满电子的空轨道，它们的特点是能够接纳外来电子以降低分子的内能，从而使分子处于更加稳定的状态。

例如，元素钴的核外电子分布情况为：$1s^2$，$2s^2$，$2p^6$，$3s^2$，$3p^6$，$3d^6$，$4s^2$，$4p^1$。三价钴离子的核外电子分布情况为：$1s^2$，$2s^2$，$2p^6$，$3s^2$，$3p^6$，$3d^6$。当三价钴离子与配位体生成络合物时，6 个空轨道（$3d^2$，$4s^1$，$4p^3$）杂化起来组成 d^2sp^3 杂化轨道，可以容纳配位体中 6 对未共享电子对。

元素铜的核外电子分布情况为：$1s^2$，$2s^2$，$2p^6$，$3s^2$，$3p^6$，$3d^9$，$4s^2$。二价铜离子核外电子分布情况为：$1s^2$，$2s^2$，$2p^6$，$3s^2$，$3p^6$，$3d^8$，$4p^1$。当二价铜离子与配位体生成络合物时，4 个空轨道（$4d^1$，$4s^1$，$4p^2$）杂化起来组成 dsp^2 杂化轨道，可以容纳配位体中 4 对未共享电子对。

最早实现商业化生产的金属络合颜料是 C. I. 颜料绿 8，这是由 BASF 公司在 1921 年推出的。它是 3 个 1-亚硝基-2-萘酚分子与 1 个三价铁离子生成的络合物，商品名为 Pigment Green B。以后由于酞菁绿颜料的问世，它便逐渐退出市场。

1946 年 Dupont 公司开发出一种金属镍与偶氮颜料的络合物，即 C. I. 颜料绿 10（图 3-56）。在酞菁绿颜料未上市之前，该颜料是黄光绿色颜料中耐晒牢度和耐气候牢度最高的品种。

商业上有价值的金属络合颜料按其结构可分为两大类，一类是偶氮型金属络合颜料，另一类是氮甲川型金属络合颜料。由于共振的原因，偶氮型金属络合颜料的结构有两种表达方法（图 3-57）。

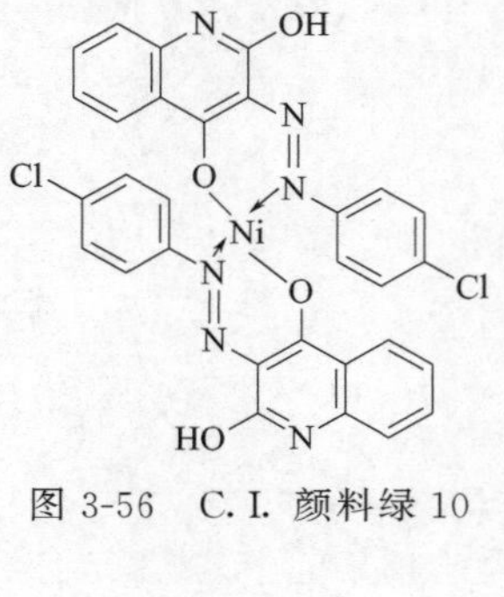

图 3-56　C. I. 颜料绿 10

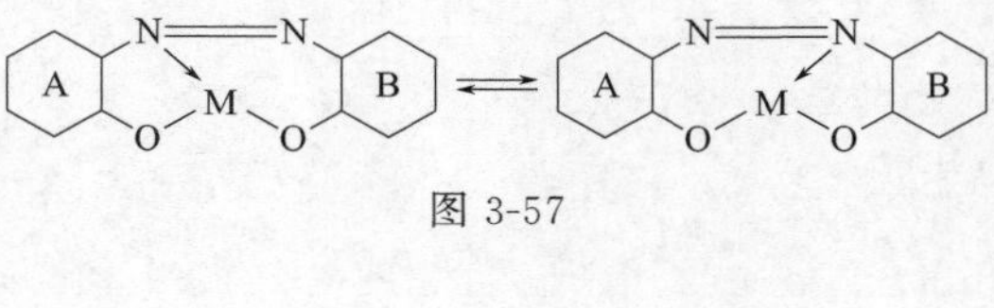

图 3-57

式中的芳环（A，B）可以是取代（或未取代）的苯环，也可以是取代（或未取代）的萘环，参与络合的金属离子大多为二价铜离子、二价钴离子或二价镍离子。这些金属络合颜料的分子结构一般呈平面型。

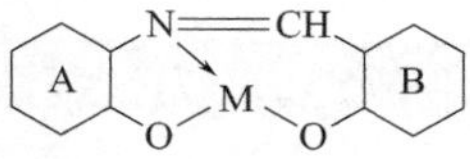

图 3-58

氮甲川型金属络合颜料的结构不存在共振现象，所以它们的结构只有一种表达方法（图 3-58）。

作为颜料使用的金属络合化合物一般在有机溶剂或水中的溶解度非常低。

金属络合颜料的色谱有绿光黄色、红光黄色、黄光橙色等。比照它们的配位体，络合物的色光要萎暗一些，但是耐晒牢度、耐气候牢度以及耐迁移性能耐溶剂性能却要高得多。虽然有些金属络合颜料的色光较艳丽，也有令人满意的透明性，但是它们的着色强度却不尽如人意。

金属络合颜料主要用于配制涂料和油漆，尤其是适合用于调制工业漆。大多数品种具有很好的耐晒牢度和耐气候牢度，所以适合调制汽车原始面漆和修补漆。有些品种具有很好的透明性，故适合调制金属漆。此外，金属络合颜料还适合调制建筑漆和乳胶漆以及印刷油墨。

几乎所有的金属络合颜料在用白色颜料冲淡后，其色光就失去了原有的光泽。

3.2.8.1　偶氮型金属络合颜料

在大多数偶氮型金属络合颜料中，配位体与络合离子的络合类型为 2：1 或 3：1，即参加络合的配位体有两个或三个分子，而参加络合的金属离子只有一个。也有部分偶氮型金属络合颜料的络合类型为 1：1，如图 3-59 所示。

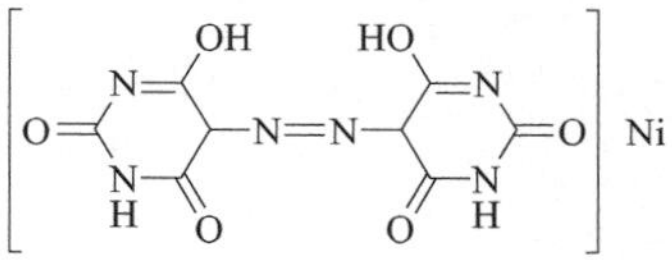

图 3-59

在组成金属络合颜料的配位体中，一般在偶氮基的邻位有羟基、氨基或羧基存在，这样有利于形成以偶氮基为中心的六元螯合结构。

偶氮型金属络合颜料的制造一般是先合成偶氮型的配位体，然后再与金属离子组成分子内络合物，例如 C.I. 颜料绿 10 的合成路线如下：

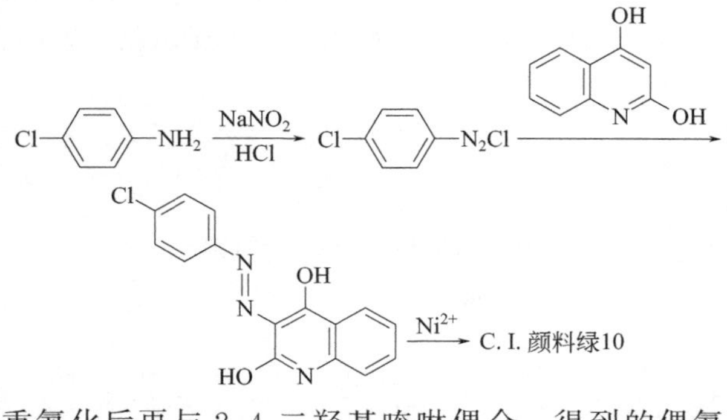

对氯苯胺经重氮化后再与 2,4-二羟基喹啉偶合，得到的偶氮分子再与镍离子络合，生成 C.I. 颜料绿 10。由于络合反应涉及配位体中的脱质子化反应，所以在

反应介质中加入碱性物质（如醋酸钠）有利于反应进行。

表 3-11 列出了偶氮型金属络合颜料的品种。

表 3-11　偶氮型金属络合颜料

染料索引号	色光	结构
C. I. 颜料绿 8	绿色	见图 3-59
C. I. 颜料绿 10	绿光黄色	见图 3-60
C. I. 颜料黄 150	绿光黄色	见图 3-64

3. 2. 8. 2　氮甲川型金属络合颜料

这类金属络合颜料中，有的具有较明显的氮甲川构造，而且在氮甲川基团的邻位也存在羟基等基团，得以与络合离子生成络合物，如图 3-58 所示。

但是，在有的氮甲川型金属络合颜料中，却不存在明显的氮甲川构造，如图 3-60 所示。

还有的氮甲川型金属络合颜料含有异吲哚啉酮的构造，如图 3-61 所示。

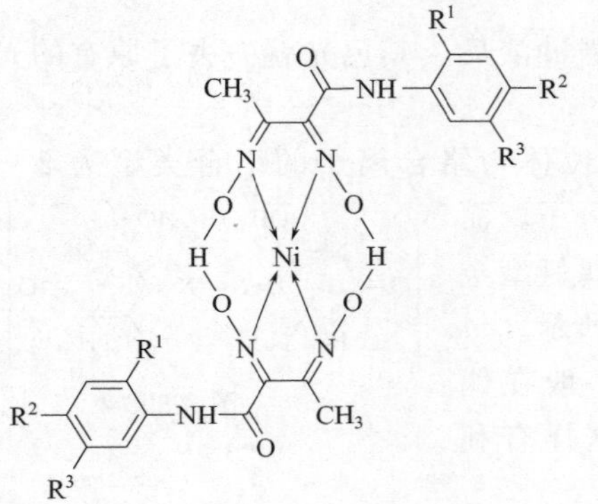

图 3-60 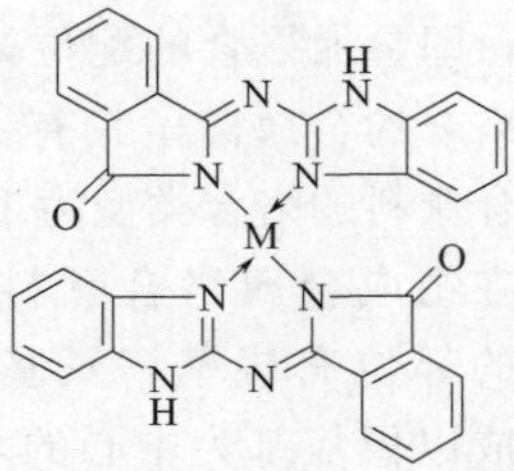　　　　　　　　　　　　　　　图 3-61

这类金属络合颜料的制造像偶氮型金属络合颜料一样，也是先合成配位体，然后再与金属离子组成分子内络合物，例如图 3-58 所示化合物的合成路线如下。

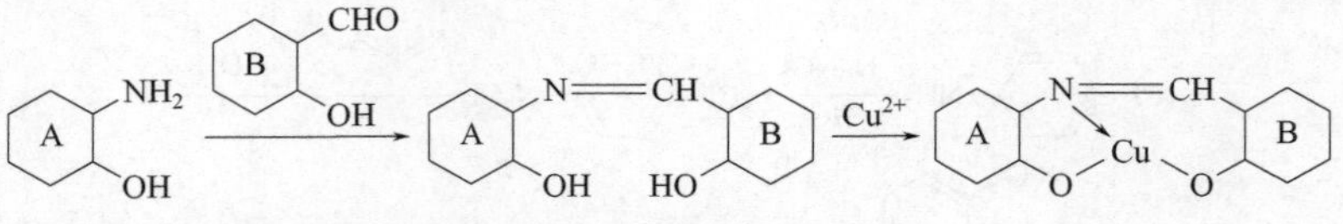

同样，上述络合反应在碱性介质中进行较为有利。

又如图 3-60 所示化合物的合成。

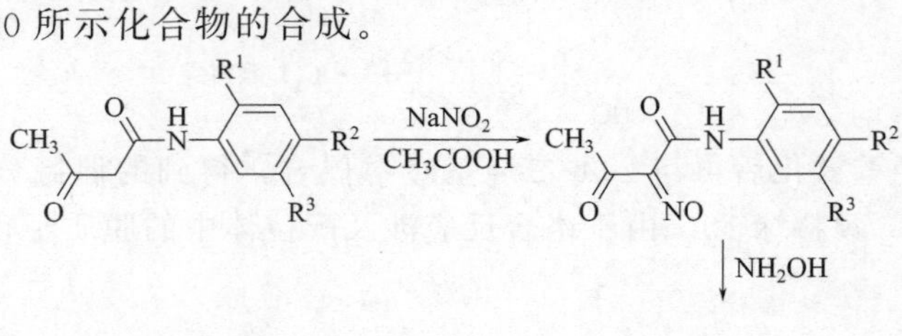

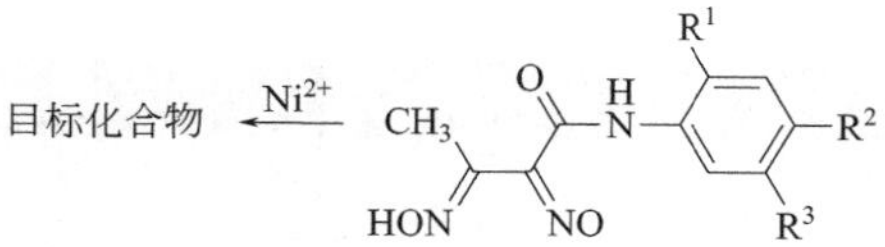

目标化合物 ←—— Ni²⁺

乙酰乙酰苯胺（或它的衍生物）在醋酸中进行亚硝化，得到的产物再与羟胺反应生成配位体，该配位体再与络合离子作用生成金属络合物。

再如图 3-61 所示化合物的合成：

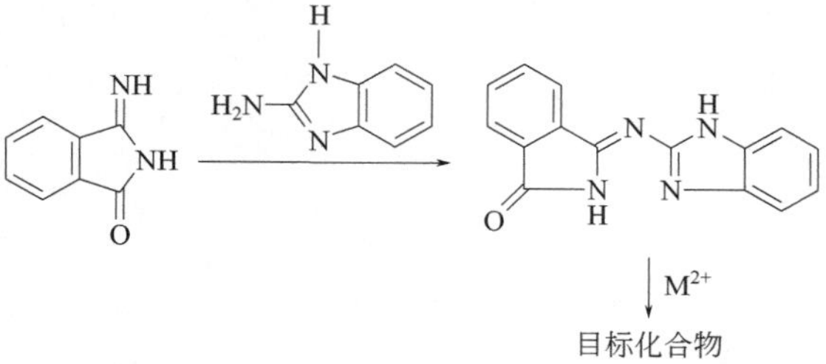

目标化合物

3-亚氨基异吲哚啉酮与 2-氨基苯并咪唑在高沸点溶剂中缩合，得到的缩合物再与络合离子作用得到目标化合物。

表 3-12 列出了氮甲川型金属络合颜料的品种。

表 3-12　氮甲川型金属络合颜料

染料索引号	色光	结构
C.I. 颜料黄 117	绿光黄色	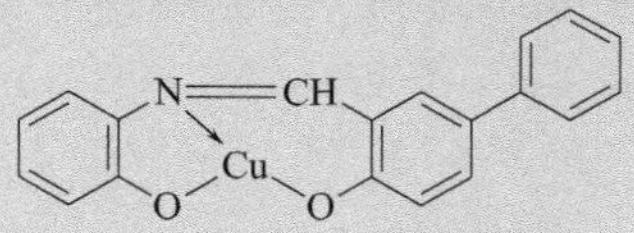
C.I. 颜料黄 129	绿光黄色	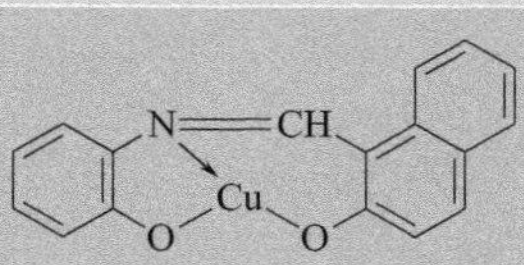
C.I. 颜料黄 153	绿光黄色	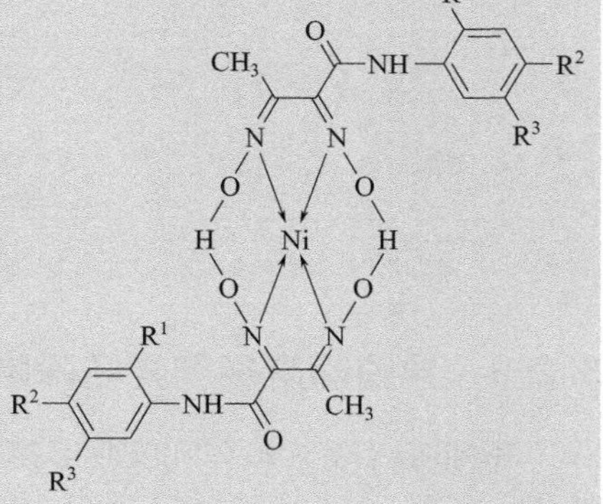

染料索引号	色光	结构
C. I. 颜料黄 177	暗黄色	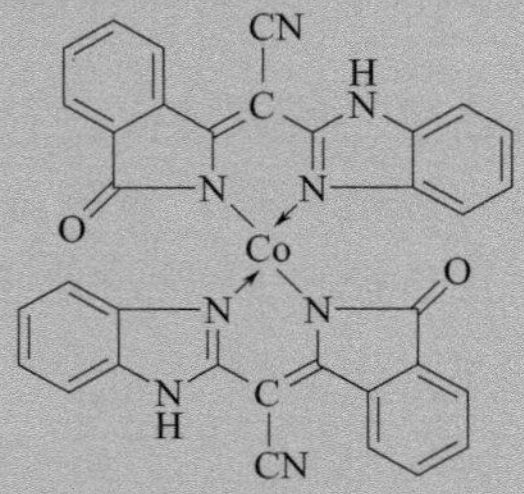
C. I. 颜料黄 179	红光黄色	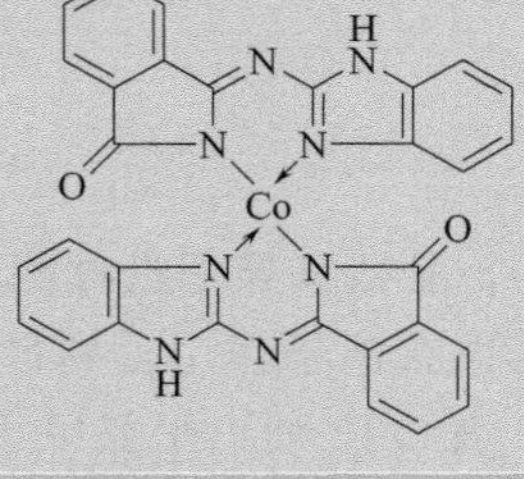
C. I. 颜料橙 65	暗红光橙色	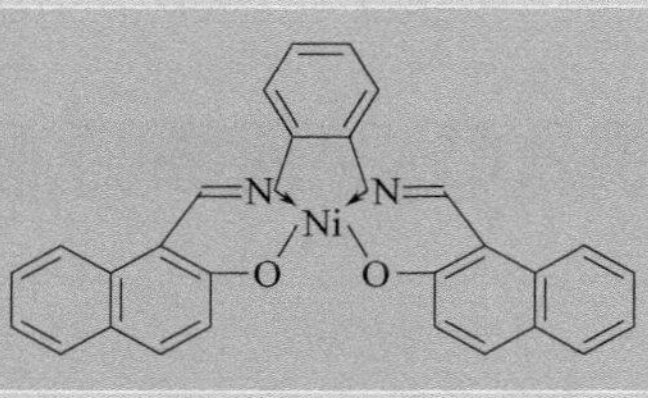
C. I. 颜料橙 68	橙色	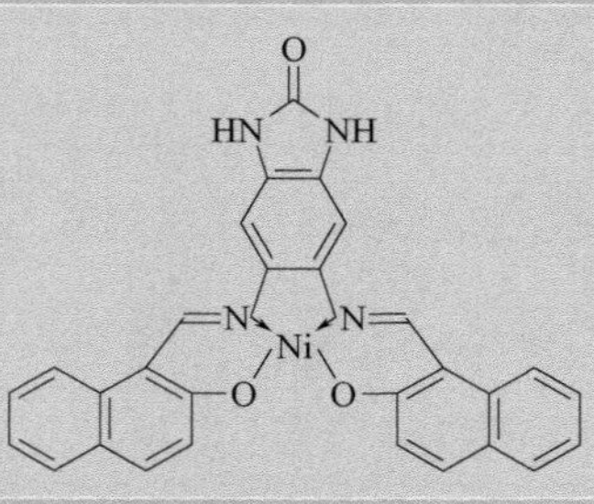
C. I. 颜料红 257	红紫色	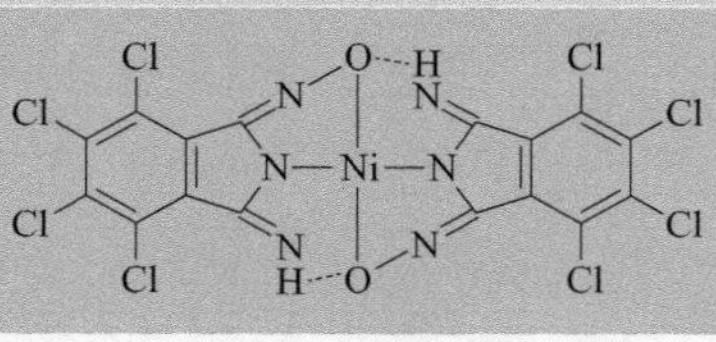

3.2.9 异吲哚啉酮和异吲哚啉颜料

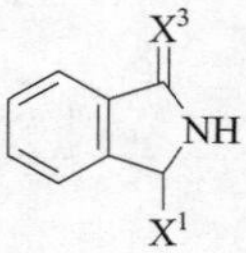

异吲哚啉酮系和异吲哚啉系颜料分子中均含有如图 3-62 所示的结构。

图 3-62

当 $X^1 = H_2$，$X^3 = O$ 时，上述构造称作异吲哚啉酮，它可被看成是氮甲川类化合物；当 X^1、$X^3 = 2H$（或 $=C$）时，上述结构称作异吲哚啉，它可被看成是甲川类化合物。

异吲哚啉酮颜料是在 20 世纪 60 年代中期，继喹吖啶酮颜料和二噁嗪颜料之后发展起来的一类新颜料。在这类颜料分子中含有两个氮甲川构造，它们是由 2mol 异吲哚啉酮衍生物（图 3-63）与 1mol 二元芳胺经缩合制得的。

1946 年，英国 ICI 公司（现其生产颜料的部门已出售给德国 BASF 公司）首先发表了有关异吲哚啉酮类染料及颜料的专利，此后在 1952 年和 1953 年又发表了相当数量有关异吲哚啉酮颜料制备方法的专利。按照这些专利，早期的异吲哚啉酮颜料具有如图 3-64 所示的结构通式。

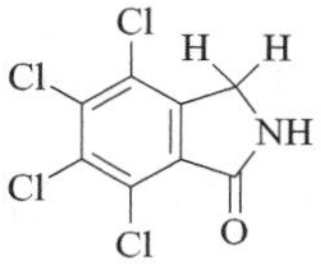

图 3-63 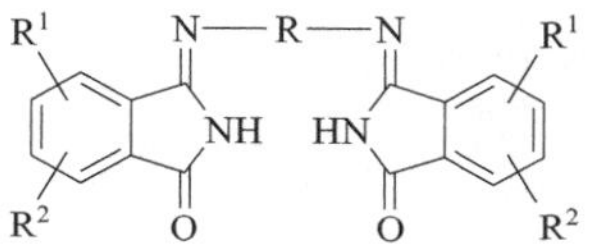   图 3-64

它们是由 2mol 取代的（或未取代的）邻苯二甲酰亚胺与 1mol 二元胺（脂肪胺或芳胺）经缩合制得的。然而在这些颜料中，仅少数几个黄色和橙色的品种引起人们的注意，较为典型的是如图 3-65 所示的化合物。它是由 2mol 3-亚氨基异吲哚啉酮与 1mol 2,5-二氯-1,4-二苯胺盐酸盐在氯苯中于 140℃ 缩合得到的。

20 世纪 50 年代后期，瑞士 Geigy 公司（后与瑞士 Ciba 公司合并）在上述异吲哚啉酮颜料分子中两边苯环上各引入 4 个氯原子，从而大大提高了该类颜料的着色力及应用牢度，此后该类颜料在工业上开始获得较为广泛的应用。

异吲哚啉颜料是比异吲哚啉酮颜料还要新一些的颜料，典型的品种有 C.I. 颜料黄 139（图 3-66），它是由 2mol 带有活泼亚甲基的化合物与 1mol 异吲哚啉分子经缩合制得的。常用的带有活泼亚甲基的化合物有氰乙酰胺、巴比妥酸、四氢喹啉二酮及它们的衍生物。反应所用的异吲哚啉分子的苯环上一般都不含氯原子。换言之，在构成异吲哚啉核的苯环上不带有氯原子。

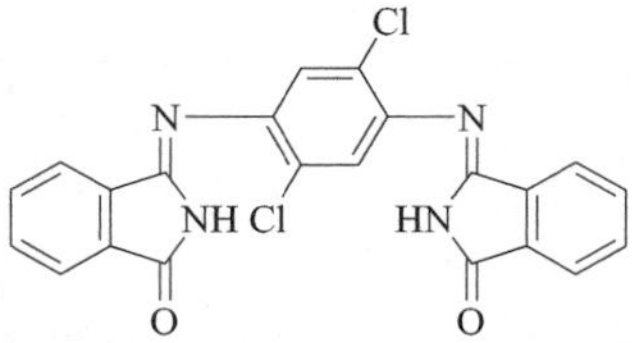

图 3-65 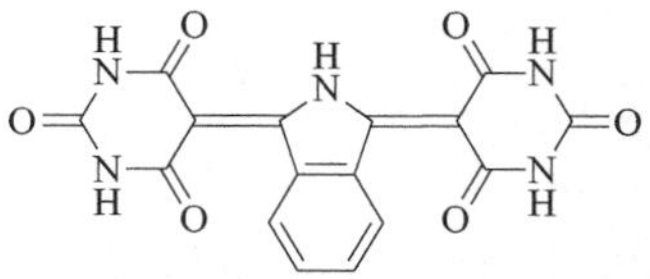   图 3-66 C.I. 颜料黄 139

3.2.9.1　异吲哚啉酮颜料的合成

异吲哚啉酮颜料分子两边的苯环上一般均各含有 4 个氯原子取代，结构通式

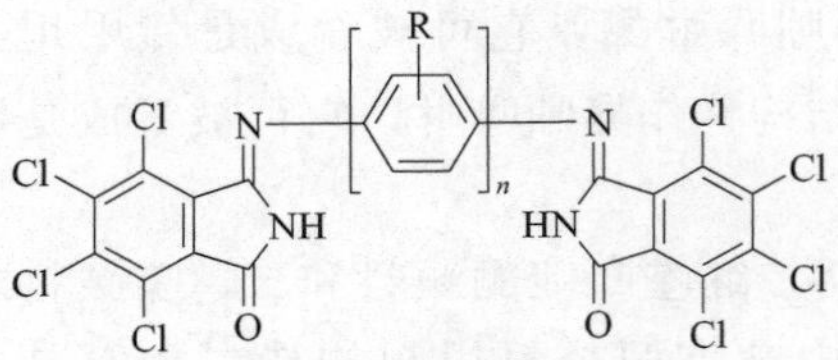

如图 3-67 所示。

它们是由 2mol 4,5,6,7-四氯异吲哚啉酮或其衍生物与 1mol 二元芳胺在有机溶剂中缩合生成的。常用的 4,5,6,7-四氯异吲哚啉酮为 3-位取代的衍生物，结构式如图 3-68、图 3-69 所示。式中，A 代表一价的基团，例如氯原子、甲氧基等；B 代表两价的基团，例如亚氨基（—NH）。

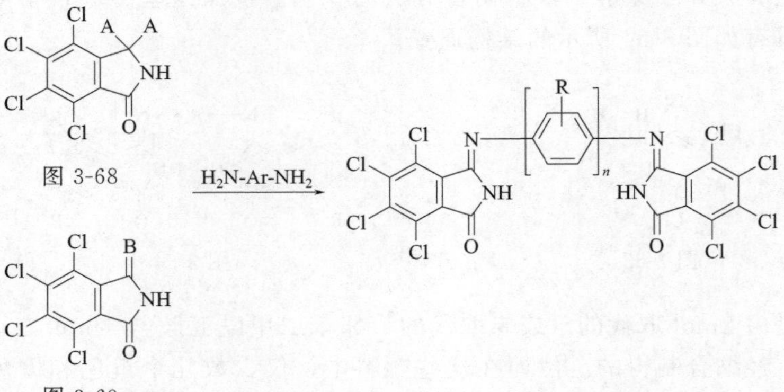

R = H, CH₃, OCH₃, Cl
n = 1, 2

图 3-67

H₂N-Ar-NH₂

图 3-68

图 3-69

进行上述缩合反应较为常用的起始原料有如图 3-70 和图 3-71 所示的化合物。图 3-70 所示化合物的制备方法如下：

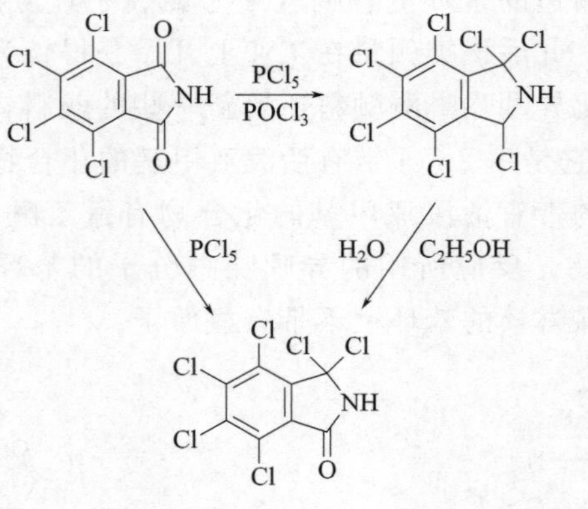

PCl₅
POCl₃

PCl₅   H₂O／C₂H₅OH

图 3-70

图 3-71 所示化合物与氨或醇钠反应可分别生成 4,5,6,7-四氯异吲哚啉酮 3-位取代的衍生物（图 3-72 和图 3-73）。

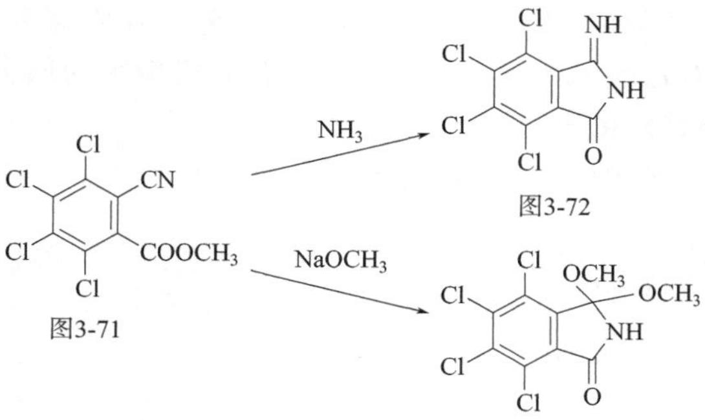

图3-71

图3-72

图3-73

　　尽管起始原料不同，但异吲哚啉酮颜料的合成方法都一样。4,5,6,7-四氯异吲哚啉酮衍生物与对苯二胺在邻二氯苯中于160～170℃反应，即得化合物（图3-74），产物经颜料化处理后就是一种红光黄色的颜料。

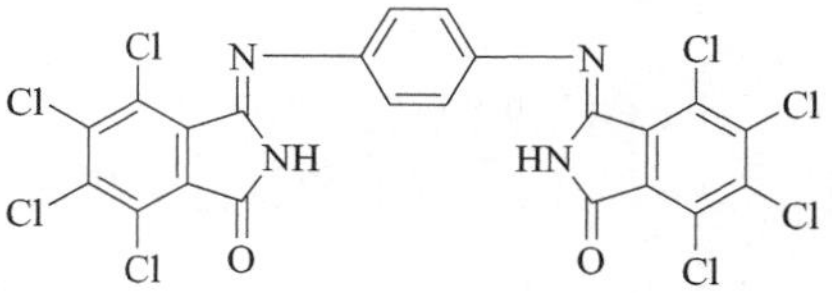

图 3-74

　　图 3-74 所示化合物及其衍生物较新的合成方法如下：

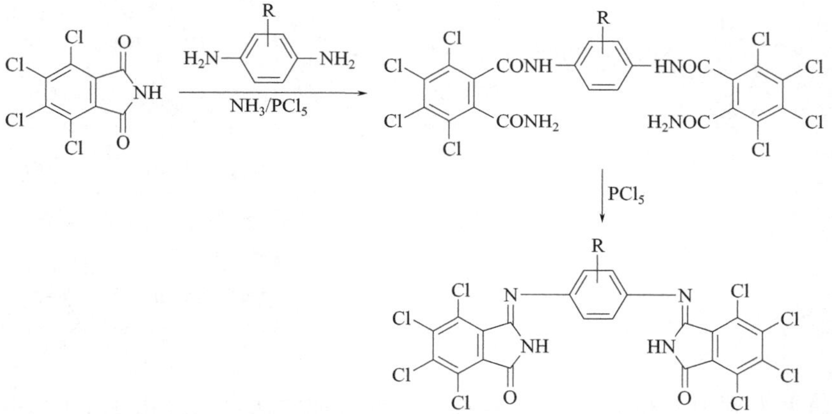

　　在这之后，又有许多关于异吲哚啉酮颜料的专利陆续发表。从这些专利公开的化合物结构来看，颜料分子两端的异吲哚啉酮结构变化不大，各个化合物之间的差异主要为连接两个异吲哚啉酮结构所用的二元芳胺，较常用的为下列化合物：

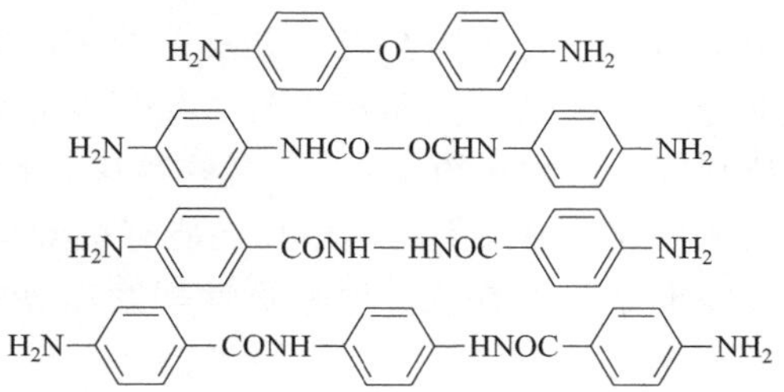

也有一些专利以图 3-75 所示化合物为重氮组分，合成众多的单偶氮和双偶氮颜料，或是将其用双乙酰酮酰化后作为合成黄色有机颜料的偶合组分。

3.2.9.2 异吲哚啉颜料的合成

异吲哚啉颜料的通式如图 3-76 所示。

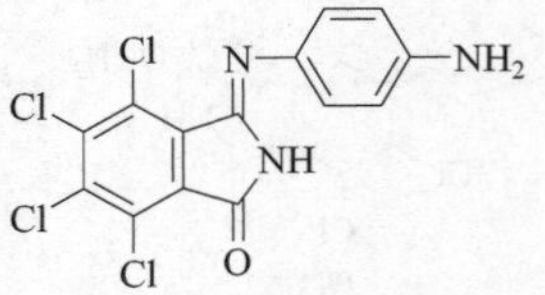

图 3-75

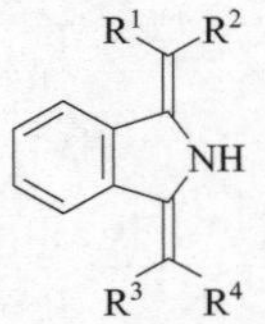

图 3-76 异吲哚颜料通式

Ciba-Geigy 公司、BASF 公司、Bayer 公司的专利及其他文献着重介绍了如图 3-77、图 3-78 所示的黄色有机颜料。它们的合成方法如下：

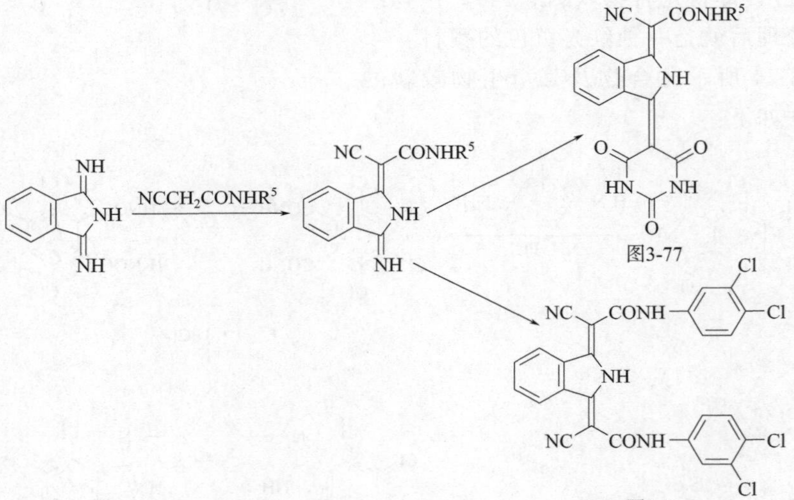

图3-77

图3-78

在这些专利中公开了 C.I. 颜料黄 139 的合成方法，它是由 1mol 1,3-二亚氨基异吲哚啉与 2mol 巴比妥酸反应而得到。

3.2.9.3 典型品种

异吲哚啉酮系和异吲哚啉系颜料的色谱范围较广，从黄色、橙色至红色、棕色，但较有商业价值的品种其色谱为绿光黄色和红光黄色。若在无取代的异吲哚啉核上引入氯原子，衍生物的吸收光谱会发生红移。异吲哚啉酮系和异吲哚啉系颜料不溶或微溶于大部分有机溶剂，其耐溶剂性、耐迁移性、耐酸碱、耐氧化还原性都很好，耐热性特别好，可耐热约 400℃。这些颜料的耐晒牢度、耐气候牢度也很好。异吲哚啉酮系和异吲哚啉系颜料属于高性能有机颜料，主要用于汽车漆、塑料、高级油墨及合成纤维原液的着色。异吲哚啉酮系和异吲哚啉系颜料的品种见表 3-13 和表 3-14。

表 3-13　异吲哚啉酮系颜料品种

染料索引号	结构	色光
C. I. 颜料黄 109	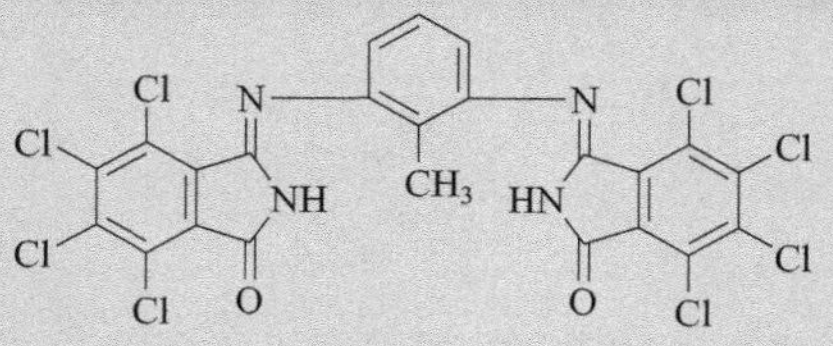	绿光黄
C. I. 颜料黄 110	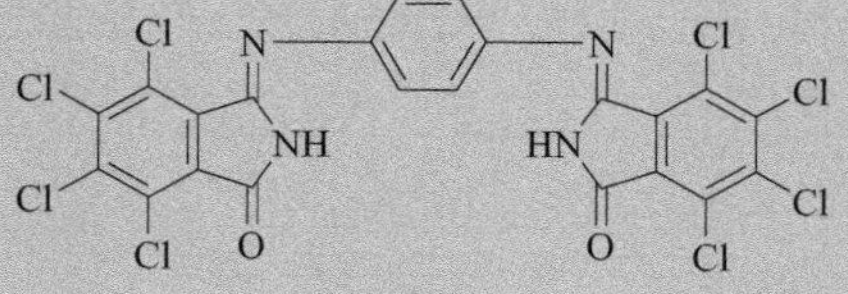	红光黄
C. I. 颜料黄 173	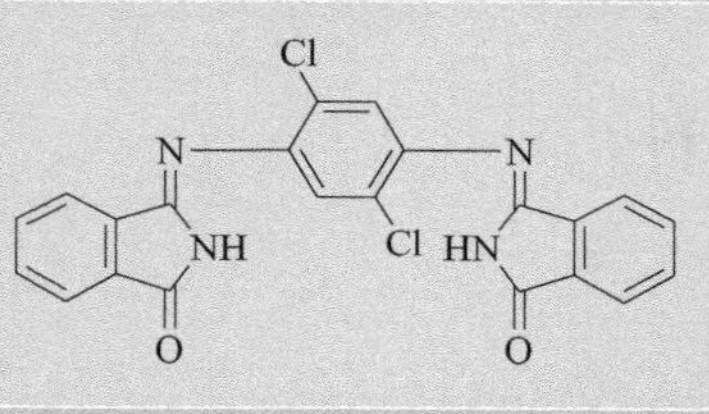	绿光黄
C. I. 颜料橙 61	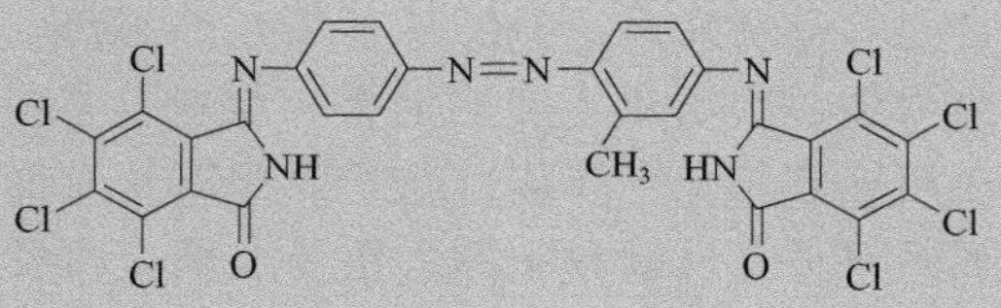	橙

表 3-14　异吲哚啉系颜料品种

染料索引号	结构	色光
C. I. 颜料黄 139	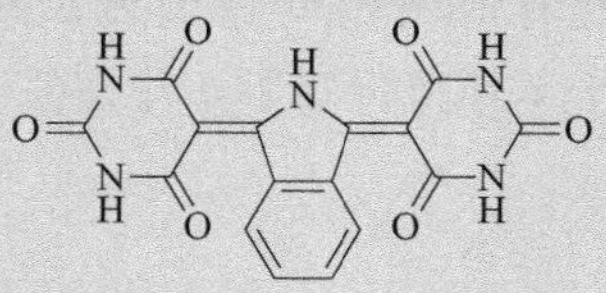	红光黄
C. I. 颜料黄 185	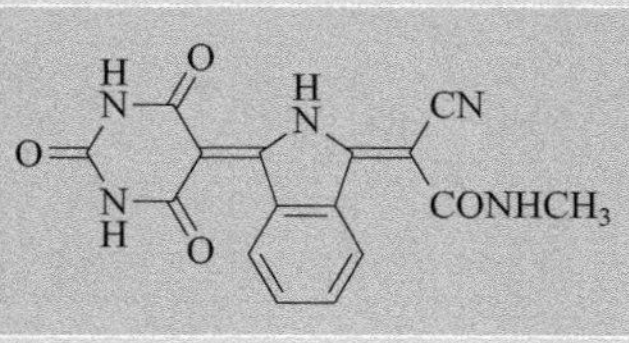	绿光黄
C. I. 颜料橙 66	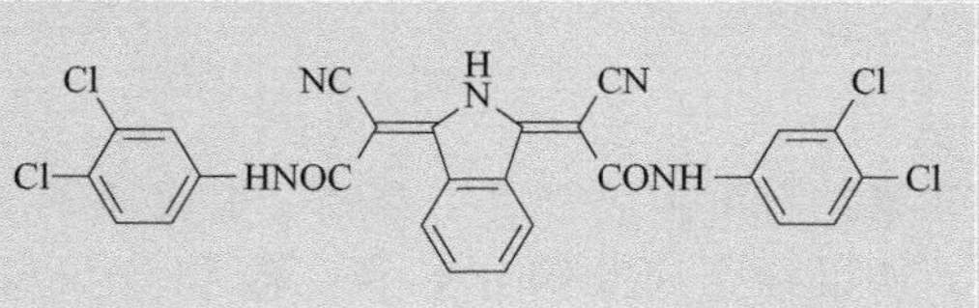	黄光橙

染料索引号	结构	色光
C. I. 颜料橙 69	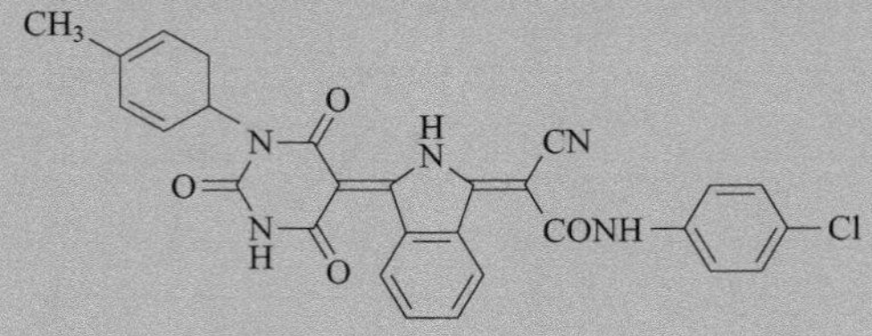	黄光橙
C. I. 颜料红 260	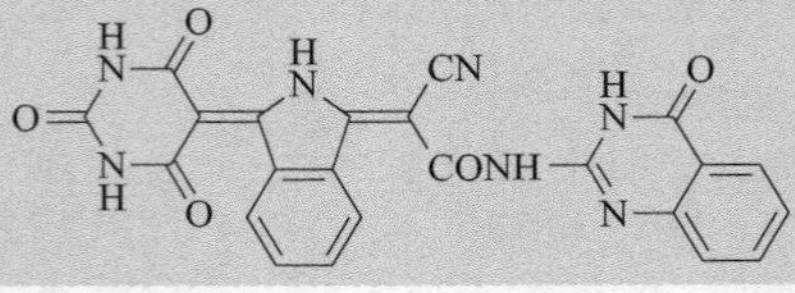	黄光红

3.3 多环颜料

3.3.1 酞菁颜料

　　酞菁化合物，尤其是铜酞菁，不仅具有优异的耐热、耐光、耐气候牢度，而且颜色鲜艳，着色力强，广泛用于印刷油墨、涂料、塑料、橡胶、皮革与文具的着色，近年来又应用于催化、半导体、电子照相以及光能转换等特殊用途。铜酞菁颜料与偶氮系列颜料是有机颜料中两大重要类别，两者产量之和约占总产量的90%，主要是蓝色与绿色品种，国外几乎所有颜料生产厂均生产酞菁颜料。

　　酞菁是一个大环化合物，环内有一个空穴，空穴的直径约为 2.7Å（1Å = 0.1nm），可以容纳铁、铜、钴、铝、镍、钙、钠、镁、锌等过渡金属或其他金属离子。酞菁环是一个具有 18 个 π 电子的大 π 体系，因此环上电子密度的分布相当均匀，以致分子中的四个苯环很少变形，并且各个碳氮键的长度几乎相等（图 3-79）。

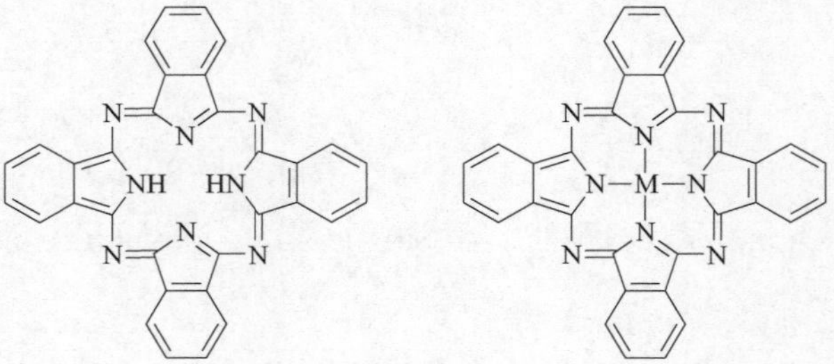

图 3-79

　　酞菁与金属元素结合可生成金属络合物，金属原子取代了位于该平面分子中心的两个氢原子，所以在金属酞菁分子中只有 16 个 π 电子。由于分子的共轭作用，与金属原子相连的共价键和配位键在本质上是等同的。酞菁周边的四个苯环上有 16 个氢原子，可以被许多原子或基团取代。

在众多的酞菁化合物中，作为有机颜料在工业上得到广泛应用的只有铜酞菁、铝酞菁、钴酞菁和其衍生物。酞菁颜料都是蓝色或绿色的，这类颜料是任何一种已知的其他物质所不能取代的，因为酞菁颜料不仅具有优良的应用性能，而且具有制造方便、成本低廉等优点。近年来，其产量逐年增加，目前已占有机颜料总产量的四分之一，成为有机颜料中最大的一个种类。

酞菁及其金属酞菁都具有同质多晶性，有机颜料的同质多晶性对其应用性能的影响，既具有理论意义又具有实际意义。迄今为止，已发现铜酞菁有八种晶体构型。这些晶体构型一般用希腊字母命名，按发现的先后分别称为 α 晶型、β 晶型、γ 晶型、δ 晶型、ε 晶型、R 晶型、π 晶型、X 晶型。

3.3.1.1　铜酞菁的生产方法

铜酞菁本身不具有颜料性能，只是酞菁颜料的中间体。铜酞菁的工业制造方法按原料区分有苯酐-尿素法和邻苯二腈法两种，用邻苯二腈生产铜酞菁仅德国 BSAF 公司而已。苯酐-尿素法是生产铜酞菁的主要方法，这是因为苯酐的生产成本低且易得。苯酐-尿素法生产铜酞菁有烘焙法（或称固相法）和溶剂法两种工艺。

（1）烘焙法　将苯酐和尿素加入耐酸的反应器中，当物料的温度达到 170℃时，苯酐与尿素因熔融而处于液态，这样就很容易使反应物混合均匀，然后加入氯化亚铜和催化剂，混合均匀后将液态（或浆状）的反应物装入非铁制的金属盘或搪瓷盘，加热到 220～240℃，至反应结束就可得到纯度约 60% 的铜酞菁。经稀酸液和稀碱液处理可得到纯度高于 90% 的铜酞菁。若欲获得更高纯度的铜酞菁，可用浓硫酸精制得到纯度高于 98% 的铜酞菁。

（2）溶剂法　溶剂法是当前国内外普遍采用的铜酞菁生产方法，常用的溶剂是 C_{10}～C_{14} 的烷基芳烃。早期曾使用三氯苯，但它在 200℃ 的高温下，会生成多氯联苯，这是一种对人体和环境有害的物质，所以自 20 世纪 80 年代后就不再用它生产铜酞菁。

将苯酐和尿素加入反应器中，升温至 170℃，保温反应数小时，再加入氯化亚铜及催化剂，升温至 190～210℃，反应至结束。溶剂法比烘焙法生产的铜酞菁收率高得多，但是设备投资大，生产流程长，回收溶剂需要消耗相当大的能源。

3.3.1.2　铜酞菁的颜料化

苯酐-尿素法生产的铜酞菁经过稀酸液或稀碱液的处理后，尽管纯度在 90% 以上（有的工艺可使铜酞菁的纯度高达 98%），但还是不能作为颜料使用。要把铜酞菁转变成有应用价值的有机颜料，就必须进行颜料化处理，工业上常用的颜料化处理方法有下列几种。

（1）酸处理法　酸处理法包括酸溶法和酸胀法。酸溶法是在酞菁颜料生产中常用的颜料化处理工艺。

在铁制或搪玻璃反应器中加入铜酞菁质量 7～10 倍的浓硫酸，室温下，边搅拌边用真空将铜酞菁吸入到硫酸中，继续搅拌直至铜酞菁完全溶解。然后将该溶液慢慢倾入至含有表面活性剂的水中使固体重新析出，过滤，水洗，干燥后得 α 晶型的铜酞菁颜料。若在上述过程中条件控制得当，可得到颗粒均匀，平均粒径小于 $0.5\mu m$ 的 α 晶型酞菁蓝颜料。

酸胀法的作用原理与酸溶法相同，不同的是使用的硫酸浓度比较低，一般为 $75\% \sim 90\%$。在这样的硫酸中经过长时间的搅拌，铜酞菁会被分散或溶解于硫酸中，此时物料处于一种浆状的状态，注入少量的水析出固体，再经后处理可得到酞菁颜料。酸胀法处理铜酞菁的效果不如酸溶法，但是其用酸量相对较少。

（2）研磨法　在研磨设备中，铜酞菁与助磨剂（如无水氯化钙）、有机溶剂（如二甲苯）与钢珠一起滚动，因受到强烈的剪切作用力，原先粗大的铜酞菁粒子被撞击成松软的细小颗粒。与此同时，固体颗粒的晶体构型克服了势能障碍，由高热力学能的晶型状态转变成低热力学能的晶型状态，即通常所说的由不稳定晶型转变成稳定晶型。一般情况下，研磨后得到的是稳定的 β 晶型酞菁铜。

研磨的设备主要如下：

①卧式和立式的球磨机，适用于干法处理粗品颜料；②捏合机，适用于大批量酞菁颜料的生产。

在研磨中加入铜酞菁质量 $5\% \sim 50\%$ 的二甲苯能得到抗絮凝、抗结晶的 β 晶型酞菁颜料。加入铜酞菁质量 $0.01\% \sim 0.1\%$ 的分散剂可增加颜料的亮度。这类分散剂一般是含有 $8 \sim 30$ 个碳原子的脂肪族羧酸。

捏合法是使用捏合机对铜酞菁进行颜料化处理，与球磨法相比，其优点是生产能力大、能耗低，缺点是对设备的要求较高。若按 $(1:1.5) \sim (1:2)$（质量比）的比例将铜酞菁与浓硫酸在捏和机中捏合 $1 \sim 2h$，然后再用碱处理，可得到 α 晶型铜酞菁。若按 $1:4:5$ 的比例将铜酞菁、干燥的氯化钠和相对分子质量在 400 左右的聚乙烯二醇在捏合机中捏合 3h，可得到 β 晶型铜酞菁。

（3）挤水转相法　含水的颜料滤饼与油性连接料借助表面活性剂的作用在捏合机中进行捏合，在此过程中，原先含水的颜料粒子逐渐从水相转入油相，分离出的水分经真空脱除。经过这样的处理后，颜料滤饼成为油性膏状体，可直接使用。挤水转相法处理颜料时，湿滤饼不需干燥，而未经干燥的颜料粒子不易发生再聚集。当颜料以微小的颗粒状态直接分散在使用介质中时就具有较高的着色力、较高的鲜艳度。用这种方法制得的油墨透明性特别好，但是该方法仅适用于制造油墨，缺少通用性。

（4）衍生物表面改性处理　在铜酞菁中，掺入含有特定取代基的铜酞菁衍生物，由于两者的母体结构相似，同时又具有相同数量级的范德华引力、偶极力、离子键等，所以铜酞菁衍生物可作为一个点阵元素进入到铜酞菁的晶胞中。带有取代基的衍生物进入到铜酞菁的晶胞后，由于取代基的存在或多或少地改变了铜酞菁晶体的表面性能，使得颜料粒子或是更具亲油性或是更具亲水性，因而也就更易与分散介质相匹配，更易被润湿或分散，从而提高了颜料分散体系的稳定性。

3.3.1.3　卤代铜酞菁及其颜料

卤素（指氟、氯、溴、碘元素）可置换酞菁或金属酞菁分子中的氢原子。作为颜料使用的卤代铜酞菁为氯取代的和氯（溴）混合取代的铜酞菁。卤代铜酞菁主要指后者。铜酞菁的氯化或溴化反应可在不同的介质中进行，如氯磺酸、三氯化铝-氯化钠融熔体等，反应所用的催化剂有氯化锌、三氯化铁和碘等。反应温度在60～230℃。铜酞菁的直接卤化反应首先是酞菁苯环上 α 位的氢被取代，然后是 β 位上的氢被取代。在铜酞菁的卤化过程中，铜酞菁的色光随卤素原子取代数目的增加而发生变化，引入的卤素原子数目越多，铜酞菁的颜色就越绿。全氯代的铜酞菁颜色为微带黄光的绿色。氯（溴）混合取代铜酞菁的色光为带黄光的绿色，更接近自然界的绿色，所以看起来更加柔和。铜酞菁环上引入的氯原子数目小于8时，取代物的颜色在蓝与青之间；引入的原子数目大于8时，取代物的颜色在青与绿之间。若铜酞菁分子中有10个氢被氯原子取代，此时每引入1个氯原子都对取代物的色光有较大的影响。当取代到第14个氯原子时，最后两个氯原子的取代对取代物的色光影响却不大，且最后1个氯原子的取代将十分困难。因此，商品化的颜料酞菁绿（C.I. 颜料绿7）中仅含14～15个氯原子。随着铜酞菁上引入的卤素原子的数量增加，其着色强度就相应降低。

一氯代铜酞菁也可以用1份一氯代苯酐与3份苯酐经混合缩合制得。此时得到的产物实际上是一个混合物，但它的氯含量与纯一氯代铜酞菁的氯含量相同。一氯代铜酞菁也可以用直接氯化的方法在溶剂（如三氯苯、氯磺酸或浓硫酸）中以氯化锑或碘为催化剂对铜酞菁氯化制得。由于氯化反应为串联反应，所以用此法制备一氯代铜酞菁并不能保证获得的产物为纯的一氯代铜酞菁。四氯代铜酞菁如用一氯代苯酐为原料制得，产物可为纯的四氯代铜酞菁。

3.3.2 喹吖啶酮颜料

喹吖啶酮颜料的母体在化学上是一个由五个六元环组成的稠环芳香烃，其中第一、第三、第五三个环是苯环，第二、第四两个环是吡啶酮环。这五个环有两种排列方式，即角形和线形。在这四种构型的分子中，仅线形反式异构体呈深红色，具有商业化应用的价值，喹吖啶酮颜料的母体就是指的它（图3-80）。

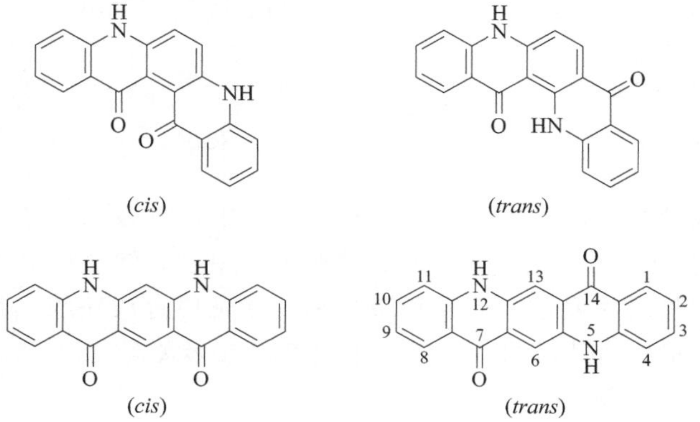

图 3-80　喹吖啶酮颜料的母体结构

喹吖啶酮颜料具有很高的耐晒牢度和耐气候牢度,主要用于生产高档工业漆,如汽车的面漆或修补漆、户外的广告漆及高层建筑的外墙涂料。

3.3.2.1　喹吖啶酮颜料的合成

（1）丁二酸二酯法　这是最早开发的方法,也是目前在工业上最常使用的合成方法。

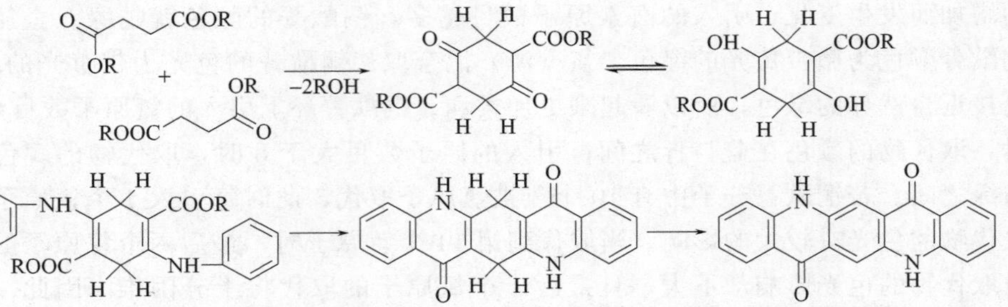

丁二酸二乙酯在高沸点溶剂中,在醇钠的作用下,经二聚及闭环反应形成3,6-二氢对苯二酚-2,5-二羧酸酯,后者与两倍物质的量的苯胺在同样的反应介质中于250℃反应,经闭环而成 α 晶型的二氢喹吖啶酮,反应收率75%。二氢喹吖啶酮的脱氢以间硝基苯磺酸钠为催化剂,在碱性的乙醇介质中进行。在碱浓度较低的乙醇介质中进行脱氢,得到的是 α 晶型喹吖啶酮。α 晶型喹吖啶酮在二甲基甲酰胺（DMF）的存在下进行球磨,得到的是 β 晶型喹吖啶酮;而在二甲苯的存在下进行球磨,得到的是 β 晶型喹吖啶酮。当有 2-氯蒽醌或二甲苯存在时,在碱浓度较高的乙醇介质中进行脱氢,得到的都是 β 晶型喹吖啶酮。

（2）卤代对苯二甲酸法　对二甲苯经溴化（或氯化）、氧化生成二溴（或二氯）对苯二甲酸,与芳胺在醋酸铜的存在下缩合得到 2,5-二苯氨基-1,4-苯二甲酸,闭环后得到喹吖啶酮或其衍生物。

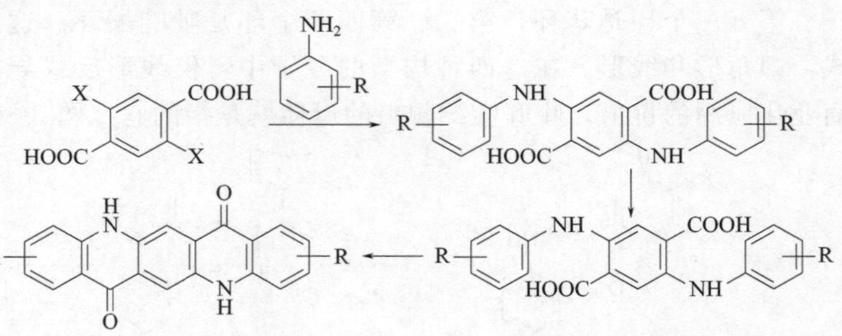

该合成路线的特点是合成步骤少。对二甲苯的溴化反应在 10～15℃ 时进行,收率为 88%,生成物再氧化成为 2,5-二溴对苯二甲酸。然而该氧化反应进行较为困难,生成的产物较为复杂,而且较难分离,这是该合成路线的缺点。2,5-二溴对苯二甲酸与两倍物质的量的芳胺作用生成 2,5-二苯氨基-1,4-苯二甲酸,经闭环生成反式线形喹吖啶酮。

（3）对苯二酚（醌）法　该方法通过改良的 Kolbe-Schmidt 反应由对苯二酚

与二氧化碳制得了对苯二酚-2,5-二羧酸,然后在钒盐的存在下与两倍物质的量的芳胺一起悬浮于甲醇-水介质中,用氯酸钠溶液为氧化剂进行氧化缩合反应得到2,5-苯氨基-1,4-苯二醌-3,6-二羧酸,在浓硫酸中闭环(反应温度60~80℃),得到线形反式喹吖啶酮醌,收率85%,最后在稀氢氧化钠溶液(或三氯化铝-尿素熔体)中,以锌粉还原得到喹吖啶酮。

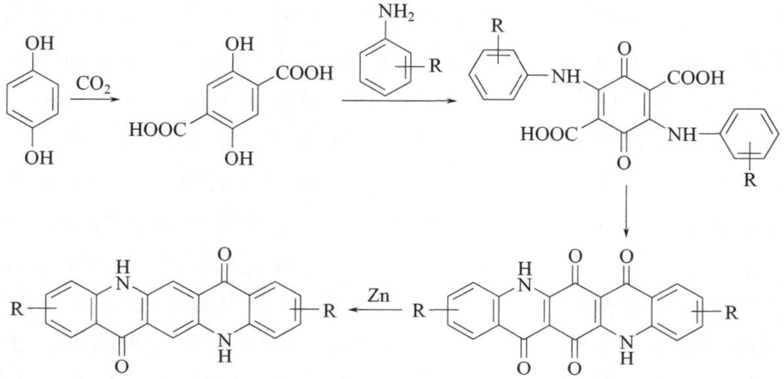

对苯二醌与邻氨基苯甲酸反应可生成2,5-二(2′-羧基苯胺)-1,4-苯二醌,在浓硫酸中闭环即成为线形反式喹吖啶酮醌:

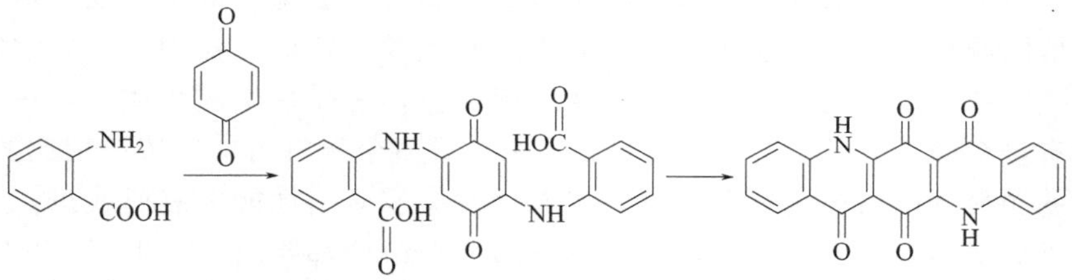

3.3.2.2 喹吖啶酮颜料的同质多晶性

迄今已发现喹吖啶酮颜料有四种晶型,即 α 晶型、β 晶型、γ 晶型和 δ 晶型,其中 γ 晶型还有一种变体,称为 γ′晶型。用前述的各种反应路线制得的喹吖啶酮颜料粗品的晶体构型大多为 α 晶型,各项应用牢度均较差,故而不适宜用作颜料,需要通过各种方法,将其转变为 β 晶型和 γ 晶型。

将 α 晶型转变为 β 晶型或 γ 晶型有多种方法,较为常见的有球磨法、溶剂法、酸溶法及热处理法,这些方法实际上也就是喹吖啶酮颜料粗品的颜料化方法。在二氯苯或二甲苯的存在下对 α 晶型进行球磨,得到的颜料为 β 晶型;而在 DMF 的存在下对 α 晶型进行球磨得到的颜料为 γ 晶型。对 α 晶型进行酸溶处理,即将其完全溶于浓硫酸,再加水稀释使其析出,得到的颜料也为 β 晶型。或者将其溶于多聚磷酸,再加乙醇使其析出,得到的颜料也为 β 晶型。然而,这样得到的 β 晶型会含有少量的 α 晶型。在有机溶剂中,如 DMF、二甲基亚砜,对 α 晶型进行回流可得到 γ 晶型。在压力下,于乙醇中对 α 晶型进行回流,也得到 γ 晶型。

3.3.2.3 喹吖啶酮颜料的应用性能

市售的喹吖啶酮颜料都是深红色的,只是有的带黄光,有的带蓝光,有的品种所具有的蓝光很强，以致看起来更像是紫色的。此类颜料的色光与着色性能与下列因素有关：

①颜料颗粒的大小；②晶型的差异；③取代基的引入；④与其他品种的拼混。

喹吖啶酮颜料在常规的有机溶剂中溶解度极小。在 DMF、二甲基亚砜（DMSO）和四氢呋喃（THF）中，有微量的溶解度。对该颜料的单晶 X 射线衍射分析表明，喹吖啶酮颜料分子具有很好的平面性，单个颜料分子在晶体中以层状的方式堆积，相邻的分子间依靠分子中的羰基（—CO—）和亚氨基（—NH—）形成氢键，再加上分子间的范德华力和各个分子中的 π 电子与相邻分子间电子云的重叠使得分子在晶体中形成了"三维"的缔合体。正是因为这样一个构造，使得该晶体具有很好的稳定性。也因为束缚该晶体的力很强，所以决定该晶体颜色的因素主要也就在于晶体结构而不是分子结构。在喹吖啶酮颜料分子中引入取代基会破坏分子的平面性，因而会降低分子间电子云重叠的程度和减弱分子间的范德华力。如果在喹吖啶酮分子中的 5、12 位（即 N 原子所在的位置）上引入甲基，这样就不能再在相邻分子间形成氢键，因而束缚晶体的力大大减弱。由这种结构的喹吖啶酮分子组成的晶体在有机溶剂中的溶解度大大增强，甚至可溶于乙醇。

改变颜料色光的方法除了改变其晶型和引入取代基外，工业上较为常用的方法还有制备混晶。所谓混晶是指一种多组分的颜料，也就是将两种或多种结构与性能类似的颜料组合起来使用。组合的方法有化学的，也有物理的。化学组合是指在合成时按一定的比例将多个反应物一起反应，这样在生成晶体时，一个晶格内同时有多个颜料分子。物理组合是指将两个或多个颜料简单地按一定比例混合。混晶类的颜料既可以在色光上又可以在着色性能或应用性能上有所改进，有时这种混晶类的颜料在着色强度上要比组成它的两个组分都要高，产生了 1+1＞2 的效果，这种现象称作加和增效。

3.3.3 苝系和苝酮系颜料

苝（perylene）系、苝酮（perinone）系颜料以及后面将要提及的硫靛颜料和含蒽醌结构的颜料，在化学上都属于稠环类化合物，这些化合物一般具有很高的化学稳定性。在相当长的一段时间里，这些化合物一直作为还原染料用于棉纤维及织物的染色。除了硫靛类化合物以外，它们的各项应用牢度极高。正因为如此，才促使人们尝试将它们用作颜料。为此，这类颜料又被称为还原染料性颜料。然而最初将这些还原染料作为颜料使用的努力并不太成功，因为缺乏对它们进行有效的颜料化加工技术，以致获得的颜料不仅色光萎暗而且着色力不高。随着颜料化技术的发展，人们发现欲使一个还原染料成为一个颜料，就必须提高该染料自身的化学纯度，细化颜料的颗粒及控制粒径分布，还要使颜料具有特定的晶型。为此，人们采用了许多种化学和物理的方法对还原染料进行颜料化，从而大大地改善了此类颜料的应用性能。

上述稠环还原染料（或称颜料粗品）中的绝大多数刚刚被合成出来时，粒子都较为粗大。虽然这些粗大的颗粒可以经过研磨而成为细小的颗粒，但这种仅经过简单加工的还原染料并不具有颜料的应用性能，再则它们的颗粒粒径分布较宽（0.5～20μm），以致它们不适合用作颜料。通过在有机溶剂中（或含分散剂的水中）处理颜料粗品可改进它们的结晶性和易分散性。这实际上就是一种对颜料粗品进行颜料化处理的方式。经过多年的研究已经开发出了许许多多的后处理方法，以使颜料粗品成为易分散的高性能颜料。这些方法如下。

（1）化学法　先在碱性介质中，用保险粉将还原染料中的羰基还原成羟基，使之生成可溶于水的隐色体盐，除去不溶性的杂质后再用氧化剂氧化，使之重新生成不溶性的颜料。控制氧化的速度可控制颜料粒子的大小及粒径分布。

（2）酸溶法　用浓硫酸（或发烟硫酸、氯磺酸）溶解颜料粗品，除去不溶性的杂质后，将溶液倾入稀硫酸（或水、有机溶剂）中使颜料再析出，在特定的条件下可在介质中加入表面活性剂。如此得到的颜料颗粒相当细小。

（3）酸胀法　在70%～90%的硫酸中还原染料会以硫酸盐的形式存在，它在介质中不溶解。分离出未反应的中间体后再在水中将此盐水解成颗粒细小的颜料。为使生成的颜料性能更佳，可在水解时加入表面活性剂或在水解后再进行热处理。

（4）热处理　于压力釜内，在水（含表面活性剂）或高沸点有机溶剂中对颜料粗品进行热处理可改善颜料的结晶形态。

（5）研磨法　有许多对颜料粗品进行研磨的方法。颜料粗品粒子大小的控制可以通过在捏合机中捏合及在球磨机中快速球磨来实现。在这样的机械中，通过旋转或振动使颜料粒子相互碰撞，从而发生颗粒的破碎或晶体的晶型转变。颜料粗品在捏合前需先经过纯化，例如通过在酸中的重新沉淀。若进行球磨，则不必先经过纯化。加入无机盐作为助磨剂可提高球磨的效率。加入少量的有机溶剂或表面活性剂或非氧化性的强酸（pK_a<2.5）也可取得满意的效果。

上述各种方法可单独使用，也可把两种或更多种方法组合起来使用。通常以组合使用获得的效果为佳。

虽然在这个领域中发展了许多技术，但仍只有很少量的还原染料品种适宜作为颜料使用。这是因为大多数还原染料的结构复杂，制造成本相对较高，而且只有少数的品种在应用牢度方面能达到酞菁颜料的标准。考虑到价格/性能比因素，大多数还原染料品种也就失去了作为颜料使用的价值。

苝系和苝酮系颜料的化学结构是类似的。苝系颜料衍生于3,4,9,10-苝四甲酸（图3-81），而苝酮系颜料则衍生于1,4,5,8-萘四甲酸（图3-82）。它们都较为古老，苝类化合物从1913年起，苝酮类化合物从1924年起，就开始作为还原染料使用。

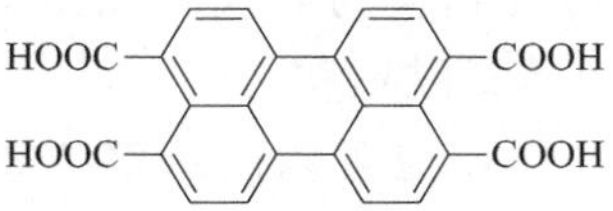

图 3-81　3,4,9,10-苝四甲酸 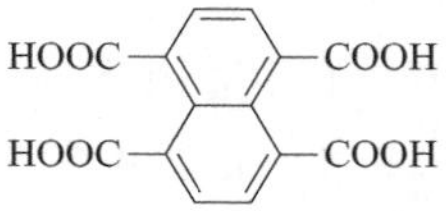　　　　图 3-82　1,4,5,8-萘四甲酸

这两类颜料的合成路线基本相同。3,4,9,10-苝四甲酸或1,4,5,8-萘四甲酸经干燥后，便以酐的形式存在。这些酐与一元伯胺作用生成酰亚胺类化合物，与二元胺作用则生成咪唑类化合物。

3.3.3.1　苝系颜料

苝系颜料的化学结构是3,4,9,10-苝四甲酸二酰亚胺及其衍生物。苝四甲酸二酰亚胺自身虽然从未被用作还原染料，但它是这一族中最早被发现的成员，于1912年问世。直到1950年苝类化合物才被用于颜料。

（1）合成方法　合成苝系颜料的中间体是3,4,9,10-苝四甲酸二酐（简称苝酐）（图3-83）。它的合成方法见图3-83。

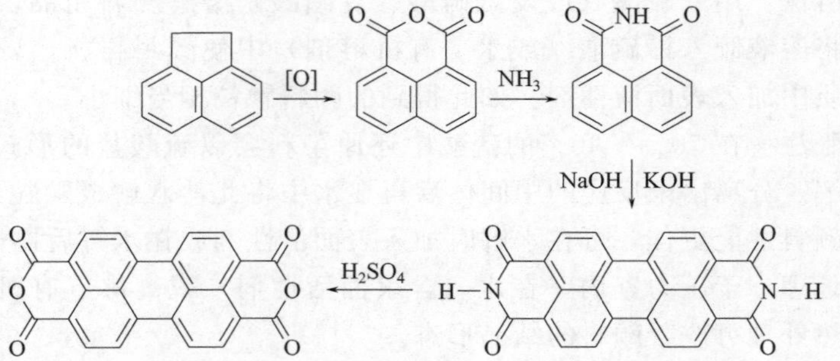

图3-83　3,4,9,10-苝四甲酸二酐合成方法

苊（来自煤焦油）经空气氧化（以五氧化二钒为催化剂）得到1,8-萘酐，它与氨水反应得到1,8-萘酰亚胺。1,8-萘酰亚胺在由氢氧化钠、氢氧化钾和醋酸钠组成的混合碱中在高温下（200～260℃）反应得到3,4,9,10-苝四甲酸二酰亚胺的隐色体，它经空气氧化成为3,4,9,10-苝四甲酸二酰亚胺粗品，然后它再在浓硫酸中被转化为苝酐。经颜料化后，苝酐也可作为一种颜料使用（即颜料红224）。

苝系颜料的通式见图3-84。式中，X代表O或N-R；R代表H、CH$_3$或者取代的苯环，苯环上的取代基有甲基、甲氧基、乙氧基及偶氮苯基。

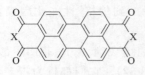

图3-84　苝系颜料的通式

欲合成以图3-84所示化合物为代表的苝系颜料，较常用的方法是在高沸点溶剂中使苝酐与脂肪族（或芳香族）伯胺反应，也有人在水中进行此种缩合反应。二甲基苝四甲酸二酰亚胺还可通过苝四甲酸二酰亚胺的钠化合物与氯甲烷反应获得。

对取代的1,8-萘酰亚胺进行碱熔反应，可得到相应的取代的苝四甲酸二酰亚胺，这种方法尤其适用于制备烷基取代的苝四甲酸二酰亚胺。

对3,4,9,10-苝四甲酸钠进行有选择的质子化反应可以高产率地获得3,4-苝二甲酸酐-9,10-二甲酸钠。它与不同的胺进行分段反应可以获得不对称的苝系颜料。

（2）颜料化加工和应用性能　　有许多对颜料粗品进行后处理加工的方法，较为常用的方法有酸溶法、酸胀法、球磨法和热处理法。习惯上常把这些方法组合在一起使用以优化效果。

把苝酐转变成颜料的方法是先把它溶解在碱性水溶液中，去掉不溶物后再用无机酸酸化，使之生成苝四甲酸而重新析出。苝四甲酸在 $100\sim200℃$ 的环境中经热处理后便脱水生成苝酐。热处理可在一定压力下进行，也可在有机溶剂中进行。常用的溶剂有醇类、酮类、羧酸、羧酸酯类和极性的非质子溶剂。

各种遮盖力高的苝系颜料品种一般用球磨法结合热处理法制得。球磨时可加也可不加助磨剂，球磨结束后再在溶剂中于 $80\sim150℃$ 进行处理。常用的溶剂是甲基乙基酮、异丁醇、二乙二醇、N-甲基吡咯烷酮。也可在水中进行这样的热处理，但必须在压力釜中进行，还要加表面活性剂。

苝系颜料的色谱主要为红色至红棕色，它们中有大红、枣红、紫红和棕色。这类颜料具有极高的耐有机溶剂性和热稳定性，以及很高的耐晒和耐气候牢度。在塑料中有非常高的耐迁移牢度，在油漆中有非常好的耐再涂性能。除了苝酐外，所有的品种都有很高的化学惰性。苝酐不耐碱，会溶于强碱性水溶液。

苝系颜料有很高的着色力，比喹吖啶酮颜料还要高。在耐晒和耐气候牢度方面，它们与喹吖啶酮颜料相近。

近年来，有两个黑色的苝系颜料品种问世。这两个品种的化学结构与红色品种相关，也符合苝系颜料的通式，只是 X 不同罢了。这个 X 不是共轭体系中的一部分，为何对此类颜料的颜色影响却如此之大呢？这是因为颜料的颜色不是由它的分子结构唯一决定的，除了化学结构外，颜料晶体结构的差异也是影响颜料颜色的重要因素。当 $X=N-CH_2-CH_2-O-CH_2-CH_3$ 时，颜料固体的颜色呈红色，但若将其溶于强极性溶剂中，则溶液的颜色是橙色。当 $X=N-CH_2-CH_2-C_6H_5$ 时，颜料固体的颜色呈黑色，将其以分子状态分散在苯乙烯中，则赋予该聚合物黄色。由此可见，颜料色光与颜料分子的颜色不是一回事。

进一步的研究表明，这些颜料分子大多为平面型，在晶体中以面对面的方式一层一层地堆积。若分子堆积体不是柱状的，层与层之间分子的位置是错开的，则错开的距离决定了晶体的颜色。若错开的距离在纵向上达到分子长度的 $27\%\sim30\%$（相当于一个苯环的长度），或是在侧向上错开的距离小于分子宽度的 20%，则这种分子在晶体中的排列方式使得晶体呈黑色。若在侧向上错开的距离大于分子宽度的 20%，则这种分子在晶体中的排列方式使得晶体呈红色。

许多苝系颜料，像喹吖啶酮颜料一样，主要用于高档的工业漆，尤其是用于汽车的原始面漆和修补漆。颜料的品种很多，有超细粉的（具有较高的比表面积和透明性），也有粒子较粗的（比表面积较低，遮盖力较高）。超细粉的品种主要用于金属漆和透明漆，而遮盖力高的品种常与无机颜料或其他有机颜料拼混使用。有些品种特别适合于塑料和纤维原液的着色，因为它们表现出特别好的热稳定性。但是，苝系颜料很少用于以受阻胺作光稳定剂的聚烯烃。在中等或高色度的颜料制备物中，这类稳定剂受颜料的影响极易被光解，从而使聚烯烃的强度也随之下降。

（3）典型品种　被《染料索引》收录的苝系颜料品种见表 3-15，表中颜料的结构通式见图 3-84。

表 3-15　苝系颜料品种

染料索引号	染料索引结构号	X	色光
C. I. 颜料红 123	71145	N——⟨⟩——OC₂H₅	大红到红色
C. I. 颜料红 149	71137	N——⟨⟩(CH₃)(CH₃)	红色
C. I. 颜料红 178	71155	N——⟨⟩——N=N——⟨⟩	红色
C. I. 颜料红 179	71130	N——CH₃	红色到紫酱色
C. I. 颜料红 190	71140	N——⟨⟩——OCH₃	蓝光红色
C. I. 颜料红 224	71127	O	蓝光红色
C. I. 颜料紫 29	71129	NH	红色到枣红色
C. I. 颜料黑 31	71132	N——C₂H₄——⟨⟩	黑色
C. I. 颜料黑 32	71133	N——CH₂——⟨⟩——OCH₃	黑色

3.3.3.2　苝酮系颜料

此类化合物中最早的商品是黄光红色还原染料，即还原红 74。它是在 1924 年由 Hoechst 公司的 Eckert 和 Greune 制得的。还原红 74 是一个由顺反异构体组成的混合物。两种异构体经分离后，反式体呈艳丽的橙色，顺式体则呈深红色。这两种化合物在很长一段时间内一直作为还原染料用于棉纤维和织物的染色，直到 1950 年它们才被用作颜料。

（1）基础原料的制备　苝酮颜料是 1,4,5,8-萘四甲酸的衍生物，1,4,5,8-萘四甲酸的制备方法如下。

苊与丙二腈在三氯化铝的催化下，经 Freidel-Crafts 反应生成二亚胺化合物，然后被氯酸钠/盐酸氧化后生成二氯苊二酮，它再经次氯酸钠或高锰酸钾氧化后成 1,4,5,8-萘四甲酸，它主要以一元酐的形式存在。1,4,5,8-萘四甲酸二酐只有在

150℃左右干燥时才生成。

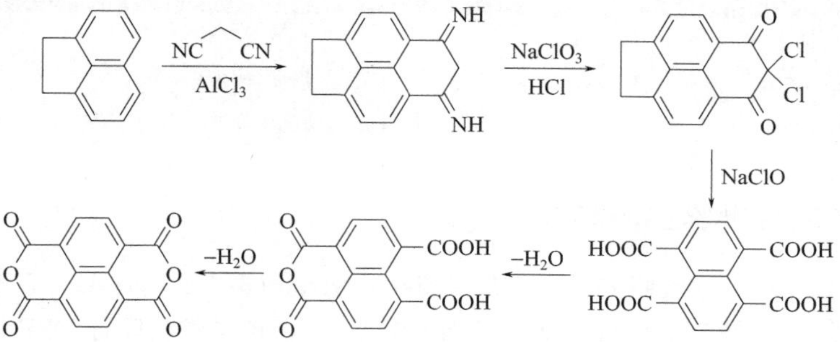

另一种合成 1,4,5,8-萘四甲酸的路线以芘为起始原料，它经卤化（溴化或氯化）后生成四卤代芘。四卤代芘在硫酸中氧化生成二芘萘二酮，最后再在氢氧化钠溶液中被氧化，得到萘四甲酸钠盐。

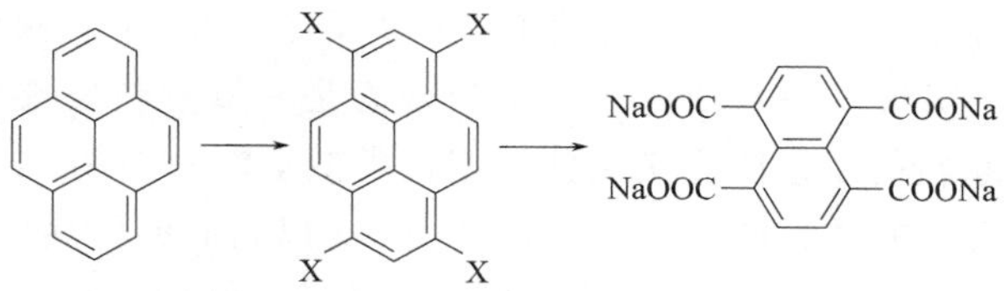

（2）合成方法、颜料化加工及其性能　芘酮颜料的合成路线与苝系颜料相似，由酸酐作为起始原料，在本例中起始原料为 1,4,5,8-萘四甲酸一元酐。

1,4,5,8-萘四甲酸一元酐通过与芳香族二胺反应而生成芘环。典型的例子是邻苯二胺与 1,4,5,8-萘四酸一元酐在冰醋酸中于 120℃反应，产物是一个由顺反异构体组成的混合物。

两个异构体的分离利用了它们与氢氧化钾的复合物在乙醇中溶解度的差异。将混合物溶解在含氢氧化钾的乙醇中，经加热，两个异构体都与氢氧化钾生成复合物。反式异构体与氢氧化钾的复合物是一个无色的加成物，它在乙醇中的溶解度较小，故从溶液中析出。该复合物溶于水后，重新生成原来的化合物。在浓硫酸中进行分馏也可使两个异构体得到分离。不论用何种方法对混合物进行分离，得到的单一化合物都必须经过颜料化加工，方能使其成为一个有商品价值的颜料。对其进行颜料化的方法一般为球磨、酸处理和在高温下的溶剂处理。

芘酮颜料的性能与苝系颜料很相似，色谱范围从橙色到枣红。芘酮颜料具有很高的耐热性、耐晒牢度和耐气候牢度。

（3）典型品种　芘酮类化合物中只有两个在商业上很重要，即前面提及的那两个异构体。两个异构体经分离后可分别作为两个颜料，反式体是颜料橙 43，顺式体是颜料红 194。它们的混合物，即还原红 74 在商业上也可作为颜料使用。见表 3-16。

表 3-16 典型的蒽酮颜料品种

染料索引号	染料索引结构号	结构	色光
C. I. 颜料橙 43	71105	反式异构体	红光橙色
C. I. 颜料红 194	71100	顺式异构体	蓝光红色
C. I. 还原红 74		颜料橙 43 和颜料红 194 的混合物	大红

3.3.4 吡咯并吡咯二酮颜料

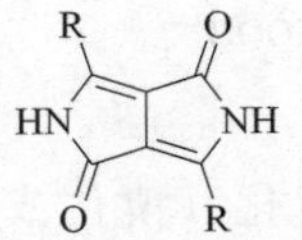

图 3-85 1,4-吡咯并吡咯二酮

吡咯并吡咯二酮〔diketopyrrolo(3,4-c)pyrrole〕系颜料的母体是 1,4-吡咯并吡咯二酮（图 3-85），该系颜料简称 DPP 系颜料。

以往，对有机颜料品种研究与开发主要是通过对已有颜料的结构进行适当的化学修饰或颜料化加工，从而获得新的颜料或具有特殊应用性能的颜料。为了适应市场高品位和高性能颜料的要求，也有新发色团颜料问世。近年来最有影响的新发色团颜料就是 DPP 系颜料，它们是由 Ciba 公司的 Iqbal 等人在 1983 年研制成功的一类全新结构的高性能有机颜料。该系颜料的问世被誉为是有机颜料发展史上的一个新的里程碑。DPP 系颜料的发色团属交叉共轭型，类似于靛蓝型的 H 型发色团。大多数 1,4-吡咯并吡咯二酮颜料的熔点大于 350℃，所以它们的耐热性能很好。

早在 Iqbal 等人之前，1,4-吡咯并吡咯二酮的基本结构就已被人发现。20 世纪 70 年代中期，Farnum 等人本欲用苯腈与溴乙酸合成 2-苯基吡咯酮-5，但目标化合物未得到，反而得到了 5%～20% 的 1,4-二苯基吡咯并吡咯烷酮。

如今，DPP 颜料的合成是通过丁烯二酸酯与苯甲酰氯（或丁二酸酯与苯腈及其取代苯腈）反应制得，反应路线如图 3-86 所示。

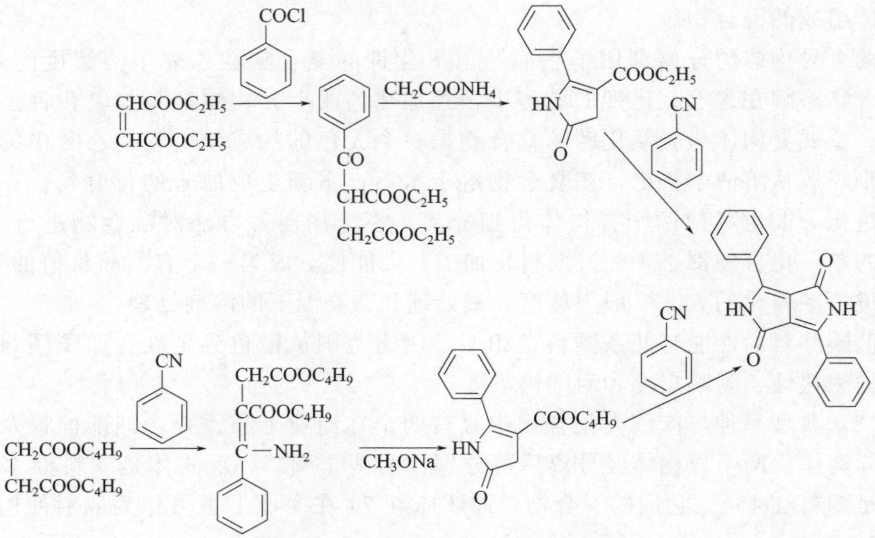

图 3-86 DPP 颜料的合成反应路线

反应各阶段生成的中间体无须分离，反应可在同一反应器中一次完成，且产率也相当高。它与其他红色的颜料相比，在生产中所用到的化学品较少，所以有利于环境保护和资源的有效利用。

DPP 系颜料具有着色力高、色泽鲜艳等特点。它们还具有在应用介质中流动性好，耐晒牢度、耐气候牢度以及耐热稳定性高等优点。为此 Ciba 公司自 DPP 系颜料开发以来不断研究新品种以适应各种用途的需要。

DPP 系颜料的典型品种列于表 3-17。

表 3-17　DPP 系颜料的典型品种

染料索引号	染料索引结构号	R^3	R^4	色光
C. I. 颜料橙 71	561200	CN	H	艳橙色
C. I. 颜料橙 73		H	C_4H_9	艳橙色
C. I. 颜料红 254	56110	H	Cl	大红色
C. I. 颜料红 255	561050	H	H	黄光红色
C. I. 颜料红 264		H	C_6H_5	蓝光红色
C. I. 颜料红 272	561150	H	CH_3	红色

3.3.5　硫靛类颜料

靛蓝是最古老的天然染料之一，早在 2500 年前，人类就已知道如何从植物靛草中获取该蓝色色素，用于对纤维素纤维的染色。靛蓝的化学结构是在 1883 年由德国学者 A. VonBaeyer 测定的，为此他获得诺贝尔化学奖。自从靛蓝的化学结构确定后，人工合成靛蓝成为可能。所以在 100 年前，靛蓝已实现工业化规模的生产。今天，靛蓝作为还原染料仍然深受年轻人的喜爱，风行世界的"牛仔"服装就是用它染色的。靛蓝经过颜料化加工可以作为颜料（即 C. I. 颜料蓝 66）用于橡胶的着色，也可用于合成纤维原液的着色。

靛蓝分子中的亚氨基被硫原子取代后的衍生物称为硫靛，它在 1905 年就已被合成得到。硫靛本身在工业上无多大价值。它的氯代或甲基取代的衍生物在 1906 年问世，它们在工业上较有价值，作为还原染料一度深受消费者的欢迎。

硫靛类颜料的结构通式见图 3-87。

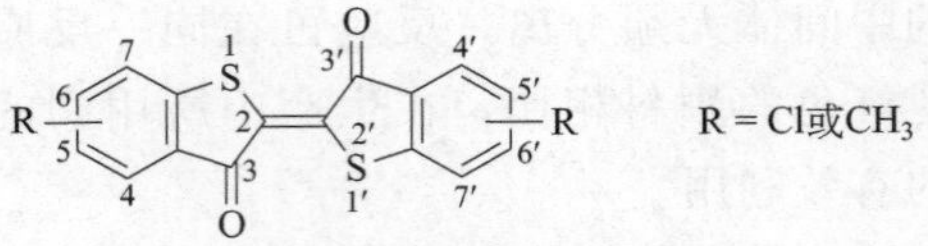

图 3-87　硫靛类颜料的结构通式

尽管该结构式给出的是反式构型，事实上，无论是作为颜料使用还是作为染料使用的硫靛类化合物，其分子构型既有反式的，也有顺式的。在通常情况下，硫靛类颜料在化学上是由这两种构型分子组成的混合物。

3.3.5.1　中间体和颜料的合成

合成硫靛类颜料的方法有好几种，最为常用的方法以苯基巯基乙酸或它的衍生物为起始原料，它经环化后生成一个称作硫茚酮的中间体，该中间体经氧化性二聚就得到硫靛类化合物（图 3-88）。

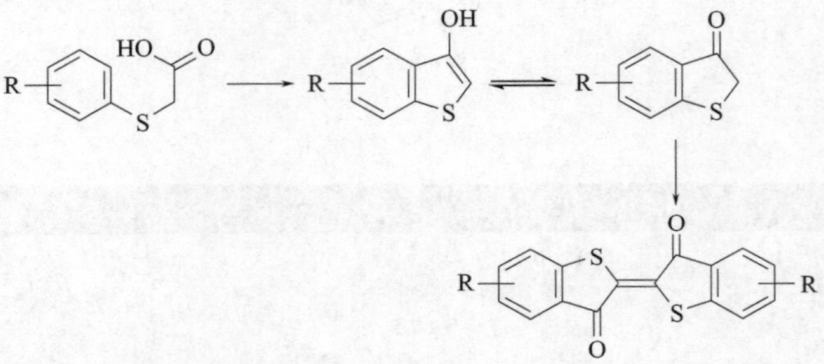

图 3-88　苯基巯基乙酸及其衍生物合成硫靛类化合物

合成 4,4′,7,7′-四氯硫靛的起始原料是 2,5-二氯苯硫酚，它可由 2,5-二氯硝基苯经下列 3 种方法制得（图 3-89）。

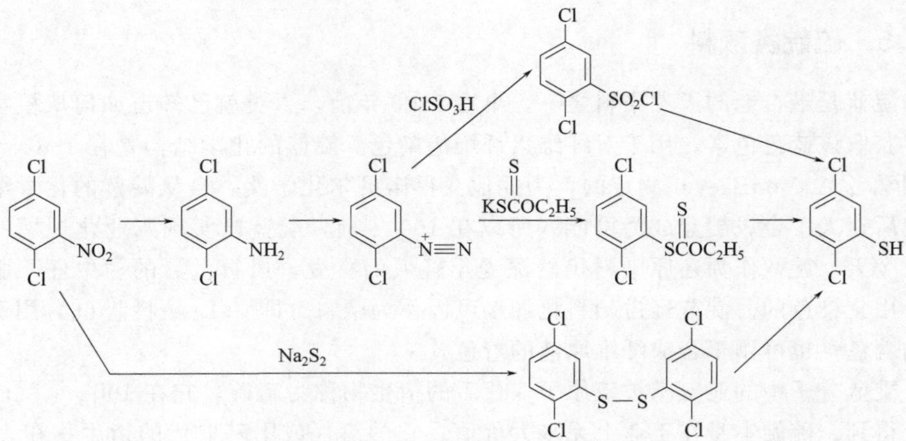

图 3-89　2,5-二氯硝基苯合成 2,5-二氯苯硫酚

2,5-二氯苯硫酚与氯乙酸反应脱去一分子 HC1 生成 2,5-二氯代苯基巯基乙酸，接着在氯磺酸中闭环生成 4,7-二氯-3-硫茚酮，该中间产物无须分离与精制，可被溴氧化二聚成 4,4′,7,7′-四氯硫靛（图 3-90）。

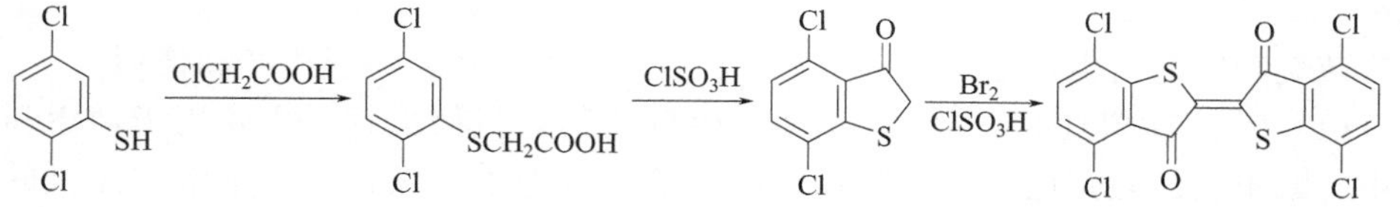

图 3-90　2,5-二氯苯硫酚合成 4,4′,7,7′-四氯硫靛

当然上述几步反应也可分开进行，将各阶段的产物从反应混合物中分离出来后再进行下一步的反应。

3.3.5.2　颜料化加工及其应用性能

经上述反应得到的产物只是颜料粗品，须经过颜料化加工才能成为有使用价值的颜料。可用的颜料化方法有以下 3 种。

（1）球磨法　尤其是在无机盐（如氯化钠、氯化钙）的存在下进行球磨。

（2）酸溶法　用浓硫酸或氯磺酸将颜料粗品完全溶解，然后加水稀释使之重新以细小的颗粒析出。

（3）有机溶剂法　在有机溶剂中进行各种处理。

比较这 3 种方法，用第一种方法制得的颜料质量最好，色光最艳，着色力最高。

根据取代基种类的不同以及取代位置的不同，对颜料的色光产生程度不同的影响。在 5-位上引入给电子性的甲基可使母体化合物的最大吸收波长红移且红移的程度最大。

在 6-位上引入吸电子性的氯原子，产生的红移程度较在其他位置上引入吸电子性基团的红移程度大得多。

氯原子取代的硫靛类颜料比起甲基取代的硫靛类颜料应用性能要好，取代数目多的硫靛类颜料相对于取代数目少的硫靛类颜料应用性能也要好一些。其中，4,4′,7,7′-四氯硫靛的应用性能最好。四氯硫靛颜料具有很好的各种应用牢度，尤其表现在耐晒牢度、耐气候牢度、耐溶剂性和耐迁移性等方面。

3.3.5.3　典型品种

硫靛类颜料的色光较鲜艳，在它们中生产量和使用量较大的品种有两个，即 C.I. 颜料红 88 和 C.I. 颜料红 181，见表 3-18。

表 3-18　硫靛类颜料品种

染料索引号	染料索引结构号	R⁴,R⁴′	R⁵,R⁵′	R⁶,R⁶′	R⁷,R⁷′	色光
C.I. 颜料红 88	73312	Cl	H	H	Cl	红光紫
C.I. 颜料红 181	73360	CH₃	H	Cl	H	蓝光红

硫靛本身被《染料索引》收录为 C. I. 还原红 41，这个品种经物理改性后可作为溶剂染料对塑料着色，主要用于硬质聚氯乙烯、聚苯乙烯等。它在大多数常见的有机溶剂中有适量的溶解度，得到的溶液具有蓝红色的荧光，但它的使用量很小。

硫靛和它的衍生物在我国有生产，但主要是作为还原染料生产和使用。

（1）C. I. 颜料红 88　颜料红 88 是硫靛的四氯代衍生物，主要用于油漆和涂料中，赋予它们红紫色的色彩和较高的遮盖力。为了调色，它也常常与无机的氧化铁红或钼铬红颜料拼混使用，以获得深红色、枣红色和紫酱色。单一的颜料红 88 或者它与无机颜料的拼混品种都具有较高的耐晒牢度和耐气候牢度，但与色谱相近的颜料紫 19 相比，着色力要低许多。

颜料红 88 用于涂料尤其是以丙烯酸酯为基料的涂料时，它给出紫酱色，但较易在表面形成"水斑"或"色斑"，造成该现象的原因尚未明了。此外，这类涂料在长期存放时，颜料会发生"絮凝"现象。由于这些问题的出现，以致它在涂料中的应用受到限制。

在有机溶剂中，颜料红 88 有很好的耐溶剂性。由它制成的油漆耐酸碱性很好，但不耐热，如果使用温度超过 140℃，就会出现色差等问题。

颜料红 88 用于塑料可给出红紫色，或者说"品红"，这是一个典型的三原色品种。它可有条件地用于聚氯乙烯、聚氯乙烯凝胶、聚氨酯树脂等的着色。然而，在这些介质中，颜料红 88 多少会出现不耐迁移的问题。与颜料紫 32 相比，两者对软质聚氯乙烯着色给出的色光几乎一致，但是在着色力方面和浅色应用方面颜料红 88 要明显占优。颜料红 88 的改进型品种较耐渗出。对软质聚氯乙烯以全色着色时，制品的耐晒牢度达到 8 级，即使冲淡到 1/25 标准色深度，制品仍具有 6级的耐晒牢度，只是耐久性稍差。

在透明性聚烯烃中，颜料红 88 可耐 260～300℃的温度（取决于它在制品中的用量）。在 1/3 标准色深度的制品中，可耐 240～260℃。但对于低密度聚乙烯，它仅适用于低温着色。在这些介质中，它的耐晒牢度为 6～7 级。颜料红 88 不太适合用于聚苯乙烯的着色，用于此底物时常常出现色差问题以及牢度下降等问题。

颜料红 88 曾被推荐用于聚丙烯的原液着色，其专用剂型亦可用于腈纶的原液着色。这些着色制品极耐拉丝加工的条件，制成的织物具有相当高的耐汗渍牢度、耐干湿摩擦牢度，并耐热定型以及耐全氯乙烷等有机溶剂。当其使用浓度为 0.1%和 3.0%时，其耐晒牢度分别为 7 级和 7～8 级。颜料红 88 在聚酯中有适量的溶解度，所以它较适宜对聚酯原液着色，而且制品具有很好的耐升华牢度和耐迁移牢度。颜料红 88 用于丙烯酸酯类或其他不饱和酯类树脂的着色时，既可耐它们的加工温度达几小时，又可耐它们所含的过氧化物添加剂。

颜料红 88 还可用于印刷油墨的着色，这类油墨适用于密胺、聚酯类薄膜基包装材料、户外广告等的印制。得到的制品耐有机溶剂、增塑剂、油脂、酸碱等，还可耐 200℃高温及消毒处理。

颜料红 88 还常与颜料黄 83 或炭黑等拼混，以得到棕色调的木材着色剂。

（2）C.I. 颜料红 181　颜料红 181 适合用于聚苯乙烯及其他聚烯烃类塑料的着色，在这类介质的加工温度下，颜料红 181 有较大的溶解度。颜料红 181 赋予此类底物鲜艳的蓝光红色和极高的耐晒牢度，还能满足各项后加工的要求。

颜料红 181 对人体几乎无毒，为此它可作为食用色素使用。许多国家至今仍在使用它，以对牙膏、唇膏、香皂、指甲油等日用化学品着色。我国也使用它对香皂、指甲油等日用化学品着色。

3.3.6　蒽醌颜料

蒽醌颜料是指分子中含有蒽醌结构或以蒽醌为起始原料的一类颜料，它们是一类较为古老的化合物。最初这类化合物仅作为还原染料使用，由于它们的色泽非常坚牢，色谱范围很广，促使人们将其改性成有机颜料使用。此类颜料的生产工艺非常复杂，以致生产成本很高。所以，由于价格/性能比的因素，并非所有的蒽醌类还原染料都可被用作有机颜料。

3.3.6.1　由 1-氨基蒽醌衍生的有机颜料

1-氨基蒽醌可由以下 3 种方法制得（图 3-91）。

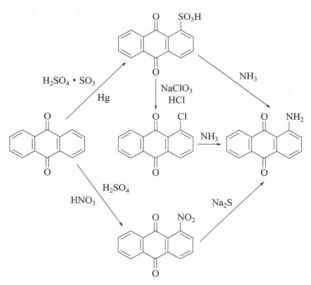

图 3-91　1-氨基蒽醌的合成方法

蒽醌在汞或汞盐的存在下与 20% 发烟硫酸在 120℃ 反应，得到的产物主要是蒽醌-1-磺酸。若无汞或汞盐的存在，在同样条件下进行上述反应，得到的产物主要是蒽醌-2-磺酸。蒽醌-1-磺酸的钾盐在压力釜中与浓氨水于 175℃ 反应，生成 1-氨基蒽醌，产率 70%～80%。为了避免生成蒽醌亚磺酸，可在反应中添加适量的氧化剂（如间硝基苯磺酸）以防止该亚磺酸盐的生成。

1-氯蒽醌在压力釜中与浓氨水反应，也生成 1-氨基蒽醌，只是反应温度更高，为 200～250℃。由于 1-氯蒽醌也是由蒽醌-1-磺酸制得的，所以在工业上很少有人使用这种方法制备 1-氨基蒽醌。

蒽醌在浓硫酸中与等摩尔的硝酸反应，可得到 1-硝基蒽醌，它再在碱性介质中用硫化钠还原便得到 1-氨基蒽醌。这种生产 1-氨基蒽醌的方法很古老，也很成熟，是染料工业中一种"经典"的生产方法。但是这种方法的反应收率不高，而且在生产过程中不可避免地会产生大量的有害废水，对环境保护非常不利。为此，直到最近仍有人在研究改进这种工艺。一种较为成功的方法是：在蒽醌的硝化阶段，当蒽醌的转化率达到 80％时，便停止反应，然后用蒸馏的方法将生成的 1-硝基蒽醌从反应混合物中蒸出，得到纯度很高的 1-硝基蒽醌。最后在有机溶剂中，用液态氨与它进行亲核取代反应，从而得到高纯度的 1-氨基蒽醌。两步反应的总收率高达 70％，而经典反应的总收率仅 50％。另一种新工艺涉及在有机溶剂中对蒽醌进行硝化反应，当反应结束后，溶剂可经回收而重复利用，这样就避免了大量有害废水的产生，对环境保护有利。再则，在有机溶剂中对蒽醌进行硝化可得到纯度较高的 1-硝基蒽醌。

1-氨基蒽醌呈深红色，但它本身没有作为颜料使用的价值。一般是通过各种反应，将其转化成 1-氨基蒽醌的衍生物。常用的方法有以下 3 种。

（1）重氮化　1-氨基蒽醌在浓硫酸中与亚硝酰硫酸作用可生成它的重氮盐，该重氮盐与各种偶合组分经偶合便得到各种溶解度极小又耐迁移的有机颜料粗品。当偶合组分为巴比妥酸时，1-氨基蒽醌的重氮盐与它反应生成一种化合物，它可作为一种黄色的颜料（图 3-92）。

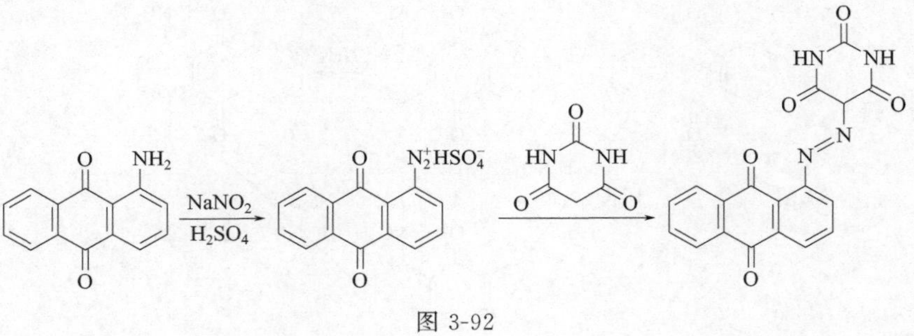

图 3-92

当偶合组分为色酚 AS（或它的衍生物）时，1-氨基蒽醌的重氮盐与它反应生成一种化合物，它可作为一种红色的颜料（图 3-93）。

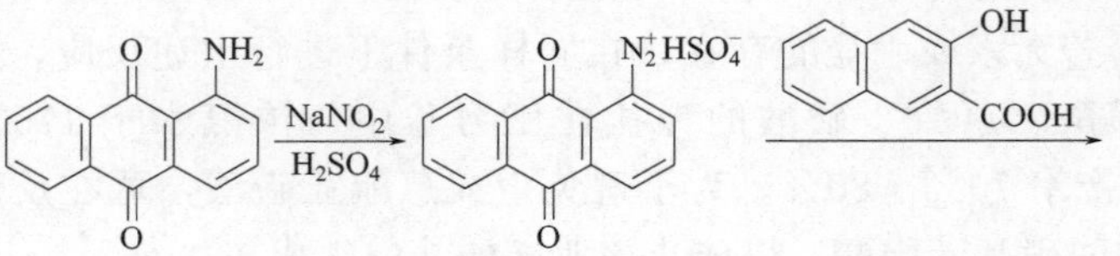

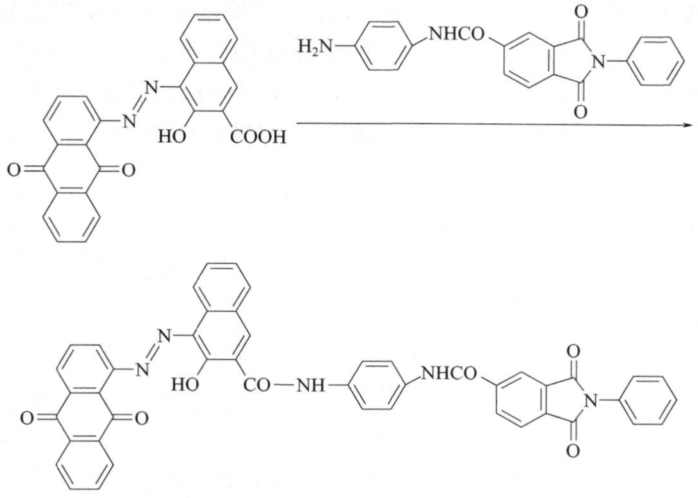

图 3-93

1-氨基蒽醌衍生物的重氮盐与图 3-94 所示化合物偶合可得到一类耐气候性很好的红色颜料。它们中的一个典型品种就是 C. I. 颜料红 251（图 3-95）。

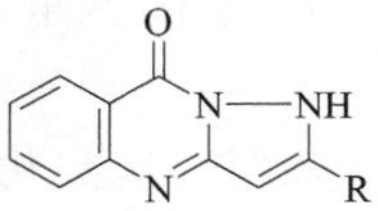

图 3-94

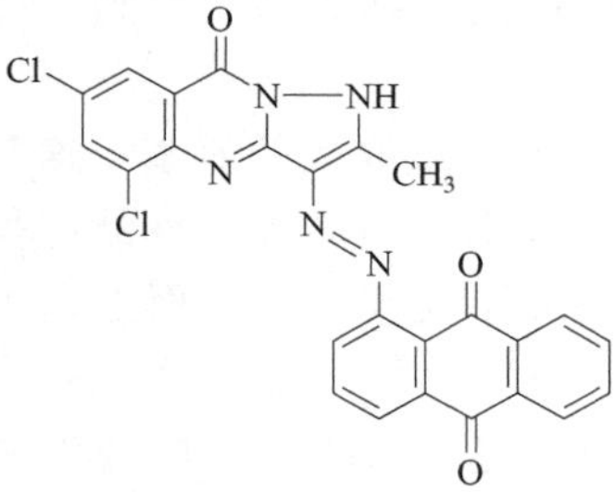

图 3-95

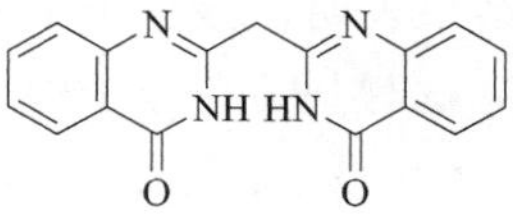

图 3-96

1-氨基-5-苯甲酰氨基蒽醌的重氮盐与图 3-96 所示化合物偶合得到化合物（图 3-97），这是一种橙色的颜料。

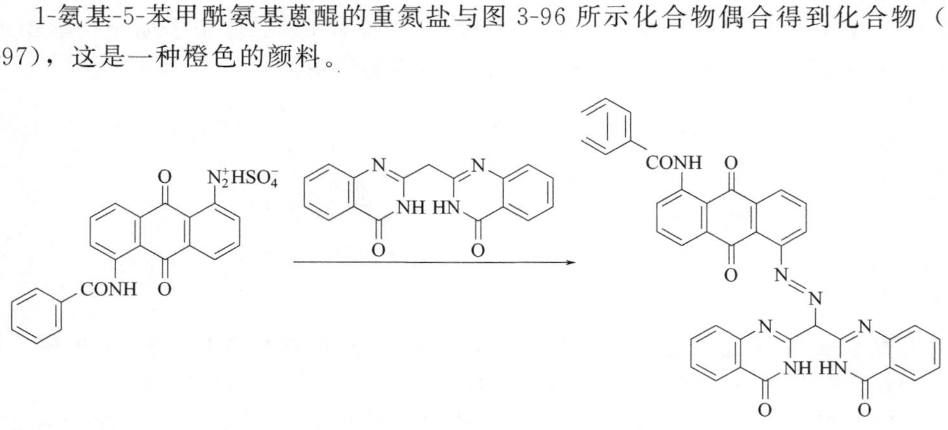

图 3-97

（2）芳基化 芳基化涉及 Ullmarm 反应，反应的结果是在蒽醌分子中生成新的碳-碳键。Ullmarm 反应常用铜或铜的化合物作为催化剂，在该催化剂的存在下，两个卤代芳烃经亲核取代反应脱去卤素原子而生成新的碳-碳键。C.I. 颜料红177 是此类颜料的一个典型品种，它的制备方法见图 3-98。

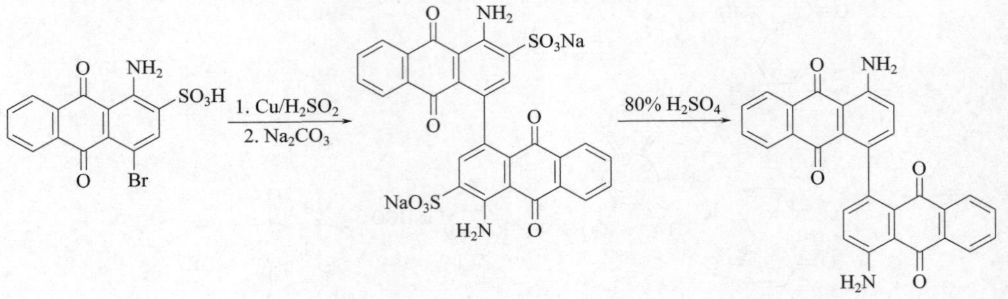

图 3-98　C. I. 颜料红 177 制备方法

反应的起始原料是 1-氨基-4-溴-蒽醌-2-磺酸（溴胺酸）。在稀硫酸中，于75℃，溴胺酸在细铜粉的作用下发生 Ullmarm 反应，生成两分子的聚合体，即4,4′-二氨基-1,1′-二蒽醌-3,3′-二磺酸钠，它再在 80% 硫酸中，于 135～140℃发生磺化反应的逆反应，脱去分子中的两个磺酸基而得到一种化合物，它经颜料化成为 C. I. 颜料红 177。

C. I. 颜料红 177 分子中含有两个未取代的氨基，这是所有的在工业上有价值的蒽醌颜料中唯一的一个含有游离氨基的品种。该品种呈蓝红色。X 衍射分析的结果表明，该分子中的两个蒽醌环不在同一个平面上，相互间有一个 75°的夹角，这就有利于在分子中形成氢键。

（3）酰基化 1-氨基蒽醌中的氨基与酰氯反应会生成 1-酰氨基蒽醌，这类化合物衍生的颜料具有很好的耐迁移性能。此类反应通常在有机溶剂中进行，例如：1-氨基蒽醌与苯甲酰氯在硝基苯中于 100～150℃反应，产物是 1-苯甲酰氨基蒽醌（图 3-99），它可作为一个黄色的有机颜料使用。如果在该反应中添加一些季铵盐，则会有利于该反应的进行，季铵盐起到了缚酸剂的作用。

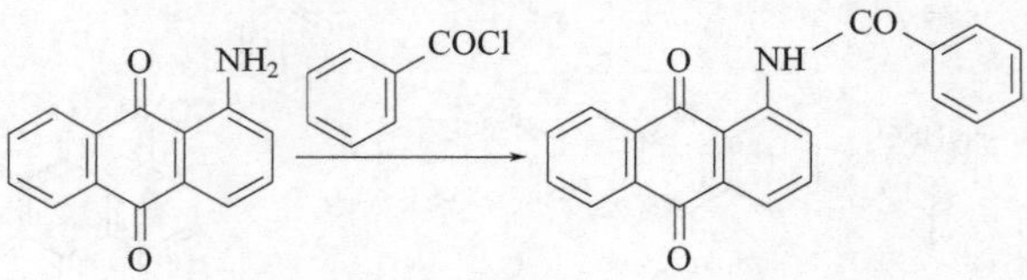

图 3-99

1-氨基-4-羟基-蒽醌与苯甲酰氯反应，产物是 1-苯甲酰氨基-4-羟基-蒽醌（图3-100），它可作为一个蓝光红色的有机颜料使用，即 C. I. 颜料红 89。

1-氨基蒽醌与邻苯二甲酰氯在邻二氯苯中，于 145℃反应，产物可作为一个黄色的有机颜料使用，即 C. I. 颜料黄 123（图 3-101）。若 1-氨基蒽醌与对苯二甲酰

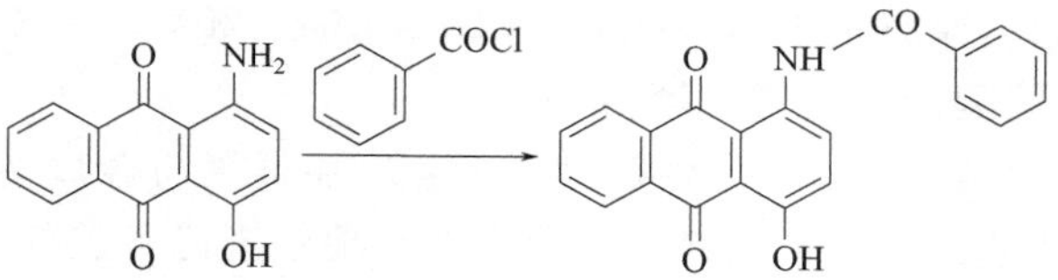

图 3-100

氯在邻二氯苯中进行这样的反应，产物可作为一个红光黄色有机颜料使用，即 C. I. 颜料黄 193。

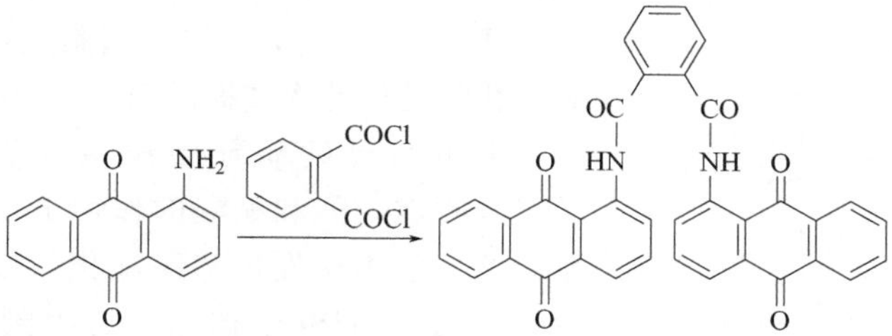

图 3-101

1-氨基蒽醌与杂环酰氯类化合物的反应在工业上较为重要，例如：1-氨基蒽醌与 1-苯基-3,5-二氯-均三嗪在碱性的有机溶剂中反应，产物可作为一个红光黄色有机颜料使用，即 C. I. 颜料黄 147（图 3-102）。

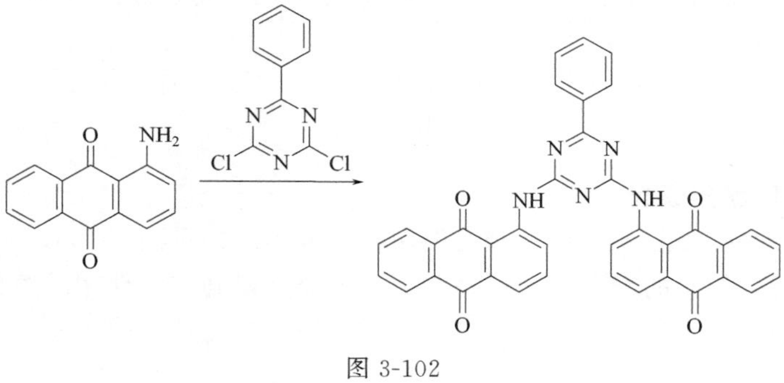

图 3-102

C. I. 颜料黄 147 也可由下列反应制得（图 3-103）：

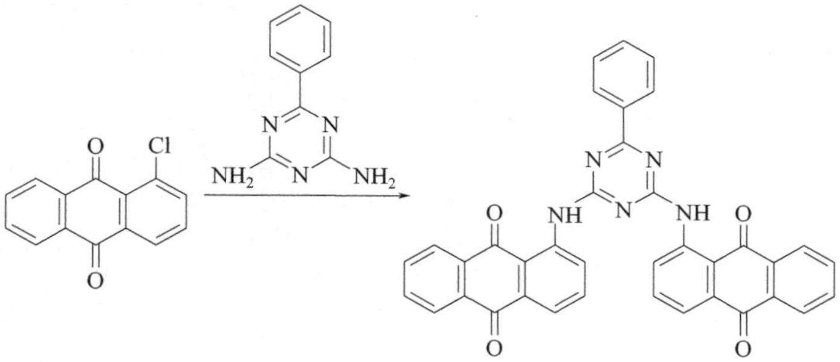

图 3-103

此时反应的起始原料是 1-氯蒽醌和 1-苯基-3,5-二氨基均三嗪。

3.3.6.2 由羟基蒽醌衍生的有机颜料

羟基蒽醌类的颜料可分成两大类，一类是羟基蒽醌与金属的络合物，另一类是羟基蒽醌的磺酸盐。这两类颜料在商业上的重要性现已日趋低落。

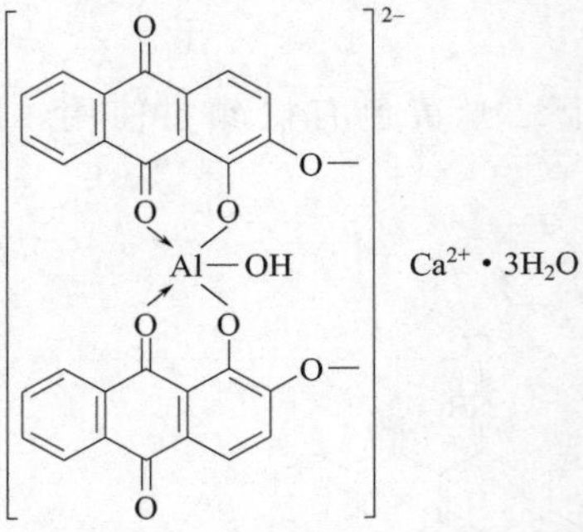

作为第一类颜料的母体化合物有 1,2-二羟基蒽醌（茜素）、1,4-二羟基蒽醌（醌茜）和 1,2,4-三羟基蒽醌（红紫素）。其中茜素与铝和钙的络合物（图 3-104）早就作被作为色淀颜料使用了，即颜料红 C.I.83：1，其商品名为茜素红或土耳其红，而它的化学结构首次被揭示则是在 1963 年。

苯酐与对氯苯酚经 Freidel-Crafts 反应得到的产物再在硫酸和硼酸的作用下，生成 1,4-二羟基蒽醌。它再用发烟硫酸磺化，或者在氧化剂的存在下与 $NaHSO_3$ 作用，可得到 1,4-二羟基蒽醌-2-磺酸盐（图 3-105），它可作为紫色颜料使用，即 C.I.颜料紫 5：1。

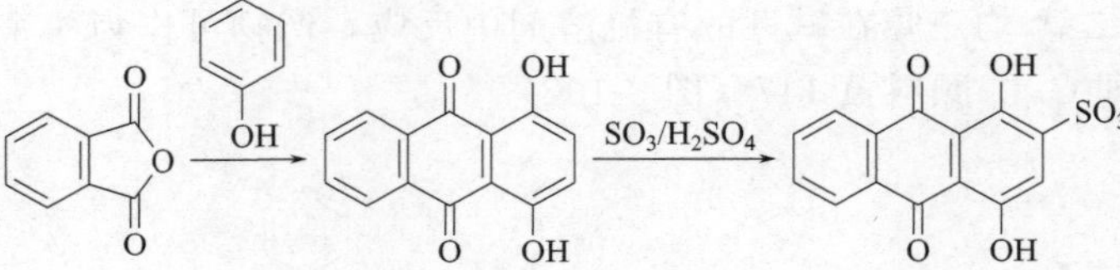

图 3-104

图 3-105

3.3.6.3 杂环蒽醌颜料

（1）蒽并嘧啶类颜料　蒽并嘧啶类颜料的母体结构见图 3-106，它本身在工业上无多大用处，但它的衍生物却曾是一类在工业上得到广泛使用的黄色颜料。

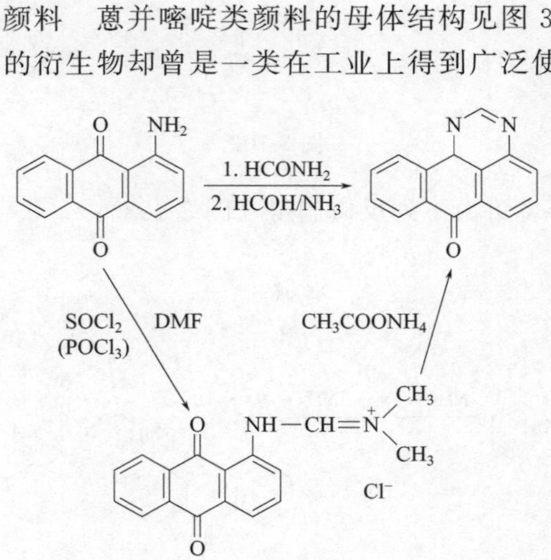

图 3-106　蒽并嘧啶的制法

蒽并嘧啶的制法见图 3-106。

① 1-氨基蒽醌（或它的衍生物）与甲酰胺经缩合反应可直接生成蒽并嘧啶。

② 1-氨基蒽醌（或它的衍生物）与甲醛/氨水在氧化剂的存在下，也缩合生成蒽并嘧啶。

③ 1-氨基蒽醌（或它的衍生物）与二甲基甲酰胺、氯化亚砜（或三氯氧磷）在有机溶剂中反应生成甲脒阳离子，后者在醋酸铵的存在下经闭环生成蒽并嘧啶。

上述方法中的第三种方法是最近才开发成功的，具有收率高的优点。

该类颜料中的一个典型品种是 C. I. 颜料黄 108。它早在 1935 年就已问世，制法见图 3-107。

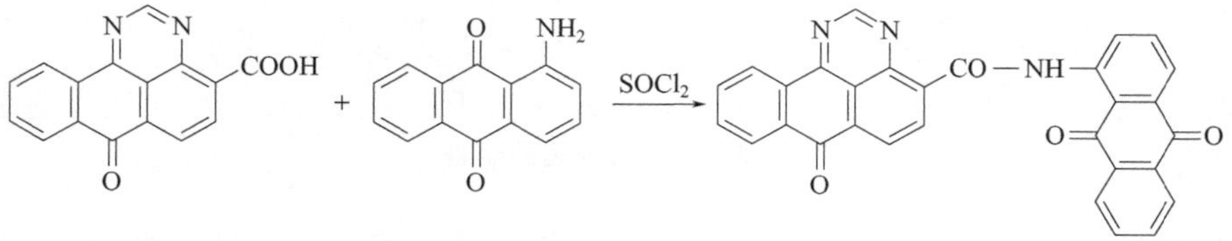

图 3-107　C. I. 颜料黄 108 制法

1-氨基蒽醌与蒽并嘧啶-2-羧酸、氯化亚砜一起在高沸点有机溶剂（如邻二氯苯、硝基苯）中于 140～160℃反应，得到的固体产物经过滤、甲醇洗涤，再与次氯酸钠溶液一起沸煮，产物经颜料化处理，即为颜料黄 108。

如果上述反应在偶极性的非质子溶剂（如 N-甲基吡咯烷酮）中于 70～110℃进行，得到的产物粒子较细。在上述反应中添加三乙胺之类的缚酸剂可中和反应生成的 HCl，如此可大大加快反应的速度。也可以先将该羧酸用氯化亚砜转化成酰氯，再进行后面的缩合反应。

（2）阴丹酮和黄蒽酮　阴丹酮和黄蒽酮两个化合物是 1901 年由 Bohn 首先制得的，它们是已知最早的人工合成的还原染料。

① 阴丹酮　阴丹酮的化学结构见图 3-108。

阴丹酮作为还原染料的商品名为阴丹士林蓝，它的《染料索引》号为 C. I. 还原蓝 4。由于这类染料卓越的应用性能和牢度，以至"阴丹士林"一词成了高品质染料的代名词。阴丹酮作为颜料的商品名则按照生产厂商的不同而异，《染料索引》号为 C. I. 颜料蓝 60。

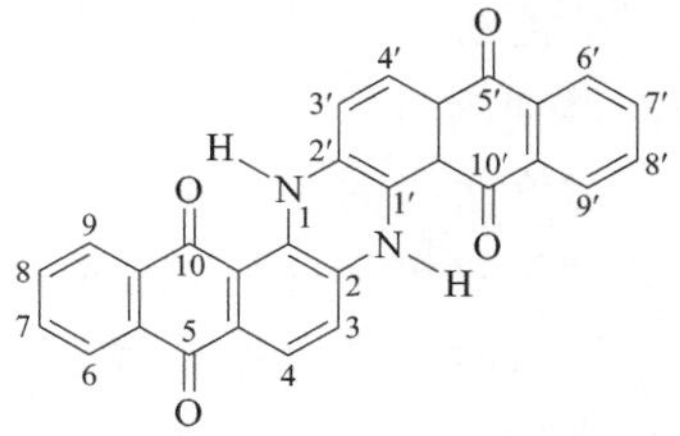

图 3-108　阴丹酮化学结构

生产阴丹酮的较为成熟的工艺一般以 2-氨基蒽醌为起始原料。2-氨基蒽醌在混合碱（NaOH/KOH）中，经聚合生成一个二聚体，它再经氧化得到阴丹酮。常用的氧化剂为硝酸钠，反应温度一般在 220～225℃。这种类型的二聚反应，在染料工业中通常称作碱熔反应，可能的机理一般以下述反应式表示（图 3-109）。

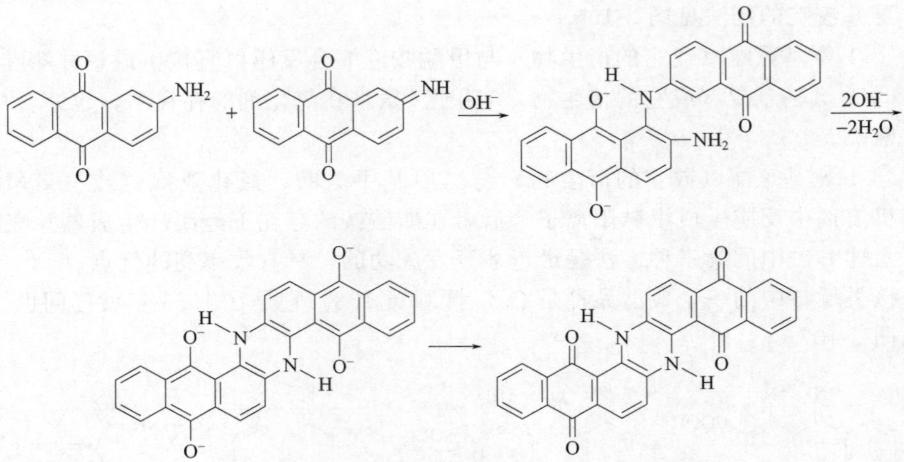

图 3-109 阴丹酮的制备

　　这种反应的条件较为苛刻且不易控制，副产物也较多。为此，直到今日仍有人在研究改进上述反应。一种较新的合成工艺使用 1-氨基蒽醌为起始原料，反应在苯酚钾和醋酸钠的熔体中进行，反应温度为 210～220℃。后述反应的收率较高，而且制得的阴丹酮被转化成颜料后色光较为纯正。

　　将阴丹酮转化成颜料的工艺涉及氧化还原过程，即首先在碱性介质中用保险粉将该化合物中的羰基氧转化成羟基（羟基形式的此类化合物一般称作该化合物的隐色体，该隐色体的碱金属盐可溶于水），加入适量的表面活性剂后，一边加热一边鼓入空气，此时隐色体中的羟基慢慢地又被氧化成羰基，使之再度成为水不溶性的化合物而从水中以细小的颗粒析出。通过这样一个过程，原先的粗品就成了颜料成品。如欲加快此氧化过程，可加入氧化剂，如间硝基苯磺酸钠。

　　其他的颜料化方法有酸溶法、球磨法等。

　　酸溶法指的是将粗品完全溶于浓硫酸或发烟硫酸中，然后再加水稀释使之析出而得到颜料的方法。

　　球磨法指的是在助磨剂（通常为氯化钠、氯化钙之类的无机盐）的存在下，用球磨机对粗品进行加工使之成为颜料的方法。

　　阴丹酮具有 4 种晶型，其中 α-晶型呈现绿光蓝，β-晶型呈现红光蓝，γ-晶型的色光比 β-晶型还要红，δ-晶型的颜色与着色性能不好，不具有染料或颜料的使用价值。在这 4 种晶型中，α-晶型在热力学上最为稳定，最适宜用作颜料。它是用浓硫酸酸溶法制得的，带有强烈的绿色光。如果用氧化还原的方法制备该颜料，相比之下，色光要红一些。

　　作为染料或颜料使用的阴丹酮，除了未取代的之外，还有一些氯代衍生物，如 3,3′-二氯代阴丹酮（图 3-110），它的《染料索引》号为 C.I. 颜料蓝 64。

　　② 黄蒽酮　黄蒽酮的化学结构见图 3-111。

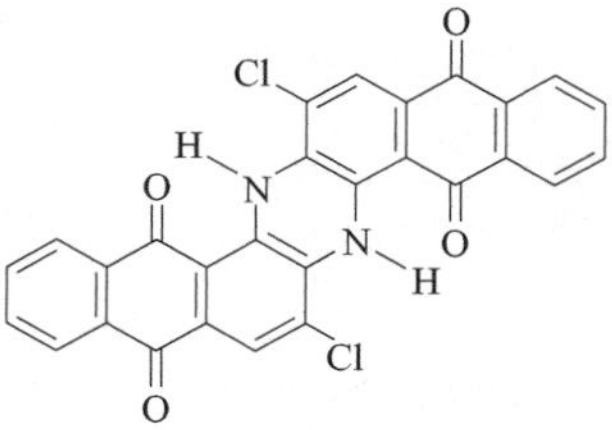

图 3-110　3,3′-二氯代阴丹酮

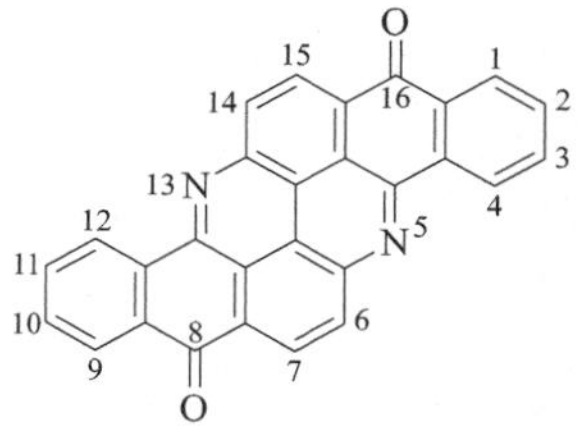

图 3-111　黄蒽酮化学结构

作为颜料使用，它的《染料索引》号是 C. I. 颜料黄 24，它的耐晒牢度特别好。其合成路线见图 3-112。

1-氯-2-氨基蒽醌与苯酐反应，得到化合物 1-氯-2-邻苯二甲酰亚氨基-蒽醌，接着在铜的催化下，进行 Ullmarm 反应，得到化合物 2,2′-二邻苯二甲酰亚氨基-1,1′-联蒽醌，最后在碱性介质中脱去邻苯二甲酸同时闭环得到黄蒽酮。这三步反应可在同一反应器中进行。

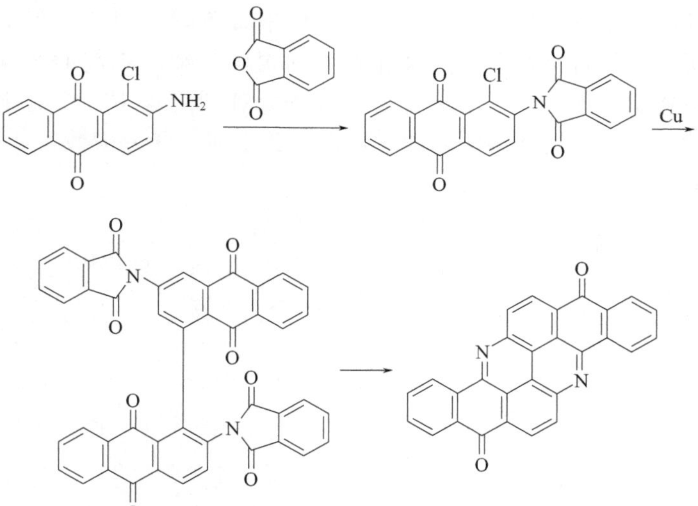

图 3-112　黄蒽酮的苯酐合成路线

早些时候，黄蒽酮的制备是按下述反应路线进行的（图 3-113）。

反应的起始原料是 2-氨基蒽醌，它在五氯化锑的作用下先生成中间化合物，再经二聚、氧化生成黄蒽酮。这条反应路线的产率较低，同时五氯化锑的价格又较昂贵，因此制造黄蒽酮的成本较高，现在已很少有人使用这条路线。

还有人提出一种新的反应路线，如图 3-114 所示，它与第一种路线的主要区别在于闭环的方法不一样。

1-氯-2-氨基蒽醌与醋酐反应，得到 1-氯-2-乙酰氨基-蒽醌，接着在铜或铜盐的催化下进行 Ullmarm 反应，得到 2,2′-二乙酰氨基-1,1′-联蒽醌，最后在 30%

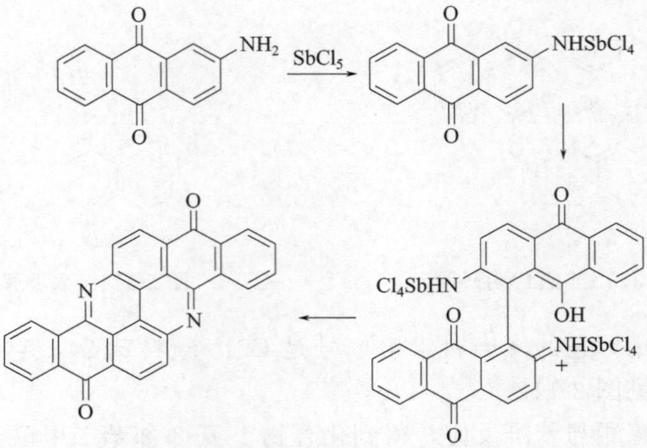

图 3-113　黄蒽酮的五氯化锑合成路线

NaOH 介质中，在四丁基溴化铵的存在下，用相转移催化的方法进行闭环得到黄蒽酮。

黄蒽酮的颜料化方法与阴丹酮一样，但由于黄蒽酮在制备过程中有较多的副产物生成，所以在颜料化过程中要强化对它的提纯。纯度不高的产品，色光就不鲜艳，尤其是透明性不好。在用氧化还原方法处理的过程中，在氧化阶段常常伴随带剪切力的搅拌。在用酸溶法处理时，常常要添加一些芳磺酸，如甲基苯磺酸、二甲基苯磺酸、间硝基苯磺酸等。

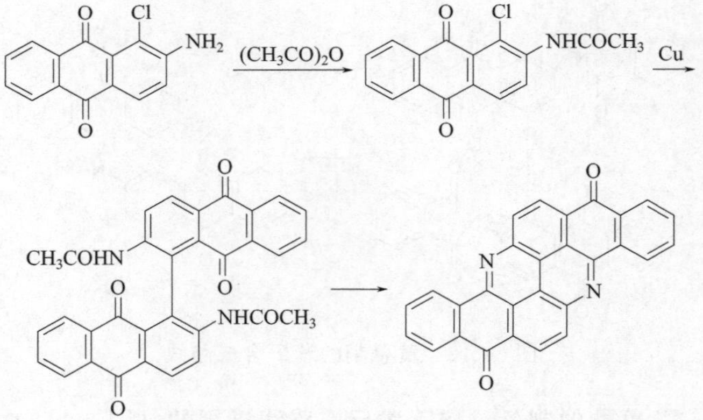

图 3-114　黄蒽酮的醋酐合成路线

3.3.6.4　稠环蒽醌颜料

（1）芘蒽酮颜料　芘蒽酮（pyranthrone）本身就可作为一个橙色的有机颜料使用，其染料索引号为 C. I. 颜料橙 40。它与黄蒽酮的区别仅在于黄蒽酮内的氮原子被 CH 基团取代了。其制备方法见图 3-115。

1-氯-2-甲基蒽醌在吡啶或其他高沸点有机溶剂中经 Ullmarm 反应得到一个二聚体 2,2′-二甲基-1,1′-联蒽醌，它再经闭环得到芘蒽酮。闭环反应一般在碱性的

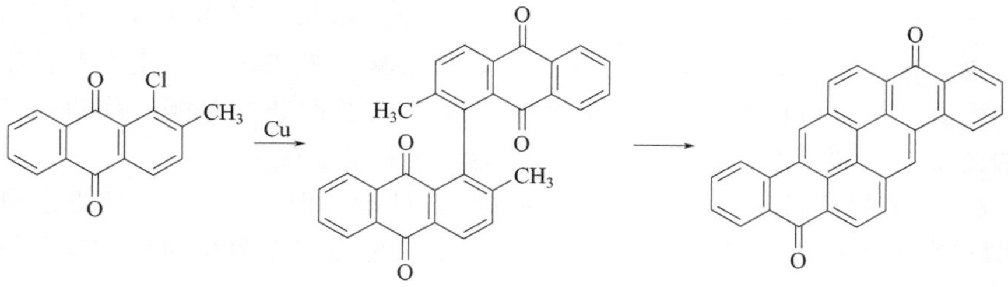

图 3-115　芘蒽酮的制备

有机溶剂介质中进行，常用的溶剂有异丁醇、DMF、乙二醇单乙醚、N-甲基吡咯烷酮和二甲基乙酰胺，反应温度为溶剂的回流温度。

芘蒽酮的卤代衍生物作为颜料使用比芘蒽酮更有价值。它们的制备方法有多种，可以直接对未取代的芘蒽酮进行卤化，也可以使用 1-氯-2-甲基蒽醌的卤代衍生物 1,3-二氯-2-甲基蒽醌作为合成 6,14-二氯芘蒽酮的起始原料。1,3-二氯-2-甲基蒽醌的制备方法见图 3-116。

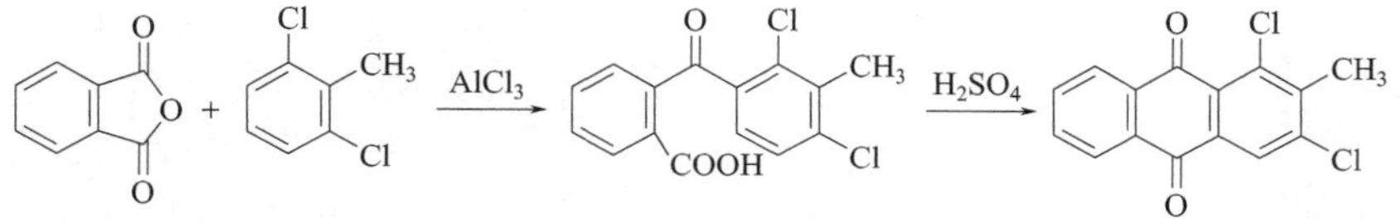

图 3-116　1,3-二氯-2-甲基蒽醌的制备

苯酐与 2,6-二氯甲苯经 Friedel-Crafts 反应生成化合物 2′,4′-二氯-3′-甲基苯甲酰苯甲酸，它在浓硫酸中闭环得到 1,3-二氯-2-甲基蒽醌，再经 Ullmarm 反应便得到 2-2′-二甲基-3,3′-二氯-1,1′-联蒽醌，经闭环后得到 6,14-二氯代芘蒽酮（图 3-117）。

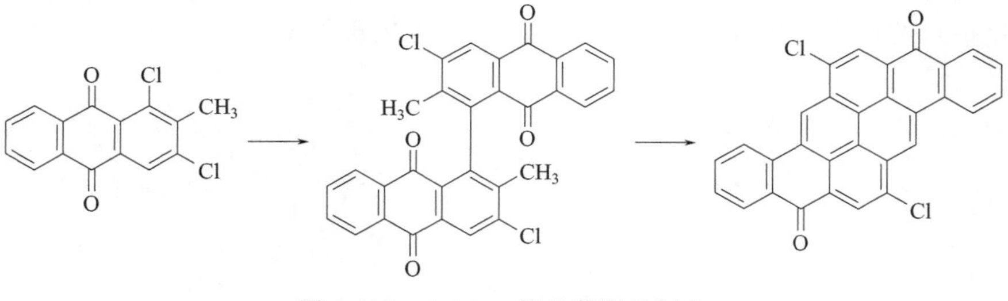

图 3-117　6,14-二氯芘蒽酮的制备

芘蒽酮的直接卤代反应通常在氯磺酸中进行，以硫、碘或锑为催化剂。直接卤代的产物纯度不够高，如不加以精制将直接影响到颜料的耐溶剂性能。另一方面，芘蒽酮的直接卤代反应很难控制卤代的程度和使卤素原子进入到芘蒽酮环中的指定位置，因此颜料的色光也就很难控制。已经知道影响卤代反应的因素除了反应温度和时间以外，还有溶剂、催化剂和卤素的加入量。

芘蒽酮的直接卤代如是在氯磺酸中进行的，则反应结束后加水稀释便可得到颜料形式的产物，不需要再进行别的颜料化处理。如此得到的颜料具有很好的透明性，也许这是芘蒽酮直接卤代的优点。如芘蒽酮的直接卤代如是在浓硫酸中进行的，则反应结束后加水稀释得到的产物仍需在烷基醇或烷基酮中作进一步的处理，如此得到的颜料才具有很好的颜料性能，尤其是遮盖力。

6,14-二氯芘蒽酮颜料具有非常好的耐溶剂性能，但由 7,15-二氯芘蒽酮和 3,11-二氯芘蒽酮衍生的颜料就不耐有机溶剂。由其他卤代芘蒽酮衍生的颜料具有同 6,14-二氯芘蒽酮颜料一样的耐溶剂性能。

（2）二苯并芘二酮　虽然未取代的二苯并芘二酮（图 3-118）本身具有橙红色的颜色，但是它的着色力非常弱，以致根本就不能作为颜料使用。

二苯并芘二酮的合成方法见图 3-119。

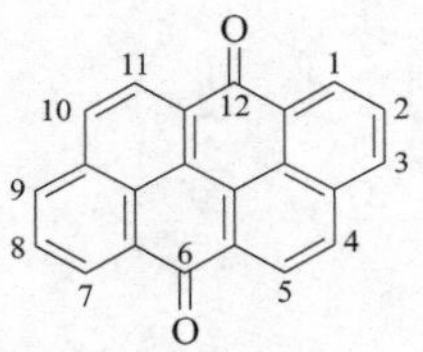

图 3-118　二苯并芘二酮

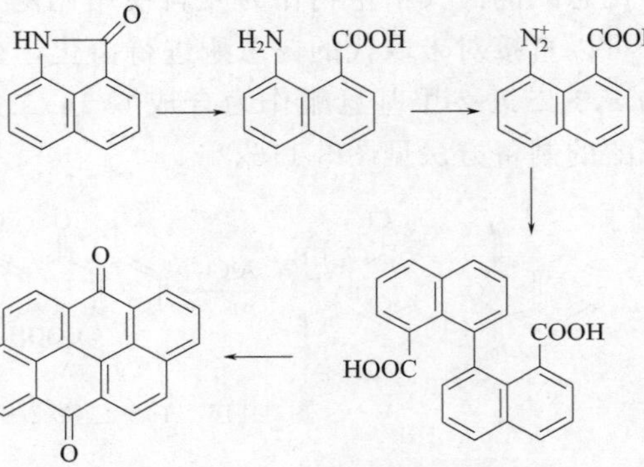

图 3-119　二苯并芘二酮的合成方法

1,8-萘内酰亚胺在碱性介质中开环成 8-氨基-萘-1-羧酸，重氮化后得到的重氮盐在铜粉的存在下，二聚成 1,1′-联二萘-8,8′-二羧酸，最后在路易斯酸（硫酸或三氯化铝）的存在下闭环成二苯并芘二酮。反应机理见图 3-120。

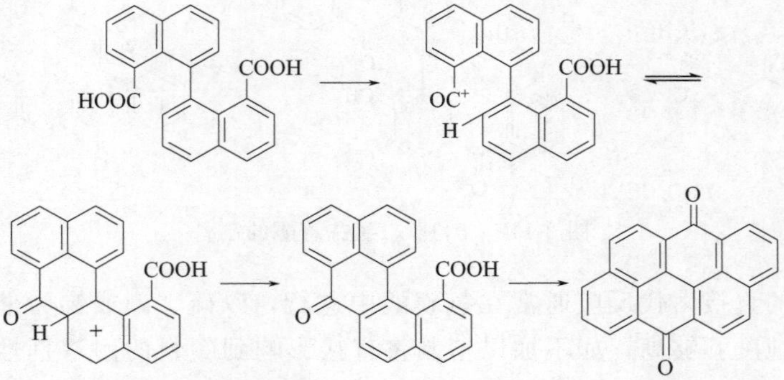

图 3-120　1,1′-联二萘-8,8′-二羧酸闭环成二苯并芘二酮的反应机理

与一般的蒽醌类颜料不同的是，大多数蒽醌颜料在制备过程中发生的闭环反应其本质是亲核取代。

作为颜料使用的这类化合物一般为卤素取代的衍生物，如 4,10-二溴二苯并芘二酮（图 3-121）最初是作为还原染料使用的，早在 1913 年就已问世。由这个化合物衍生的颜料，即 C.I. 颜料红 168，是整个二苯并芘二酮类颜料中最有价值的一个。

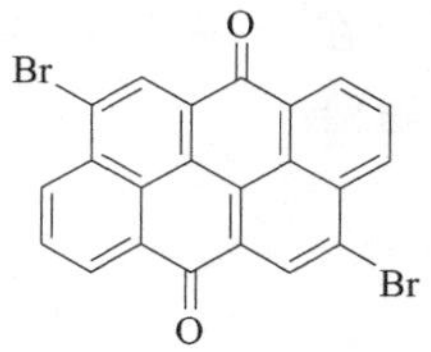

图 3-121　4,10-二溴二苯并芘二酮

4,10-二溴二苯并芘二酮是由二苯并芘二酮在碘的存在下，经直接溴化得到的。由 4,10-二氯二苯并芘二酮衍生的颜料色光比由 4,10-二溴二苯并芘二酮衍生的颜料要黄一些，但它不能作为颜料使用。

（3）异紫蒽酮颜料　异紫蒽酮是一个稠环芳香酮，可以看作是由二个苯并蒽酮并合而成，它本身具有强烈的蓝色色光，合成方法见图 3-122。

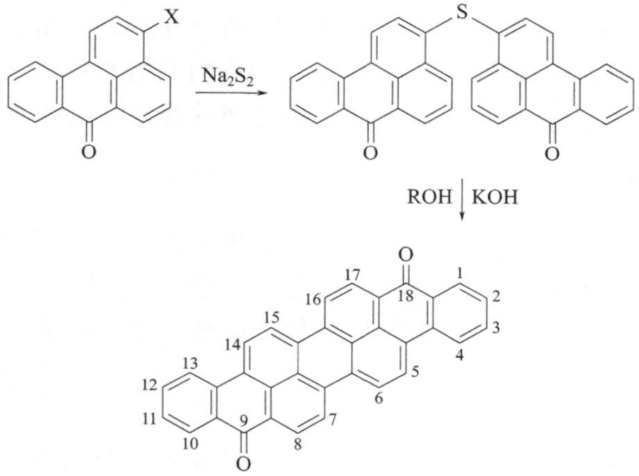

图 3-122　异紫蒽酮合成方法

3-卤代苯并蒽酮经与二硫化钠作用生成 3,3′-二苯并蒽酮硫，后者在乙醇或异丁醇中与氢氧化钾反应得到异紫蒽酮。异紫蒽酮最早是在 1907 年由 3-卤代苯并蒽酮在混合碱（由氢氧化钠和氢氧化钾组成）中经碱熔反应制得。比起这一方法，在溶剂中反应得到的异紫蒽酮纯度更高且不含异构体。异紫蒽酮刚刚问世时被用作为一种蓝色的还原染料。事实上，未取代的异紫蒽酮至今仍被用作还原染料，而它的卤代衍生物则已被用作有机颜料。例如颜料紫 31（6,15-二氯异紫蒽酮）（图 3-123）。尽管二溴异紫蒽酮也是一个较为普遍使用的有机颜料，但是它没有被《染料索引》收录。

二氯异紫蒽酮是由异紫蒽酮在硝基苯中用硫酰氯氯化制得的，氯化位置大多在 6 位和 15 位上；而二溴异紫蒽酮（图 3-124）则是在氯磺酸中以碘为催化剂经直接溴化制得的。二溴异紫蒽酮中溴原子的位置并不确定，溴元素的总含量在 12%～13%，并且还含有约 1% 的氯元素。该颜料有两种晶体构型，用酸胀法处理颜料粗品得到的成品颜料是 α-晶型，用有机溶剂处理 α-晶型的颜料得到的是 β-晶

型。在 N-甲基吡咯烷酮和表面活性剂的存在下对 α-晶型热处理得到的成品也是
β-晶型。

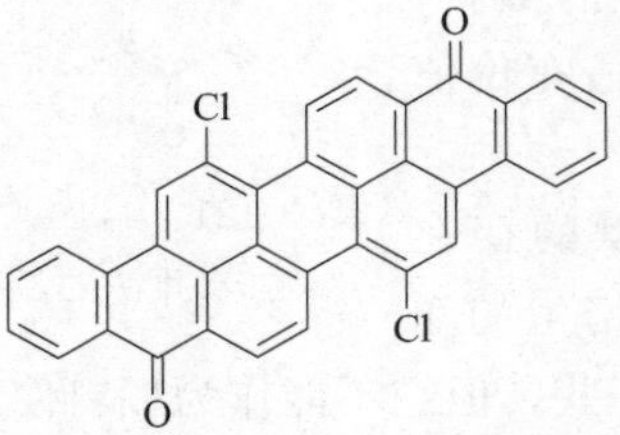

图 3-123　6,15-二氯异紫蒽酮

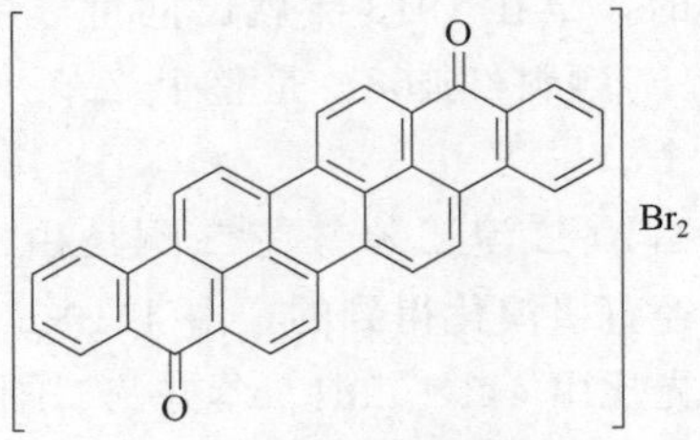

图 3-124　二溴异紫蒽酮

　　将颜料粗品在碱性介质中用保险粉还原颜料分子中的羰基，就可得到颜料隐
色体。该隐色体是可溶于水的。在表面活性剂的存在下，使用氧化剂重新氧化它
的水溶液可得到具有比用酸胀法获得的 α-晶型颜料具有更高着色强度、更高透明
性的晶型颜料。对颜料粗品在 50℃时进行砂磨或球磨也可提高颜料的质量。

3.3.7　二噁嗪颜料

　　该类颜料的母体为三苯二噁嗪，它本身是橙色的，但没有作为颜料使用的价
值。1928 年，Kraenzlein 等人发现它的磺化衍生物可作为直接染料对棉纤维染色。
1953 年，人们合成了它的 9,10-二氯衍生物，这是一个不溶的化合物，经颜料化
后可作为紫色的颜料使用。

3.3.7.1　专用中间体的合成

　　三苯二噁嗪化合物的合成需要两个专用中间体，一个是四氯苯醌，它是由对
苯二酚在水介质中经直接氯化制得的。也有人用对苯二醌代替对苯二酚合成四氯
苯醌。

　　另一个专用中间体是 3-氨基-N-乙基咔唑。咔唑是煤焦油中的一个组分，对其
进行 N-烷基化就可得到 N-乙基咔唑。可用的烷基化试剂有氯乙烷（气体）、溴乙
烷（液体）、硫酸二乙酯（液体）和碳酸二乙酯。N-乙基咔唑经硝化和还原便得
到 3-氨基-N-乙基咔唑（图 3-125）。

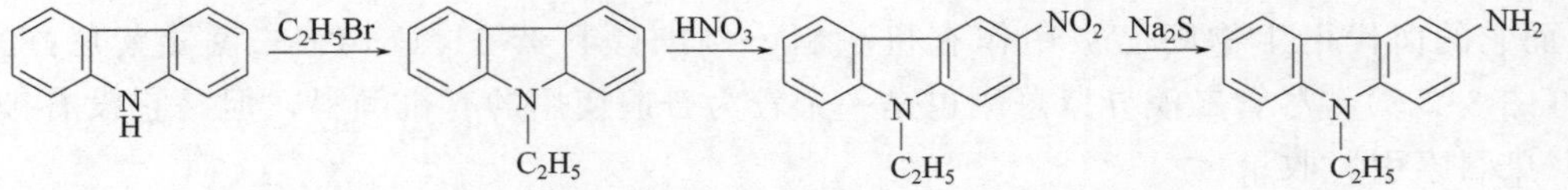

图 3-125　3-氨基-N-乙基咔唑的合成

　　二噁嗪颜料的结构通式见图 3-126。在工业上较为重要的该类颜料其结构有这
样一个特点，即 A 代表乙氧基，B 代表乙酰氨基或苯甲酰氨基，X 是氯原子或乙
酰氨基。但是在工业上最为重要的一个品种，即 C.I. 颜料紫 23，其结构有点例
外，它的 A 和 B 共同代表一个杂环（图 3-127）。

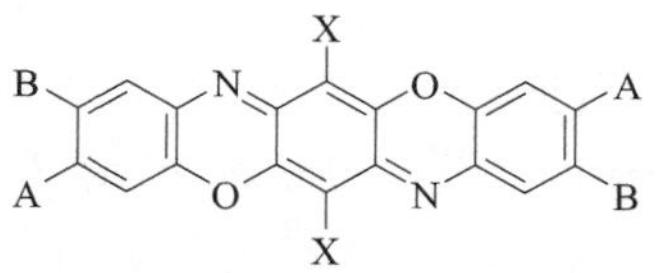

图 3-126　二噁嗪颜料的结构通式

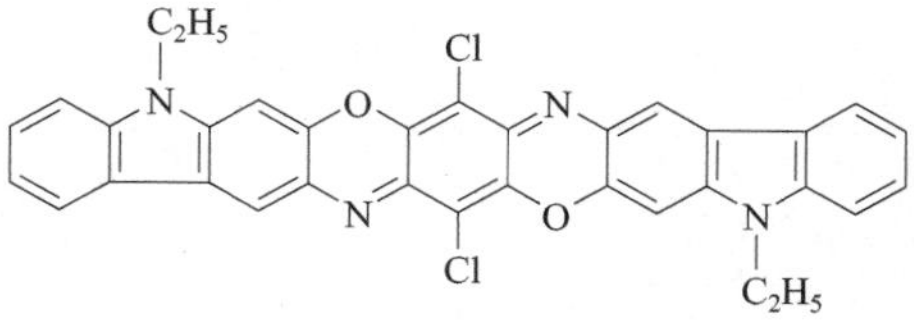

图 3-127　C.I. 颜料紫 23 的结构

二噁嗪类化合物的合成涉及下面两步反应（图 3-128）。

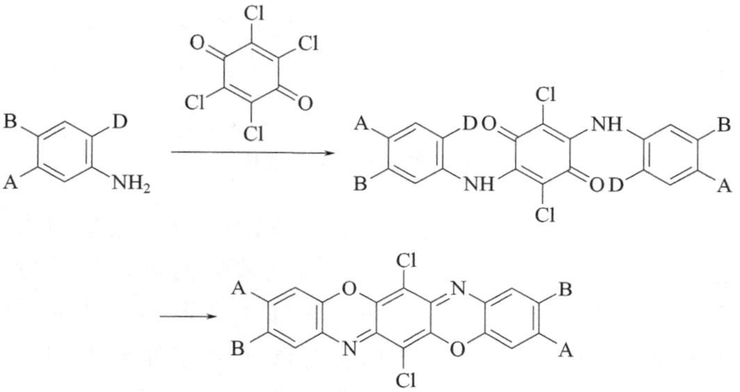

图 3-128　二噁嗪类化合物的合成

第一步，取代芳胺和四氯苯醌通过氨基作桥将中央的苯环与两端的苯环相连接，生成 2,5-二芳氨基-3,6-二氯-1,4-二苯醌。反应一般在有机溶剂（如沸腾的乙醇）中进行，反应温度低于 100℃，为使反应进行完全，必须加入缚酸剂（一般为醋酸钠或三乙胺）。在取代芳胺的氨基邻位可以没有取代基（D＝H），也可以有烷氧基取代（D＝OR）。

第二步，2,5-二芳氨基-3,6-二氯-1,4-二苯醌脱去一个小分子同时闭环生成三苯二噁嗪。在 D＝H 的情况下，反应条件较为苛刻，反应温度要高于 180℃，此时发生的是氧化闭环，脱去氢。反应一般在二氯苯、三氯苯或氯萘中进行。为使反应速度足够快，必须加入助缩合剂。常用的助缩合剂是苯磺酰氯、对甲苯磺酰氯、发烟硫酸或无水三氯化铝。在 D＝OR 的情况下，反应条件较为温和，反应温度不高于 180℃，此时脱去羟基。反应一般在二氯苯中进行，反应速度足够快，无须加入助缩合剂。

3-氨基-N-乙基咔唑和 1,4-二乙氧基-2-氨基-5-苯甲酰氨基苯是理想的合成二噁嗪颜料的取代芳胺，它们与四氯苯醌经缩合、闭环后分别得到颜料紫 23 和颜料紫 37。颜料紫 23 的合成方法自被开发以来，几乎无多大改进，它可作为合成三苯二噁嗪类化合物的范例。典型的合成路线见图 3-129。

在醋酸钠或三乙胺的存在下，3-氨基-N-乙基咔唑在二氯苯中与过量的四氯苯醌在 60℃反应 6h，然后在 2h 内升温到 115℃，加入苯磺酰氯后再将温度提高到

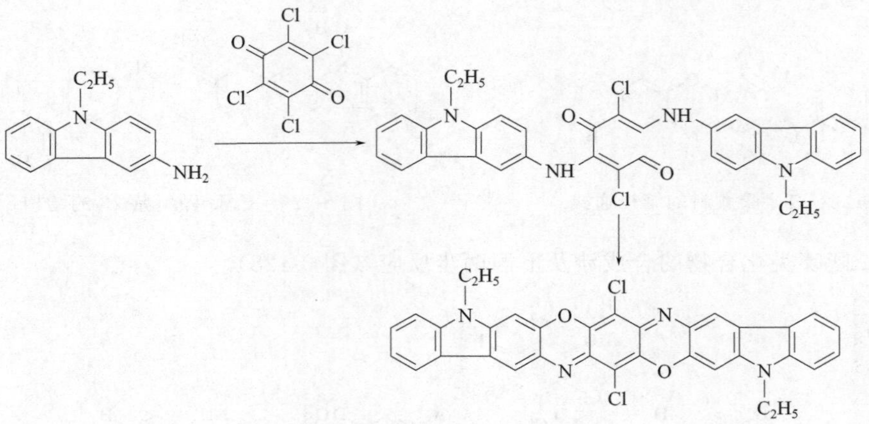

图 3-129　颜料紫 23 的合成路线

180℃，保温反应 6h 使反应完全。趁热过滤，滤饼中的二氯苯用水蒸气蒸馏的方式除去，滤饼经干燥后得到颜料粗品。控制四氯苯醌的量，使其过量的数量尽可能少，可提高反应的产率。粗品经各种颜料化加工便可得到成品。常用的颜料化方法有球磨、捏合或溶剂处理。球磨或捏合时除了要添加助磨剂（一般为无水氯化钠或无水氯化钙）外，常常还需加入有机溶剂，如二甲苯、醋酸乙酯或醋酸丁酯等。用溶剂处理时，可用的溶剂有 60%～90% 的硫酸及芳烃类溶剂。溶剂处理的效果不如球磨法。用捏合机对粗品进行捏合以达到颜料化目的的尝试，在我国才刚刚兴起，目前仍流行球磨法颜料化工艺。用不同的方法对粗品进行颜料化处理，得到的成品晶型也不一样。

3.3.7.2　典型品种

被《染料索引》收录的二噁嗪颜料有 4 个品种，即颜料紫 23、34、35、37。但目前仍被使用的仅有颜料紫 23 和颜料紫 37（图 3-130）。

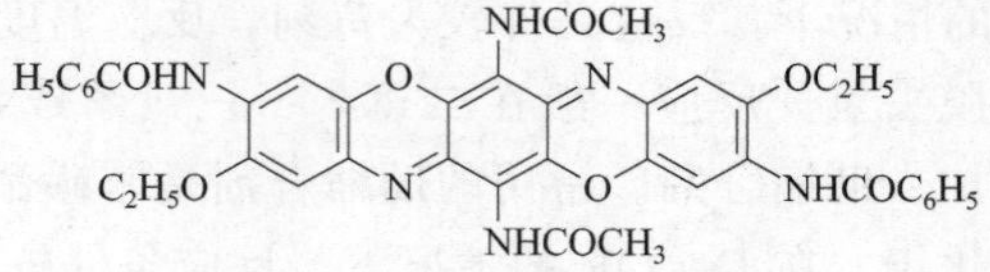

图 3-130　颜料紫 37

（1）C. I. 颜料紫 23　颜料紫 23 也称为咔唑紫，这是因为用咔唑作为起始原料的缘故。颜料紫 23 是一个通用品种，产量较大。它几乎耐所有的有机溶剂，所以在许多应用介质中都可使用，且各项牢度都很好。该颜料的基本色调为红光紫，通过特殊的颜料化处理也可得到色光较蓝的品种。用 N-丙基咔唑代替 N-乙基咔唑制成的二噁嗪类颜料，色光较颜料紫 23 更红。将它与颜料紫 23 拼混使用，可得到红光非常强烈的紫色颜料品种。颜料紫 23 的着色力在几乎所有的应用介质中都特别高，只要很少的量就可给出令人满意的颜色深度。它既可作为主体着色颜料单独使用，也可作为调色颜料与其他颜料拼混使用，甚至可作为"雕白剂"与白色颜料一起使用。这是因为当它与白色颜料（例如钛白粉）混合使用时，可遮盖钛白粉的黄光，从而产生令人赏心悦目的白色。在这种应用场合，只需要极少的量就可达到目的，例如在100g钛白粉中只需添加0.05～0.0005g颜料紫即可。当它单独使用时，它主要给出红紫色。当它与酞菁蓝混合使用时，可使酞菁蓝带有更强烈的红光。

颜料紫23可用于调制各种类型的涂料（包括外墙涂料）或油漆，尤其适用于以合成树脂为胶黏剂的乳胶漆。在这样的介质中，它的各项应用牢度，即使在冲淡的情况下（例如当它与钛白粉的混合比为1∶3000时），也非常高。颜料紫23在烘烤漆中具有非常好的耐再涂性。在涂料中，颜料紫23的耐热性不太高，在通常的情况下仅耐160℃。大多数颜料紫23商品的比表面积在70～100m²/g之间。为了在使用介质中得到较高的分散稳定性并防止它在介质中絮凝，在对涂料着色时需要加入较高比例的分散剂和胶黏剂，这是它与众不同的地方。

如果颜料紫23与各种固化剂共同使用，例如用于环氧类的粉末涂料，它多多少少表现出有渗色现象，但是这并不妨碍它在这类涂料中的应用。因为，此时它的用量是如此之少，以至用肉眼根本就观察不出。

颜料紫23也经常用于塑料着色。尽管它在软质聚氯乙烯中耐迁移性不太好，但是它在此介质中的着色力相当高。配制1/3标准色深度的制品（含5%钛白粉），仅需0.3%的颜料。用于高密度聚乙烯的着色时，如欲配制1/3标准色深度的制品（含1%钛白粉），则仅需0.07%的颜料。这些塑料制品具有很高的耐晒牢度，一般都达到8级。即使冲淡到1/25标准色深度，耐晒牢度仍可达7～8级。但是在透明性的高密度聚乙烯中有些例外，尽管1/3标准色深度的该塑料制品耐晒牢度也为8级，但是冲淡到1/25标准色深度牢度就会急剧下降，仅为2级。所以该颜料如用于透明性高密度聚乙烯的着色，其浓度不可低于0.05%。在这些制品中的耐气候牢度及耐久性也很好，非常适合用于制作需长期露置在户外的制品，是聚氯乙烯和聚氨酯首选的着色剂。

颜料紫23还适用于聚烯烃的着色，1/3标准色深度的此类制品耐热可达280℃，1/25标准色深度的该制品仍可耐热200℃，超过此极限温度则此类塑料制品的色光向红相转移。这是因为在此温度下，颜料紫23会部分溶解在其中。颜料紫23是一个典型的稠环颜料，用于高密度聚乙烯以及其他具有部分结晶性塑料制品时，会影响它们的扭曲性，这是该颜料在此类塑料中应用时的一个缺点。

尽管颜料紫23适合用于透明性聚苯乙烯制品的着色，但是它在该介质中，不耐220℃以上的高温。这是因为，在此温度以上，它会在其中分解。如果将颜料紫23用于聚酯塑料的着色，则没有这种现象产生，故它可以在280℃的加工温度下对聚酯进行着色，并且时间可长达6h。为此，它很适合用于聚酯纤维原液的着色。用于此目的时，如浓度过低，则制品的色光偏红，这是因为在此加工温度下，颜料紫23会部分溶解在其中。聚酯原液经过如此着色，再经后续加工成为有色纺织品,此织物除了耐干、湿摩擦牢度不太理想外,其他各项应用牢度都非常优异。颜料紫 23 用于腈纶纤维原液着色的效果也很好,制成的织物耐干、湿摩擦牢度都很好。用于丙纶纤维的原液着色时,由于溶解度随温度增高而增高的缘故,其使用浓度不可太低,否则会有色差。颜料紫 23 还可用于黏胶纤维原液的着色,且各项应用性能都很好。

颜料紫 23 可用于有机玻璃(丙烯酸树脂)的着色,它十分耐其中的过氧化物(过氧化物在丙烯酸树脂合成时作为催化剂),不论是高透明性制品还是高遮盖性制品,耐晒牢度都在 7~8 级。

颜料紫 23 用于印刷油墨时,常常与酞菁蓝拼混以得到较红色光的蓝色。调制 1/1 标准色深度的胶印油墨,它的使用量为 8.7%。而调制 1/3 标准色深度的胶印油墨,它的使用量为 5.6%。这两种油墨的耐晒牢度都在 6~7 级。制成的印刷品十分耐有机溶剂、酸、碱和油脂,并且可以在 220℃ 的环境中耐受 10min,在 200℃ 的环境中耐受 30min。这些印刷品还耐漂白和消毒处理。它还适用于涂料印花,得到的制品无论在耐晒、耐气候牢度还是在其他应用性能方面都非常好。除此之外,颜料紫 23 还被用于办公用品、文教用品、水彩油墨等的着色。

鉴于颜料紫 23 的重要性,我国自 20 世纪 70 年代就立项开发这个颜料。当时,尽管合成该颜料的粗品非常成功,但是对其进行颜料化的研究却不成功,以致制得的产品质量不能满足用户的需要。直到 1989 年,华东理工大学精细化工研究所的研究者在采用了球磨法颜料化工艺之后,才基本解决该颜料的质量与应用性能的问题。1990 年上海美满化工厂在华东理工大学的技术支持下,首先在国内生产出合格的工业化产品。如今,我国有好几家生产颜料紫 23 的企业,但每家的生产规模都较小。品种有两个,一个呈红光紫色,另一个呈蓝光紫色。这两个都为通用品种,既可用于油墨、油漆,又可用于涂料、塑料。目前世界上生产该颜料大的厂商是 Clariant 公司,其商品名及牌号见表 3-19。

表 3-19　Clariant 公司的颜料紫 23 商品名、牌号、性质及用途

商品名	牌号	密度/(g/cm³)	比表面积/(m²/g)	平均粒径/nm	色光及用途
Hostaperm	Violer BL	1.50	104	50	红色紫,油墨、油漆
Hostaperm	Violer RL(sper)	1.49	86	40	蓝光紫,油墨、油漆
Hostaperm	Violer RL-NF	1.49	94	50	抗絮凝,油漆
Hostaperm	Violer RL-02	1.49	86	40	油墨
Hostaperm	Violer P-RL	1.50	72	50	包装印刷油墨
PV Fast	Violer BLP	1.50	80	47	红光紫,塑料
PV Fast	Violer RL	1.48	84	60	蓝光紫,塑料

表中以 Hostaperm 为商品名的品种主要用于工业漆、汽车原始面漆和修补漆、粉末涂料、装饰涂料、油性和水性印刷油墨,以 PV Fast 为商品名的品种主要用于软质聚氯乙烯、硬质聚氯乙烯、聚烯烃、聚苯乙烯等塑料以及合成纤维原

液的着色。

　　Ciba 公司也生产该产品，商品牌号为 CROMOPHTAL Violet GT，主要用于汽车原始面漆和修补漆、粉末涂料、工业漆和印刷油墨，也适用于软质聚氯乙烯、硬质聚氯乙烯、聚烯烃等塑料以及丙纶、尼龙等合成纤维原液的着色。

　　（2）C. I. 颜料紫 37　颜料紫 37 的色光比颜料紫 23 的色光要红得多，在多数介质中它的着色力与颜料紫 23 相比要弱一些。然而它在硝基纤维素中的着色力却与颜料紫 23 不相上下，这是因为它在该介质中的遮盖力较强。它的耐溶剂性能与颜料紫 23 一样好。颜料紫 37 可用于制造印刷油墨，尤其是油性油墨和包装装潢用印刷油墨。此时，它呈现出较高的光泽和较好的流动度，各项牢度也与颜料紫 23 一样好。如将颜料紫 37 用于涂料，则其主要用于汽车漆。

　　如将其用于软质聚氯乙烯着色，则它的应用性能比颜料紫 23 还要好，主要是它在软质聚氯乙烯中耐迁移性特别好。由于它在其他塑料中具有较高的溶解度，所以它的热稳定性随用量的降低也迅速降低。在对聚烯烃着色时，配制 1/3 标准色深度的制品其用量为 0.09%，相比之下颜料紫 23 的用量为 0.07%。该制品可耐温 290℃，但如果降低它的用量，则它的耐热稳定性会急剧下降。像颜料紫 23 一样，将其用于部分结晶性的塑料制品中会影响塑料的扭曲性。颜料紫 37 也被推荐用于丙纶纤维原液的着色，但在低浓度使用时它同样具有色变的现象。

3.3.8　喹酞酮颜料

　　喹酞酮（quinophthalone）是一个古老的化合物，早在 1882 年就已被 Jacobson 合成了出来。当时，Jacobson 用 2-甲基喹啉（又名喹哪啶，quinaldine）与苯酐在熔融状态下缩合得到（图 3-131）。

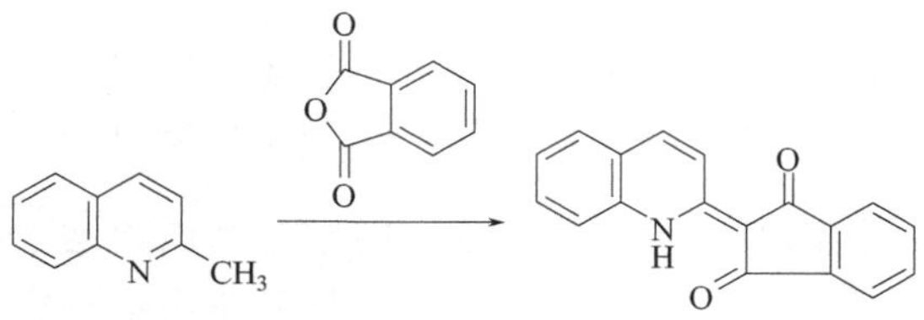

图 3-131　喹酞酮的合成方法

　　由于当时并不知道它的化学结构，故以合成它的两个原料对其命名。后来喹酞酮的一些衍生物被陆陆续续地合成出来，这是因为人们发现带有磺酸基、羧酸基的喹酞酮衍生物可作为酸性染料使用，带有季铵盐基团的喹酞酮衍生物可作为阳离子染料使用，而喹酞酮本身以及卤代衍生物可作为分散染料（例如 C. I. 分散黄 54 和 C. I. 分散黄 64）使用。稍加改性，这两个分散染料单独（或它们的混合物）又可作为溶剂染料（例如 C. I. 溶剂黄 33、C. I. 溶剂黄 114、C. I. 溶剂黄 157 和 C. I. 溶剂黄 167）使用。

　　如今，人们合成喹酞酮或它的衍生物，仍基本沿用 Jacobson 的方法，唯一的改进是采用高沸点有机溶剂作为反应的介质。

　　喹酞酮的化学结构是在 1906 年被确定的。然而，直到 1974 年在获得了它的核磁共振谱图和红外谱图后，人们才知道喹酞酮存在着烯酮互变现象，见图 3-132。

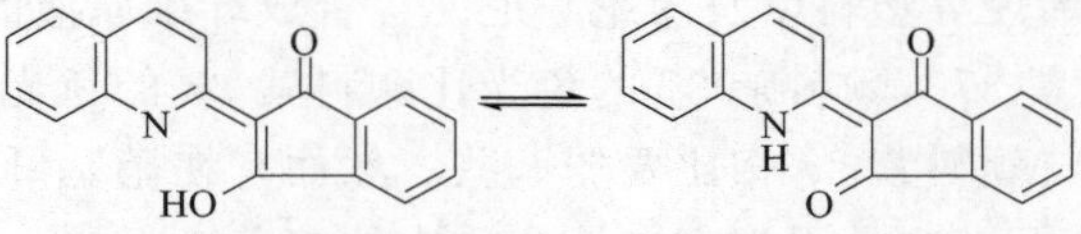

图 3-132　喹酞酮的烯酮互变

　　喹酞酮本身在有机溶剂中有一定的溶解度，所以若将其作为有机颜料直接使用，则它的耐溶剂性能和耐迁移性能不理想。为此，必须对母体结构加以化学修饰。研究表明，可以通过以下三种途径来提高喹酞酮类颜料的耐溶剂性能和耐迁移性能：①引入适当的取代基；②用均苯四甲酸二酐代替苯酐；③用二元胺作桥，合成两分子喹酞酮化合物的缩合物。

　　对第一种方法，可引入的取代基有酰氨基团和卤素，但以引入卤素为好。此时，可以用四氯苯酐代替苯酐与 2-甲基喹啉（或它的衍生物）反应。BASF 公司用 2-甲基-8-氨基-喹啉与 2mol 量的四氯苯酐反应获得了分子中有八个氯原子的喹酞酮衍生物，即 C. I. 颜料黄 138（图 3-133）。

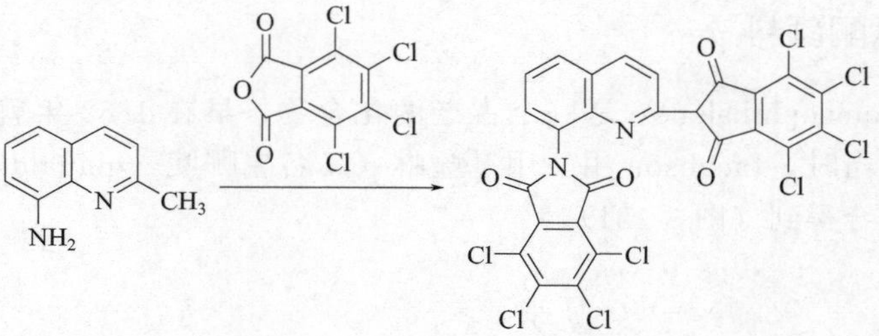

图 3-133　C. I. 颜料黄 138 的合成

　　对第二种方法，有人用 2-甲基-3-羟基喹啉与均苯四甲酸二酐，得到了双喹酞酮结构的化合物（图 3-134）。这类化合物作为颜料使用耐晒牢度非常好，色谱有黄、红、棕。

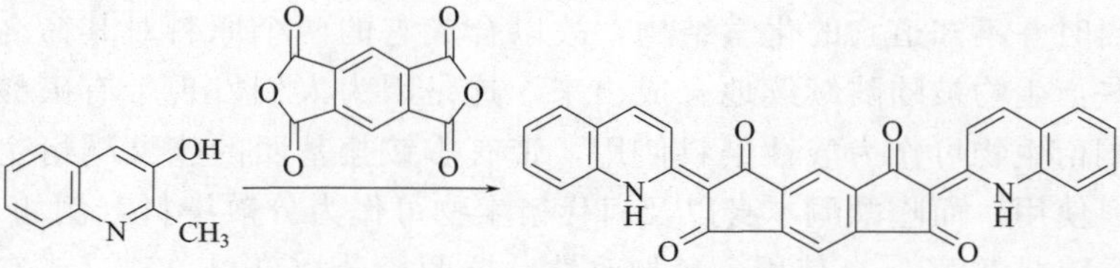

图 3-134　双喹酞酮化合物的合成

　　对第三种方法，Ciba 公司用 2-甲基-3-羟基喹啉-4-羧酸与 1,2,4-苯三甲酸反应，得到的含羧酸基团的喹酞酮衍生物。然后，将其酰氯化再与二元胺反应，得到了类似于缩合大分子颜料那样的缩合喹酞酮衍生物（图 3-135）。

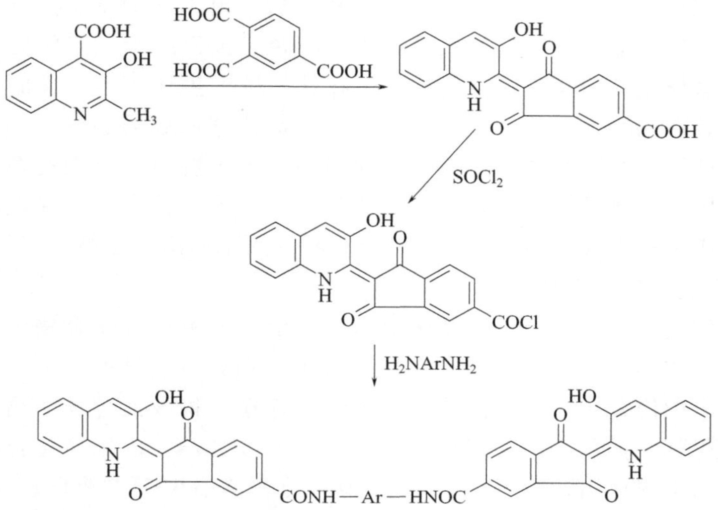

图 3-135　缩合喹酞酮衍生物的合成

总的说来，可作为颜料使用的喹酞酮衍生物不多，有商业价值的此类颜料主要是黄色的品种，它们主要用于高档油漆和塑料制品。典型品种为 C. I. 颜料黄 138。

颜料黄 138 具有非常好的耐晒牢度、耐气候牢度、耐热性能、耐溶剂性能和耐迁移性能，色光为绿光黄，颜色非常鲜艳，主要用于调制汽车漆及塑料制品的着色。

3.3.9　三芳甲烷颜料

甲烷上的三个氢被三个芳香环取代后的产物称为三芳甲烷。准确地说，作为颜料使用的三芳甲烷化合物实际上是一类阳离子型的化合物，且在三个芳香环中至少有两个带有氨基（或取代氨基）该化合物有两种写法，一种是阳离子处在氨基上，另一种是阳离子处在中心的碳原子上，见图 3-136。

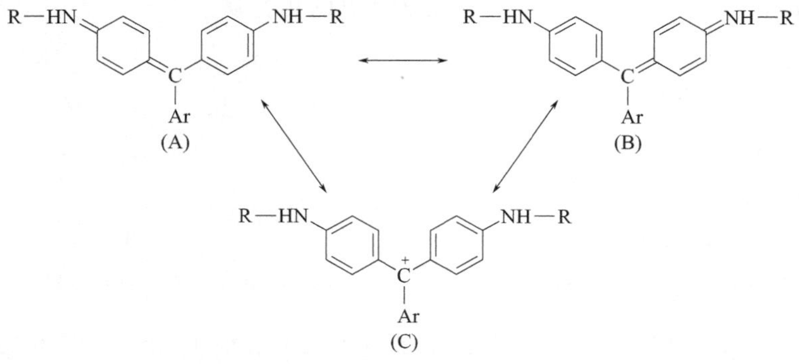

图 3-136　三芳甲烷化合物的结构形式

为了书写方便起见，在本书中，该类颜料的母体统一写成（C）式。

在这种阳离子型的化合物中引入磺酸基团后，由于它们是水溶性的，故它们可以作为染料用于棉、丝绸或羊毛等纤维的染色。被棉纤维吸附的此类染料再与过渡金属的盐作用，即经过媒染处理，可在棉纤维上生成水不溶性的金属络合染料，从而固着在棉纤维上并产生艳丽的色彩。欲使它们成为颜料，必须降低它们在水中的溶解性。在工业上，作为颜料使用的三芳甲烷类化合物有两种类型，一种是由三芳甲烷阳离子与磺酸阴离子组成的内盐，另一种是三芳甲烷阳离子与杂多酸的无机阴离子组成的络合物，这种络合物在水中的溶解度极小。

3.3.9.1 内盐式三芳甲烷颜料

这是一类较为古老的颜料，在化学上属于由三芳甲烷类化合物中的阳离子与磺酸阴离子组成的内盐。1858 年，法国学者 E. Verguin 将苯胺、邻甲苯胺和对甲苯胺在硝基苯中混合后，在氯化锡或氯化铁的存在下将该混合物加热到较高的温度，结果他得到一种蓝红色的产物，即品红（图 3-137）。由于该化合物具有染色性，可以作为染料使用，所以在 1859 年他将此方法运用于工业化、规模化生产，并将它们命名为碱性蓝。1862 年，又有人在浓硫酸中对碱性蓝进行磺化，得到了磺化碱性蓝，这一类化合物的典型结构见图 3-138。在碱性的条件下，磺化碱性蓝可溶于水。但是在酸性的条件下，磺化碱性蓝几乎不溶于水。

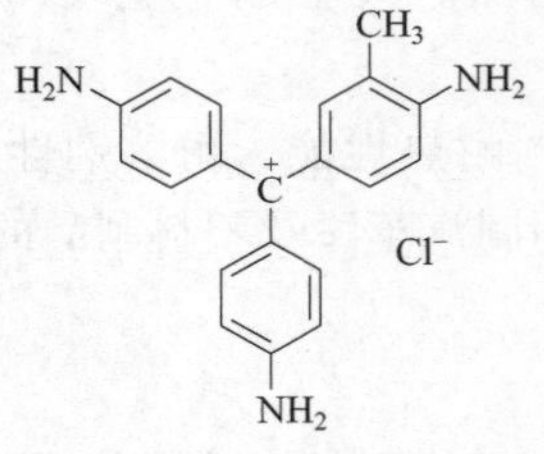

图 3-137　品红

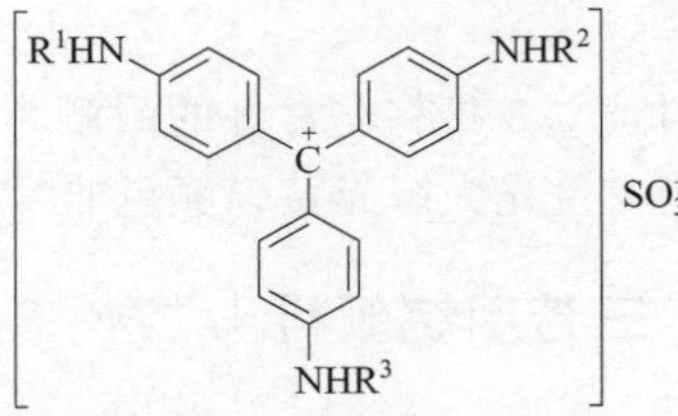

图 3-138　磺化碱性蓝

严格说来，碱性蓝在化学上属于三氨基苯基甲烷（图 3-139）的衍生物。三氨基苯基甲烷本身被称为副品红（parafuchsin），它的醌式结构被称作副品红碱（pararosaniline）（图 3-140），这是一类红紫色的化合物。

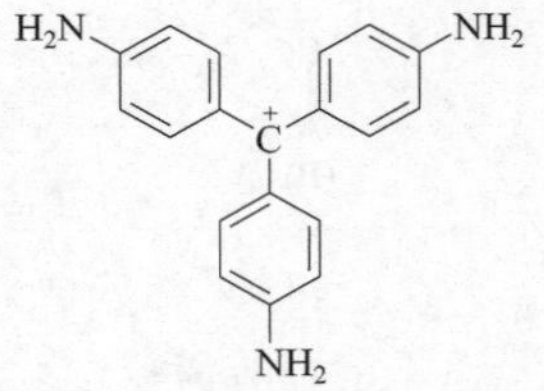

图 3-139　三氨基苯基甲烷

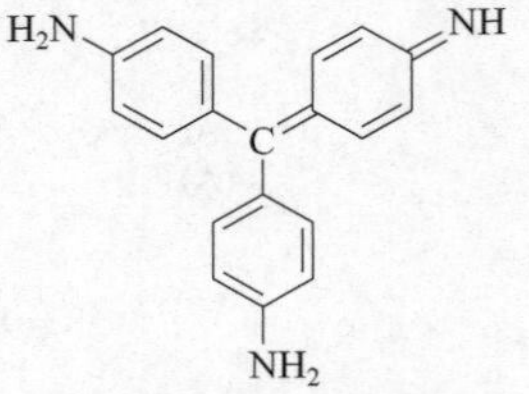

图 3-140　副品红碱

磺化碱性蓝中的取代基 R 主要是苯基或甲苯基，它们的数目及甲基的取代位置对此类颜料的应用性能有很大的影响。一般取代数为 2，并且 R^1、R^2＝苯基或甲苯基，此时 R³＝H。但是当取代数是 3，且 R¹、R²、R³ 都为苯基或甲苯基时，该类颜料的应用性能特别好。需要说明的是，甲苯基中的甲基主要处在氨基的间位。还需要说明的是，此类颜料实际上是一个混合物，只不过以该结构式为代表的成分较多罢了。

磺化碱性蓝的合成有两种方法。

① 以三氨基苯基甲烷和苯胺为原料，反应在酸性催化剂的存在下进行。

② 以三卤代苯基甲烷和苯胺为原料。

对于方法①，最为关键的起始原料是三氨基苯基甲烷，它的制法见图 3-141。

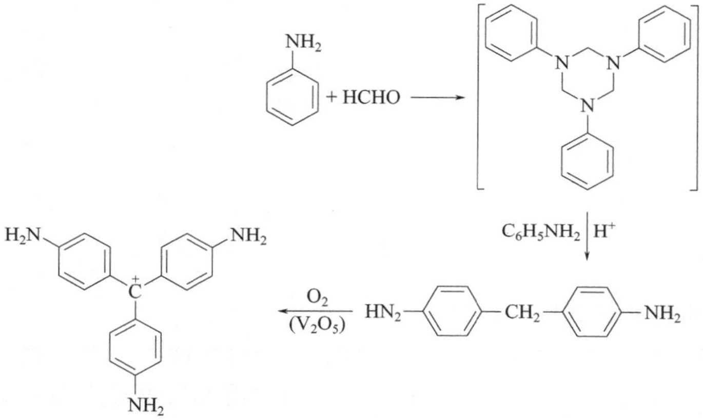

图 3-141　三氨基苯基甲烷的制法

等摩尔的苯胺和甲醛在 170℃ 反应，产物主要是 1,3,5-三苯基-三氢-均三嗪，在酸性催化剂（例如盐酸）的存在下，它与过量的苯胺反应得到 4,4'-二氨基二苯甲烷，最后在五氧化二钒的存在下经氧化得到三氨基苯基甲烷。

三氨基苯基甲烷在碱性条件下主要以醌式结构存在，它与苯胺或间甲苯胺在175℃反应，同时添加苯甲酸便生成芳氨基取代的三芳基甲烷（图 3-142）。

未反应的苯胺或间甲苯胺可以用真空蒸馏的方法回收。反应时间不同，得到的产物色光也不同。反应时间长则产物的收率高但色光偏绿，反应时间短则产物的收率低但色光偏红。产物在浓硫酸中磺化，仔细地控制反应条件可得到不同磺化程度的产物，如果是一磺化产物，则其在水中几乎不溶。

由上述反应得到的产物在经颜料化处理以前着色力非常低。常用的颜料化方法是酸碱处理，即先将反应产物溶解在碱性水溶液中，然后再用无机酸（最好用硫酸）调 pH 值到酸性使其从水中重新析出，经过滤后得到的湿滤饼可以直接干燥，也可以用挤水换相的方法使其直接从水相进入油相，所用的油最好是矿物油或亚麻油。挤水换相一般在捏合机中进行，含水的湿滤饼与矿物油经反复捏合后，滤饼中的水逐渐被油取代。挤出的水可用减压蒸馏的方式除去。除去水的含油滤饼可直接用于生产油墨。

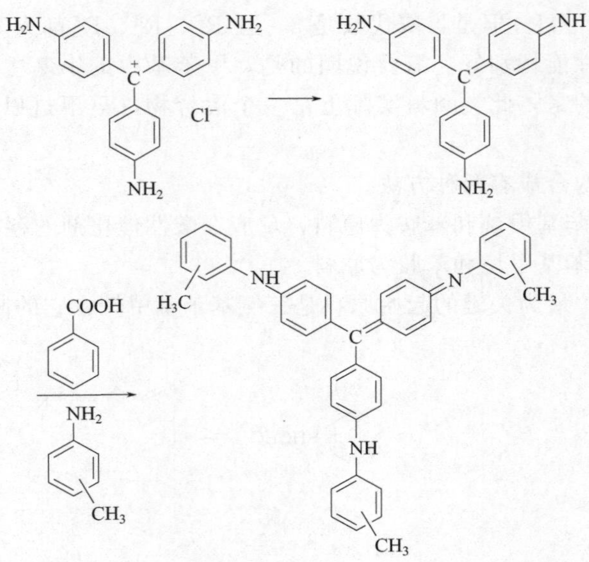

图 3-142

3.3.9.2 复合盐式三芳甲烷颜料

这类颜料在化学上是由无机复合阴离子与染料阳离子（特别是三芳甲烷阳离子）组成的复合盐。早在1913年，BASF公司的研究者就已制得三芳甲烷染料阳离子与无机杂多酸阴离子的盐，这种盐在水中溶解度很小，故它们可用作颜料。为此BASF公司是该类颜料专利的最早申请者。当时制备该类颜料所用的无机杂多酸主要是磷钨酸。后来的研究表明，使用无机杂多酸与染料阳离子络合成盐后可大大提高颜料的耐晒牢度，同时又由于不使用铝盐或其他的无机盐作为载体，故大大提高了颜料的着色强度。使用杂多酸制备"色淀"类的颜料，对于当时（第一次世界大战至第二次世界大战期间）的颜料制造技术而言是一个很大的进步。随着技术的不断进步，可用的杂多酸也由磷钨酸发展到磷钼酸以及磷钨钼酸。以后又由于钨和钼资源在德国较为短缺，研究者又相继开发出铁氰化铜络合阴离子以及硅钼酸、硅钨酸等。这些杂多酸在今天仍被大量使用着。

（1）杂多酸的种类 杂多酸可以被看作是磷酸的衍生物，用钼酸根（$Mo_3O_{10}^{2-}$）或钨酸根（$W_3O_{10}^{2-}$）取代磷酸分子（H_3PO_4）中的氧原子就形成杂多酸$H_3[P(W_3O_{10})_4]$和$H_3[P(Mo_3O_{10})_4]$。这两种化合物的分子式又可被写成$H_3H_4[P(W_2O_7)_6]$和$H_3H_4[P(Mo_2O_7)_6]$。这两种分子式的不同在于前者表示有3个氢原子可被取代，而后者有7个氢原子可被取代。用硅原子取代磷钨酸或磷钼酸中的磷原子则生成硅钨酸或硅钼酸。

需要指出的是，上述杂多酸分子式中各元素的计量关系不是绝对的，该计量关系随生成杂多酸的温度和介质的pH值的不同而会发生变化。杂多酸与还原性试剂（如锌粉、保险粉）作用会生成深蓝色的化合物，此时杂多酸中的氢元素被其他元素取代。铁氰化铜络合阴离子 $Cu_3[Fe(CN)_6]^-$ 较少被使用。

（2）染料阳离子与杂多酸组成的盐　与杂多酸成盐的染料阳离子主要有两大类。

一类是三芳甲烷染料阳离子，这类染料阳离子又可分为以图 3-143 所示化合物为代表的三芳甲烷染料阳离子和以图 3-144 所示化合物为代表的三芳甲烷染料阳离子。前者主要呈紫色、蓝色和绿色。后者一般被称为呫吨染料阳离子，主要呈蓝光红色，即品红。

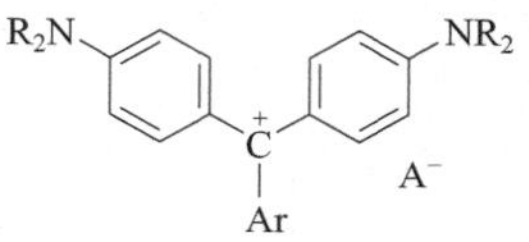

图 3-143

图 3-143 的式中，$A^-=$ 阴离子；$R=CH_3$，C_2H_5；$Ar=$ 苯基，4-二甲氨基苯基，4-二乙氨基苯基。

图 3-144 的式中，$X=H$，CH_3；$Y=H$，$COOH$，$COOC_2H_5$。

另一类染料阳离子是苯并噻唑的季铵盐（图 3-145），它们主要呈黄色，一般不单独使用，而是与 C.I. 颜料绿 1 拼混使用。

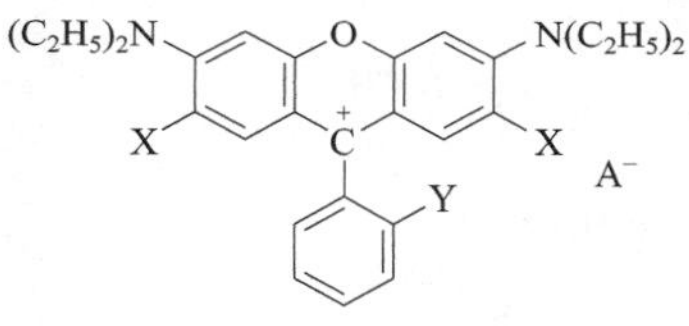

图 3-144

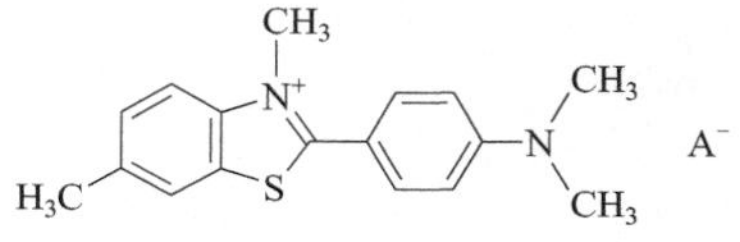

图 3-145

（3）染料阳离子的合成

① 以图 3-143 所示化合物为代表的三芳甲烷染料阳离子的合成　这类染料阳离子的合成通式见图 3-146。

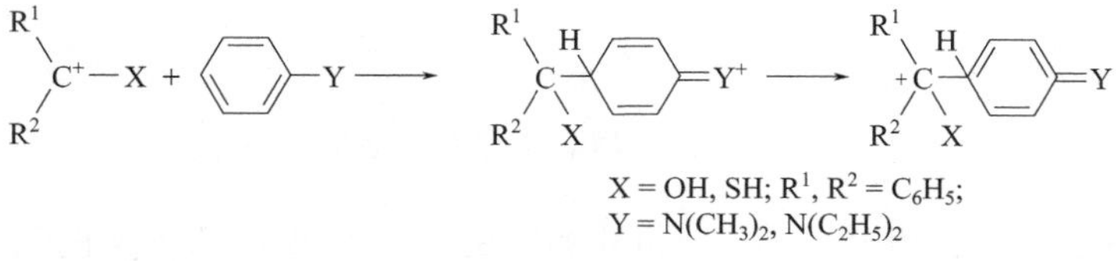

$X=OH$，SH；R^1，$R^2=C_6H_5$；
$Y=N(CH_3)_2$，$N(C_2H_5)_2$

图 3-146

反应的起始原料是取代二苯甲醇（或二苯甲硫醇），处于分子中央的碳原子是反应的中心，该碳原子受到两个苯环的吸电子效应而带正电荷，易于与亲核试剂发生加成反应，生成的加成产物经氧化后就转化成阳离子型的三芳甲烷染料。常见的这类化合物有甲基紫（图 3-147）、结晶紫（图 3-148）等。

甲基紫的合成路线见图 3-149。

起始原料是 N,N-二甲基苯胺，它先在苯酚、铜盐的存在下反应生成取代二苯甲醇。然后在氯化钠的存在下再与 N,N-二甲基苯胺反应并经氧化生成甲基紫，产物是一个由四甲基品红和六甲基品红组成的混合物。

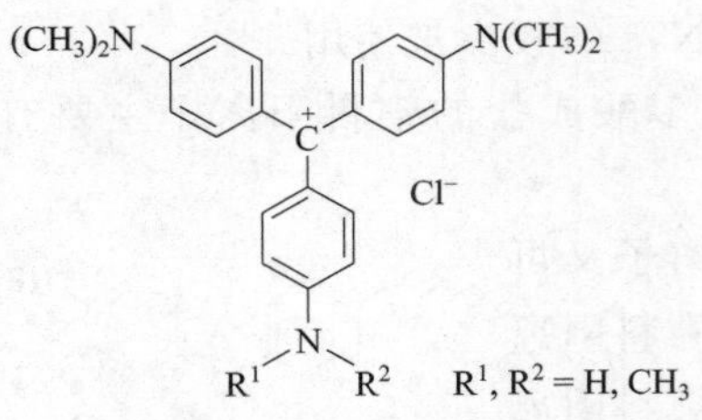

图 3-147 甲基紫

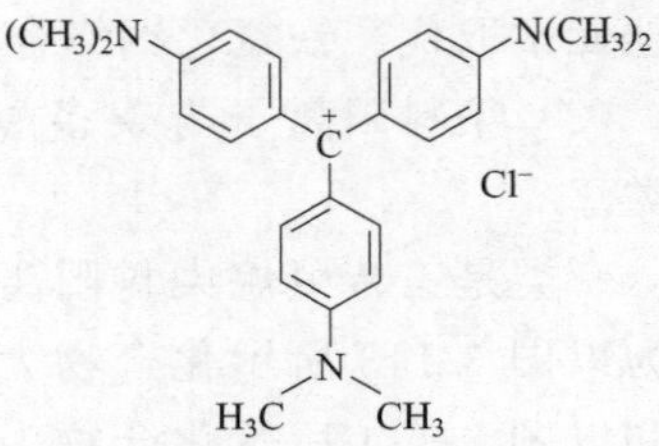

图 3-148 结晶紫

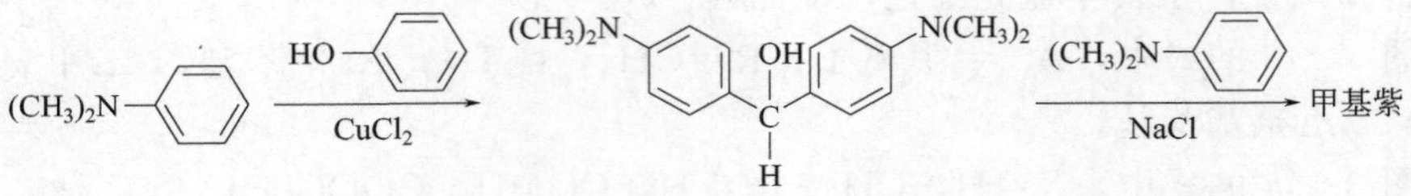

图 3-149 甲基紫合成路线

与甲基紫不一样，结晶紫是一个单纯的化合物，它的合成路线见图 3-150。

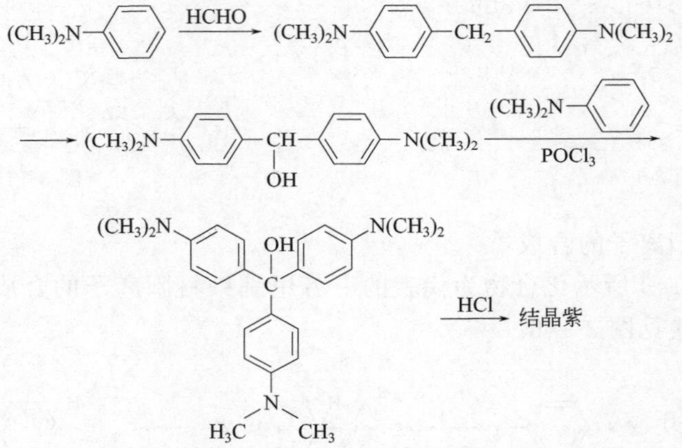

图 3-150 结晶紫合成路线 I

2mol 的 N,N-二甲基苯胺与 1mol 的甲醛缩合生成二苯甲烷的衍生物，它再经氧化生成二苯甲醇衍生物，然后在三氯氧磷的存在下再与 1mol N,N-二甲基苯胺缩合生成三苯甲醇衍生物，最后在酸催化下生成结晶紫。

结晶紫的另一种合成方法见图 3-151。

N,N-二甲基苯胺在光气和氯化锌的作用下，生成的中间产物不是二苯甲醇或二苯甲硫醇及其衍生物，而是"米氏酮"（Michler's ketone）。米氏酮在三氯氧磷的存在下，再进一步与 N,N-二甲基苯胺作用便生成结晶紫。

图 3-143 所示化合物中的 Ar 基团如果是萘环的话，由于共轭链的延长，所合成的化合物的颜色也由紫变为蓝，例如图 3-152 所示化合物就是蓝色的，称为维多利亚蓝（Victoria Blue）。它是生产 C. I. 颜料蓝 1 所用的碱性染料，合成方法与结晶紫相同，只是反应所用的起始原料为 4,4′-二乙氨基二苯甲酮和 N-乙基甲萘胺。

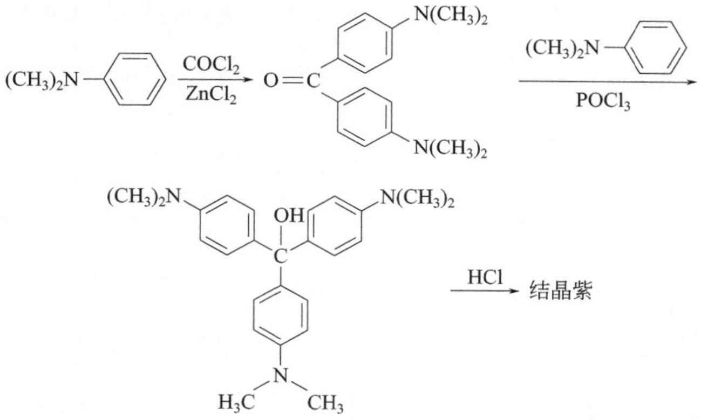

图 3-151　结晶紫合成路线Ⅱ

如果图 3-143 所示化合物中的 Ar 基团是未取代的苯环，则所生成的化合物是绿色的，例如图 3-153所示的终产物就是一个艳绿色的碱性染料，它是生产 C. I. 颜料绿 1 所用的碱性染料。其合成方法见图 3-153。

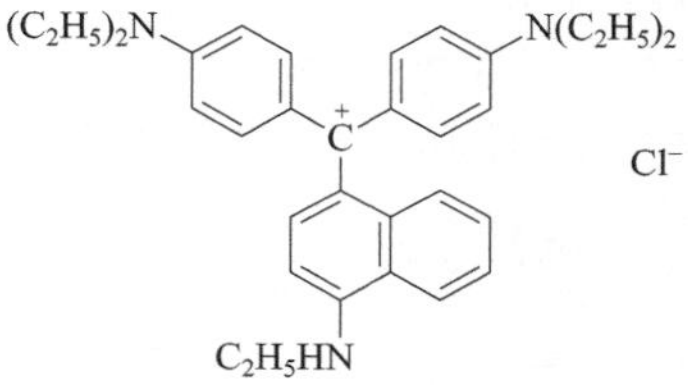

图 3-152　维多利亚蓝

等摩尔的苯甲醛与 N , N-二乙基苯胺在氯化锌的存在下反应生成二苯甲醇的衍生物，它再与 N , N-二乙基苯胺反应生成终产物的隐色体，然后在二氧化铅的催化下发生氧化反应，从而得到终产物。

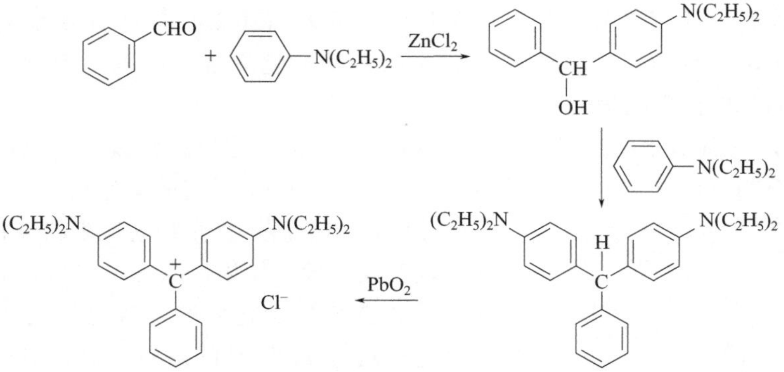

图 3-153

② 以图 3-144 所示化合物为代表的三芳甲烷染料阳离子的合成　图 3-144 所示化合物可看成是呫吨（图 3-154）的衍生物，它的合成路线见图 3-155。

间-二烷氨基苯酚与苯甲醛在硫酸或氯化锌的催化下可生成含呫吨单元的分子，它再在三氯化铁的存在下氧化生成图 3-144 所示化合物。

这类呫吨染料中最为典型的品种是一类称为若丹明（Rho-damine）的碱性染料，

它们的合成方法同上，只是不用苯甲醛而用苯酐。例如若丹明 B 的合成（图 3-156）。

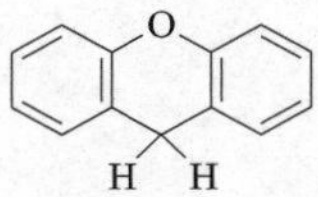

图 3-154　呫吨

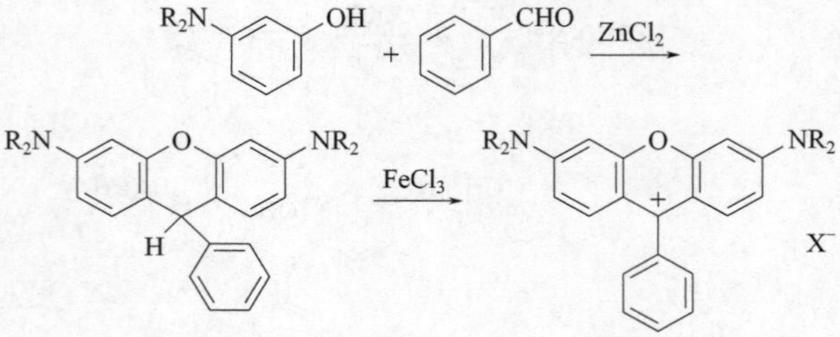

图 3-155

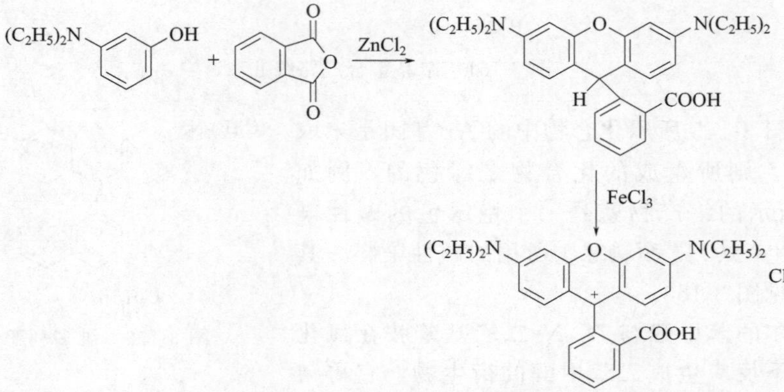

图 3-156　若丹明 B 的合成

　　间-二乙氨基苯酚与苯酐在硫酸或氯化锌的催化下于 180℃反应，反应产物再在三氯化铁的存在下进行氧化反应，从而得到若丹明 B。若丹明 B 是生产 C.I 颜料紫 1 所用的碱性染料。将若丹明 B 中的羧基酯化成羧酸乙酯，则该化合物是生产 C.I. 颜料紫 2 所用的碱性染料。

　　用间-乙氨基对甲酚代替间-二乙氨基苯酚，按上述反应路线进行反应，得到的产物为化合物（图 3-157），它是生产 C.I. 颜料红 81 所用的碱性染料。

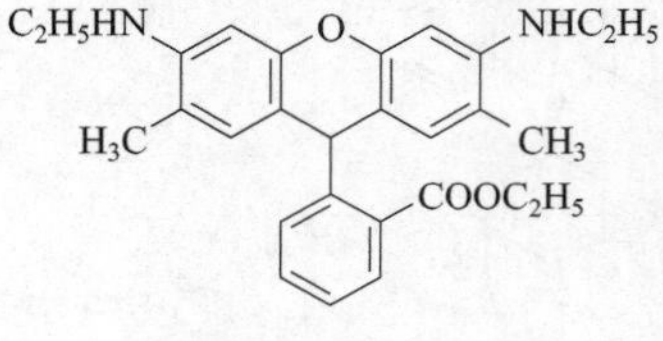

图 3-157

　　③ 以图 3-145 所示化合物为代表的染料阳离子的合成　这类染料较少使用，品种也很少，而且常常与其他品种拼混使用。它们的合成是以对甲苯胺为原料，将它与硫黄在 280℃的高温下进行所谓的硫化减溶反应，得到的产物主要是硫化染料和 2-(4′-氨基苯基)-5-甲基苯并噻唑（图 3-158）的混合物。

　　反应混合物经减压蒸馏可分别得到硫化染料和 2-(4′-氨基苯基)-5-甲基苯并噻唑。后者中的氮原子经甲基化成为季铵盐（图 3-159），它就是图 3-145 所示化合物的一种形式。

　　（4）杂多酸和颜料的制法　将磷酸氢二钠的水溶液与钼酸钠或钨酸钠的水溶液按比例混合后，再用无机酸（盐酸或硫酸）酸化，即可得到所希望的磷钼酸或

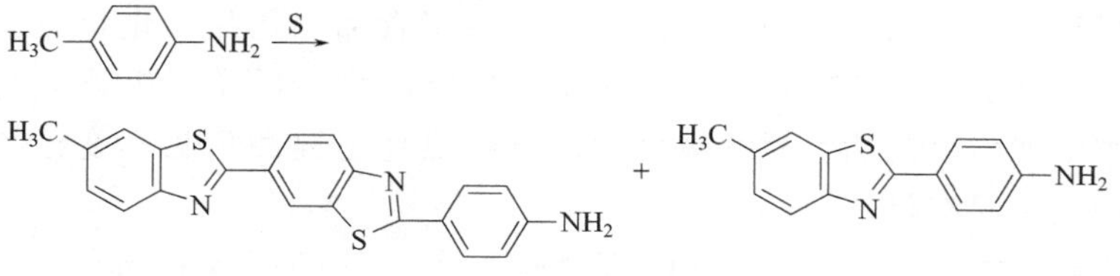

图 3-158

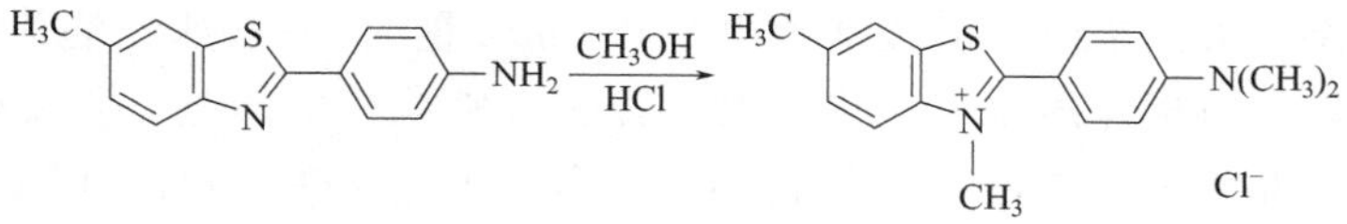

图 3-159

磷钨酸。将钼酸加入磷钨酸中可得到磷钨钼酸。在工业上，磷钨酸不太常用，而磷钼酸和磷钨钼酸则较为常用。

生产颜料时，先制备杂多酸，然后在 65℃ 时加入染料阳离子的水溶液。反应混合物再在回流温度下反应若干时间，必要时尚需加入表面活性剂。如此得到的颜料粗品，经过滤、水洗、干燥和粉碎即为粉状颜料的成品。如果采用挤水换相，则湿滤饼不用干燥，直接在捏合机中与矿物油等溶剂进行捏合，从而将水分挤出。

铁氰化钾与亚硫酸钠的水溶液混合后，再与染料阳离子混合，最后在 70℃ 时加入硫酸铜溶液可得到染料阳离子与铁氰化铜的盐。

3.4 其他颜料

（1）C. I. 颜料红 172 颜料红 172 是四碘荧光素的铝盐（图 3-160）。

荧光素由间苯二酚和邻苯二甲酸酐在 $ZnCl_2$ 或 H_2SO_4 催化下制得，将其碘化、再转换成铝盐就形成了颜料红 172（图 3-161）。

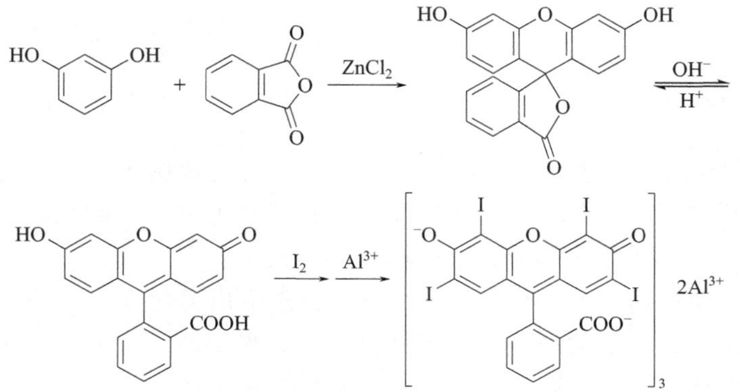

图 3-160

图 3-161 颜料红 172 的合成路线

当颜料红 172 达到一定的纯度时，可应用于食品、药品及化妆品中，它在欧盟和美国分别注册为 E127 及 FD&C 红 3。颜料红 172 的着色力很弱，应用性能较差，各项牢度如耐溶剂性、耐酸碱性，以及耐热稳定性和耐晒牢度也都较差。它在工业上的应用很有限。

（2）C. I. 颜料蓝 24：X 和 C. I. 颜料蓝 24：1　该类颜料的母体结构为三芳甲烷的三磺酸盐（图 3-162）。

三芳甲烷的母体是由邻磺酸基苯甲醛和 2mol 量的 *N*-乙基苄基苯胺经缩合得到的。该母体染料再经磺化和氧化，然后转换成水溶性的铵盐，将此铵盐在氢氧化铝的分散体介质中与氯化铝或氯化钡作用就形成相应的铝盐（颜料蓝 24：X）或钡盐（颜料蓝 24：1）。

颜料蓝 24：X 呈绿光蓝色，达到一定的纯度时可作为食用色素用于食品、药品以及化妆品，在美国被注册为 FD&C 蓝 1。该类颜料的耐晒牢度比较差，在着色力和耐有机溶剂方面与颜料蓝 24：1 相似。

颜料蓝 24：1 呈鲜艳的绿光蓝色。尽管该颜料的着色力非常好，但已逐渐被酞菁蓝所取代。过去，颜料蓝 24：1 主要用于三色或四色套印中的蓝色油墨。该类颜料对皂类、酸及碱的牢度较差，耐晒牢度也不尽人意。目前，颜料蓝 24：1 用于价廉的柔性印刷油墨，在一些廉价的彩笔或水彩中也会使用该颜料。

（3）C. I. 颜料蓝 63　颜料蓝 63 是靛蓝的铝色淀。将靛蓝磺化，得到 5,5′-靛蓝二磺酸，然后与三氯化铝反应生成难溶于水的颜料（图 3-163）。

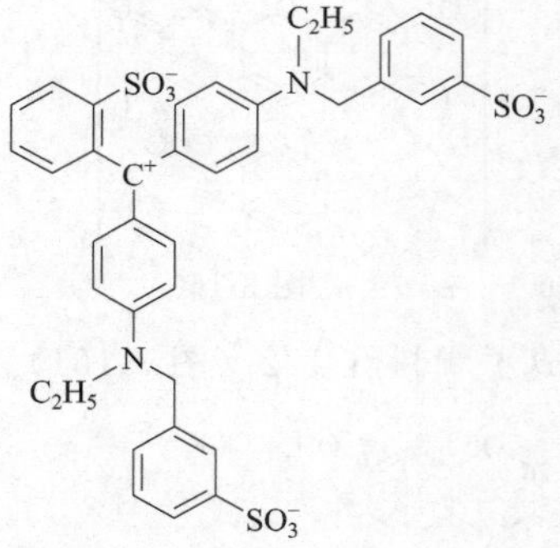

图 3-162

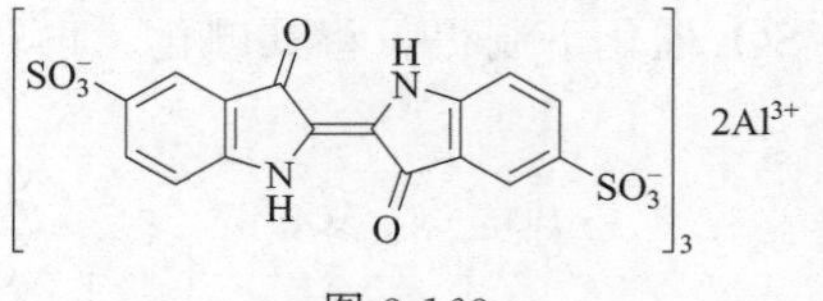

图 3-163

只要该颜料的纯度达到一定要求，可作为食用色素用于食品和药品，在美国被注册为 FD&C 蓝 2。它的色调呈蓝红色，属于着色力较弱的颜料，对某些化学品较敏感，同时它的耐晒牢度和耐再涂性也不好。

（4）CA. 颜料黄 101　颜料黄 101 属于偶氮甲川类化合物。该类化合物早在 1899 年就已发现，在最初的一段时间里曾作为荧光染料，后来才作为黏胶的着色剂。它是由两分子的 2-羟基-1-萘醛和一分子肼缩合而成的。

颜料黄 101 呈绿光黄色，由于荧光很强，色泽非常鲜艳饱满。颜料黄 101 不耐酸碱，也不耐常见的有机溶剂，耐晒牢度中等。市场上出售的该颜料具有很高的透明度，特别适合作为油墨专用的颜料使用。印在白色底物上，它的色泽非常亮丽。颜料黄 101 除可与非盖底的填充剂（如硫酸钡）结合使用以外，还经常掺杂到其他的黄色、绿色或红色颜料中，以调整它们的色光。在印刷油墨中，即使它的含量很低，仍会明显地增加印刷品的色彩鲜艳度。

颜料黄 101 还用于办公用品和文教用品（如彩笔、水彩、粉笔、荧光记号笔）等的着色。

（5）C. I. 颜料黄 148　颜料黄 148（图 3-164）呈绿光黄色，是尼龙纤维原液着色的专用颜料。

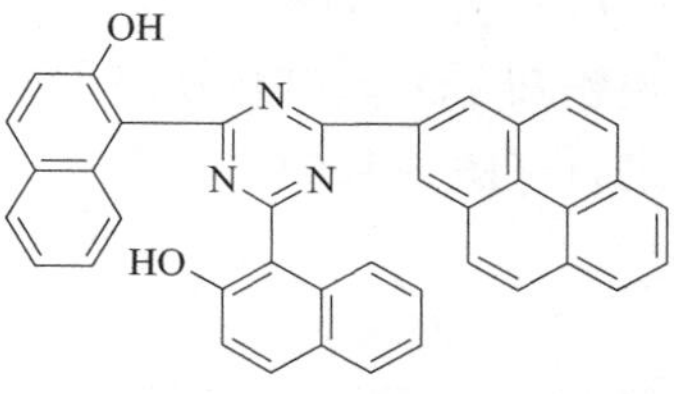

（6）C. I. 颜料黄 182　颜料黄 182 的合成见图 3-165。

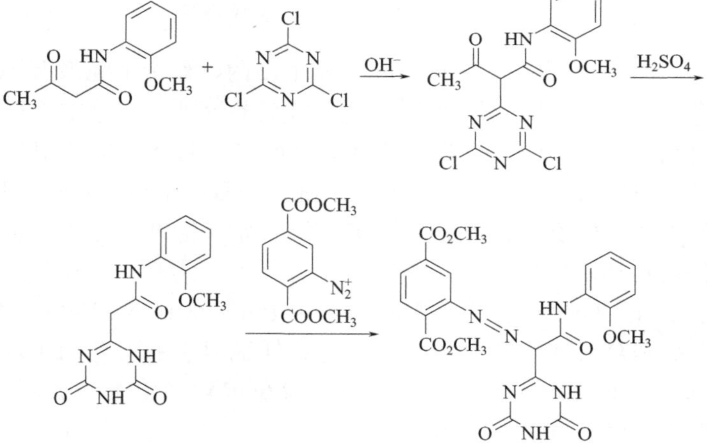

图 3-164　颜料黄 148

图 3-165　颜料黄 182 的合成路线

颜料黄 182 呈红光黄色，着色力非常高。但颜料黄 182 对许多有机溶剂敏感，例如酮类（如 2-丁酮、环己酮）和芳烃溶剂（如甲苯、二甲苯等）。颜料黄 182 主要用于油漆和塑料。

在油漆工业中，颜料黄 182 一般用于对耐气候牢度要求不高的工业漆。油漆中 TiO_2 的含量偏高会降低颜料黄 182 的耐晒牢度和耐气候牢度。在烘烤温度低于 150℃ 时，颜料黄 182 耐再涂性尚可。颜料黄 182 常被用于调制建筑漆和乳胶漆。在使用时应避免涂在新鲜的墙面上，因为颜料黄 182 对碱敏感。

用于塑料着色时，颜料黄 182 的着色力中等偏高。调制 1/3 标准色深度的制品仅需要 0.8％的颜料（含 5％TiO_2）。应指出的是，当塑料中颜料黄 182 的浓度较低时会发生不同程度的渗色，而当浓度较高时又会发花。颜料黄 182 适合用于硬质聚氯乙烯的着色。用于高密度聚乙烯着色时，颜料黄 182 不影响该塑料的扭曲性，调制 1/3 标准色深度的制品仅需 0.37% 的颜料，含 1%TiO₂ 的 1/3 标准色深度的制品可耐热 250℃，而含 1%TiO₂ 的 1/25 标准色深度的制品可耐热 280℃。用于聚丙烯时，应避免与含镍类稳定剂共同使用。用于聚苯乙烯时，当加工温度达到 200℃时，它会溶于该聚合物，同时伴随着颜色变化。颜料黄 182 不适用于 ABS 塑料。

（7）C. I. 颜料黄 192　颜料黄 192 属于稠杂环颜料。它是由 5,6-二氨基苯并咪唑酮和 1,8-萘酐在高温下经酰胺化、脱水、闭环生成的，反应常在高沸点溶剂中进行（图 3-166）。

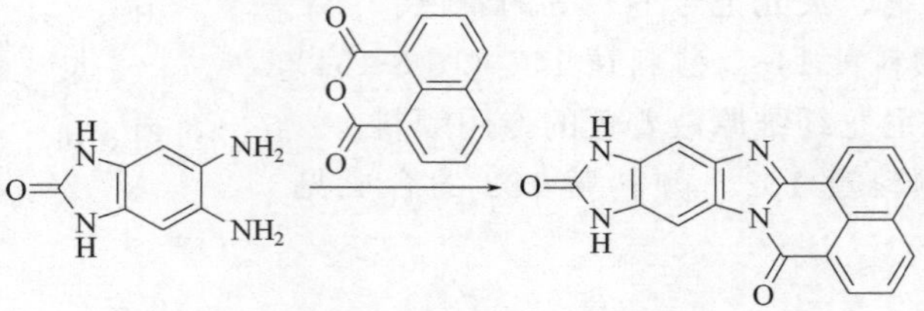

图 3-166　颜料黄 192 的合成路线

颜料黄 192 是在 1990 年由 Clariant 公司推出的，作为尼龙及其他合成纤维原液的专用着色剂。1/3 标准色深度的制品，可耐热 300℃，即使着色浓度低于此值，制品也可耐热约 300℃。该颜料极耐纺丝加工，尤其是能耐尼龙的部分还原性。制成的纤维具有很高的色牢度，能耐干洗，并可耐干热 200℃。此外，颜料黄 192 还可用于其他需在较高温度加工的聚合物（如涤纶纤维原液）的着色，在加工过程中能保持色调不发生变化。

颜料黄 192 在 Clariant 公司的商品牌号为 Polysyn-thren Yellow RL，主要用于尼龙及其他合成纤维原液的着色。它在这些纤维原液的着色加工温度下会溶解在其中，尤其是在低浓度使用时，这样就可避免因粒子粗大而影响纺丝的弊端，同时得到的制品色泽非常鲜艳、牢固。

（8）C. I. 颜料橙 64　颜料橙 64 是由 5-氨基-6-甲基苯并咪唑酮的重氮盐与巴比妥酸经偶合制得的（图 3-167）。

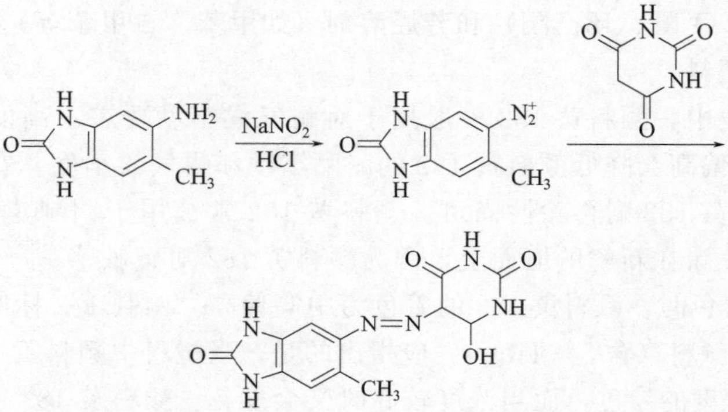

图 3-167　颜料橙 64 的合成路线

颜料橙 64 主要用于塑料着色，能耐高温。1/3 标准色深度的高密度聚乙烯制品（包括透明性制品和遮盖性制品）可耐受 300℃ 5min，而 1/25 标准色深度的高密度聚乙烯制品（包括透明性制品和遮盖性制品）可耐热 250℃。随着温度的进一步升高，颜料橙 64 的色调会偏黄一些。颜料橙 64 在塑料中不影响底物的成核性，故不会影响部分结晶性聚合物的扭曲性。

用于软质聚氯乙烯时，颜料橙 64 具有很好的耐迁移性以及中等的着色强度。另外，颜料橙 64 也可用于聚苯乙烯、橡胶等的着色。

颜料橙 64 在 Ciba 公司有两个商品牌号：CROMOPHTALORANGE GP 和 CROMOPHTALORANGE GL。前者主要用于软质聚氯乙烯、聚烯烃、聚苯乙烯和各种印刷油墨。后者则专用于各类印刷油墨。

（9）C. I. 颜料橙 67　颜料橙 67（图 3-168）是吡唑并喹唑酮型偶氮颜料，它是由 2-硝基-4-氯苯胺的重氮盐与 4-甲基吡唑并喹唑酮（图 3-169）偶合制得的。

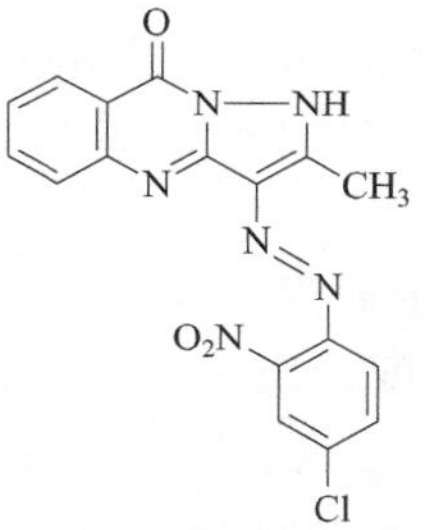

图 3-168　颜料橙 67

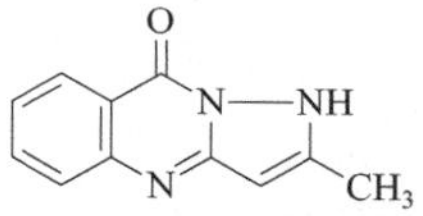

图 3-169　4-甲基吡唑并喹唑酮

颜料橙 67 是一个较新的颜料，现有的商品主要是遮盖性品种，应用领域为油漆，主要调制全色或深色制品，应避免与钼铬橙混用。颜料橙 67 呈艳黄橙色，在大多数有机溶剂中的牢度不够高。用于烘烤磁漆时，其耐再涂性在烘烤温度低于 100℃ 尚可。颜料橙 67 适合用于高油性的醇酸树脂漆中，特别是装饰用涂料和乳胶漆。在这些介质中，颜料橙 67 表现出非常好的耐晒牢度和耐气候牢度。颜料橙 67 不适宜用在环氧树脂中。

（10）C. I. 颜料红 90　颜料红 90 是四溴荧光素的铅色淀（图 3-170），俗称焰红染料（phloxine）。

它是由四溴荧光素（俗称曙红，eosine）与硝酸铅作用得到的。颜料红 90 在日本和美国都有生产，但是由于分子中含有铅，故其在商业上的重要性每况愈下。该类颜料呈鲜艳的中红色，着色力很强，常用作价廉的柔性印刷和胶印印刷油墨。在油墨中的耐有机溶剂牢度很差，特别是不耐醇、酮、酯等溶剂，也不耐碱、酸及肥皂。颜料红 90 的耐晒牢度和热稳定性也不好。

（11）C. I. 颜料红 251　颜料红 251（图 3-171）是吡唑-喹唑酮系偶氮颜料中的一员，呈黄光红色，市售的品种大多为高遮盖力的品种，颜料粒子相对较粗大。颜料红 251 主要用于油漆或工业漆，尤其是用来代替无机的钼铬红颜料。颜料红

251 具有非常好的耐晒牢度和耐气候牢度，但是其耐渗色牢度不太好，尤其是用于烘烤漆时，烘烤温度高于 100℃ 就会有发花现象。为此，它一般用于调制气干性的油漆，如乳胶漆。

图 3-170　颜料红 90

图 3-171　颜料红 251

（12）C. I. 颜料红 252　颜料红 252 也是一个吡唑-喹唑酮系的偶氮颜料，它的化学结构尚未公开。从相关的文献得知，它的化学结构与颜料红 251 相差不多，两者的差别在于取代基的取代位置有所不同。比起颜料红 251，它的问世要晚得多。

颜料红 252 的色调比颜料红 251 略微偏红，主要用于建筑漆。高遮盖力的颜料红 252 品种具有非常好的耐晒牢度和耐气候牢度，但是它的耐溶剂牢度较差，几乎不耐所有油漆用的有机溶剂。为此，颜料红 252 只能用于水性漆。

（13）C. I. 颜料棕 22　颜料棕 22（图 3-172）呈中等微红的棕色调。

图 3-172　颜料棕 22

颜料棕 22 主要用于腈纶和黏胶纤维的原液着色，用于此目的时有专用的剂型供应。用颜料棕 22 着色的纺织品具有非常好的应用牢度，其耐汗渍牢度、耐四氯乙烯干洗剂牢度以及耐干热牢度等都很优越。根据制品的着色深度，颜料棕 22 的耐晒牢度在 5～7 级之间。

除合成纤维原液着色用的专用品种外，颜料棕 22 还可提供其他的专用剂型，以用于工业漆、包装凹版印刷用油墨或木材着色剂。该颜料没有粉末状固体颜料供应。

（14）C. I. 颜料黑 1　颜料黑 1（图 3-173）的俗名是苯胺黑。

在 1860～1863 年间，在纤维上合成苯胺黑的技术就已由 Lightfoot 开发成功。当时，Lightfoot 等人将纤维浸在一个由苯胺、苯胺盐酸盐、氯酸钠组成的混合液

图 3-173　颜料黑 1

中，在氧化性催化剂的存在下，加热到 60～80℃，然后再用重铬酸钠氧化就可使纤维染上黑色。现在人们合成苯胺黑颜料的方法与此相差不多，即将苯胺溶解在浓硫酸中，在氧化性催化剂的存在下，用重铬酸钠氧化。

苯胺黑呈中黑色，光谱吸收宽且色散小，具有非常优越的遮盖能力。市场上有不同颗粒大小的苯胺黑颜料，细小颗粒的品种用于调制工业漆时可产生黑丝绒般的色泽效应。即使是非常细小的颗粒，在使用时也几乎无凝聚现象产生，这使得它非常容易在各种介质中分散。与炭黑的本质区别是它不具有导电性，且着色力比炭黑差。该颜料在涂料、油漆中使用，色调饱和时具有优异的耐晒牢度和耐气候牢度，但随着钛白粉的加入它的牢度性能会随之降低。苯胺黑不耐溶剂、不耐酸、不耐碱，也不耐氧化剂和还原剂，制得的油漆耐再涂性也不太好。以前苯胺黑广泛地用于涂料、油漆及印刷油墨，特别是需要黑丝绒般色泽效应的场合以及炭黑不能胜任的场合。但由于苯胺黑具有极强的致癌性，目前已被列为禁用颜料，不再使用。

第4章 无机颜料

4.1 无机颜料的概述

4.1.1 无机颜料的基础知识

4.1.1.1 定义

无机颜料是一种化合物，是有色金属氧化之后得到的产物，或一些金属不溶性的金属盐。无机颜料共有两种，一种是天然无机颜料，另一种是人造无机颜料，其中天然无机颜料的成分主要是矿物颜料，而后者则是对天然矿物进行加工得来，另外无机化合物通过加工后也是可以制成人造无机颜料的。一般来说，天然矿物颜料都有着相对较低的纯度，并且色泽稍显暗沉，故而都是非常低价的。人工无机颜料则不同，由于在合成时，其合成材料的色谱都较为齐全，所以色泽较之天然无机颜料要明艳许多，并且能够达到较好的遮盖效果。

无机颜料的应用历史是非常的悠久的，在初期，无机颜料主要有烟黑，与其相对应的白垩也是常见的颜料之一，还有色土也是为人们广为使用的，天然氧化铁也是一种常见无机颜料。早在 5000 年前，人类祖先就已经可以规律地生产铅白。而在大约 2300 年前，我国就有了炼制颜料银朱的技术。不过其他国家也在颜料制作上有着一定的成就，在 18 世纪初德国的一位名叫迪斯巴赫的人给出了普鲁士蓝颜料的制作方法，大约一个世纪之后，法国的沃克兰发明了铬黄的制作方法，其后 20 年左右法国的吉梅将群青这种颜料生产出来，而英国的威德尼斯工厂在 19世纪 70 年代制成了锌钡白。随着后来钛复合颜料还有钛白的制作方法的问世，推动无机颜料生产取得了跨越式的发展。截至目前，色谱中的无机颜料种类几乎都已经到位。

4.1.1.2　分类

无机颜料可以从不同视角来进行分类。表 4-1 所根据的是 ISO 和 DIN 所推荐的体系。这个体系是从颜色方面和化学方面的考虑出发的。类别之间会出现重叠，不大可能有明确的界限，这对许多种分类方法都是在所难免的。

表 4-1　无机颜料分类

项目	定义
白色颜料	无选择光散射造成的光学效应（例如二氧化钛、硫化锌、立德粉、锌白）
彩色颜料	选择性光吸收所造成的光学效应，在很大程度上也是选择性光散射的效应（例如氧化铁红和氧化铁黄、镉系颜料、群青颜料、铬黄、钴蓝）
黑色颜料	无选择光吸收的光学效应（例如炭黑颜料、氧化铁黑）
光效颜料	镜面反射或干涉所造成的光学效应
金属效应颜料	主要在平的和平行的金属颜料粒子上发生的镜面反射（例如片状铝粉）
珠光颜料	发生在高度折射的平行的颜料小片状体上的镜面反射（例如钛白、云母）
干涉色颜料	全部或主要因干涉现象而造成的有色闪光颜料的光学效应（例如云母、氧化铁）
发光颜料	由吸收辐射的能力和把它以较长波长发射出来的能力造成的光学效应
荧光颜料	激发后无延迟发射的较长波长光线［例如蒙（敷）银的硫化锌］
磷光颜料	激发后数小时之内持续发射较长波长的光线［例如蒙（敷）铜的硫化锌］

4.1.1.3　特性

无机颜料耐晒，耐热，耐候，耐溶剂性好，遮盖力强，但色谱不十分齐全，着色力低，颜色鲜艳度差，部分金属盐和氧化物毒性大。

4.1.1.4　组成

无机颜料包括各种金属氧化物、铬酸盐、碳酸盐、硫酸盐和硫化物等，如铝粉、铜粉、炭黑、锌白和钛白等都属于无机颜料范畴。

天然矿物颜料，完全得自矿物资源，如天然产朱砂、红土、雄黄等。合成的如钛白、铬黄、铁蓝、镉红、镉黄、立德粉、炭黑、氧化铁红、氧化铁黄等。

4.1.1.5　新发展

纵然大多数无机颜料很久以来就已为人所知，但在有关颜色的并不广阔的道路上还是出现了新的发展。所谓的"高性能颜料"就显示了一系列的现代化发展。

受环境方面法律的影响，从前的一些重要的无机颜料已被取代。例如，在大多数国家中防腐蚀漆中的红丹就已被取代。当然，环境方面的考虑并非是开发新颜料的唯一驱动力。在过去的年代中，新颜料的发明，旧颜料的改进，都已在工业的范畴中使我们能够得到新的颜色效应。新的物理效应导致了所谓的"量子效应颜料"，当然，这一发展还处在引人入胜的纳米实验室的早期阶段。

多组分混合结晶体系的进展显示，镧-氧化钽-氮化物是红色到黄色范围内其色相引起人们兴趣的有希望的候选者。但是，能否以工业规模把它开发出来则尚有待证实。即便是现在已有工业生产量的，过去十年中很有希望的候选者硫化铈也由于稳定性问题尚未解决，而仍有待突破。

新发展之所以进展缓慢，是因为对于新化学品引进的规则的障碍不小。而且，客户对新材料的性能要求也高，总之，存在有效性、经济性和生态学的问题。

对绿、蓝两色颜料来说，存在着以下挑战：明亮、无机、无毒、稳定和廉价。很可能混合结晶体系是新发现的希望所在。

一般而言，无机颜料发展的领域，从求新和市场已有供应的角度看，情况可综述如下。

① 许多颜料都涂敷了一个额外的对颜色没有多大影响的涂层，以求其应用性质的改善：颜料-基料组分更易调节（颜料表面的预润湿，分散中的表现，沉降中的表现等）；颜料在基料体系中的耐候性得到改善（对紫外线、水分等的稳定性）。这些表面处理（后处理）可包括对无机物（SiO_2、Al_2O_3、ZrO_2）、有机物（多醇、硅氧烷、有机硅烷或钛酸盐）或无机/有机配合物的使用。

② 这些颜料不仅以纯粹的、自由流动的粉末形态出现，也以制剂（颗粒、片、糊、浓颜料浆）的形式出现。这些制剂的颜料含量都尽可能高，除颜料之外，制剂中还包含溶剂型和水性型的基料或基料混合物。这样的颜料-基料组合物对油漆、印刷墨和塑料的制造商有特定的好处，即较好的颜料分散性，加工中不会出现粉尘，最佳润湿表现，最终产品具有更好的颜色效果。

③ 新的趋势是把无机颜料的高遮盖力和稳定性与有机颜料的明亮和饱和结合起来。在已知的简单的混配物（即"铁绿"＝黄色铁氧化物氢氧化物＋酞菁蓝）之外，新出现了特种钛白与高性能有机颜料混配的制剂，这种制剂显示出引起人们兴趣的性质，但是，其商业品质尚有待证实。

量体裁衣式的表面处理和颜料制剂的进一步发展将使无机颜料在将来更快地被引入新的用途。

4.1.2 无机颜料的物理性质

4.1.2.1 结晶学和光谱

以下是最普通的结晶类型。

① 立方晶系　锌混合晶格，例如沉淀 CdS；尖晶石晶格，例如 Fe_3O_4、$CoAl_2O_4$。

② 四方晶系　金红石晶格，例如 TiO_2、SnO_2。

③ 正方晶系　针铁矿晶格，例如 α-FeOOH。

④ 六方晶系　刚玉晶格，例如 α-Fe_2O_3，α-Cr_2O_3。

⑤ 单斜晶系　独居石晶格，例如 $PbCrO_4$。

在理想的固体离子型化合物中，吸收光谱是由各个离子的光谱组成的，就像在离子溶液中一样。对 s、p 或 d 轨道都充满（电子）的金属离子来说，第一激发能级是这么高，只有紫外线才可以被吸收。于是，当配位体为氧或氟时，就成为了白色无机化合物。d 和 f 轨道未满的过渡元素的硫属化物的吸收光谱主要由具有惰性气体结构的硫属化物离子的电荷转移光谱来决定。对于过渡元素、镧类、锕类来说，在基态与第一激发态之间的能量差是如此之小，由波长决定的激发发生在有色光的吸收上，导致了有色化合物的产生。

对无机颜料的 X 射线检查给出了有关结构、精细结构、应力状态和可能存在的最小内聚区（即微晶）的晶格缺陷的信息。用任何其他方法都无法获得此类信息。微晶的尺寸与用电子显微镜测得的粒度不必一致，并且可能存在以下情况，例如，与颜料的磁性质紧密相关。

4.1.2.2 粒度

无机颜料的最重要物理数据不仅包括光学数据，还包括一些几何数据：平均粒度、粒度分布和粒子形状。粒子和粒子形状的概念与参考推荐的、并被国际上所接受的颜料粒子分类是相呼应的（图 4-1 和表 4-2）。

在使用粒度一词时要谨慎。大量为人们所使用的"粒子直径"以及其他被用来指示尺寸的名词（表 4-3）的使用情况证实，谨慎是必要的。在颗粒学中，形状因素有时被用来将当量直径转换为"真实的"直径。但是，相关的测定和形状因素的使用都是成问题的。

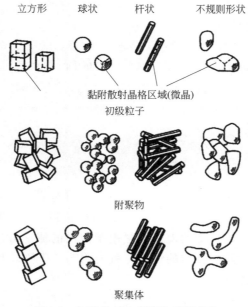

图 4-1　初级粒子、附聚物和聚集体

表 4-2　粒子和相关名词的定义

名词	定义
粒子	颜料的个别单元，它可以呈任何形状，具有任何结构
初级（个别）粒子	用适当的方法（即光学或电子显微学的方法）能够识别的粒子

名词	定义
聚集体	初级粒子在一起生长并面对面地排列起来的集合体，其总的表面积低于其初级粒子的表面积之和
附聚物	初级粒子通过角、边相接而形成的集合体和/或附聚物的集合体，其总表面积与初级粒子表面积之和没有多少差别
絮凝物	悬浮物（即颜料-基料体系）中存在的附聚物，低剪力即可使之分离

表 4-3　粒度、粒度分布和特性量

名词	定义
粒度	对粒子的空间形态予以表征的几何数值
粒子直径	球形粒子的直径，或一规则形状粒子的特征性尺寸
当量直径 D	被认为是球形的粒子的直径
粒子表面积 ST	粒子的表面积，在内和外表面积之间所做的一种比较
粒子体积 VT	粒子的体积，有效体积（排除空隙）与表观体积（包括空隙）之间的差别
粒子质量 MT	粒子的质量
粒子密度 Qt	粒子的密度
粒度分布	粒状物料的粒度的统计学表示
分布密度	粒状物料中某一特定粒度直径的相对量，密度分布函数永远要予以规度化
累积分布	具有低于既定粒度参数的直径的粒子的规度化总量
级分和类别	为一个类别的粒子要选择一个粒度参数，两组参数之间的一组粒子叫做一个级分
平均值和其他相似参数	粒度参数的平均值有许多种表示方法，某些数值在实践中常用
分布的参数	把粒度的不均匀性予以表征的参数

　　在一些标准中规定了特殊的分布函数（即，幂分布、对数正态分布和 RRSB 分布）。粒度分布的表达及其测定方法到处都可以找到。有关粒度分布的重要参数是平均粒度和粒度。平均粒度的表达方法视所使用的测定方法而定，或者，哪一个平均值最能反映所涉及的颜料的性质，就使用哪一个平均值。无机颜料的平均粒度在 0.01～10pm 之间。

　　比表面积也代表颜料粒度分布的一种平均。可以用它计算表面分布的平均直径。要注意，对于"内表面积"的影响应给予考虑。如果一个产品有内表面积，而且与外表面积比较更不能忽略的话，则所测得的比表面积就不再是平均直径的真实量度。这种情况适用于后处理颜料，因为进行处理所用的物料非常多孔。

　　对于非异构的粒子（即针状或小片状粒子）数学统计可能适用。长度为 L、宽度为 B 的粒子的二维对数标准分布也可以用特性参数和平均值来计算和表达。计算的标准偏差椭圆（图 4-2）的偏心率是对粒子的长度和宽度的相关性的一种量度。当使用多于两个粒子的细度参数时，这个原理可以以同样方式进一步延伸。

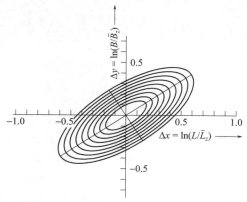

图 4-2　对数标准分布的标准偏差椭圆（黄色氧化铁颜料）

$\bar{L}_z$、$\bar{B}_z$ 为 L、B 的平均值

4.2　白色颜料

　　白色颜料包括二氧化钛（TiO_2）、锌白（ZnO）、硫化锌和立德粉（由硫化锌和硫酸钡组成的混合颜料）。历史上曾经使用的白色颜料如铅白粉（碱式碳酸铅）和白垩已不具有工业上的重要意义。白色填料不在本书讨论的范围内。白色颜料的光学性质是，在可见光范围内，光的吸收很少，并且可以强烈地散射光，主要是无选择性地散射光。

4.2.1　二氧化钛颜料

　　二氧化钛以金红石型、锐钛矿型和板钛矿型存在于自然界中。金红石型、锐钛矿型的二氧化钛在工业上大量生产，并且用作颜料、催化剂和生产陶瓷材料。

　　由于二氧化钛的光散射性质（它优于所有其他的白色颜料）、化学稳定性和没有毒性，使它成为极为重要的白色颜料。

4.2.1.1　性质

　　（1）物理性质　在三种 TiO_2 的变体中，金红石型是热力学上最稳定的一种。然而，其他的几种形态晶格能相似，因此可以在很长时间内处于稳定状态。超出70℃，锐钛矿型迅速单向转化为金红石型。板钛矿型很难生产，因此在 TiO_2 颜料工业上没有什么价值。

　　在所有三种 TiO_2 变体的晶格中，一个钛原子八面被六个氧原子包围，并且每一个氧原子又被三个钛原子以三角形排列所包围。三种变体对应着八面体的边和角的不同连接方式。TiO_2 变体的结晶学数据见表 4-4。

表 4-4　TiO₂ 变体的结晶学数据

形态	CAS 登记号	晶体体系	晶格常数/nm			密度/(g/cm³)
			a	b	c	
金红石型	[131-80-2]	四方晶系	0.4594		0.2958	4.21
锐钛矿型	[1317-70-0]	四方晶系	0.3785		0.9514	4.06
板钛矿型	[12188-41-9]	斜方晶系	0.9184	0.5447	0.5145	4.13

金红石型和锐钛矿型呈四方晶系，板钛矿型呈斜方晶系。TiO_2 熔点大约为 1800℃。高于 1000℃，由于氧的释出，氧分压逐渐升高，钛的低级氧化物生成。这一变化伴随着颜色和电导率的变化。温度高于 400℃时，它明显呈黄色，这是由于晶格的热扩张所致，它是一个可逆的过程。金红石型具有最高的密度，最紧密的原子结构，因此是最硬的一种变体（莫氏硬度 6.5～7.0）。锐钛矿型相对较软（莫氏硬度 5.5）。

二氧化钛是一个光敏的半导体，在接近紫外（UV）区域吸收电磁辐射。固体状态价带和导带之间的能量差，金红石型是 3.05eV，锐钛矿型是 3.29eV，相应的吸收光谱金红石型小于 415nm，锐钛矿型小于 385nm。

光能的吸收使电子从价带激发到导带。这个电子和电子空穴是移动的，并且能移动到固体的表面，发生氧化还原反应。

（2）化学性质　二氧化钛是带有弱酸和碱性的两性化合物。相应的碱金属钛酸酯和游离钛酸在水里是不稳定的，在水解时生成无定形的氧化钛氢氧化物。

二氧化钛的化学性质非常稳定，不受大多数有机和无机溶剂的侵蚀。它溶解在浓硫酸和氢氟酸中，并为熔融的碱性和酸性物质所侵蚀和溶解。

在高温下，TiO_2 和还原剂（如一氧化碳、氢气和氨）反应，生成低价的钛氧化物。500℃以上，在碳存在下，二氧化钛与氯气反应生成四氯化钛。

（3）TiO_2 颜料的表面性质　商业 TiO_2 产品的比表面积，按其用途不同在 $0.5～300m^2/g$ 之间变化。TiO_2 表面为配位的结合水所饱和，形成氢氧离子。按照羟基和钛原子键合的类型不同，这些基团显示酸性或碱性。因此，TiO_2 的表面总是极性的。覆盖羟基的表面对于颜料的性质，如分散性和耐候性，起到决定性的影响。

羟基的存在使诱导光化学反应成为可能，例如，分解水为氢和氧，以及还原氮为氨和肼。

4.2.1.2　原材料

生产 TiO_2 的原料包括天然的产物，如钛铁矿、白钛石和金红石，以及若干非常重要的合成材料，如钛渣和合成金红石。

（1）天然原材料　在天然的钛矿中，只有钛铁矿、白钛石和金红石具有经济上的重要意义。白钛石是钛铁矿的一个风化的产品。

世界上最大的钛储藏量是以锐钛矿和钛磁铁矿的形式存在的，但是这些矿目前不能经济地加工利用。大约 95％世界产量的钛铁矿和金红石用于生产 TiO_2 颜料，其余的用于制造金属钛和电焊条。

世界上钛铁矿存在于原生的块状矿床，或次生的、含重矿物的冲积矿床（砂矿）中。在块状矿里，钛铁矿通常和中性侵入岩共生。从这些块状矿床中获得的精矿，往往含有高的铁含量，它在钛铁矿里呈离析的赤铁矿或磁铁矿的形态。这些铁矿的存在，使得精矿中 TiO_2 的含量减少。由于它们的高铁含量，直接利用这些钛铁矿在减少。

在现有或古老的海岸线海滩沙中富集的钛铁矿，对 TiO_2 的生产是很重要的。冲浪、水流和/或风的作用，使钛铁矿和其他重矿物，如金红石、锆石、独居石和其他的硅酸盐，在沙丘或海滩上浓缩。此浓缩过程经常导致矿物呈现层状结构。经过地质年代的变迁，海水和空气的侵袭使得钛铁矿腐蚀。铁从钛铁矿晶格中被除去，使得留下来的材料中 TiO_2 富集起来。TiO_2 的含量在 65％以下，晶格都是稳定的，但是进一步除铁，会生成普通显微镜下看不见的矿物的混合物，其中可能包括锐钛矿、金红石和无定形的形态。TiO_2 的含量高到 90％的混合物为白钛石。白钛石存在于被侵蚀的钛铁矿和若干矿床中，它被单独利用和加工。然而，它的生产量要比钛铁矿小。

金红石主要是由高钛和高铁含量的岩浆结晶，或含钛沉积物或岩浆岩的变质作用而形成的。对于工业用途来说，在原生的岩石中，金红石的浓度太低了，因此只有金红石与锆石共生的砂矿、和/或钛铁矿以及其他重矿才被视为储藏量。世界金红石的储藏量估计为 4500 万吨。天然的金红石不能满足需求量，因此逐渐地被合成的品种所取代。

世界上钛矿石的生产大多数是从重矿砂开始的。钛铁矿通常和金红石、锆石共生，因此钛铁矿的生产和这些矿物的回收联系在一起。如果地理和水文条件许可的话，用湿法采挖原料矿砂（通常含有 3％～10％的重矿物）。经过过筛，原料矿砂在 Reichert 圆锥选矿器和/或螺旋选矿器进行多段重力选矿，得到的产物含90％～98％的重矿物。该设备将重矿物和轻矿物分离（相应的密度分别为 4.2～4.8g·cm^{-3} 和<3g·cm^{-3}）。

然后采用干或湿磁性分离法，将磁性矿物（钛铁矿）与非磁性矿物（金红石、锆石和硅酸盐）分开。如果矿石来自未风化的矿床，那么首先必须除去磁铁矿。静电分离就可以将良导体钛铁矿与不导电的有害杂质，如花岗岩、硅酸盐和磷酸盐分离开来。随后非磁性的部分（白钛石、金红石和锆石）进一步进行流体力学加工（振荡摇床、螺旋选矿器），除掉余下的低密度的矿物（主要是石英）。在最后的干燥步骤，采用高强度磁性分离法，回收弱磁性的、经风化的钛铁矿和白钛石。经过几个静电步骤，导电的金红石与不导电的锆石分开。残留的石英砂用空气吹除。

（2）合成原材料 随着高 TiO_2 含量原料需求量的增加，导致了开发合成 TiO_2 原料。在所有的生产过程中，都要从钛铁矿或钛磁铁矿中除去铁。

从钛铁矿中除去铁的冶金工艺过程，是建立在生成钛渣的基础上的。为此在 1200～1600℃的电弧炉里，用无烟煤或焦炭把其中的铁还原为金属，然后分离之。于是无钛的生铁与含 70%～85%的 TiO_2（取决于所用的矿石）的钛渣同时生成。因为此钛渣中 Ti^{3+} 的含量高，而碳含量低，因此可以用硫酸酸解。

与钛铁矿相反，只有少数金红石矿床具有开采经济价值，因此天然金红石的价格很高。为此，研究开发了许多不同的工艺方法，以便去除钛铁矿精矿中的铁，与此同时却不改变矿物的颗粒大小，因为这更适合于随之进行的流化床的氯化工艺。往往预活化氧化钛铁矿后，所有工业化工艺都用碳或氢还原 Fe^{3+}。按还原条件的不同，或者是在活化钛铁矿晶格中生成 Fe^{2+}，或者是生成金属铁。

带有活化 Fe^{2+} 的钛铁矿，可用盐酸或稀硫酸处理（最好带压），并且得到 TiO_2 含量为 85%～96%的"合成金红石"。浓缩含二价铁盐的溶液，然后热分解为氧化铁和盐酸，在酸解工艺中重复使用此盐酸。

可以有许多种方法除去金属铁。在专利文献中，描述了以下的工艺。

① 物理方法减小体积，如磁性浮选分离。

② 在三价铁氯化物溶液里溶解，生成的二价铁盐用空气氧化，得到氧化铁氢氧化物和三价铁盐。

③ 在酸里溶解。

④ 电解质存在下空气氧化。按所用的电解质不同，生成各种各样形态的氧化铁或氧化铁的氢氧化铁。可用的电解质有二价铁氧化物溶液、氯化铵，或碳酸铵-碳酸。

⑤ 用来自于钛铁矿酸解的三价硫酸铁进行氧化反应，随之结晶硫酸亚铁。

⑥ 氯化反应生成三氯化铁。

⑦ 与一氧化碳反应，生成可以被分解为高纯铁的羰基铁。其他可能提高钛铁矿 TiO_2 含量的方法，是在碳存在下使铁部分氯化。

4.2.1.3 生产方法

工业上生产二氧化钛颜料有硫酸法和氯化法两种不同的工艺过程。

（1）硫酸法 图 4-3 是硫酸法生产 TiO_2 的工艺流程。

① 研磨、干燥 原料在球磨机里研磨，平均颗粒大小小于 $40\mu m$。干燥含钛原料，使含水量小于 0.1%。干燥的目的主要是避免与硫酸混合时受热和早期的反应。

② 酸解 通常采用间隙式酸解。粉碎了的原料（钛铁矿、钛渣或两者的混合物）与 80%～98%的 H_2SO_4 混合。80%的硫酸也是可以用的，采用添加发烟硫酸来启动反应，也可把水加到原料在浓硫酸的悬浮液中来启动反应。无论是在哪种情况下，混合热焓引发此过程，产生剧烈的酸解反应，其最高温度大约为 200℃甚至更高。

H_2SO_4 与原料的比例，一般为水解产生悬浮液中游离 H_2SO_4 对 TiO_2 的质量比在 1.8～2.2 之间（所谓的"酸值"）。往酸解罐中加水、稀硫酸、发烟硫酸，

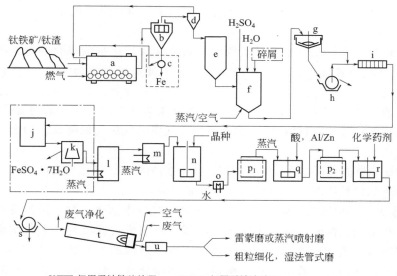

图 4-3 硫酸法生产 TiO_2 的工艺流程

a—球磨机/干燥器; b—筛分机; c—磁性分离器 (可任意选择);

d—旋风分离器; e—料斗; f—酸解罐; g—增稠器; h—回转过滤器; i—压滤机;

j—结晶器; k—离心机; l—真空蒸发器; m—预热器; n—水解搅拌罐; o—冷却器;

p_1, p_2—摩尔过滤器; q—漂白搅拌罐; r—涂布搅拌罐; s—脱水回转过滤器; t—转窑; u—冷却器

或者有时用蒸汽来启动反应。由于酸的水合热，使温度升到 50～70℃。放热的硫酸盐生成，使温度升到 170～220℃。如果用稀硫酸或少量可溶性的原料，则需要外加热。

反应混合物达到最高温度之后，要按原料不同而放置反应混合物熟化 1～12h，使得含钛的组分尽量变得可溶。在温度升高时，也可以在熟化期间，往物料中吹空气来加速酸解。

曾有人推荐了若干种连续酸解的工艺。一种经过考验的方法是，钛铁矿和水的混合物与酸一起，连续加入一个双桨螺旋传送器里。经过一个相对短的滞留时间（<1h），生成易碎的块状物。因为这种工艺，反应活性要求非常高，因此它比间隙法应用的原料范围更为有限。

因为钛铁原料成本高，对重复利用酸解的固体残渣（大约有 40%～65% TiO_2）作为原料进行了许多尝试。但是复杂和昂贵的设备和/或工艺条件，使得这些研究都没有大规模工业化。然而，最近发现了采用标准设备和标准工艺技术再酸解的工艺。

③ 浸取（溶解和还原）　酸解所得的块状物溶解在冷水或工艺过程中循环的稀酸中。为了防止早期水解，特别是对于钛铁矿酸解的产物，必须要保持一个低温（<85℃）。溶解时，吹入空气以搅拌混合物。钛铁矿酸解所得钛液 TiO_2 的含

量是 8%～12%（质量分数），钛渣酸解所得钛液 TiO_2 的含量是 13%～18%（质量分数）。

三价铁离子和钛化合物一起水解，并黏附到钛氧化物的水合物上。因此，所有 Fe^{3+} 在溶解钛铁矿产物时，或者稍后，必须被铁屑还原为 Fe^{2+}。直到水解中止，存在的小量 Ti^{3+} 会防止随后的过程中铁再次被氧化。另一方面，在适当的条件下，钛液中 Ti^{4+} 还原为 Ti^{3+}；此 Ti^{3+} 浓钛液以受控的方式，加到反应液中去。从钛渣得到的钛液里，钛液 Ti^{3+} 含量因与空气中氧气氧化而降低，因此水解产率不会受损。

钛铁矿和钛渣都可以进行混合酸解，其中钛渣的 Ti^{3+} 还原所有的 Fe^{3+} 为 Fe^{2+}。由分别酸解的钛铁矿和钛渣所得的钛液也能混合。

④ 净化　一切尚未溶解的固体物质必须从溶液中彻底清除。最经济的方法是在增稠器里采用预沉降，随后用回转过滤器或压滤机过滤沉淀。来自增稠器的滤液和上层清液，通过压滤机以去除微细物。由于溶液的过滤性能差，回转过滤器必须是预涂助滤剂的过滤器。在增稠器里的初步分离，必须加入促进沉降的化学絮凝剂。曾有报道采用自动过滤机的一步法来完成整个净化过程。

⑤ 结晶　还原 Fe^{3+} 后，来自酸解钛渣的钛液含 5%～6%（质量分数）的 $FeSO_4$，而来自酸解钛铁矿的钛液含 16%～20%（质量分数）的 $FeSO_4$。钛铁矿钛液在真空下冷却结晶，分离出 $FeSO_4 \cdot 7H_2O$。并降低随废酸排放 $FeSO_4$ 的量。TiO_2 在钛液中的含量，由此提高到约 25%。铜盐经过滤或离心分离出来。

硫酸亚铁用于水净化，是生产氧化铁颜料的原料。另一方面，它能水合和热分解为三价铁氧化物和二氧化硫。

⑥ 水解　在 94～110℃ 水解，水合二氧化钛被沉淀出来。原料中其他可被硫酸溶解的组分，同时沉淀出来，其主要是铌氧化物的水合物。

在衬砖的水解搅拌罐中，通入蒸汽进行水解反应。水解产物不具有任何颜料的性质。水解物的性质受到其颗粒大小和絮凝程度（水解物的原生粒子大小约为 5nm，TiO_2 颜料的颗粒大小为 200～300nm）的强烈影响。

水解物的性质取决于以下因素。

A. 除非加入或生成加速水解反应的适当晶种，否则浓钛溶液（170～230g · L^{-1} TiO_2）水解进行得非常缓慢和不完全（即便是在沸腾的条件下）。通常有两种方法产生晶种。Mecklenburg 方法是在 100℃ 下，用氢氧化钠沉淀胶体二氧化钛水合物。Blumenfeld 方法是在沸腾的水中，水解小量的硫酸盐，然后加到整个溶液中。水解产物的颗粒大小取决于晶种的数量。

B. 水解物的颗粒大小和絮凝程度，取决于用 Blumenfeld 方法生成晶种时和水解开始阶段所采用的搅拌强度。

C. 硫酸钛的浓度对于水解产物的絮凝有巨大的影响。在水解时把它调节为 TiO_2 含量为 170～230g · L^{-1}，如果必要的话可用真空蒸发的方法。浓度越低，产生的颗粒越粗。

D. 酸值应在 1.8～2.2 之间。它对 TiO_2 的产率和水解产物的颗粒大小有相当大的影响。在常规的水解周期（3～6h）下，TiO_2 的产率是 93%～96%。

E. 水解产物的性质受到其中存在的其他盐类浓度的影响，特别是 $FeSO_4$。浓度高形成细微的水解产物。

F. 温度主要影响产能、定时产率和水解物的纯度。

⑦ 水解产物的提纯　随着所用原料的不同，在水解反应后，二氧化钛水合物悬浮物的液相含 20%～28% 的 H_2SO_4，以及不等量的被溶解的硫酸盐。水合物从溶液滤出，用水或稀酸洗涤。即便是用酸洗，还是会有许多重金属离子吸附在直接用于生产白色颜料的水合物上。大多数杂质可用还原（漂白）的方法除去，据此滤饼和稀酸（3%～10%）在 50～90℃ 下制成浆状物，与锌或铝粉混合。漂白也可用强力的非金属还原剂（例如 $HOCH_2 SO_2 Na$）进行。经过第二次过滤和洗涤过程，水合物只附有低浓度的带色杂质，但仍有 5%～10% 化学吸附的 H_2SO_4。这些 H_2SO_4 是不能用洗涤的方法除去的，要加热到高温才能把它赶走。

⑧ 水合物的掺杂　生产最高纯度的二氧化钛时，不加任何添加剂条件下，加热（煅烧）水合物。由此得到相当粗的 TiO_2，它的金红石含量随加热温度而异。然而生产专用颜料级的 TiO_2 时，在煅烧前，水合物必须用碱金属化合物和磷酸为矿化物（<1%）来处理。锐钛型颜料比金红石型颜料含磷酸多。生产金红石型颜料必须加入金红石晶种（<10%）；有时也加入 ZnO、Al_2O_3 和/或 Sb_2O_3（<3%）来稳定结晶的结构。

晶种的制备是用转化提纯过的二氧化钛水合物生成钛酸钠，将其洗到无硫酸盐，然后用盐酸处理来生产金红石晶种。金红石晶种也可用四氯化钛溶液与氢氧化钠溶液沉淀的方法来制备。

⑨ 煅烧　用脱水回转过滤器过滤掺杂过的水合物，以除去所含的水，直到 TiO_2 含量达到 30%～40%。也可用带压的回转过滤器或自动过滤器，以使得到的 TiO_2 含量大约为 50%。有些水溶的掺杂剂在滤液里损失掉了，可在滤饼投入煅烧窑前补加。转窑中燃气或油以逆流的方式直接加热。干燥物料大约需要 2/3 的停留时间（总共为 7～20h）。大约在 500℃ 以上，三氧化硫被赶出，在更高的温度下，它部分地分解为二氧化硫和氧气。按照颜料的类型、生产率以及转窑温度分布的不同，产物可达到的最高温度为 800～1000℃。金红石的含量、颗粒大小、粒度分布和聚集体的形成，在相当大的程度上依赖于转窑操作方式。烧结块离开转窑后，可以间接冷却或在桶式冷却器里用空气直接冷却。

废气在转窑出口的温度必须大于 300℃，以便防止硫酸在管道排出时被冷凝下来。循环部分废气到转窑的燃烧室，并和燃料气混合以代替部分空气，可以节能。另一方面，它可用于浓缩稀酸。废气随后进入废气净化系统。

用湿的或干的粉碎方法，将烧结块里的附聚物和聚集体磨成颜料的细度。粗颗粒在管式磨里湿磨（加分散剂）之前，应在锤磨里先行粉碎而变细。离心悬浮物除去粗的组分，并回到磨中。另外一种维护保养费用非常低廉的技术是辊式磨粉，随之湿磨除去结块。锤磨、十字拍打磨、辊磨以及特殊的摆动和蒸汽喷射磨适用于干粉碎。可采用专用的研磨助剂，它在随后的颜料处理中起润湿作用，或改进未经处理颜料的分散性。

（2）氯化法　图 4-4 是氯化法生产 TiO_2 工艺流程图。

① 氯化反应　在还原条件下，原料中的二氧化钛转化为四氯化钛。

$$TiO_2 + 2Cl_2 + C \longrightarrow TiCl_4 + CO_2$$

当温度升高时，二氧化碳和碳生成一氧化碳的吸热反应也呈上升的趋势。因此氧气必须与氯气一起通入，以维持反应温度在 $800 \sim 1200℃$ 之间。焦炭的消耗量是每吨 TiO_2 为 $250 \sim 300kg$。如果采用来自燃烧 $TiCl_4$ 的含二氧化碳的氯气，焦炭的消耗量增加到 $350 \sim 400kg$。

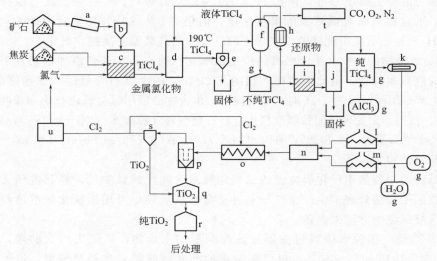

图 4-4　氯化法生产 TiO_2 工艺流程

a—粉碎机；b—料斗；c—流化床反应器；d—冷却塔；e—分离器；f—$TiCl_4$ 冷凝器；g—储罐；
h—冷却器；i—除钒器；j—蒸馏器；k—蒸发器；l—$TiCl_4$ 过热器；m—氧化加热器；n—燃烧器；
o—冷却盘管；p—过滤器；q—TiO_2 净化器；r—料斗；s—气体提纯器；t—废气净化器；u—Cl_2 液化器

现在，较老的固定床氯化法几乎不用了。在这种工艺中，粉碎了的含钛原料与石油焦和一个基料混合在一起，生成炭砖。在 $700 \sim 900℃$ 衬砖的反应器里进行氯化反应。

1950 年开始采用流化床氯化反应。在 $800 \sim 1200℃$ 下，在衬砖的流化床反应器里，钛原料（颗粒大小与沙子相似）和石油焦（平均颗粒大小约为 TiO_2 颗粒的五倍）与氯气和氧气反应。原料必须尽可能干燥，以免生成 HCl。随反应器的设计和气体流速不同，氯气 $98\% \sim 100\%$ 可反应，原料中的钛 $95\% \sim 100\%$ 可反应。由于氯化镁和氯化钙的挥发性低，它们会在流化床反应器里聚积起来。硅酸锆也会聚积起来，因为在所采用的温度下，它的氯化非常缓慢。原料中所有其他的组分，以氯化物的形式在反应废气中挥发掉。

② 尾气冷却　反应尾气用 $TiCl_4$ 间接或者直接冷却。其他组分氯化物的结晶，特别是钛铁矿氯化时生成的大量二价和三价铁氯化物，会引起问题，因为它们会粘在冷的表面。在此第一阶段，反应尾气只冷却到小于 $300℃$，在此温度下，伴生的氯化物可以用冷凝和升华的方法，满意地从 $TiCl_4$ 中分离掉。

这样一来，尾气就主要是 $TiCl_4$ 了，将其冷却到 $0℃$ 以下，使大部分 $TiCl_4$，冷凝。废气（CO_2、CO 和 N_2）中残留少量的 $TiCl_4$ 和 Cl_2，则用碱洗涤的方法除去。

③ $TiCl_4$ 提纯　室温下氯化物是固体，用简单蒸发（蒸馏）的方法分离出 $TiCl_4$ 夹带的粉尘。溶解的氯用加热和金属粉（Fe、Cu 或 Sn）还原除去。

四氯化钒（VCl_4）和氧氯化钒（$VOCl_3$）的沸点很接近，用蒸馏的方法去除是很有挑战性的。它们被还原，而生成固态低价钒氯化物。被推荐的还原剂有许多，重要的有铜、三氯化钛、硫化氢、烃类、皂类、脂肪酸类和胺类化合物。在进行蒸发后，氯化钛中的钒含量应小于 $5\mu g/g$。如果采用有机还原剂，它们在烘烤时产生的残渣附着到热交换器的表面，会出现问题。

用分馏的方法除去光气和 $SiCl_4$。

④ $TiCl_4$ 氧化和 TiO_2 回收　在 $900～1400℃$ 下，四氯化钛与氧气反应，生成 TiO_2 颜料和氯气。

$$TiCl_4 + O_2 \longrightarrow 2Cl_2 + TiO_2$$

这是缓和的放热反应，需要高的反应温度，因此氧气必须加热到大于 $1000℃$。热的 $TiCl_4$ 和氧气（$110\%～150\%$ 的理论用量）分别进入反应室中，它们必须在其中尽可能迅速、彻底混合，以便快速彻底反应。为了防止物料粘到器壁上，通常引入耐磨粒子，如沙子、粗 TiO_2 颗粒、氯化钠或其他材料。

在用固体颗粒，如沙子，直接或间接干分离颜料时，气体（Cl_2、O_2、CO_2）和颜料的混合物进一步冷却。颜料经过滤从气体中分出。气流循环到燃烧反应器的冷却区和通过液化装置，作为含氧的氯气进入氯化过程。加热或用氮或空气冲洗除去吸附在颜料表面上的氯。

（3）颜料质量　TiO_2 颜料的质量受到众多因素的影响。反应温度、过量氧气和反应器里的流动状况都影响到颗粒大小和粒度分布。因此，每一个反应器都要确立完善的工艺条件。TiO_2 在反应器壁上结疤，有损于质量和降低连续使用寿命。

$TiCl_4$ 燃烧时，如果有水和/或碱性化合物存在的话，会生成晶种，其可促使具有高分散力的、分得很细的颜料的形成。添加剂可以直接加到氧气中，或者由燃烧含氢的物质产生。

$AlCl_3$ 的存在，促使生成金红石型和更细的颜料。它的添加量最高到 5%（摩尔分数）。有许多快速生成和直接将 $AlCl_3$ 蒸气导入 $TiCl_4$ 蒸气中的方法。添加 PCl_3 和 $SiCl_4$ 会抑制金红石型的形成，而得到锐钛矿型颜料。然而，此类颜料没有在市场上出现。

(4) 后处理　颜料颗粒的后处理或覆盖涂层，可改进加了颜料的有机复合物的耐候性和耐光性，以及改进颜料在此复合物中的分散性。此后处理是以低溶解性的无色、无机化合物沉淀到表面上，来涂布单个颜料颗粒的。然而，颜料的光学性质会因此而降低，降低比例大约为 TiO_2 含量所减少的比例。表面涂层可防止基料复合物和 TiO_2 活性表面的直接接触。这种涂层的作用，在很大程度上依赖于它们的组成和涂布的方法，获得的涂层可以是有孔隙的或稠密的。通常要求颜料在基料或复合物里有高耐候性和良好的分散性。用不同的涂层密度和孔隙度来控制这些作用。除此之外，有机物质可以在干燥颜料最后研磨的时候加入。

若干种可采用的后处理方法如下。

① 水解或分解挥发性物质，如氯化物或有机金属化合物，进行气相沉积，加入水蒸气进行颜料表面的沉积。此方法特别适用于在干燥条件下生成的氯化法颜料。

② 添加氧化物、氢氧化物或在颜料研磨的时候能吸附到表面上的物质。这就可以生成颜料表面局部的涂层。

③ 从水溶液中把涂层沉淀到悬浮的 TiO_2 颗粒上。在搅拌罐里的间隙工艺是最常用的：在专门的条件下，不同的化合物一个又一个地沉积上去。关于此课题有上百个专利。连续沉淀有时用于混合流水线或串联的搅拌罐。以各种次序的变化生产相当不同的化合物的涂层。最常见的有氧化物、氧化物的水合物、硅酸盐和/或钛、锆、硅、铝的磷酸盐。硼、锡、锌、铯、锰、锑或钒的化合物用于特殊用途。

无机涂层的典型分类如下。

① 用于油漆或塑料致密表面涂层的颜料由下面步骤制备：精确控制温度、pH值和沉淀速率，均相沉淀 SiO_2；在 $500\sim800\,℃$ 之间回火或在后处理结束时处理。以 Zr、Ti、Al 和 Si 化合物后处理。仅用 $1\%\sim3\%$ 的氧化铝处理。

② 用于乳胶漆多孔涂层的颜料，用 Ti、Al 和 Si 化合物简单处理就可得到，其硅含量为 10%，TiO_2 含量为 $80\%\sim85\%$。

③ 纸层压板工业用致密表面涂层的耐光颜料，具有稳定的晶格，其表面涂层是以钛、锆和铝的硅酸盐或磷酸盐为基础的，大约含 $90\%TiO_2$。

共沉淀特殊的阳离子，如锑或铯可以进一步改进耐光性能。塑料的着色通常用较小颗粒的、无机涂层小于 3% 的 TiO_2（TiO_2 一般大于 95%）。

在水介质中处理之后，颜料在转动真空过滤器或压滤机里洗涤到除净盐分，然后在带状的、喷雾或流化床干燥器中干燥。

在空气流粉碎或蒸汽流粉碎微粉化之前，有时也在干燥之前，添加有机物质进一步使颜料表面改性，以改善其分散性能和加工性能。所用化合物的品种取决于颜料的用途。颜料的表面既可以制成憎水的（例如用有机硅、有机磷酸酯和苯二甲酸烷基酯），也可以制成亲水的（例如用醇、酯、醚和它们的聚合物，胺、有机酸）。憎水和亲水物质的复合物用来获得可以任意调节的表面性质。

由氯化法工艺生产的颜料（氯化法颜料）一般具有比硫酸法工艺生产的颜料（硫酸法颜料）更好的亮度和更为中性的色调。通常氯化法颜料显示出更好的分散性和更好的耐久性。

然而，氯化法和硫酸法颜料在许多应用中是可以互换的，在各种应用中硫酸法颜料可能有占优势的性质，例如由于硫酸法颜料磨损性低，而用于印刷油墨中。

在要求较高的应用领域所用的颜料中，几乎都要用无机物进行后处理。

(5) 三废处理　硫酸法中每生产 1 吨 TiO_2，随原料不同需用 2.4～3.5 吨浓 H_2SO_4。在生产过程中，一部分硫酸转化为硫酸盐，主要是硫酸亚铁盐，其余的是游离的硫酸（稀酸）。

过去通常把酸排放到公海或沿海水域。长久以来，稀酸问题是一个有争议的课题。结果在 1993 年，欧共体决定制止向开放的水域排放稀酸。

为了满足环保的要求，欧洲 TiO_2 的生产商开发了各种废水处理工艺。最重要的工艺是从稀酸中沉淀出石膏，以及浓缩和回收游离酸和结合酸。金属硫酸盐溶液的另一种出路是生产氧化铁颜料。

在石膏工艺中，废硫酸首先用细微的 $CaCO_3$ 沉淀出白色的石膏。经过过滤、洗涤和干燥，白色的石膏用于制造石膏板。第二步是添加氢氧化钙，滤液中残留的金属硫酸盐被沉淀为金属氢氧化物和石膏。这种混合物，是所谓的红石膏，可用作填埋洼地的垫土。也曾有人建议由以 $CaCO_3$ 或金属铁（部分）中和稀酸之后获得的硫酸铁溶液，来生产氧化铁颜料。

在循环工艺中，游离的和结合的硫酸（金属硫酸盐）都可以在煅烧炉中煅烧回收。此工艺分为两步：①蒸发浓缩和回收游离酸；②热分解金属硫酸盐和从生成的二氧化硫中生产硫酸。

4.2.1.4　颜料性质

TiO_2 颜料重要的性质包括分散力、遮盖力（着色力）、亮度、主色（或颜色）、光泽的产生和变浑浊、分散性、耐光性和耐候性。这些性质与化学纯度、晶格稳定性、颗粒大小和分布以及涂覆的涂层有关。这些性质也依赖于基体树脂。

(1) 分散力　金红石型和锐钛矿型钛白的折射率是相当好的（分别为 2.80 和 2.55）。它甚至高于金刚石的折射率 2.42）。即便是与各种各样的基料混合后，相对折射率（颜料的折射率/基料的折射率）也在 1.5～2 之间。分散力取决于颗粒大小，对 TiO_2 来说，在它的颗粒大小为 $0.2\mu m$ 时达到最大值（Mie 理论）。分散力也取决于波长，TiO_2 颗粒越小，波长越短，散射光越强，因此显示出略带蓝色调，而较大颗粒，则显示偏黄的色调。

(2) 主色（或颜色）　TiO_2 颜料的白度（亮度和主色/颜色），主要取决于 TiO_2 的结晶变形、纯度和颗粒大小。与金红石型颜料进行比较的话，锐钛矿型颜料的吸收光谱（385nm）偏向 UV 区域，因此它少黄底色。在晶体结构中，任何过渡元素的存在，都对白度起不良影响，因而精良的制造条件是极其重要的。由此而来，氯化法生产的颜料（该工艺在氧化前蒸馏提纯 $TiCl_4$）具有较高的颜色纯度和非常高的白度值。

（3）分散性　为了获得高光泽和低雾影的性质，TiO_2 颜料在介质中必须有良好的粉碎性和分散性。充分研磨，并用有机化合物涂覆颜料的表面，就可以满足这些要求。表面处理所用的化合物按应用领域而异。

（4）耐光性和耐候性　带有 TiO_2 颜料的油漆和涂料的自然老化，引起颜料粉化。如果自然老化发生在没有氧气存在条件下，或发生在对氧的渗透性很低的基料中（例如，在三聚氰胺-甲醛树脂中），则看不到粉化，但是出现发灰现象，在与空气接触下发灰现象减少。在没有水时，发灰现象会大大减少。颜料的生产商开发了颜料稳定化的工艺，例如，在煅烧前或氧化的时候，掺入锌或铝。

按最新的理解，TiO_2 颜料的耐光性和耐候性的损坏是按下列的循环进行的。

① 水分子附到 TiO_2 表面，在表面生成羟基。

② 吸收短波光（锐钛矿型＜385nm，金红石型＜415nm），在晶格中产生电子或电子缺陷或"空穴"（受激子），其迁徙到颜料的表面。

③ 在颜料表面 OH^- 离子被电子"空穴"氧化为 $OH·$ 基团。然后，OH^- 离子被解吸，通过氧化使基料破裂。留下的激发电子还原 Ti^{4+}，同时生成 Ti^{3+} 离子。

④ Ti^{3+} 离子被吸附的氧所氧化，生成 O^{2-} 离子。随后与 H^+ 反应，转化为 $HO_2·$ 基团。

⑤ 水结合到再生的 TiO_2 表面，循环终止。

没有空气或水，循环①～⑤就会被中断。如果排除氧或选一种氧的扩散速率受控的基料，生成浓 Ti^{3+} 离子，则发灰现象会发生，但随着与氧渐渐接触它会变弱。如果排除水，不会发生再水合和形成表面羟基；因此，基料的断裂可停止。尽管光化学作用会使基料断裂，但是用表面处理过的金红石钛白粉颜料，可以使许多基料处于稳定状态。这是因为不添加颜料的涂料，暴露于光和大气老化下会降解；添加 TiO_2 颜料，可以阻止光透入涂膜的深层，从而抑制了基料的断裂。高品质 TiO_2 颜料必须满足高耐候性的要求。这些颜料必须经受严格的佛罗里达耐候试验，经过两年的曝晒，而没有粉化或光泽损失。

4.2.1.5　颜料级 TiO_2 的应用

二氧化钛用途广泛，它几乎完全代替了其他的白色颜料。

（1）油料和涂料　油漆和涂料是 TiO_2 颜料的最大应用领域。该种颜料使得涂装材料的保护功能得到了充分的发挥。由于 TiO_2 颜料的不断发展，仅仅几个微米厚的涂料就可以完全覆盖底材。使用简单的分散设备，如圆盘式高速分散机，就可以采用市售的颜料生产油漆。在蒸汽喷射微粉化颜料前，用有机物处理，生产出来的颜料光泽性质得到了改进，雾影减小，用于烘烤磁漆。此类产品在储存时，不会发生沉淀，它们具有良好的耐光性和耐候性。

（2）印刷油墨　现代印刷过程涂层厚度小于 $10\mu m$，因此 TiO_2 颜料要尽可能细。这种非常薄的膜厚，只有用消色力（冲淡能力）为立德粉 7 倍的 TiO_2 颜料才行。由于 TiO_2 具有中性的主色，它特别适用于着色颜料的消色（冲淡）作用。

（3）塑料　二氧化钛广泛用于带色的耐久性和不耐久的塑料制品，如玩具、家用电器、汽车、家具和包装薄膜。TiO_2 颜料可保护带颜料制品，免受有害的射线损害。

（4）纤维　二氧化钛颜料赋予合成纤维的外观一种密实的感觉，消除了由于合成纤维的半透明性导致的不实感。在纺丝的过程中，锐钛矿型颜料的磨损作用仅为金红石型颜料的 1/4，因此被合成纤维所采用。在聚酰胺纤维中，锐钛矿型颜料耐光性不良的问题可用适当的包膜来改善。

（5）纸张　欧洲造纸工业选用如高岭土、白垩或滑石粉之类的填料作为增白剂或不透明剂。二氧化钛颜料适用于即便在非常薄的情况下（航空信纸或薄的印刷纸）也必须是不透明的非常白的纸张。TiO_2 可以掺到纸浆中或用作涂层，从而赋予优级的品质（"艺术"纸）。

用作装饰层或薄膜的层压纸，在与三聚氰胺-脲醛树脂混合之前，通常用非常耐光的金红石颜料着色。

4.2.2　硫化锌颜料

以硫化锌为基础的白色颜料是 1850 年在法国首先开发和申请专利的。虽然它们还有经济价值，但是自从 20 世纪 50 年代初期推出二氧化钛以后，已不断地失去了市场的容量。

最大销量的含硫化锌的白色颜料是立德粉，它是硫化锌（ZnS）和硫酸钡（$BaSO_4$）的混合物共沉淀，随后煅烧而生产出来的。

白色硫化锌类颜料之所以在其应用领域保持了它们的市场地位，是因为它们不仅有良好的光散射能力，而且还有其他所需的性能，如低磨损、低油量和低莫氏硬度。

有时它们是由各种工业三废生产的。这种回收利用的方法缓解了环保的压力。

4.2.2.1　性质

硫化锌类颜料组分的性质见表 4-5。

表 4-5　硫化锌类颜料组分的性质

性质		硫化锌	硫酸钡
物理性质	折射率	2.37	1.64
	密度/（g/cm³）	4.08	4.48
	莫氏硬度	3	3.5
化学性质	耐酸/碱性	溶于强酸	不溶
	耐有机溶剂性	不溶	不溶

在可见光范围内（波长 400～800nm）白色颜料不吸收光，但是在此范围内它能完全地散射入射光。硫化锌和硫酸钡的光谱反射曲线在很大程度上与此完全吻合。ZnS 最大的吸收峰大约在 700nm。硫化锌在 UV-A 区域中有吸收边缘，是造成其带蓝-白色头的主要原因。硫化锌具有闪锌矿晶格还是具有纤锌矿晶格取决于其生产的工艺。

ZnS 的折射率是决定其散射性能的，为 2.37，比塑料和基料的折射率（n＝1.5～1.6）要大得多。球形 ZnS 颗粒的直径为 294nm 时，分散力最大。由于硫酸钡的折射率相当低（n＝1.64），它不直接散射光，但是用作体质颜料，可提高 ZnS 的散射效率。

立德粉里的硫酸钡可以借助热分析，在 1150℃下的可逆吸热相变来鉴定。在空气存下，硫化锌和立德粉大约到 550℃都是热稳定的。由于它们的莫氏硬度低，其耐磨蚀性比其他的白色颜料差。硫酸钡对酸、碱和有机溶剂是惰性的。硫化锌在水介质里 pH 值在 4～10 之间是稳定的，对有机溶剂基本上是惰性的。在水和氧存在下，它能被 UV 辐射氧化热分解。

4.2.2.2 生产

（1）原材料　锌的来源可以是来自冶炼厂的氧化锌、锌渣或屑，来自热浸镀锌的氯化铵渣，或来自于镀锌工厂的液体废料如浸渍液。

水溶性钡化合物的原料是熔融的硫化钡，其是用焦炭还原硅和锶含量低的天然重晶石而生产的。从世界上许多矿床中，很容易得到适宜的重晶石。

（2）立德粉　等分子量的 $ZnSO_4$ 和 BaS 反应生成白色、不溶于水的共沉淀物，它的理论组成为 29.4%（质量分数）ZnS 和 70.6%（质量分数）$BaSO_4$：

$$ZnSO_4 + BaS \longrightarrow ZnS + BaSO_4$$

用不同的摩尔比，其组成可以变化，例如按下列的方程式共沉淀，得到的产品含有 62.5%（质量分数）ZnS 和 37.5%（质量分数）$BaSO_4$：

$$ZnSO_4 + 3ZnCl_2 + 4BaS \longrightarrow 4ZnS + BaSO_4 + 3BaCl_2$$

图 4-5 是立德粉生产的流程图。锌盐溶液所含有的杂质（例如铁、镍、铬、锰、银、镉的盐）是随它们的来源不同而异的。硫酸锌溶液的主要来源，是电解锌和回收的碎锌和氧化锌。净化的第一步是氯化。铁和锰以氧化物-氢氧化物沉淀出来；钴、镍、镉以氢氧化物沉淀出来。然后，溶液与锌粉在 80℃混合。所有比锌贵重的元素（镉、铟、铊、镍、钴、铅、铁、铜和银）几乎完全沉淀，而锌则转移到溶液中。金属残渣被过滤出来并回收。在净化过的锌盐溶液中，加入少量的水溶性钴盐。在后续的煅烧工艺中，钴（0.02%～0.5%）掺到硫化锌的晶格中去，以使最终的成品对光稳定。不用此法处理的硫化锌在日光下发灰。

硫化钡溶液是在水中溶解熔融硫化钡而生产的。硫化钡是石油焦在直接加热的转窑中，1200～1300℃下，按下列方程式还原粉碎的重晶石紧密混合物（约 1cm 大小的块）而获得的：

$$BaSO_4 + 2C \longrightarrow BaS + 2CO_2$$

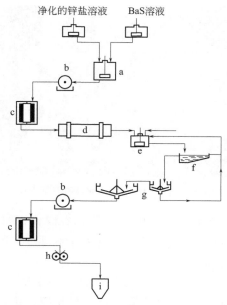

净化的锌盐溶液　　BaS溶液

图 4-5　立德粉生产的流程图

a—沉淀罐；b—回转过滤器；c—涡轮式干燥器；

d—转窑；e—冷却罐；f—耙式分级器；g—增稠器；h—粉碎机；i—料斗

过滤约含 $200g \cdot L^{-1}$ 硫化钡的热溶液（60℃），并且立刻用泵打到沉淀工序。不必再作进一步的净化处理。未反应的矿石和重金属以不溶的硫化物形式收集在滤饼中。几乎清亮的溶液只能短期储存，长期储存会导致生成多硫化物。

锌盐和 BaS 溶液在一定条件下彻底混合。沉淀出的"生立德粉"不具有颜料的性能。进行过滤和干燥；大约 2cm 大小的料在转窑里煅烧，然后用天然气在 650~700℃ 直接加热。结晶的生长由微量的钠、钾和镁盐来调节。控制窑的温度和停留时间，以获得约为 300nm 最佳颗粒大小的 ZnS。

从窑里出来的热产品到水中骤冷，通过耙式分级器进入增稠器，在回转过滤器中过滤，洗到不带盐为止。干燥的产品在粉碎机中粉碎，并且按用途进行有机处理。

图 4-6 是立德粉电子扫描的显微放大图。可以由它们的大小来识别 ZnS 和 $BaSO_4$ 颗粒。$BaSO_4$ 颗粒平均直径为 $1\mu m$，硫化锌颗粒直径平均为 $0.3\mu m$。

（3）硫化锌　Na_2S 溶液和锌盐的溶液在精确控制的条件下混合。煅烧和加工生成的硫化锌沉淀，而得到最终产品。

$$Na_2S + ZnSO_4 \longrightarrow ZnS + Na_2SO_4$$

（4）水热工艺　ZnS 结晶的生长，可以用水热工艺来代替煅烧。未经处理的立德粉与稍微过量的硫化物在 pH 8.5 条件下沉淀。用氢氧化钠溶液调节 pH 值到 12~13，并加入 0.5% 碳酸钠。然后悬浮物在 250~300℃ 下加压 15~20min。与

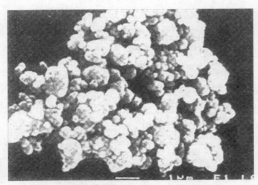

图 4-6 立德粉电子扫描的显微放大图

煅烧产品的纤锌矿型结构相反,水热法产品具有闪锌矿型结构,它的分散力大10%。虽然产品具有较好的质量,但是水热法并不经济,因为加压衬里所需的材料成本高(例如钽或锆的合金)。

(5)环境保护 在还原重晶石和煅烧硫化锌和立德粉时,有二氧化硫放出。在净化步骤将其从废气中除去,该步骤是以二氧化硫在聚乙二醇中的,溶解度随着温度而变为基础的。吸收的二氧化硫以液体产品回收,或作为硫酸的原料。来自溶解熔融 BaS 的残渣中微量可溶性钡,用 Na_2SO_4 处理而除去。

4.2.2.3 用途

(1)立德粉 主要以相当高的颜料浓度用于涂装材料,例如底漆、塑料物质、腻子、中涂、绘画颜料和乳胶漆。立德粉的一个重要性能是,它只需要很少的基料就可以得到良好的流动性能和施工性能。它几乎适用于所有的基料介质,并有良好的润湿性和分散性。使用最佳的投料配方,借助高速搅拌机的作用,就可以很简便地取得良好的分散效果。立德粉与 TiO_2 颜料混合使用有经济优势。由于立德粉的吸收光谱向蓝光强烈偏移,它特别适用于作为 UV 固化油漆体系的白色颜料。锌的化合物有杀菌和杀藻的作用,在户外用涂料的配方里含有立德粉或硫化锌的话,有助于防止菌类或藻类的生长。

立德粉的材料优势使它得以在塑料中应用(例如良好的耐光性和清澈带蓝的白色调)。该产品也赋予了塑料非常好的挤出性质,因此产率高,挤出机操作很经济。在防火体系中,可以用无毒的立德粉替代大约 50% 的阻燃剂三氧化二锑,而无任何不利的作用。

(2)硫化锌 硫化锌主要用于塑料。应用硫化锌的出发点是在于它的功能性质,如消色和遮盖力。已经证明其对许多热塑性塑料的着色是非常有利的。在分散时,其不会引起金属生产机械的磨损,也不会对聚合物产生不良的作用,即便是在高温操作或多次加工工艺条件下也是如此。甚至对超高分子量的热塑性塑料的着色也不成问题。玻璃纤维增强塑料在挤出时,硫化锌的柔软性能得以防止纤维的机械损伤。硫化锌也在制造这些材料时用作干膜润滑剂。

硫化锌的低磨损性能，延长了橡胶工业制品生产所用冲压模具的使用寿命。用硫化锌改善了许多弹性体的耐光性和耐老化性。它也用作滚柱和滑动轴承的干膜润滑剂，以及作为脂和油的白色颜料。

4.2.3 氧化锌颜料

4.2.3.1 性质

（1）物理性质　氧化锌是一种细微的白色粉末，在加热到300℃时变黄。它在366nm波长以下吸收 UV 光。晶格中引入微量的一价或三价元素，会赋予其半导体的性质。用加热的方法得到的 ZnO 的初级粒子，可以是粒状的、球状的（0.1～5μm）或针状的（0.5～10μm）。湿法工艺生产的颗粒是无定形的（海绵状，颗粒大小可达 50μm）。氧化锌物理性质见表 4-6。

表 4-6　氧化锌物理性质

密度/g·cm^{-3}	5.65～5.68
折射率	1.95～2.1
熔点	1975℃
比热容(25℃)/J·mol^{-1}·K^{-1}	40.26
比热容(100℃)/J·mol^{-1}·K^{-1}	44.37
比热容(1000℃)/J·mol^{-1}·K^{-1}	54.95
热导率/W·m^{-1}·K^{-1}	25.2
晶体结构	六方晶系,纤锌矿型
莫氏硬度	4～4.5

（2）化学性质　氧化锌是两性的；它可以与有机酸和无机酸反应，也可以溶解在碱和氨的溶液里生产锌酸盐。它很容易和酸性气体（例如 CO_2、SO_2、H_2S）结合。它在高温下与其他氧化物反应生成复合物，如铁酸锌。

4.2.3.2 生产

在欧洲，氧化锌5%～7%用湿法生产，10%～20%用直接法生产，大量的是用间接法生产的。

（1）原材料　最早直接法的主要原料是锌矿石或精矿，间接法是用来自于生产锌的工厂的金属。目前，氧化锌生产厂主要用锌渣和再生锌。这个事实，伴随着用户对化学纯度的需求，意味着工艺过程必须改进，要采用一系列的净化提纯技术。

（2）直接法或美国法　直接法以其简便、成本低和具有极好的热效率而著称。其由含锌原料（如氧化锌）在高温还原（1000～1200℃），还原剂是煤。还原按 Boudouard 反应进行：

$$ZnO+C \longrightarrow Zn+CO$$

$$ZnO + CO \longrightarrow Zn + CO_2$$
$$C + O_2 \longrightarrow CO_2$$
$$CO_2 + C \longrightarrow 2CO$$

在反应床上或在炉的出口，锌蒸气和 CO 气氧化为氧化锌和二氧化碳。各种含锌的原材料都可使用，例如精锌矿（主要在中国），冶金的废渣，来自铸造熔炉的浮渣，来自间接法的氧化渣，尤其是热浸镀锌的镀锌浴面的氧化锌。在转窑里加热到大约 1000℃，镀锌浴面的氧化锌首先除去氯化物和铅。

现在转窑仅在欧洲使用于直接法；固定窑已经不再使用了。原料中锌含量在 60%～75% 之间。有两种形式的转窑。

① 以燃气或油加热的长（约 30m）且相当狭窄（直径 2.5m）的转窑　原料（含锌物料和煤的混合物）以与燃气逆流或顺流的方式连续投入。仍旧含有锌和尚未燃烧的煤的残渣，不断地从与进料端相反的一端移走。过量的煤筛分后回收。含锌蒸气、ZnO 和 CO 的燃气进入氧化室，在此完成氧化，大颗粒的杂质降落下来。气体在热交换器中冷却或以空气稀释。氧化锌收集在袋式过滤器中。

② 较短（5m）且有大直径（约 3m）的转窑　加料是连续的，但是残渣是间隙按批除去的。

在此两种情况下操作条件都要加以控制，以便得到高的产率以及需要的颗粒形状和大小。如果没有污染的话，化学纯度完全取决于所用的原料组成。

（3）间接法或法国法　使锌沸腾，产生的蒸气在一定的条件下，在空气中燃烧而氧化。ZnO 的结晶和物理性质通过调节燃烧条件来控制（例如火焰紊流和过量空气）。ZnO 的化学组成完全与锌蒸气的组成有关。

有许多类型的窑可以使用，采用不同原料生产所需纯度的锌蒸气，并获得高的锌产率。用纯锌（超高级，SHG；高级，HG）或越来越普遍采用的金属废渣（例如废锌屑、模铸废渣或电镀浴上下废渣）作为原料。在金属锌氧化前，采用各种液相或气相分离技术从其中分离出 Cd、Pb、Fe 和 Al。

① 马弗炉、石墨或碳化硅蒸馏炉　金属以固体状态间歇地，或者以液体状态连续地加入炉中。蒸发的热量由蒸馏炉外的燃烧器提供。在马弗炉，汽化区域通过碳化硅的圆顶与加热室分开。在加热室中燃烧气或油所得的热量，通过圆顶的辐射传给锌浴。

不挥发的残渣（来自冶炼和模铸废渣的铁、铅和铝）集聚在蒸馏炉或马弗炉中，它们需要不时地除去。翻转蒸馏炉就很容易完成此清除工作。

② 分馏　在碳化硅塔板的分馏塔里，分馏净化含 Cd、Pb、Fe、Al 和 Cu 的蒸气。在塔的出口处进行氧化。

③ 带有两个分离室的炉子　大块的金属原料投入第一个室熔化。该室是与第二个电加热的室连在一起的，在第二个室中，隔绝空气下蒸馏。

在熔化室的表面除去非金属残渣、杂质，如 Fe、Al 和一些 Pb，在蒸馏室积聚，并且定期地以液体状态除去。用分馏的方法除去留下的微量铅。

④ 转窑里的熔化过程　用同样的原料，也可以在转窑中，用熔化的方法制造间接法的氧化锌。熔化、蒸馏和部分氧化在同一区域进行，使得燃烧锌的大部分热量得以利用。控制温度、二氧化碳和氧气的分压，就可以控制杂质（例如铅）的含量，并且可以调节 ZnO 颗粒的形状和大小。

（4）湿法　工业上氧化锌也以纯净的硫酸锌或氯化锌溶液，用碱式碳酸盐进行沉淀，随后进行洗涤、过滤和煅烧的方法生产。该方法生产具有高比表面积级别的氧化锌。

此类产品也可以由经过化学方法净化的氢氧化物废料，然后通过煅烧来取得。

（5）后处理　在 1000℃热处理，可以改善 ZnO 的颜料性质，热处理主要适用于直接法生产的氧化锌。控制煅烧的条件，也可改进用于照相复印的高纯氧化锌的光导性质。

如果在 ZnO 的表面涂有油或丙酸的话，会更亲和有机物。ZnO 通常经过脱气和造粒，以改进储运性能。

4.2.3.3　质量标准

由于 ZnO 较为重要的用途（橡胶、油漆和制药工业），制定了许多标准规格。通常按生产的工艺和化学组成，采用不同的分类方法。表 4-7 所示是按商业级别分类的氧化锌的典型参数。

表 4-7　按商业级别分类的氧化锌的典型参数

项目	间接法医药级	间接法化学纯级	直接法化学纯级	湿法化学纯级
ZnO/%	99.5	99.0	98.5	93
Pb/%	0.005	0.2	0.2	0.001
Cd/%	0.001	0.01	0.005	0.001
Cu/%	0.0005	0.001	0.005	0.001
Mn/%	0.0002	0.0005	0.005	0.001
灼热减量/%	0.2	0.25	0.25	1～5
比表面积/m² · g⁻¹	3～10	3～;10	1～4	3～80
筛余物(320 目)/%	0.02	0.04	0.02	0.1

一般来说，制造商有其自身的标准。术语金印、银印、红印、绿印和白印仍然在欧洲通用。

4.2.3.4　用途

氧化锌有许多用途。迄今为止，最重要的是在橡胶工业中的应用。几乎世界上 ZnO 一半的量用作天然和合成橡胶硫化促进剂的活化剂。ZnO 的反应性是比表面积的函数，但也受存在的杂质如铅和硫酸盐的影响。ZnO 确保硫化橡胶的良好耐久性，并且提高其热传导性。ZnO 含量一般为 2%～5%。

虽然氧化锌呈极好的白色，为画家所用，但它不再是涂料的主要白色颜料。它用作木材防腐外用油漆的助剂。它也用于防污和防腐蚀漆。它可以和氧化时产生的酸性物质反应和吸收 UV 辐射，可以改善漆膜的形成、耐久性和抗霉菌（与其他杀菌剂一起起协同作用）。

由于 ZnO 有杀菌性能，它在制药和化妆品工业中，用于粉状和膏状产品。它与丁子香酚起反应，也用于牙科的胶泥。

ZnO 以其能降低热膨胀、降低熔点和提高耐化学性能的特点，而用在玻璃、陶瓷和搪瓷领域中。它也用于改进光泽或提高不透明性。

氧化锌用作许多产品的原材料，如硬脂酸酯、磷酸酯、铬酸酯、硼酸酯、有机二硫代磷酸酯和铁酸盐。它是动物饲料和电镀锌的锌源，也用于气体脱硫。

氧化锌经常和其他氧化物配合在一起，用作有机合成的催化剂（例如合成甲醇）。在某些黏合剂的组分中也有它。

高纯的氧化锌和助剂（如 Bi_2O_3）在一起煅烧，用于可变电阻的制造。ZnO 的光导性质使它用于光复印工艺。它与氧化铝掺和在一起，使电阻下降；因而它可用作胶版复印中纸基印版的涂料。

4.3 着色颜料

着色颜料与黑色和白色颜料的不同之处在于，其吸收和散射系数在相当大的程度上随光波长绝对值变化而异。这些系数对光波长、粒度、颗粒形态和它们分布的依存关系决定颜料的颜色和遮盖力。

4.3.1 氧化物和氢氧化物颜料

在许多无机颜料中，过渡金属是产生颜色的主要原因。由于金属氧化物和氢氧化物的光学性质，且价格低廉和容易得到，因此其用作着色颜料显得特别重要。以氧化物和氢氧化物为基础的着色颜料，既可以是单一的组分，也可以是混合相。

4.3.1.1 氧化铁颜料

氧化铁颜料与日俱增的重要性是基于其无毒性，化学稳定性，具有从黄、橙、红、棕到黑的一系列颜色，以及良好的性价比。天然和合成的氧化铁颜料由已知晶体结构确定化合物组成。

含有氧化铁的混相金属氧化物颜料也被采用。

（1）天然氧化铁颜料　在史前时代（奥尔塔米拉岩穴画），天然的氧化铁和氧化铁氢氧化物就作为颜料使用。埃及、希腊和古罗马人用它作为着色的材料。

赤铁矿（α-Fe_2O_3）用作红色颜料，针铁矿（α-FeOOH）用作黄色颜料，以及棕土和黄土用作棕色颜料取得了经济上的重要意义。人们优先开采高氧化铁含量的矿床。天然的磁铁矿（Fe_3O_4）用作黑色颜料时，着色强度很差，因而在颜料工业中几乎没有得到应用。

全世界都有赤铁矿，但大储量矿床仅在西班牙的马拉加周边（西班牙红）、波斯湾附近（波斯红）。西班牙红带有棕色的底色。其水溶性盐的含量非常低，而

Fe_2O_3 的含量通常超过 90％。波斯红色相纯正，但是其水溶性盐的含量不利于某些应用。

针铁矿是赭土的显色组分，它主要是菱铁矿、硫化矿石和长石的一种风化的产品。具有值得加工的储藏量的地方主要在南非和法国。

棕土主要产于塞浦路斯。除了 Fe_2O_3 外（45％～70％），其含有相当量的二氧化锰（5％～20％）。它的原生状态呈现深棕色到绿棕色，而一旦煅烧，其呈带有红色调的深棕色（煅烧棕土）。

黄土主要产于托斯卡纳，它的平均 Fe_2O_3 含量大约为 50％，并含少于 1％ 的二氧化锰。天然状态呈黄棕色，而一旦煅烧，它呈现红棕色。

天然氧化铁的加工取决于其组成。水洗，打浆，干燥，粉碎，或立即干燥然后在球磨机，或通常在粉碎机或冲击磨中粉碎。

黄土和棕土是在直接火煅烧的炉中煅烧的，水被赶走。产品的色相由煅烧周期、温度和原材料组成来决定。

天然氧化铁颜料大多数用于价廉的船舶涂料或以胶、油或石灰为基础的涂料。它也用于彩色水泥、人造石材和壁纸。赭土颜料和黄土颜料用于生产颜色笔和粉笔。

天然氧化铁颜料经济上的重要性与合成材料相比近年来在下降。

（2）合成氧化铁颜料　由于合成氧化铁颜料的色调纯正、性能稳定和着色强度好，使其重要性与日俱增。红、黄、橙和黑色主要以单组分形态生产。其组成相当于矿物赤铁矿、针铁矿、纤铁矿和磁铁矿的组成。棕色颜料通常是由红和/或黄和/或黑的混合物组成；均一相的棕色也有生产，例如 $(Fe, Mn)_2O_3$ 和 γ-Fe_2O_3，但是与混合物相比数量很少。对于磁性记录材料来说，铁磁性的 γ-Fe_2O_3 是很重要的。

有若干种方法生产具有可控平均粒度、粒度分布、颗粒形状等的高质量的氧化铁颜料：①固相反应（红、黑、棕）；②铁盐溶液的沉淀和水解（黄、红、橙、黑）；③用硝基苯还原的 Laux 法（黑、黄、红）。

原材料主要来自其他工业的副产物：来自深冲压的铁皮废料，铸铁打磨残渣，生产 TiO_2 或酸浸钢铁时的 $FeSO_4 \cdot 7H_2O$ 和来自酸浸钢铁的 $FeCl_2$。

火焰喷射盐酸浸渍废液后得到的氧化铁，高温裂化铝土催化重整法得到的红泥，及黄铁矿燃烧的产物是较次要的颜料。这些颜料中带有相当量的可溶性盐，它使得颜色性能较差。因此其只能用于要求不高的领域。

由 Laux 法或其他方法制得的氧化铁黑，随起始原料的不同，在氧化气氛逆流下的转窑中煅烧，可以生产相当宽范围不同的红色颜料。按颜料的硬度和用途不同，在摆动磨、针磨或气流粉碎机中，将其粉碎成所要求的颗粒大小。

用煅烧氧化铁黄的方法来生产高着色力的纯氧化铁红颜料。进一步的加工与煅烧黑颜料的方法类似，称之为矾制铁红的高质量的颜料，是经过几个步骤热分解 $FeSO_4 \cdot 7H_2O$ 而得到的。如果在煅烧时存在碱土氧化物或碳酸盐，那么硫酸盐可以被焦炭或含碳化合物还原，生成二氧化硫，然后被空气氧化来制硫酸。然而，废气和在最后一步滤出的溶解杂质存在着生态问题。

在氧化条件下一步煅烧硫酸亚铁的七水合物，可以得到较低质量的产品。这种颜料的着色力很差，并带有蓝色头。在空气中高温下分解氯化亚铁的一水合物，也能生成低质量的氧化铁红颜料。有一种新的方法是用三氯化铁和铁，于 $500 \sim 1000 ℃$，在氧化条件下的管状反应器中，制得高产率的云母氧化铁。

在还原条件下，煅烧铁盐可以制备高着色力的黑色 Fe_3O_4 颜料。这种方法在工业上没有被采用，因为有废气产生。

在大约 $500 ℃$ 下，控制 Fe_3O_4 的氧化过程，可生产中性色调的单相棕色的 $\gamma\text{-}Fe_2O_3$。

$\alpha\text{-}FeOOH$ 和少量锰的化合物一起煅烧，得到组成为 $(Fe, Mn)_2O_3$ 的均一的棕色颜料。煅烧铁和在高温下分解的铬化合物，生成组成为 $(Fe, Cr)_2O_3$ 的颜料。

原则上，所有铁氧化物的氢氧化物都可以用铁盐的水溶液来制备。然而，用碱沉淀产生的中性盐（例如 Na_2SO_4、$NaCl$）副产物要进入废水。

沉淀法特别适合于生产纯净、鲜亮色调的软质颜料。例如生产氧化铁黄（$\alpha\text{-}FeOOH$），其原材料为硫酸亚铁（$FeSO_4 \cdot 7H_2O$）或钢铁的酸浸液（$FeSO_4$ 或 $FeCl_2$）和碱。通常酸浸液含有大量的游离酸，因此首先用铁皮反应来中和。其他的金属离子不应当大量存在，因为它们会对氧化铁颜料的色调起到不良的作用。

沉淀法生产氧化铁黄是在一个开放的反应器里，将铁盐的溶液和碱混合（图 4-7），通常用空气氧化。用碱量控制 pH 显酸性。反应时间（$10 \sim 100h$）取决于温度（$10 \sim 90 ℃$）和所要求的颜料粒度。如果在另一个反应器（晶种罐）里生产黄色晶种的话，那么会生成颜色纯正、质量标准高度稳定的氧化铁黄颜料。

如果在大约 $90 ℃$ 进行沉淀，同时使空气在 pH>7 时通过混合物，当 FeO：Fe_2O_3 比例大约为 $1：1$ 时终止反应，就得到磁铁矿结构的，并且有优良着色力的氧化铁黑颜料。该过程可以在 $150 ℃$ 压力下加速，这种技术也提高了颜料的质量。快速加热氧化铁氢氧化物和适量的 $Fe(OH)_2$ 悬浮液到大约 $90 ℃$，也可以生产颜料质量级别的氧化铁黑。

具有纤铁矿结构的橙色氧化铁（$\gamma\text{-}FeOOH$），是用氢氧化钠溶液或其他的碱沉淀稀的二价铁盐溶液到几乎中性而得到的。该悬浮物再经过短时间加热，快速冷却和氧化。

具有纯正红色的非常软的氧化铁颜料，可以采用直接红法获得：首先制备 $\alpha\text{-}Fe_2O_3$ 晶核，然后在 $80 ℃$ 空气氧化下，连续加入二价铁盐溶液。氧化和水解释放的氢离子加碱中和，并保持 pH 值为常数。二价铁盐的溶液，特别是存在少量的其他阳离子时，在 $60 \sim 95 ℃$ 下与过量的氢氧化钠反应和空气氧化，也可以得到颜料质量级别的 $\alpha\text{-}Fe_2O_3$。

彭尼曼法（图 4-7）可能是生产氧化铁黄颜料采用的最为广泛的方法。该方法

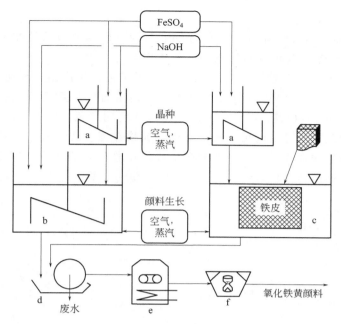

图 4-7　沉淀法（左）和彭尼曼法（右）生产氧化铁黄

a—晶种罐；b—颜料沉淀反应器；c—带有铁片筐的彭尼曼颜料反应器；d—过滤器；e—干燥器；f—研磨机

在相当大的程度上减少了作为副产物的中性盐。它的原材料是硫酸亚铁、氢氧化钠溶液和铁片。如果硫酸盐含有相当量的盐杂质，必须用部分沉淀的方法去除。铁不能含有掺杂的其他合金组分。该方法通常步骤如下。

在 20～50℃通气的条件下，用碱（即氢氧化钠溶液）沉淀硫酸亚铁来制备晶种。按照条件的不同，得到黄色、橙色或红色的晶种。用泵把晶种的悬浮物打到装有铁片的容器中并用水稀释。在此，晶种上的氧化铁氢氧化物或氧化物生长，从而完成该步骤。在 75～90℃下吹入空气，残留在晶种悬浮物里的硫酸亚铁被氧化成三价的硫酸铁。随后，三价的硫酸铁水解形成 FeOOH 或 α-Fe$_2$O$_3$。释放出的硫酸与铁片反应生成硫酸亚铁，该硫酸亚铁也被空气氧化。按所选的条件和要求的颜料质量不同，反应时间可以从几天到数周。反应完毕，用过滤器除去金属杂质和粗颗粒；用水洗除去水溶性盐。用带状或喷雾干燥器进行干燥，并采用研磨机（破碎机或气流粉碎机）粉碎。该方法比沉淀法的优越之处在于所需的碱和硫酸亚铁量小。碱仅仅用于生成晶种，所需要的少量的硫酸亚铁则是不断地由水解释放出的硫酸与铁反应而得到补充。因此该工艺被认为是环境友好的。用彭尼曼法生产的氧化铁颜料是柔软的，具有良好的润湿性能和非常低的絮凝倾向。

在适当的条件下，彭尼曼法也可以直接生产红色的颜料。残留的铁片和粗颗粒从颜料中除去，然后将其干燥并用破碎机或气流粉碎机粉碎。这种颜料具有无比优越的柔软性。随着所用原材料的不同，通常其具有的颜色比煅烧法生产的较硬的红颜料的颜色更为纯正，但是水分含量较高，强力研磨时色调的变化也不能忽视。

　　自 1854 年就为人们所知晓的 Béchamp 反应（即以锑或铁还原芳香族硝基化合物），一般生成黑-灰色的氧化铁泥，是不能转化为无机颜料的。通过添加氯化亚铁或氯化铝溶液、硫酸和磷酸，Laux 改进了工艺，生产出高质量氧化铁颜料。改变反应条件，可以得到许多类型的颜料。其范围可以从黄色到棕色（混合物 α-FeOOH 和/或 α-Fe$_2$O$_3$ 和/或 Fe$_3$O$_4$）以及从红色到黑色。譬如，添加氯化亚铁，就可以生产着色力非常高的黑颜料。然而，如果在氯化铝存在下，还原硝基化合物就得到高质量的黄颜料。添加磷酸会生成优良着色力的浅色到深棕色颜料。煅烧这些产品（即用转窑）得到浅红色到深紫色颜料。图 4-8 显示了该工艺。

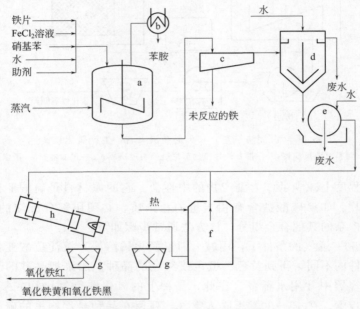

图 4-8　Laux 法生产氧化铁颜料

a—反应器；b—冷凝器；c—分级器；d—增稠器；e—过滤器；f—干燥器；g—粉碎机；h—转窑

　　颜料的种类和质量不仅取决于添加剂的性质和浓度，也取决于反应速率。反应速率取决于所用铁的品质、铁的颗粒大小、添加铁和硝基苯（或其他硝基化合物）的速度以及 pH 值。沉淀铁化合物无需碱。只需要用约为理论量 3％的酸溶解所有的铁。芳香族硝基化合物氧化 Fe^{2+} 为 Fe^{3+} 离子，在水解和颜料生成时释放酸，更多的金属铁被释放出的酸所溶解，生成二价铁盐，结果是不需要加入额外的酸。

　　所用的铁原料是铁的铸造或锻冶的磨耗废料，其中几乎没有油或脂。在双辊研磨机中辗细，并用振动筛分级以获得所需的细度。铁和硝基化合物通过计量设备，逐渐地加入装有其他反应物（例如氯化亚铁、氯化铝、硫酸和磷酸）的反应器。快速加热该体系到约 100℃，在反应期间保持该温度。硝基化合物被还原为胺

（即硝基苯还原为苯胺），用水蒸气蒸馏除去胺。没有反应的铁也要除去（例如通过分级器）。在增稠器里的颜料浆用水稀释，洗涤颜料除去盐分并在过滤器里过滤。然后在干燥器（带状的气动传送机或喷雾干燥器）里干燥，生成黄色或黑色的颜料，或者在氧化条件下的转窑里煅烧得到红色或棕色的颜料。在 $500 \sim 700\,℃$，非氧化条件下煅烧，可改进着色力。然后按颜料硬度和应用不同在摆动磨、针磨或气流粉碎机中粉碎到所要求的细度。

因为 Laux 法共生苯胺，它是生产氧化铁非常重要的方法，它不产生有害于环境的副产物。

以上所说的三种生产方法，都是被大规模地采用。以下的方法小规模地用于专门的用途：①热分解 $Fe(CO)_5$ 生产透明氧化铁；②水热结晶法生产片状形态的 $\alpha\text{-}Fe_2O_3$。

（3）质量　上述方法生产的红色和黑色氧化铁颜料 Fe_2O_3 含量在 $92\% \sim 96\%$（重量）。对于一些专门的用途来说（例如铁氧体），生产 Fe_2O_3 含量在 $99.5\% \sim 99.8\%$（重量）的分析纯颜料。黄色和橙色颜料 Fe_2O_3 含量在 $85\% \sim 87\%$（重量），其相应的 FeOOH 含量为 $96\% \sim 97\%$（重量）。对于颜料的质量来说，氧化铁含量变化 $1\% \sim 2\%$ 并不重要。颜料质量主要决定于粉碎产品的水溶性盐的量和属性、粒度分布（影响色相和着色力）和平均粒径。红色氧化铁的色相取决于颗粒直径，其约为 $0.1\,\mu m$ 时是带黄头的红色氧化物，而约为 $1.0\,\mu m$ 时是带紫色的。

一般来说，针状的黄色氧化铁颜料的光学性质，不仅取决于颗粒大小，也取决于其长径比（例如，长为 $0.3 \sim 0.8\,\mu m$，直径为 $0.05 \sim 0.2\,\mu m$，长径比为 $1.5 \sim 16$）。针状颗粒在实际使用中并不适用，球形的颜料比较通用。氧化铁黑颜料（Fe_3O_4）颗粒直径为 $0.1 \sim 0.6\,\mu m$。

某些氧化铁颜料热稳定性有限。红色氧化铁在空气中，一直到 $1200\,℃$ 都是稳定的。在有氧气存在条件下，氧化铁黑在约 $180\,℃$ 变为棕色的 $\gamma\text{-}Fe_2O_3$，然后在高于 $350\,℃$ 时变为红色的 $\alpha\text{-}Fe_2O_3$。氧化铁黄在约 $180\,℃$ 分解，生成红色的 $\alpha\text{-}Fe_2O_3$，释放出水。如果用碱性铝化合物稳定的话，温度可以提高到约 $260\,℃$。用混合法生产的棕色氧化铁的热性能取决于其组成。

（4）用途　所有的合成氧化铁都有优良的着色力和卓越的遮盖力。同时，它们也耐光、耐碱。这些性能使其具有广泛适用性，主要应用在建筑工业，其次是涂料，当然也随地域而异。

氧化铁颜料长久以来用于建筑材料的着色，如水泥屋顶的瓦片、铺地砖、纤维粘接料、沥青、砂浆、打底料等都可用少量颜料着色，而不影响建筑材料的固化时间、压缩强度或抗张强度。因为合成颜料有较好的着色力和较纯净的色相，优于天然的颜料。

天然橡胶只能用铜和锰含量非常低（$Cu < 0.005\%$，$Mn < 0.02\%$）的氧化铁着色。合成橡胶敏感性较低。在涂料工业中，氧化铁颜料可以加到许多种类的基料中。它们之所以能被广泛应用于此领域的原因在于其纯正的色相、优良的遮盖

力、优良的抗磨性以及低沉淀倾向。它们的耐高温性能使其可用于搪瓷和陶瓷。

在塑料中的低迁移和渗出性是其极大的优点。纯的氧化铁颜料是允许用于食品和日用塑料品的着色的。

4.3.1.2 氧化铬颜料

氧化铬颜料，也称为氧化铬绿，由三氧化铬组成。氧化铬绿是不多的单组分绿色颜料之一。铅铬绿是铅铬黄和铁蓝颜料的混合物，酞菁铬绿是铅铬黄和酞菁蓝颜料的混合物。

迄今尚无人发现天然的、有价值的氧化铬矿藏。氧化铬的生产商除了颜料级产品之外，通常还按照性能，而不是按照颜色提供技术级的应用产品。这些产品包括以下几种：

① 冶金　用铝粉和 Cr_2O_3 铝热法生产金属铬。

② 耐火材料工业　生产耐热、耐化学腐蚀的砖和衬里材料。

③ 陶瓷工业　搪瓷、陶瓷烧结料和釉药的着色。

④ 颜料工业　生产含铬着色剂和颜料的原材料，该着色剂和以混相金属氧化物为基础的颜料。

⑤ 研磨和抛光磨料　由于三价氧化铬的硬度高，可用于制动面衬和抛光磨料。

氧化铬氢氧化物和水合氧化铬颜料具有非常诱人的蓝绿色。其不透明性虽然低，但是耐光性极佳，耐化学性好。在加热时有水分损失，从而限制了其使用的温度。

（1）性质　三价铬氧化物呈刚玉型的立方晶系。具有高硬度，莫氏硬度值大约为 9。它在 2435℃下熔化。随生产条件的不同，氧化铬颜料的粒度大小在 0.1～3μm 范围内，其平均值为 0.3～0.6μm。大多数颗粒是等轴的。较粗的氧化铬为专门的用途而生产，例如用于耐火材料领域。

氧化铬折射率大约为 2.5。氧化铬绿颜料有橄榄绿的色调。细颜料可以得到带黄色相的浅绿色，大直径颗粒得到深色、带蓝色相的绿色；较深的颜料是较弱的着色剂。反射曲线的最高峰位于大约 535nm 的绿色区域。次高峰在紫色区域（约410nm），它是由于 Cr-Cr 在晶格中互相作用而引起的。由于氧化铬绿颜料在近红外区域有相当高的反射，而用于红外反射伪装涂料。

因为三价铬氧化物几乎都是惰性的，氧化铬颜料相当稳定。它们不溶于水、酸和碱，并且对二氧化硫以及在混凝土中极端稳定。它们具有耐光性、耐候性和耐温性。仅仅在高于 1000℃时，由于颗粒变大，色调发生变化。

（2）生产　碱金属重铬酸盐是生产三价氧化铬颜料的起始原料。杂质量高时，对于色相会产生不良影响。

① 碱金属重铬酸盐的还原　在工业生产上，用固体碱金属重铬酸盐与还原剂反应，如硫黄或碳化物。反应是强烈放热的，与硫黄反应，按如下方程式进行：

$$Na_2Cr_2O_7 + S \longrightarrow Cr_2O_3 + Na_2SO_4$$

因为硫酸钠是水溶性的，很容易用洗涤的方法分离。如果用木炭代替硫黄，则生成副产物 Na_2CO_3。

分得很细的重铬酸钠的二水合物与硫黄均匀地混合在一起。该混合物在 750～900℃衬耐火砖的炉中反应。为确保反应完全彻底，采用过量的硫黄。用水浸提反应物料，以除去水溶性的组分，如硫酸钠和不反应的铬酸盐。然后，分出固体残渣，干燥和粉碎。

如果用重铬酸钾代替重铬酸钠，那么将得到具有更为偏蓝色调的绿颜料。

如果将其用作油漆和挥发性漆的颜料，氧化铬绿采用气流粉碎机粉碎（微粉化）以获得所要求的性能（例如光泽）。

② 重铬酸铵的还原　三价铬氧化物可用热分解重铬酸铵的方法而获得。在略高于200℃下，脱去氮生成大容积的产物。加入碱金属盐（例如硫酸钠）并随之煅烧，就得到此颜料。

氧化铬的颜料性质可以用沉淀氢氧化物（例如钛或铝的氢氧化物），继而煅烧来改性。该处理方法将颜色变为黄绿，并且降低了絮凝的倾向。也有采用有机化合物（例如烷氧基磺酰胺、烷基磺酰胺）后处理的方法。

③ 其他方法　在专利文献中提出了其他生产方法，但是它们至今不具有工业上的重要性。例如，重铬酸钠和热油混合在 300℃反应。该方法必须在 800℃煅烧前，洗掉生成的碳酸钠，以免其在碱熔融时重新氧化。

在碱性溶液中，铬酸钠可以在大气压力下用硫黄还原，生成硫代硫酸钠。中和之后再加入一些铬酸钠，以便用尽硫代硫酸盐的还原能力。混合物在 900～1600℃下煅烧。

另外一种方法是在 900～1600℃，过量氢和氯存在下，使重铬酸钠遭受骤热，把碱金属结合为氯化钠。该方法特别适用于制备低硫含量、高纯度、颜料级的氧化铬。

④ 环境保护　由于生产三价铬氧化物的起始原料采用碱金属重铬酸盐或铬酸酐，因此必须遵循处理六价铬化合物的职业健康的要求。必须按照国家规定，把用过量的硫黄还原而形成的二氧化硫从废气中除去，例如氧化和吸收形成 H_2SO_4。

工业废水可能含有少量没有反应的铬酸盐，回收铬酸盐是不经济的。在将这些废水中的铬酸盐流入排水系统之前必须要还原（例如用 SO_2 或 $NaHSO_3$）和沉淀为氢氧化铬。

（3）质量标准和分析　ISO 4621(1986) 确定了氧化铬颜料的国际技术规格，其最低 Cr_2O_3 的含量为 96％（重量）。

按照 45μm 筛网的残余物来确定其各种级别：1 级，0.01％的残余物（最高）；2 级，0.1％（最高）；3 级，0.5％（最高）。

ISO 4621 也详细叙述了分析方法。通常，铬和副产物的分析是用与碳酸钠和过氧化钠熔融而进行的。从毒性和生态的观点来说，水溶解或酸溶解铬的含量是很重要的。

（4）储存和运输　三价铬氧化物颜料是热稳定的和不溶于水的。在分类上它们不属于危险物质，并且不受制于国际运输规则。只要保持干燥，实际上它们作为颜料使用是无限期的。

（5）用途　三价氧化铬用作玩具、化妆品以及与食品接触的塑料和油漆中的颜料，是得到国家和国际法规允许的。它的重金属或其可溶性物质部分的最高限量通常是先决条件。因为采用纯净的起始原料，这些限制对大多数类型的氧化铬都可以满足。

氧化铬作为着色剂和其他的工业应用是同样重要的。作为颜料，主要用在油漆和涂料工业中特殊要求的高质量绿色漆，特别是钢结构（卷材涂料）、外墙涂料（乳胶漆）和汽车漆。

除了价高的钴绿外，氧化铬是唯一能满足石灰和水泥建筑材料高度颜色稳定要求的绿色颜料。然而，在塑料中氧化铬绿就不太重要，因为它着色发暗，但是它广泛用在啤酒柳条箱的着色上。

4.3.1.3　金属氧化物混相颜料

金属氧化物混相（MMO）颜料是具有卓越耐久性的、高性能的无机颜料，可用于油漆、塑料、建筑材料、玻璃涂料和陶瓷。这种颜料颗粒较细，在陶瓷类产品的应用中，对颜色稳定性并非是最佳的。

从应用的观点来看，高度的不透明性、热稳定性、红外线反射能力、耐光性、耐候性以及耐化学性是采用这种颜料的主要原因。最近的研究主要集中在更为经济的较高强度的产品，但也提出了新的化学组成和性能，例如 Zn/Sn 金红石，新的红外线反射化学以及混相金属氧化物的应用新领域，如激光标志。

在化学上，金属氧化物混相颜料是固溶体，这就是说各种金属氧化物均匀地分布在新的化学复合物的晶格中，如同是溶液，但是却呈固体状态。这些复合物有不同的晶体结构，其中包括金红石、尖晶石、反尖晶石、赤铁矿（表 4-8）以及不常见的柱红石和假板钛矿型结构。混相金属氧化物具有其固有的化学属性，这种化学属性是与它们的组分物理掺和不同的。在大多数现有颜料的化学组成和性能中，金属氧化物混相颜料是属于高惰性的化学复合物。因此，按照制造商就相容性、纯度和安全处置的说明，大部分此类颜料被视为无毒的，并且符合接触食品的要求以及玩具的安全规则。

为了有助于反应或变换颜色性质，采用不同的金属氧化物来改变结构。置换取代方法也是常见的，特别是用钨或铌替换金红石结构中的锑，以产生不同的化学组成和性能。

表 4-8　金属氧化物混相颜料的主要化学组成和性能

染料索引	化学组成	结构	CAS 登记号	颜色
颜料黄 53	Ni(Ⅱ)，Sb(Ⅴ)，Ti(Ⅳ)	金红石	800718-9	绿相黄
颜料棕 24	Cr(Ⅲ)，Sb(Ⅴ)，Ti(Ⅳ)	金红石	68186-90-3	土黄相

染料索引	化学组成	结构	CAS 登记号	颜色
颜料黄 162	Cr(Ⅲ),Nb(Ⅴ),Ti(Ⅳ)	金红石	68611-42-7	土黄相
颜料黄 164	Mn(Ⅱ),Sb(Ⅴ),Ti(Ⅳ)	金红石	68412-38-4	棕
颜料黄 119	Zn(Ⅱ),Fe(Ⅱ,Ⅲ)	尖晶石	68187-51-9	土黄-棕
颜料蓝 28	Co(Ⅱ),Al(Ⅲ)	尖晶石	1345-16-0	红相蓝
颜料蓝 36	Co(Ⅱ),Cr(Ⅲ),Al(Ⅲ)	尖晶石	68187-11-1	绿相蓝
颜料绿 26	Co(Ⅱ),Cr(Ⅲ)	尖晶石	68187-49-5	深绿
颜料绿 50	Co(Ⅱ),Ti(Ⅲ)	反尖晶石	68186-85-6	绿
颜料棕 29	Fe(Ⅱ),Cr(Ⅲ)	赤铁矿	12737-27-8	棕
颜料棕 35	Fe(Ⅱ,Ⅲ),Cr(Ⅲ)	尖晶石	68187-09-7	深棕
颜料黑 30	Ni(Ⅰ),Fe(Ⅱ,Ⅲ),Cr(Ⅲ)	尖晶石	71631-15-7	黑
颜料黑 26	Mn(Ⅱ),Fe(Ⅱ,Ⅲ)	尖晶石	68186-94-7	黑
颜料黑 22	Cu(Ⅱ),Cr(Ⅲ)	尖晶石	55353-02-1	黑
颜料黑 28	Mn(Ⅱ),Cu(Ⅱ),Cr(Ⅲ)	尖晶石	68186-91-4	黑
颜料黑 27	Co(Ⅱ),Cr(Ⅲ),Fe(Ⅱ)	尖晶石	68186-97-0	蓝相黑

（1）制造　金属氧化物混相颜料是在 $800\sim1300℃$ 的温度下，以固态化学反应来制造的。原料包括金属氧化物和在加热下可以转化为氧化物的盐类。在高温煅烧的过程中，金属氧化物的混合物转化为一个新型的化学复合物，这种复合物是已经具有某些色彩性能的。加工处理粗制的颜料，就可以为最终的应用优化颜色和其他的物理性质。该加工处理包括超微粉化，在大多数情况下，还有颜料的洗涤和干燥。图 4-9 显示了混相金属氧化物的制造过程。

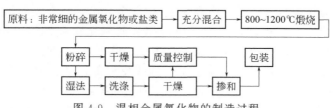

图 4-9　混相金属氧化物的制造过程

为了得到最佳的颜料性能，制造每一个步骤的详细技术诀窍和工艺控制是很关键的。由于制造中涉及固体状态化学和高温过程，因此为了获得所要的颜色性能，而又容易分散的颜料，必须对于工艺过程的优化加以关注。

对于金红石黄来说，变换煅烧温度可以得到不同的颜色。煅烧温度较高得到颜色较深、饱和度较高的品种。然而，与此同时着色力下降。中间色调的不透明性最佳。已推出的高强度类型的产品，是对颗粒大小分布和金红石二氧化钛结构中掺杂剂着色离子的量都进行了优化的。

对于赤铁矿和（反）尖晶石结构来说，颜色也受到煅烧温度的影响。然而，主要的驱动因素是真正的化学成分，其中也包括所用的矿化剂。所有这些因素为得到不同色相的着色颜料提供了无数种可能性。

（2）质量情况　高温工艺说明了混相金属氧化物具有卓越热稳定性的原因。钛酸铬锑则是一个例外。该化合物就其组成而言是热稳定的，但是其在某些工程塑料和某些特殊的磁漆中进行热处理时，仍然可以改变颜色。有人假设这种有害的作用是由掺杂剂（如铬）冻结在不平衡的位置，影响到电荷转移带的变化而引起的。采用矿化剂，可以有效地克服这种作用。

另一个质量问题是与粒度和形态有关的。为了取得所要的色彩性能，一般需要较窄的颗粒分布。而煅烧工艺却容易形成较大的聚集体。其偏离了平均颗粒大小分布，而以过大颗粒状态存在。这些过大的颗粒使研磨时间过长，而影响到分散性。可以预期该现象不仅影响到分散成本，而且影响到颜色稳定性的问题。混相金属氧化物，特别是较弱的颜色，如金红石黄（颜料黄53、颜料棕24），显示了色彩对研磨时间的强烈依赖性，而研磨时间又与这类颜料的磨蚀性有关。采用彻底的筛分和筛选工艺，把过大的颗粒从平均粒度分布中除去，不仅确保了对磨蚀性的积极影响，而且对颗粒的形态也起到巨大的作用。球形颗粒的金红石黄是受欢迎的，它在较高的煅烧温度下，倾向于变得更为不规则。最近研究开发得到了较深、更红和更为饱和的钛酸铬，其仍具有球形颗粒形态和较低的磨蚀性。

化学转化和后处理过程一般都要加以控制，确保所生产的批次的色彩符合单一颜料制造所能够达到的严格色彩规格。pH值和水溶盐也要监控，以确保润湿和分散的一致性。

（3）性质　混相金属氧化物表面具有空隙度低的优点，使混相金属氧化物的吸油量低。因此，在带颜色的浓缩物（颜料浆、色浆和浓分散体）中颜料可以高度添加。采用提高颜料浓度是克服高密度（4～5g·cm^{-3}）有关的沉淀问题的少数行之有效的方法之一。虽然，因为无机混相金属氧化物颜料的剪切稳定性问题，可能在其用于某些特殊的树脂和应用时会出现一些困难，但是其相当容易分散。

大多数混相金属氧化物颜料显示了红外线反射的性能，这一点对于伪装工事的应用，以及确定的最低太阳能反射的应用是很重要的。

为了配制鲜亮且无毒的色彩（对应于铬酸铅、钼酸铅以及可能的镉颜料毒性而言），金红石型黄颜料经常和高性能的有机颜料混合使用。与二氧化钛相比，钛镍黄和有机颜料混合时给出较深的颜色。特别是与高性能和较昂贵的有机颜料混合时，采用金红石型黄颜料，可以降低有机颜料含量的需求，因此减低了整体颜料成本。除了提高色彩的浓度，钛酸铬也提高了不透明度。金红石型黄颜料也用于许多标准工业色的配方（如RAL颜色），但是其色彩不如单用有机颜料清纯。配方里使用金红石型黄颜料的主要原因在于，钛镍黄和钛铬黄的UV吸收性能可以改进耐候性。金红石型黄颜料也用作中间色彩的调色料。

铁酸锌是卓越的通用黄棕色颜料。与氧化铁黄不同，铁酸锌有较高的热稳定性，可以用在塑料和温度高于120℃固化的涂料中。从色彩上看，铁酸锌不如金红石型黄颜料清爽。铁酸锌略带有磁性。

采用钛酸锰棕色颜料主要是在于它的耐候性能。特别在硬质PVC（塑料护墙板）中，这些无铁的棕色颜料是很重要的。含铁的颜料，特别是含有高含量的溶解铁的话，是众所周知的UV辐射PVC降解的催化剂。

钴蓝颜料的颜色从红相到非常绿的青绿色。用铝来替代铬，在最大吸收处发生红移效应，不透明性提高，结果是颜料蓝36比颜料蓝28着色涂料的耐候性更好。然而，由于考虑到颜色和外观（光泽较高），往往趋向于选用颜料蓝28。若干个制造商提出了高强度钴蓝的报告，这种钴蓝还改进了UV的不透光性和耐候性。更进一步，由于在工程塑料中降低了颜料用量水平，从而使任何冲击对机械强度性能的影响减到最小。塑料中使用钴蓝和绿是由于其耐久性以及为了避免聚烯烃扭曲。伪装工事是其应用的专门领域，其显而易见地与亚铬酸钴颜料绿26有关。

颜料棕29、颜料棕35和颜料棕30在近红外区的反射能力优于其他的无机棕色颜料，如氧化铁或其他的黑色颜料，如亚铬酸铜黑和炭黑。镍-铁-铬的复合物颜料棕30在近红外区的反射能力不如亚铬酸铁，但是却赋予了更蓝的色调。棕色的铁铬赤铁矿用于PVC的管道和窗框的型材，它作为一种无毒的替代物，用于以铅铬黄、钼酸铅和某些黑色颜料（通常是炭黑）为基础的颜色配方中。

亚铬酸铜黑是具有卓越的耐久性和耐温性的通用颜料。亚铬酸铜黑没有红外线反射能力。它主要用于涂料，既用于深灰色，也用于浅色。更为昂贵的亚铬酸钴，仅仅用于需要较高热稳定性的用途。铁酸锰不具有亚铬酸铜黑的耐候性和酸稳定性，但是如果不要求这些性能的话，它却是一种价廉的替代品。

4.3.2 镉颜料

在颜料工业中，术语"镉颜料"被理解为纯的硫化物和硫硒化物以及含锌的硫化镉。含汞的镉颜料一直到20世纪中期还在使用，但是因为它们的毒性，而不再具有工业上的重要性。硫化镉存在于天然的镉闪锌矿和硫镉矿中，它具有六方晶系的纤锌矿晶体结构。然而，矿物本身不具有任何颜料的性质。镉颜料的颜色可以通过组成（表4-9）和原生粒子的大小来控制。图4-10呈现了无机颜料相对粒度的比较。

表4-9 镉颜料的颜色、化学组成、染料索引和CAS登记号

颜色	分子式	颜料	染料索引	CAS登记号
镉黄	(Cd,Zn)S	颜料黄35	77 205	8048-07-5
	CdS	颜料黄37	77 199	68859-25-6
镉橙	Cd(S,Se)Se<10%	颜料橙20	77 202	12656-57-4
镉红	Cd(S,Se)Se>10%	颜料红108	77 202	58339-34-7

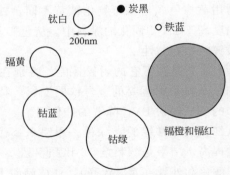

图 4-10　无机颜料相对粒度的比较

镉颜料是半导体。它们的颜色是由晶格中价带和导带之间的距离决定的。颜料的高颜色纯度归结于陡峭的反射光谱。它们覆盖了相当宽的可见光范围。

4.3.2.1　性质

镉颜料耐光、在高温下稳定、色泽强烈和抗迁移，但是耐候性有限。其密度在 $4.2 \sim 5.6 \mathrm{g} \cdot \mathrm{cm}^{-3}$ 之间，平均粒度在 $0.2 \sim 0.5 \mu \mathrm{m}$ 之间。它们有非常好的遮盖力，并且用于工程塑料和陶瓷的着色。它们不溶于水和碱溶液，但是会受到酸的侵蚀和分解。由于这些颜料对摩擦的敏感性，特别是硫硒化镉，在使用时要加倍关注。剪切力过大会改变颜料的颜色。

4.3.2.2　制造

有两种基本的制造方法：沉淀法和粉末法。对这两种方法都一样的是原材料中不能有过渡金属化合物，这些化合物会形成深色的硫化物（例如 Cu、Fe、Ni、Co、Pb）。

在沉淀法中，镉盐溶液与多硫化钠的溶液反应。随后加入锌盐，生成浅黄色的镉颜料；添加硒使色相从橙色和红色转向枣红色。滤出沉淀物，干燥，在没有氧的条件下煅烧，湿磨，干燥和干磨。在粉末法中，分得很细的碳酸镉或氧化镉与硫黄和矿化剂进行强烈的机械混合，随后在没有氧的条件下煅烧。添加锌或硒产生与沉淀法同样的效果。最终产品用与沉淀法同样的方法制得。

4.3.3　铋颜料

1985 年在市场上推出的以正钒酸铋（$BiVO_4$）为基础的黄绿色颜料是一类具有有趣的色彩性能的颜料。它们使熟知的黄色无机颜料的范围得到了扩展，例如铁黄、铅铬黄、镉黄、钛镍黄和铬钛黄。特别是它们取代了绿相的铅铬黄和硫化镉颜料。它们在染料索引中注册为 C.I. 颜料黄 184。

以片状结晶氧化铋氯化物（氧氯化铋，BiOCl）为基础的专用含铋效应颜料，早就为人所知。

4.3.3.1　性质

所有商品钒酸铋颜料都是以具有单斜或正方晶系结构的纯钒酸铋为基础的。

各种钒酸铋颜料最重要的性质是卓越的色相亮度、非常好的遮盖力、高着色力、非常好的耐候性、高度耐化学性、容易分散、环境友好。

在下面给出了纯钒酸铋颜料（Sicopal® 黄 L1110，巴斯夫）的物理和色彩性能：

密度	$5.6g \cdot cm^{-3}$	比表面积（BET）	$10m^2 \cdot g^{-1}$
折射率 n	2.45	吸油量	27g/100g

钒酸铋是一个带绿相的黄颜料。与其他的黄色无机颜料相比，在色彩性质方面最类似于镉黄和铅铬黄。

钒酸铋在 450nm 反射明显提高，并且饱和度比铁黄或钛镍黄高。不论是在本色或是与 TiO_2 复合时都有非常好的耐候性。

4.3.3.2 生产

钒酸铋既可以用适当的起始原料，例如 Bi_2O_3 和 V_2O_5，用固相法合成，也可以从水溶液中共沉淀法合成。

（1）固相法

$$Bi_2O_3 + V_2O_5 \longrightarrow 2BiVO_4$$

（2）共沉淀法

$$Bi(NO_3)_3 + NaVO_3 + 2NaOH \longrightarrow BiVO_4 + 3NaNO_3 + H_2O$$

钒酸铋是碱性的钒酸钠或钒酸铵溶液与酸性的硝酸铋溶液反应而生成的。在强酸性介质中，生成了一个无定形的，接近于铋-钒-氧化物-氢氧化物的产品。加热悬浮物并回流和控制 pH 进行变形，生成一个精细的结晶产品。控制共沉淀的条件，可以有选择性地形成 $BiVO_4$ 的变体。在四种多晶型物中，只有两种是带明亮黄色的，即斜钒铋矿（单斜晶型）和类似重石的多晶型物（正方晶型）。在掺杂不同的元素时，例如 Ca 和 Mo，可以得到亚稳态的正方晶型的变体。色调和鲜亮程度则强烈地依赖于沉淀的条件，例如浓度、温度和 pH。

在制造过程中引入热处理，可改进产品的色彩性能。在商业油漆中，采用无机稳定剂，例如磷酸钙，铝或锌，或氧化物如氧化铝，可以改进其他的颜料性质，例如光致变色性、耐候性和耐酸性。

该颜料覆盖一层致密的二氧化硅和其他成分在塑料中应用时，可以将某些聚合物的稳定性提高到 300℃，例如聚酰胺。

为了防止使用时产生粉尘，某些供应商提供的颜料呈微细的颗粒状态（例如 Sicopal® 黄 L 1100）。

4.3.3.3 用途

钒酸铋颜料用于制造无铅、具有耐候性、鲜亮的黄色颜料，在汽车原厂漆和修补漆、工业和装饰漆、部分粉末涂料和卷材涂料体系中应用。与其他的颜料拼用时，$BiVO_4$ 可以作为重要的黄色、橙色和绿色的德国标准色 RAL 1003、RAL 1021、RAL 1028、RAL 2002、RAL3018、RAL 6018 和 RAL 6029 的基础。

迄今已有热稳定到 300℃ 的钒酸铋颜料。它们在户外使用的塑料中，显示了非常好的对光的耐久性和耐候性。该颜料在塑料中有卓越的耐迁移性，并且容易分散。具有优越的热稳定性的热稳定型钒酸铋颜料，很容易在 260～280℃ 掺到聚烯烃和 ABS 中，在 280～300℃ 掺到聚酰胺注射膜塑材料中。

4.3.4 铬酸盐颜料

最重要的铬酸盐颜料包括铬酸铅颜料（铅铬黄）和钼酸铅颜料（钼铬橙和钼铬红），它们的色泽范围从浅柠檬黄色到带蓝色调的红色。铅铬黄、钼铬橙和钼铬红用于生产油漆、涂料和塑料，并且以明亮的色调、良好的着色力和良好的遮盖力为特点。经专门处理的颜料，可以不断改进其耐光性、耐候性、耐化学品性和耐温性。

铬酸盐颜料可以和蓝颜料掺和（例如铁蓝或酞菁蓝），以便获得高质量的铅铬绿和耐久性的铅铬绿颜料。钼铬橙和钼铬红颜料通常和有机红色颜料混合，色泽范围得到相当程度的扩展和微调。

铬酸铅、钼酸铅颜料，铅铬绿和耐久性铅铬绿颜料是以粉状、低尘或无尘制剂或颜料浆的形式供应的。

4.3.4.1 铅铬黄

铅铬黄颜料（C. I. 颜料黄 34：77600 和 77603）是纯的铬酸铅或具有通式 Pb(Cr，S)O$_4$（折射率为 2.3～2.65，密度约为 6g·cm^{-3}）的混相颜料。

铅铬黄不溶于水。惰性金属氧化物沉淀到该颜料颗粒上时，在酸和碱里的溶解度可以减低到最小的程度。

铬酸铅和硫酸铅铬酸铅（后者是混相颜料）都可以是正交或者单斜晶型的；单斜晶型更为稳定。铬酸铅的绿相黄色正交变体晶型在室温下是亚稳态的，在一定条件下（例如浓度、pH、温度）很容易转变为单斜晶型。单斜晶型存在于天然的铬铅矿里。

混相晶体中的硫酸盐部分代替铬酸盐使着色力和遮盖力逐渐减低，但是却可以生产出重要的带绿相黄色的铅铬黄。

（1）生产　在大规模生产中，铅或氧化铅和硝酸反应得到硝酸铅溶液，然后与重铬酸钠溶液混合。如果该沉淀溶液含有硫酸盐，那么硫酸铅铬酸铅以混相颜料的形态生成。稳定后，滤出该颜料，洗涤到无电解质，干燥和粉碎。

颜料的色彩取决于沉淀组分的比例，以及沉淀期间和之后的其他因素，例如浓度、pH、温度和时间。沉淀的结晶是正交晶型的，但是在静置下非常容易变为单斜晶型；较高的温度会加速这种转化。适当控制工艺条件，可以获得没有二色性的几乎是异构的颗粒。应该避免针状的单斜晶型，因为它们有诸如堆积密度低、吸油量高和在涂膜中虹彩的缺陷。

不经稳定化处理的铅铬黄颜料耐光性差，并且由于氧化还原反应使色调变暗。近来的研究开发改进了铅铬黄颜料的耐久性，特别是对二氧化硫和温度的稳定性。

这一点是通过在颜料颗粒上涂覆钛、铯、铝、锑和硅的化合物实现的。

仔细控制沉淀和稳定化处理，可赋予铅铬黄颜料优越的耐光性、耐候性和非常高的耐化学品性和耐温性，使其在广泛的领域中应用。

（2）用途　铅铬黄颜料主要用于油漆、卷材涂料和塑料。其需要的基料量小，有良好分散性、遮盖力、着色力、光泽和光泽稳定性。铅铬黄的广泛应用不仅是因为经济的原因，也是在于其具有有价值的颜料性质。在制造汽车漆和工业漆中，它们是重要的黄色基础颜料。

在生产耐高温的彩色塑料（例如 PVC、聚乙烯或聚酯）时，用大剂量硅酸盐稳定化处理的铅铬黄颜料起了主要的作用。加到塑料中也改进了它们的对碱、酸、二氧化硫和硫化氢的耐化学品性。

4.3.4.2　钼铬红和钼铬橙

钼铬红和钼铬橙是通式为 Pb（Cr，Mo，S）O_4 的混相颜料。大多数的商业产品 MoO_3 含量在 $4\%\sim6\%$，折射率为 $2.3\sim2.65$，密度为 $5.4\sim6.3g \cdot cm^{-3}$。其色调取决于钼酸盐的比例、结晶形态和颗粒大小。

纯的四方晶型钼酸铅是无色的，它与硫酸铅、铬酸铅形成从橙色到红色四方晶型的混相颜料。变化钼铬红和钼铬橙颜料的组成，可以给出所需的色彩性质；商业产品通常含大约 10% 的钼酸铅。

钼铬红和钼铬橙颜料的耐久性是相对于铅铬黄而言的。正如铅铬黄一样，颜料颗粒可以涂覆金属氧化物、金属磷酸盐、硅酸盐等，得到稳定级的品种。

（1）生产　在宣威公司的方法中，硝酸铅溶液与重铬酸钠、钼酸铵和硫酸的溶液反应。相应的钨酸盐可以代替钼酸铵，得到一个以钨酸铅为基础的颜料。在悬浮液中加入硅酸钠（25% SiO_2）和硫酸铝 $[Al_2(SO_4)_3 \cdot 18H_2O]$ 使颜料稳定化，然后用氢氧化钠或碳酸钠中和。过滤出颜料，洗涤到没有电解质，干燥和粉碎。用硅酸盐处理以提高吸油量，这也改进了耐光性和操作性能。

在拜耳法中，钼铬红是由硝酸铅、铬酸押、硫酸钠和钼酸铵生成的。然后，在搅拌下加入水玻璃（28% SiO_2，8.3% Na_2O）到悬浮液中，接着加入固体的三氟化锑使颜料稳定，搅拌 10min，进一步加入水玻璃。用稀硫酸调节 pH 值到 7，过滤出颜料，洗涤到没有电解质，干燥和粉碎。

为使钼酸铅颜料对光、气候、化学品腐蚀和温度有非常好的稳定性，采用与铅铬黄颜料同样的稳定化处理的方法。

（2）用途　钼铬红和钼铬橙主要用于油漆、卷材涂料和着色的塑料（例如聚乙烯、聚酯、聚苯乙烯）。温度稳定级的产品，对卷材涂料和塑料是最适用的。

钼铬红和钼铬橙的特点是低基料需要量，良好的分散性、遮盖力和着色力，再加上高耐光性和耐候性。

像铅铬黄一样，钼铬红用于生产混合颜料。与有机红颜料混合，可以提供相当宽的颜色范围。这样的复合物有非常好的稳定性，因为许多有机红颜料的耐光性能和耐候性能不会由于钼酸盐颜料而受到不良的影响。

4.3.4.3 铅铬橙

铅铬橙（C. I. 颜料橙 21：77601）是组成为 $Pb-CrO_4 \cdot PbO$ 的碱式铬酸铅，但是其已不再具有技术或经济上的重要性了。该产品是在碱性 pH 范围内，用碱金属铬酸盐沉淀铅盐而得到的。控制 pH 和温度、颗粒大小、色调可以在橙色至红色之间变化。

4.3.4.4 铅铬绿和耐久性铅铬绿

铅铬绿（C. I. 颜料绿 15：77410 和 77600）是铅铬黄和铁蓝拼合或混合的颜料。

耐久性铅铬绿（C. I. 颜料绿 48：77600、74160 和 74260）是铅铬黄和酞菁蓝或酞菁绿的组合物。对于高品质的耐久性铅铬绿，实际上采用了经过稳定化处理和高度稳定化处理的铬黄。

铅铬绿和耐久性铅铬绿的密度和折射率随混合物组成的比例不同而异。它们的色调也随混合物组成的比例不同而异，从浅绿变到深蓝-绿。

（1）生产　铅铬绿和耐久性铅铬绿用干混合法或湿混合法制备。

① 干混合法　黄色、蓝色或绿色颜料在能使颜料颗粒紧密接触的轮碾机、高性能混合机或磨中混合和粉碎。必须避免温度过高，因为其可导致自燃。组分密度和粒度的差别可能引起颜料组分在涂料体系中的分离和浮色。因此为防止这些现象的产生而加入润湿剂。

② 湿混合法　把一个组分沉淀到另一个组分上，就可以获得色泽鲜亮、色彩高度稳定、有非常好遮盖力和良好抗浮色和抗絮凝的颜料。随后加入硅酸钠和硫酸铝或硫酸镁的溶液，作进一步稳定化的处理。

另一种方法是让组分在悬浮液中湿磨或混合，随后过滤。干燥颜料浆，粉碎颜料。

（2）用途　铅铬绿提供卓越的分散性、抗絮凝性、抗渗色性和抗浮色性，并且以非常良好的耐久性为特点。这一点对于以高品质的酞菁蓝和高度稳定化处理的铅铬黄为基础的耐久性铅铬绿来说确实是特别重要的。因而其用于与铅铬黄和钼铬红颜料同样的领域（即涂装介质和塑料的着色）。

4.3.5　群青颜料

世界上仅在很少的地方有天然存在的矿物天青石，质量最好的是产自阿富汗和智利的矿石。粉碎这种矿物而得到颜料，这种颜料的名字"群青"，意味着"越过海洋"。矿物运输和加工的成本意味着这种颜料要比黄金还贵。因此，1820 年法国政府发起了一场竞赛活动，为第一个合成并且可以经济地制造群青蓝的人颁奖。

竞赛的结果充满着争议，但是一般认为法国的 Guimet 和德国的 Gmelin 分别在 1828 年发明了类似的合成工艺。奖颁发给了 Guimet，通常他被认为是第一个工业规模生产群青蓝的人。

合成的群青是无机的粉末状颜料,商业上有三种颜色:

① 红相蓝色,C. I. 颜料蓝 29:77007。

② 紫色,C. I. 颜料紫 15:77007。

③ 桃红色,C. I. 颜料红 259:77007。

化学组成比例是可变的,但晶格却重复着蓝色群青单元,它是 $Na_7Al_6Si_6O_{24}S_3$。紫色和桃红色的变型与蓝色的不同,主要在于硫基团的氧化状态。

4.3.5.1 化学结构

群青实质上是一个具有截留钠离子和离子化硫基团的三维空间铝硅酸盐的晶格。晶格具有钠沸石结构,其立方单元晶胞直径为 9.10Å。用煅烧法由陶土得到的合成群青中,硅离子、铝离子的点阵分布是没有规律的。这与天然群青中有规则的排列正相反。

在最简单的群青的结构中,硅离子和铝离子的数目是相同的,基本的晶格单元是 $Na_6Al_6Si_6O_{24}$ 或 $(Na^+)_6(Al^{3+})_6(Si^{4+})_6(O^{2-})_{24}$,其净离子电荷为零,使结构处于稳定状态。

蓝色的群青中有两种类型的硫基团,S_3^- 和 S_2^-,两者都是被晶格截留而稳定的游离基团。在占优势的 S_3^- 中,三个硫之间的间隔为 0.2nm,它们之间的角度是 10°。S_3^- 在以 600nm 为中心的可见的绿-黄-橙区域有一个宽的吸收光谱,而 S_2^- 在 380nm 的紫-紫外区域有吸收。

基础晶格 $(Na^+)_6(Al^{3+})_6(Si^{4+})_6(O^{2-})_{24}$ 是从 $Si_{12}O_{24}$ 中,以铝取代六个硅离子而得到的。每一个 Al^{3+} 必须附有一个 Na^+,这样结构的整个离子电荷才会是零。因此,八个钠的位置中的六个,总是为了晶格的稳定而被钠所充满,剩下的两个位置被与离子型硫基团缔合的钠所充填。这就意味着只有 S_3^{2-} 多硫化物离子才可以插到晶格中去(如 Na_2S_3),即便尔后氧化为 S_3^- 导致失掉一个附有的钠离子。这就得到了基本的群青晶格分子式 $Na_7Al_6Si_6O_{24}S_3$。

为了提高硫的含量并因此改进色彩质量,只要在制造配方中引入高硅的长石就可以降低晶格铝的含量。这就降低了晶格稳定所需的钠离子的数量,并且为等效的硫基团留下更多的位置。具有比简单的类型更强的红相蓝 $Na_{6.9}Al_{5.6}Si_{6.4}O_{24}S_{4.2}$ 就是一个典型的产品。曾有人提出了另一种在制造配方中纳入长石使色彩性能得到改进的方法。

在紫色和桃红色的群青中,晶格结构几乎没有变化,但是硫的显色基团进一步地被氧化了,可能氧化成为 S_3Cl^-、S_4 或 S_4^-。

群青是沸石,晶格的通路限制在 0.4nm 直径的通道。钠离子可以换成其他的金属离子(例如银、钾、锂、铜)。换成钾离子后,群青蓝略带红色相。

4.3.5.2 性质

基本群青的颜色是浓厚、鲜亮又带红头的蓝色,随着化学组成变化发生红-绿色调的变化。紫色和桃红色的衍生物具有较弱、不太饱和的颜色。

采用研磨减小粒度以增强着色力的办法来提高商品颜料的色彩质量。平均颗粒大小的范围一般在 $0.7\sim5.6\mu m$。虽然细颗粒颜料色调较浅，并且比粗颗粒产品更显绿相，但是当它用白色冲淡时，它们的颜色却更明亮和更为饱和。

群青的折射率接近 1.5，与油漆和塑料的介质相似，在有光漆和透明的塑料中呈透明的蓝色。加入少量的白色颜料才具有不透明性。增加白色颜料的量色调更浅，微量的群青加到白色颜料中会提高白度和满意度。

在许多应用中，群青蓝可以稳定到约 400℃，群青紫稳定到约 280℃，群青桃红稳定到约 220℃。其对国际蓝色羊毛标准来说，都有卓越的 7～8 级的耐光性。受光和热引起的褪色几乎总是由于酸的侵蚀所致。群青和各种酸起反应，如果有足够量的酸的话，颜料完全分解，失去各种颜色，生成二氧化硅、钠和铝的盐、硫和硫化氢。遇酸释出硫化氢是测试群青有效的方法。

现有耐瞬间酸性级的产品，该产品的颜料颗粒有不可渗透的二氧化硅涂膜保护。蓝色和紫色的产品在弱碱中是稳定的，但桃红色的产品却倾向于转成带紫色的色相。

群青不溶于水和有机溶剂，所以在油漆或聚合物中不会渗出和迁移。这一点使群青获准在与食品接触方面广泛应用。

作为大分子，细微的群青颗粒具有高表面能和内聚力。越细的级别，其表面积越大，因而不如粗颗粒的产品那样容易分散，现已有经过颜料表面处理以降低表面能和改善分散性的若干品种。

群青颗粒的外表面和沸石结构的内表面吸收水分。外表面的水分（按颗粒大小为 1%～2%）在 100～105℃ 就可以驱走，但是另外 1% 内部的水分需要 235℃ 才完全除去。

群青颗粒是硬的，众所周知不论是处理干的或浆状的颜料，都会引起设备的磨损。

群青相对密度为 2.35，但是粉状颜料的松密度更低，其随着粒度不同而在 $0.5\sim0.9g\cdot cm^{-3}$ 之间变化。

比表面积随粒度不一，在 $1\sim3m^{2}\cdot g^{-1}$ 之间变化。吸油量也随粒度变化（通常是 30%～40%）。pH 值在 6～9 之间。群青颜料基本上无味，不易燃和不助燃。

4.3.5.3 生产

群青是用简单、相当便宜的材料制造的，一般是陶土、长石、无水碳酸钠、硫黄和还原剂（石油、沥青、煤等）。

（1）瓷土活化　使高岭土转化为二水高岭石是将瓷土加热到约 700℃，羟基离子以水的形式除去而实现的。反应既可以是瓷土在直接加热窑中间歇进行，也可以是在一个通道窑、转窑或其他的炉里连续进行。

（2）掺和和加热原料　将活性瓷土与其他原料掺和，并且通常在间歇或连续的球磨机中干磨，到平均大小为 $15\mu m$。典型的配方见表 4-10。

表 4-10　群青生产典型配方

原料	绿色调	红色调
活性瓷土/%	32.0	30.0
长石/%		7.0
碳酸钠/%	29.0	27.0
硫黄/%	34.5	33.0
还原剂/%	4.5	3.0

在还原的条件下，通常用间歇工艺，加热碾碎的混合物到大约 750℃。传统的方法是将混合物置于有一定孔隙带盖的坩埚中，在直接火的窑或马弗炉里加热。为了改进生产能力，Holliday Pigment 生产装置的做法是把粉碎的原料压实成砖状，随后码成事先确定的图案，再用煤气燃烧器在间接加热的室中煅烧。碳酸钠和硫黄以及还原剂在 300℃ 下，反应生成多硫化钠。在更高的温度下，瓷土点阵变形为三维的结构，其在 700℃ 转变为截留钠和多硫离子的钠沸石结构。

（3）氧化　一定量的空气进入炉中，使其冷却到 500℃。氧和过量的硫黄反应生成二氧化硫，其在放热条件下将两个和三个原子的多硫化物离子氧化为 S_2^- 和 S_3^- 游离基，留下硫氧化钠和硫黄作为副产物。氧化反应完成后，将炉冷却，并卸出物料，整个窑循环需要 3 周和 4 周。生群青产品（群青半成品）一般含 75%（重量）蓝色群青，23%（重量）硫氧化钠和 2%（重量）游离的（没有反应的）带有若干硫化铁的硫黄。

（4）提纯和精制　提纯和精制作业可以是间歇的，也可以是连续的。粉碎、研磨生的蓝色群青，在热水中打浆，然后过滤和洗涤除去硫氧化物。再次打浆和湿磨，以便释放出硫的杂质和把群青的粒度降到 $0.1 \sim 10.0 \mu m$。该杂质用类似于采矿工业用的技术，通过沸腾或冷泡沫浮选的方法除去。

用重力或离心分离法将母液分成独立的粒度级；絮凝和过滤回收剩下的细颗粒。分出的粒度级经干燥和粉碎后，得到不同粒度的颜料品种。它们按销售级别的标准被混合，调节色相、亮度和强度以达到规定的颜色色差。

紫色群青用中间的蓝色级别产品和氯化铵在大约 240℃、空气存在下加热来制备。用氯化氢气体在 140℃ 处理该紫色群青，就得到桃红色的衍生物。

4.3.5.4　用途

群青颜料的稳定性和安全性是其得以广泛应用的基础，其应用范围包括以下方面。

（1）塑料　蓝色群青可用于任何聚合物，紫色群青最高加工温度在 280℃，桃红色群青最高加工温度在 220℃。PVC 通常用耐酸级群青，以防加工时褪色。现有经表面处理级别的品种以加强其分散性。群青不会使聚烯烃收缩或翘曲。全世界都允许群青颜料用于与食品接触的塑料。

（2）油漆　群青颜料用于装饰漆、烘烤漆、透明喷漆、工业漆和粉末涂料。

颜料的透明性使它和效应颜料如云母一起，用在一些令人难忘的闪光涂料中。

（3）印刷油墨　群青颜料可用于大多数包括烫金箔在内的印刷油墨。凸版印刷、柔性版印刷和凹版印刷需要高强度级别的品种；平版印刷需要防水级别的品种；任何级别的品种都适用于丝网油墨、织物印刷和烫金箔。高固体水分散的改进强度的品种，在柔性版印刷中的应用不断增加。

（4）纸张和纸张涂料　群青颜料用于增强白纸或带色纸的色调。它们可以直接加到纸浆里，或用在涂料中。它们特别适用于儿童用的彩色纸张。

（5）洗涤剂　群青颜料广泛用于提高光学增亮剂的效果，改善洗涤织物的白度。其反复使用不留污迹。

（6）化妆品和肥皂　群青颜料广泛用于化妆品。建议不要在香皂里使用桃红色，因为颜色会向紫色变化。其优点是非常安全，不留污迹和符合所有主要使用法规。

（7）绘画色料　在各类色料中，群青的这种传统用法仍然是其重要的应用方面。独一无二的色彩性质、稳定性、安全性得到了高度的评价。

（8）玩具和其他制品/儿童用品原料　群青颜料广泛用于玩具用的塑料和表面涂料，儿童用的管装的和块状的上色颜料，积木，彩色纸张，蜡笔等。其符合重要的法规和标准。

4.3.6　铁蓝颜料

ISO2495 中定义的铁蓝颜料的术语，在很大程度上取代了大量的老名词（例如巴黎蓝、普鲁士蓝、柏林蓝、密罗里蓝、腾堡蓝、华蓝和非铜光蓝）。这些名词通常是以微晶 $Fe（Ⅱ）Fe（Ⅲ）$ 氰基络合物为基础的不溶性颜料；其中许多有特殊的色相。用户需要且制造商欢迎一种标准化的命名体系，以此来减少众多的名词。

4.3.6.1　结构

X 射线和红外光谱显示铁蓝颜料具有分子式 $M^{Ⅰ}Fe^{Ⅱ}Fe^{Ⅲ}(CN)_6 \cdot x H_2O$。$M^{Ⅰ}$ 为钠、钾或铵，其中工业生产上最好采用钾和铵，因为它们生产出卓越的色调。

$Fe^{Ⅱ}Fe^{Ⅲ}(CN)_6$ 基团的晶体结构见图 4-11。面心立方晶格的 Fe^{2+}（亚铁离子）与另一个面心立方晶格的 Fe^{3+}（铁离子）连接在一起，从而得到角上被亚铁离子占据的立方晶格。CN 离子坐落在立方体的边上的每一个 Fe^{2+} 离子和邻近的 Fe^{3+} 之间；氰基中的碳原子与 Fe^{2+} 离子相连，氮原子则与 Fe^{3+} 离子相配位。碱金

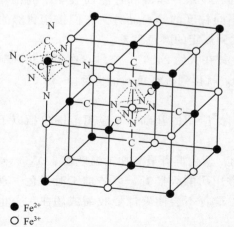

● Fe^{2+}
○ Fe^{3+}

图 4-11　$Fe^{Ⅱ}Fe^{Ⅲ}(CN)_6$ 基团的晶体结构

属离子和水分子在铁离子形成的立方体内部。

配位水的存在主要对晶体结构起稳定作用。除去这种水，即便是非常仔细地进行，也会毁坏颜料的性能。

4.3.6.2 生产

铁蓝颜料是用铁（Ⅱ）盐水溶液沉淀氰化铁（Ⅱ）的络合物而生产的。产物是六氰铁（Ⅱ）酸铁（Ⅱ）$M_2^{II}Fe^{II}[Fe^{II}(CN)_6]$ 或 $M^{II}Fe^{II}[Fe^{II}(CN)_6]$ 的白色沉淀（柏林白）。其经陈化，然后氧化得到蓝颜料。

在大多数情况下采用六氰铁（Ⅱ）酸钠或六氰铁酸钾或这些盐的混合物。在用纯的六氰铁（Ⅱ）酸钠或六氰铁酸钙的溶液时，在沉淀白浆产物时或在氧化阶段前，添加钾盐或铵盐来取得颜料的性能。所用的铁（Ⅱ）盐是结晶态的硫酸亚铁或氯化亚铁溶液。

氧化剂可以是过氧化氢、碱金属氯酸盐或碱金属重铬酸盐。工业上沉淀是在大型的搅拌罐里，同时或顺序加入碱金属六氰铁（Ⅱ）酸盐和二价铁化合物到稀酸中间歇进行。白浆的滤出物必须要求铁稍微过量。起始溶液的温度和浓度对沉淀颗粒的粒度和形态具有决定性的作用。白浆的悬浮物加热陈化。陈化期的长短和温度是按照最终颜料所要求的性能而变化的。随后加入盐酸和氯酸钠或氯酸钾，氧化而生成蓝颜料。最后，蓝颜料的悬浮物被打到压滤机中，或者立即过滤或者用冷水洗涤和倾斜后过滤。过滤后，洗涤到没有酸和盐为止。经过洗涤的滤饼（30%～60%固体）在适当的干燥器里，仔细地干燥形成一个固体物质，最后粉碎、包装成袋或储藏在料仓里。干燥作业采用烘道或带式干燥器以及喷射或旋转蒸发干燥器。另一种可能性是用造粒机将洗涤过的滤饼挤出，形成杆状或粒状产品。干燥后就得到了一个无尘的铁蓝颜料。

在过滤前添加有机化合物到颜料的悬浮物中，防止来自干燥时附聚的颗粒，以改进分散性。另一种方法（Flushing法，即挤水法），是用憎水的基料代替湿颜料浆中的水。虽然这些方法和其他的颜料制备方法，可以生产主要由铁蓝和一种基料组成的完全分散的制剂产品，但是其在市场上还没有站稳脚跟。添加胶溶剂（通过乳化作用改善水溶性能）可以制造"水溶"蓝。无需用高剪切力就在水里形成一个透明的胶体溶液。

4.3.6.3 性质

铁蓝颜料最具有实际意义的性质是色相、相对着色力、分散性和流变性质。其他的重要性质有100℃下的挥发物含量、水溶物和酸度（ISO 2495）。纯的蓝颜料几乎都单独使用（例如在印刷油墨中），而不需要任何助剂来改进。分得很细的铁蓝颜料，赋予印刷油墨一种纯黑的色头。

铁蓝颜料因粒度小而非常难以分散。微粉化级的产品干混合物着色力比用标准研磨制备的蓝色颜料大。经微粉化处理产品的聚集体的平均大小约为 $5\mu m$，而普通质量的产品约为 $35\mu m$。

铁蓝颜料的物理性质和化学性质见表4-11。

表 4-11　铁蓝颜料的物理性质和化学性质

类型	Vossen Blau® 705	Vossen Blau® 705LS⑦	Vossen Blau® 724	Manox® Blue 460D	Manox® Easisperse® HSB2
染料索引编号	77510	77510	77510	77510	77510
染料索引颜料	27	27	27	27	27
着色力	100 纯蓝	100 纯蓝	100 纯蓝	115 纯蓝	95 纯蓝
吸油量/(g/100g)	36～42	40～50	36～42	53～63	22～28
干燥时重量损失/%	2～6	2～6	2～6	2～6	2～6
夯实密度/g・L^{-1}	500	200	500	500	550
密度/g・cm^{-3}	1.9	1.9	1.9	1.8	1.8
原始粒子平均直径/nm	70	70	70	40	80
比表面积/m^2・g^{-1}	35	35	35	80	30
热稳定性/℃	150	150	150	150	150
耐酸性	非常好	非常好	非常好	非常好	非常好
耐碱性	差	差	差	差	差
耐溶剂性	非常好	非常好	非常好	非常好	非常好
耐渗出性	非常好	非常好	非常好	非常好	非常好

　　铁蓝颜料在180℃短时间下是热稳定的，因此可以用于烘烤漆。粉末状的物料具有爆炸危险。粉末状态的颜料是易燃的，在空气中可能高于140℃就着火。

　　单独使用的铁蓝颜料有卓越的耐光性和耐候性。一旦它和白色颜料混合，这些性能就会消失。最近的研究表明面漆（如在汽车制造业通用的）克服了这个问题。该颜料能耐稀的无机酸和氧化剂，并且不渗出。它们在热的浓酸和碱的作用下分解。

4.3.6.4　用途

　　（1）印刷油墨工业　因为铁蓝颜料有浓厚的色调、良好的遮盖力和经济的成本/性能比，其在印刷，特别是在凹版印刷中是很重要的。在多色印刷中，铁蓝经常和酞菁颜料混合使用。其另一个重要的用途是调节黑色印刷油墨的色相。在饱和色凹印油墨中典型的用量是5%～8%，在黑色凹印和胶印油墨调色中用量是2%～8%。

　　铁蓝颜料用于制造单面和双面用的复写纸和蓝色晒图纸，既用来对炭黑调色，又作为蓝颜料。

　　① 黑色凹印油墨调色　在黑色凹印油墨的调色中，把2%～6%的 Manox® Easisperse® HSB3 和6%～12%的炭黑一起使用。通常也与带有蓝色调的红颜料混合使用。用有机颜料时，必须考虑到其耐溶剂的性能。与炭黑相比，铁蓝的分散性差，单独分散蓝颜料是既经济又现实的。

② 黑色胶印油墨调色　在胶印油墨中，成功地把铁蓝用作调色剂的基本要求是抗润湿和良好的分散性。"抗"在此理解为颜料的憎水性能。

该性质能够防止颜料被水润湿，以及为此而产生的胶溶作用。由于非抗性的铁蓝吸收水分超过正常的量，而使油墨无法使用。胶溶的一个副作用是从印刷油墨中"溶解"蓝颜料，使润版液变成蓝色，产生经常碰到的印刷溅泼污染问题，其被称为脏版或着色。

颜料的混合分散仅对具有相似分散性的色料才是现实的。调色剂比炭黑要难分散得多，因而制造商以预分散浆的形式供应，否则必须靠用户单独研磨。

铁蓝技术领域的进展克服了这些问题。出现的新一代颜料既包容了充分抗润湿的要求，又有良好的分散性。容易分散的铁蓝被推荐用于与炭黑一起混合分散，其被称为"共研磨"工艺。

（2）农业　蓝色无机杀菌剂是以铜为基础的，并且主要用于处理葡萄、橄榄或柑橘类水果，大约从 1935 年起，特别是在地中海国家，它大量地被无色的有机化合物所替代。微粉化的铁蓝颜料是用于这些杀菌剂着色的（一般在 3%～6% 质量分数），由于其着色强度高，因此用很少的量就看得见，使得精确控制成为可能。杀菌剂通常和微粉化的铁蓝颜料一起研磨或混合。

用铁蓝治理霉菌（例如葡萄霜霉菌）的一个受人欢迎的副作用是使出现萎黄病的葡萄树的树叶的颜色葱郁了，凋零推迟，树木的品质也改善了。

（3）油漆和涂料　铁蓝颜料用于涂料工业中，例如汽车漆中的饱和深蓝色。具有良好遮盖力的饱和色用 4%～8% 的铁蓝颜料。

（4）纸张　直接在水相中加入"水溶性"铁蓝，可以生产感光纸。换句话说，适当的铁蓝颜料和水溶性基料一起研磨，涂到纸上，干燥和上光（用量约为分散液的 8%）。

（5）颜料工业　铁蓝在生产铅铬绿和锌铬绿颜料中的重要性急剧提高。

4.4　炭黑颜料

炭黑是几乎纯净的元素碳（金刚石和石墨是几乎纯净的碳的其他形式），其呈现近于球形胶体颗粒的形态，是由气态或液态烃的不完全燃烧或热分解产生的。其物理外观是一种黑色的、分得很细的颗粒或粉末，有时候后者小到连肉眼都看不到。它在轮胎、橡胶和塑料制品、印刷油墨和涂料中的应用是与其比表面积、粒度和结构、传导和颜色的性能有关的。

近于 90% 的炭黑用于橡胶，9% 用作颜料，其余 1% 是许多不同的应用中的一个不可缺少的成分。

现代的炭黑产品是从早期的"灯黑"直接传承而来的，3500 年以前中国首次生产灯黑。这种早期的灯黑不是非常纯净的，并且它们的化学组成和现在的炭黑也有很大的不同。自 20 世纪 70 年代中期以来，大部分炭黑都是用油炉法生产的，其被称作炉黑。

炭黑与晶体状碳的金刚石和石墨不同，其是由被称为聚集体的熔接粒子组成的无定形的碳。各种不同类型的炭黑的性质是不同的，如表面积、结构、聚集体的直径和团块大小。

世界上生产六种炭黑：乙炔黑、槽黑、炉黑、气黑、灯黑和热裂黑。每一种炭黑的特有的物理和化学性能，综合在其材料安全资料和供应商的产品技术说明书中。

4.4.1 物理性质

4.4.1.1 形态学

电子显微镜照片显示炭黑的原生粒子几乎是球形的。一般来说，大量的这种原生粒子构建了链枝状的聚集体。实际上，聚集的程度被称为炭黑的"结构"。这些聚集体倾向于成为附聚体。

原生粒子的平均直径、粒度分布宽度和聚集的程度，则随着生产工艺和若干工艺参数的变化，而在相当宽的范围内变化。

原生粒子直径的范围为 5~500nm。由高分辨电子显微镜的相位衬度方法得到的衍射图表明，球形的原生粒子是由相对无序的晶核组成的，这些晶核被同心的碳层面所包围。从每个粒子的中心到周边的有序程度在提高，这是理解炭黑化学活性的一个重要的现象。

每一层面中碳原子的排列方式几乎与石墨中的排列方式相同。层面之间是接近于相互平行的。但是，这些层面的相对位置是无序的，因此它在石墨 c 轴方向是无规则的（"乱层结构"）。X 射线衍射可以测定炭黑原生粒子中的"结晶"区域。这些区域是延展的层面的一部分，而不是单个的微晶。由 X 射线衍射的图像可以看出，不管是哪个部分至少有三层是平行和等距的。就大部分炭黑来说，这些"结晶"区域长为 1.5~2nm，高为 1.2~1.5nm，它相当于 4~5 个碳的层面。按照氧化动力学的研究，在炭黑里的这种"结晶"或非常有序的碳，在 60%~90% 之间变化。

炭黑原生粒子的形态表明，炭黑生成时，热解烃最初的晶核是从气相冷凝下来的。随后，更多的碳层或其原生粒子吸附在正在长大的粒子的表面。由于这样的吸附作用，新的层面总是平行定向于已有的表面。在高结构炭黑的情况下，在粒子长大的过程中，若干粒子碰撞而连接在一起。炭黑进一步沉积在这些松散的附聚体上，而生成聚集体。以脂肪烃为起始原料时，聚乙炔化合物似乎会在生成原生粒子中起作用。然而以芳香烃为起始原料时，更像是剩下的芳香降解产物是中间体。

粒子表面温度超过 1200℃ 时，炭黑的碳层开始重新按石墨的次序排列。在 3000℃ 时，石墨的微晶形成，炭黑粒子呈现多面体。

4.4.1.2　比表面积

工业炭黑的比表面积变化宽广。粗的热裂炭黑比表面积小到 $8m^2 \cdot g^{-1}$，最细颜料级炭黑的比表面积可大到 $1000m^2 \cdot g^{-1}$。用作轮胎胎面胶补强填料炭黑的比表面积在 $80\sim150m^2 \cdot g^{-1}$ 之间。一般来说，比表面积大于 $150m^2 \cdot g^{-1}$ 的炭黑是多孔的，孔径小于 $1.0nm$。高表面积炭黑的孔的面积能超过粒子的外（几何）表面积。

4.4.1.3　吸附性质

由于炭黑有大的比表面积，因而它有由其表面化学性质而形成的相当显著的吸附水、溶剂、基料和聚合物的能力。提高比表面积和孔隙度，吸附能力也增加。化学和物理的吸附作用不仅在很大的程度上决定了其润湿和分散性能，而且也是把炭黑用作橡胶的填料以及颜料最重要的因素。高比表面积的炭黑暴露在湿空气中，可以吸收 20%（重量）的水。在某些情况下，吸收稳定剂或加速剂会在聚合物体系中造成问题。

4.4.1.4　密度

对于不同类型的炭黑，用氦置换法测量的密度值在 $1.8\sim2.1g \cdot cm^{-3}$ 之间。通常用于计算电子显微镜表面积的平均密度值是取 $1.86g \cdot cm^{-3}$。石墨化作用会使密度升高到 $2.18g \cdot cm^{-3}$。因为炭黑层间距离稍大，其密度与石墨（$2.266g \cdot cm^{-3}$）相比较低。

4.4.1.5　导电率

炭黑的导电率比石墨差，并且随生产方法的类型以及比表面积和结构而定。由于导电率的制约因素通常是相邻的粒子之间的传导阻力，压缩或浓缩纯的炭黑可提高导电率。采用特殊级别的炭黑，使聚合物具有抗静电或导电性能。对电解质溶液有高导电率和高吸附能力的炭黑用于干电池。

4.4.1.6　光吸收

由于炭黑吸收可见光，它广泛用作黑色颜料。其吸收率可以达到 99.8%。随光的散射作用、波长、炭黑的类型和其加入的体系不同，黑颜色可以是带蓝色的或带棕色的色调。它也吸收红外线和紫外线。因而，有些炭黑在塑料里用作紫外线稳定剂。

4.4.2　化学性质

按照元素分析的结果，通常炭黑的化学组成在以下的范围内（质量分数）：

碳 $95\%\sim99.5\%$，氮 $0\sim0.7\%$，氢 $0.2\%\sim1.3\%$，硫 $0.1\%\sim1.0\%$，氧 $0.2\%\sim0.5\%$，残余灰分 $<1\%$。

制造方法、原材料和化学后处理决定其组成。大部分炉黑的灰分含量 $<1\%$。灰分的组成来自原材料，比如注入控制结构的盐类和工艺用水所含的盐类。气黑的灰分含量小于 0.02%。

炭黑表面有一定量的多核芳香族物质。其被强烈地吸附着，并且只能用溶剂连续萃取而分离，例如，沸腾的甲苯。大多数工业的炭黑，萃取出来物质的量是低于食品法规定的极限的。

炭黑的氧含量在其应用中是最重要的。氧以酸性或碱性官能团的形式被结合在表面上。表面氧化物的量和其组成随生产工艺和最终后处理而异。在还原条件下生产的炉黑和热裂黑，含 $0.2\%\sim2\%$（重量）的氧，其以几乎纯的、碱性表面氧化物的形式存在。在空气存在下制造的气黑和槽黑含氧量可以到 8%（重量）。在此情况下，大部分的氧含在酸性表面氧化物中，只有少量在碱性氧化物中。酸性表面氧化物的量可以用氧化后处理来提高，氧的含量可以达到 15%（重量）。

表面氧化物在高温下会破坏。由于这一事实，950℃时的重量损失（"挥发分"）是炭黑中氧含量的粗略指标。在水性浆状物里测得的 pH 值是其氧化程度的另一个指标。一般来说，槽黑（低氧含量，碱性表面氧化物）的 pH 值大于 7，气黑是 $4\sim6$，氧化的炭黑（高氧含量，带有大量极性官能团的酸性表面氧化物）是 $2\sim4$。表面氧化物可以进行进一步的有机化学反应，以改变表面性质，例如烷基化、卤化、酯化等。

4.4.3 生产方法

表 4-12 所示是炭黑颜料的生产方法。

表 4-12 炭黑颜料的生产方法

热氧化分解	炉黑法	以煤焦油或石油为基础的芳香油，天然气
热氧化分解	德固萨（Degussa）气黑法	煤焦油馏出物
热氧化分解	灯黑法	以煤焦油或石油为基础的芳香油
热分解	热裂黑法	天然气或石油
热分解	乙炔黑法	乙炔

在过去的几十年中，汽车工业的快速发展使轮胎、黑色的着色塑料和各种性能黑色油漆的需求量与日俱增。这不仅使新的橡胶品种得到了发展，而且也使需要精细加工工艺的新炭黑得到了发展。

4.4.3.1 炉黑法

炉黑法是美国 20 世纪 20 年代开发的，后来得到了相当多的改进。它是一个在密闭的反应器中进行的连续工艺，因此所有的反应物都可以得到精确的控制。现在大多数比表面积为 $20\sim60m^2\cdot g^{-1}$ 的半补强橡胶炭黑（轮胎黑或软质黑）和比表面积为 $65\sim150m^2\cdot g^{-1}$ 的活性补强橡胶炭黑（外胎面黑或硬质黑），以及更高比表面积和更小颗粒的颜料级的炭黑越来越广泛地用此方法来制造。除了比表面积外，其他的质量规格，如用邻苯二甲酸二丁酯（DBP）吸附测量的结构和在橡胶中应用的性能，如耐磨性、定伸应力和撕裂强度，或色素炭黑的黑玉色度和着色力，在炉黑法中也可以通过调节操作参数来改变。

炉黑生产厂的核心是生成炭黑的炉子。通常原料以喷雾注射进一个高温和高能密度区域，该高温和高能密度区域是用空气燃烧燃料（天然气或石油）而获得的。氧对燃料是过量的，但是它不足以完全燃烧生产原料，因而，原料中的大部分在1200～1900℃下，热裂解生成炭黑。反应后混合物以水淬冷，并在热交换器里进一步冷却，用过滤系统从尾气中收集炭黑。

在接近室温条件下，首选的石油化学或煤化学重油原料，通常开始析出结晶，因此把它储存在装有循环装置的加热储罐里，以使其保持一个均相混合物的状态。油用回转泵经过保温管和热交换器导入反应器中，加热该保温管和热交换器到150～250℃，以获得适于雾化的黏度。采用各种不同类型的喷雾装置，将原料导入反应区。顶部带有喷嘴的、能产生空心圆锥形喷雾图案的轴向油喷射器是经常采用的装置。现用的有单组分和双组分的雾化喷嘴，后者是以空气和蒸汽为雾化剂的。

反应区里存在的碱金属离子可以降低炭黑的结构，碱金属盐常用氢氧化钾或氯化钾的水溶液，经常添加到油注射器的油里。另一种方法是，添加剂单独地喷到燃烧室里。在特殊的情况下，用类似的方法加入其他添加剂，例如能提高比表面积的碱土金属化合物。

热解必需的高温是靠燃烧室中在过量空气存在下燃烧燃料得到的。天然气仍然是燃料的首选，但是偶尔也用其他的气体，例如焦炉气或蒸发的液化气。从经济原因考虑，采用包括原料在内的各种油料作为燃料。为了快速和完全燃烧，按照燃料的类型不同，采用专门的燃烧器，如炉法反应器（图4-12）。

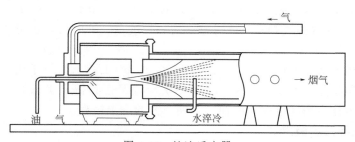

图 4-12　炉法反应器

燃烧所需的空气是经过转动活塞压缩机或涡轮压缩机加压的。其在热交换器中靠离开反应器的含炭黑的热气来预热。这样一来既节能又改进了炭黑的收率。一般预热空气的温度是500～700℃。

现代炉黑法炭黑工厂的反应器在内部构型、流动特征以及燃料和原料的导入方式上都有相当大的不同。尽管如此，它们一般都有相同的基本工艺步骤，在燃烧室里生产热的燃烧气，注射原料并与燃烧气快速混合，气化油料，在反应区热解，在急冷区快速冷却反应混合物到温度500～800℃。

大部分炉黑反应器是水平安放的。其长度可以到18m，外径到2m。有些垂直的反应器是专门用来生产某些半补强炭黑的。

炭黑的性质随燃料、原料和空气的比率而异，因此必须对其精确控制。在大多数情况下，生成的炭黑颗粒大小随着相对于燃料完全燃烧所需要的空气量过量程度的增加而减小。由于过量的空气与原料反应，较大量的空气使得油的燃烧速度较高，从而升高了反应区的温度。结果是成核的速度加快和生成粒子的数量增多，但是每一个粒子的质量和总产率下降。这就使得所生产的半补强炭黑，具有比活性补强炭黑更好的产率。随炭黑的类型和原料的类型不一，半补强炭黑的产率范围在 50%~65% 之间，补强炭黑为 40%~60% 之间。具有大比表面积和明显比橡胶炭黑颗粒小的颜料炭黑的产率较低。

其他影响炭黑质量的因素是油的注射、雾化以及和燃烧气混合的方式，添加剂的类型和添加量，空气的预热温度和急冷的位置。只要炭黑在高的反应温度下和周围的气体接触，在炭黑的表面就有若干种反应发生（例如 Boudouard 反应，水气反应），因此，炭黑表面的化学性质是随着滞留时间的延长而改变的。在小于 900℃ 时急冷，这些反应停止并且表面活性的某些状态被冻结。炭黑的表面性质也可以通过改变造粒和干燥条件来调节。

离开反应器的气体和炭黑的混合物，在热交换器里被逆流的燃烧气冷却到 250~350℃，然后进入收集系统。

一般来说，收集系统是由带有若干个分室的一个高性能袋式过滤器构成的，其定期地用逆流的过滤气体或脉动式空气喷射机清扫。偶尔，在热交换器和过滤器之间装有聚积物的旋风除尘器。按照装置生产能力不同，过滤器可能有几百个袋子，其总的过滤面积有数千平方米。

从过滤器出来的松软的炭黑，被气力输送到第一个储罐。少量的杂质（"硬渣"，例如铁、锈或焦炭颗粒）既可被磁力和粒度分级器除去，也可研磨到合适的程度而除去。

刚收集到的炭黑的松密度相当低，为 $20 \sim 60 \mathrm{g} \cdot \mathrm{L}^{-1}$。为便于用户处置和进一步加工，必须将其压实。"排气"增密是使炭黑保持其粉末状态的最弱的压缩状态，这是一个让炭黑经过多孔的抽真空桶上方的一个过程。

4.4.3.2 气黑法和槽黑法

槽黑法是自从 19 世纪末美国就采用的、最老的、生产小颗粒炭黑的、具有工业规模的方法。由于利润率低下和环保治理困难，1976 年美国的最后一个生产厂被关闭。此法以天然气为原料。炭黑的产率仅仅为 3%~6%。

气黑法是 20 世纪 30 年代开发的。它类似于槽黑法，但是用煤焦油代替天然气。用油作为基础原料使产率和生产速度提高了很多。1935 年德固萨（Degussa）采用工业规模的气黑法生产。今天，几乎所有级别的气黑都用作印刷油墨、塑料和涂料的黑色颜料。高品质的氧化气黑有特殊的用处，例如用于深黑色的涂料。

在气黑法中（图 4-13），原料是部分气化的。残留油则连续抽出。可燃的载气（例如氢气、焦炉气或甲烷）将油的蒸气送到生产设备中去。为了生产非常小颗粒的炭黑，可以把空气加到油-气的混合物中。当然该方法不如炉黑法那么灵活。调节载气、油和空气的相对量，可以得到各种类型的炭黑。

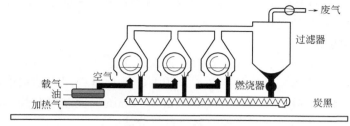

图 4-13　气黑法生产炭黑示意图

气黑设备由一根大约 5m 长的燃烧管构成，带有 30～50 个扩散燃烧器。燃烧的火焰与一个用水冷却的桶接触，生成的炭黑大约有一半沉积在桶上。刮下此炭黑，用螺旋输送机将其输送到气力输送体系。底部开口的一个钢罩子笼罩着气黑的设备。在其顶部，用风扇将废气送到过滤器，过滤器收集悬浮在气体中的炭黑。

进入设备的空气量是通过排气管上的阀门来调节的。若干个气黑设备组成一套生产装置。一个油的蒸发器为整个设备"组"供料。一个设备的生产速度和产率，随所生产的炭黑的类型而异。就典型的普通色素接触法炭黑（RCC）来说，生产速度是 $7\sim9\mathrm{kg}\cdot\mathrm{h}^{-1}$，产率是 60%。高品质颜料炭黑的产率是相当低的（10%～30%）。

生产中如在高温下与氧气接触的话，在炭黑粒子的表面会生成酸性的氧化物。

4.4.3.3　灯黑法

灯黑法（图 4-14）是最古老的工业生产炭黑的方法。

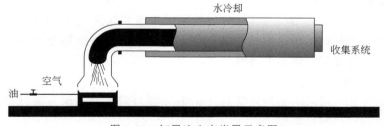

图 4-14　灯黑法生产炭黑示意图

然而，除了基本原理之外，目前灯黑的生产装置，与古老的炭黑炉几乎没有相同之处。烟筒和沉降室已经被相当复杂的过滤系统所替代了。

灯黑的生产设备是由一个存放液体原料的铸铁平底锅构成的，在其上装有耐火砖衬里的防火帽。平底锅和防火帽之间的空气狭缝，以及系统中存在的真空是用来调节空气补给的，这就使得制造商可以微调炭黑的最终性能。当然来自帽子的辐射热会引起原料的蒸发和部分燃烧。其大部分转化为炭黑。

为了分离出固体，含有炭黑的气体在冷却后通过过滤器。随后的工艺过程与制造炉黑类似。

这种炭黑的特点是原生粒子颗粒分布宽，其范围从约 60nm 一直到超过 200nm，它广泛用于许多专门的用途。

4.4.3.4　热裂黑法

虽然高品质的烃类油料可作为这种生产炭黑方法的原料，但是最常用的原料是天然气，其为不连续或循环的工艺。采用两个前后排列同时使用的机组的操作方式时，热裂黑工厂效率最高。其由两个在 5～8min 间交替循环操作的反应器组成，其中的一个反应器投入纯净的原料进行热分解时，另一个则以天然气或油/空气混合物加热。

也可以把热裂黑法归到热-氧化法中，其差别在于能量的产生和分解反应不是同时发生的。然而，炭黑实际上是在没有氧和降低温度的情况下生成的，这样的一个事实使得炭黑的性质，与热-氧化法得到的炭黑的性质有明显不同。

热裂黑的形成是相当慢的，因而生成大小范围在 300～500nm 的粗粒子，被称为中粒子热裂黑。

热裂黑用于高填料含量的机械橡胶制品。但是，近年来价廉的产品（黏土、碾碎的煤炭和焦炭）作为替代品变得日益重要。因此，热裂黑的总生产量在下降。

4.4.3.5　乙炔黑法

乙炔和乙炔与轻质烃的混合物是 20 世纪初就采用的一种生产炭黑的原料。乙炔与其他的烃类不同，乙炔的分解是大量放热的。

断续爆燃的方法是乙炔生产炭黑最老的工艺技术，主要用来生产颜料炭黑。后来开发了连续的工艺，使生产率提高到 $500kg \cdot h^{-1}$。乙炔或含乙炔的气体通到一个陶瓷内衬的圆柱形反应器。点火后，反应就靠分解释放的热来维持。在沉降室和旋风分离器中收集炭黑。产率是理论量的 $95\% \sim 99\%$。

乙炔黑原生粒子的形状与其他的炭黑不同。在结晶区域 f 轴方向的有序性提高，表明主要的结构组成是褶皱的碳层面。因为乙炔炭黑价格相当高，它仅限于一些特殊的用途使用，例如干电池。

4.4.3.6　其他生产方法

烃的蒸气几乎可以定量地在等离子体中分解为碳和氢。该方法可以用来生产具有崭新性质的小颗粒炭黑。

赫斯（Huels）的电弧法是唯一的、用等离子反应的大规模生产方法，其中大量的炭黑是生产乙炔的副产品。可是这种类型的炭黑已不再用作颜料。

由于不论是原料还是燃料的价格，都高度依赖于石油化学工业，人们做了若干的努力以试图发现新的原材料。曾有人研究过直接由煤来制造炭黑，或从旧的轮胎中分离出炭黑的方法。但是，迄今没有一个研究方法取得工业生产的重要意义。另一方面，黏土、碾碎的煤和焦炭作为非常粗的炭黑，主要是热裂黑和某些半补强炉黑（SRF）的替代品，用途是有限的。沉淀二氧化硅与有机硅偶联剂拼合在轮胎里和机械橡胶制品中的应用日益普遍，带来了橡胶性能新的特色。这种做法旨在加强搜寻新的、不以油为基础的填料。

4.4.3.7 炭黑的氧化后处理

在颜料炭黑表面的含氧官能团对其应用性能有强烈的影响（图 4-15）。高含量的挥发物，即高浓度的表面氧化物，会降低硫化的速度和改进油墨的流动性。涂料的光泽提高，色调从带棕相移向带蓝相，并且黑玉色度经常会提高。

有些颜料炭黑以工业规模进行氧化后处理以改进其颜色性质。随着氧化剂和反应条件的变化，生成不同量的不同类型表面氧化物。炭黑表面氧化最简单的方法是用空气在 350～700℃ 进行后处理。但是，氧化的程度是有限的。用硝酸、NO_2 和空气的混合物、臭氧或次氯酸钠溶液，可以得到较高的表面氧化物含量和更好的工艺控制。原则上，无论是气体状态或溶液状态的所有强氧化剂都可以使用。炭黑表面的氧化大多数是在升温下进行的。

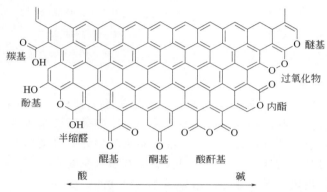

图 4-15　颜料炭黑的表面基团

被氧化炭黑的含氧量可以到 15%（质量分数）。其亲水性很强，其中某些在水中自动地形成胶体溶液。在极性的油墨体系和涂料中，由于表面氧化使得其有更好的润湿性和分散性，从而减少了基料的消耗。

工业上用氮氧化物和空气进行的炭黑表面氧化，可以在流化床反应器中进行。适当的后处理装置包括：一个炭黑流化和加热的预热容器，一个进行表面氧化的反应容器，以及一个除去被吸收的氮氧化物的解吸容器。典型的反应温度在 200～300℃ 之间。按氧化程度的不同，停留的时间可以长到若干个小时。氮氧化物主要起催化剂的作用，空气里的氧是真正的氧化剂。

另一个表面氧化常用的方法是在造粒时进行的。硝酸代替水作为造粒剂。湿的颗粒在升温下干燥的时候，表面被氧化。用臭氧氧化粉状的炭黑也以工业规模进行。

4.4.4　用途

表 4-13 所示是炭黑的用途一览表。

表 4-13　炭黑的用途

领域	用途
橡胶	轮胎和机械橡胶制品补强填料
印刷油墨	着色,流变性
涂料	饱和黑色和调色
塑料	黑色和灰色着色,调色,防紫外线,导电,导电涂料
纤维	着色
纸张	黑色和灰色着色,导热,装饰和保光纸
建筑	水泥和混凝土着色,导热
电力	碳刷,电极,电池
金属还原,复合物	金属熔炼,擦胶剂
金属碳化物	还原化合物,碳原料
耐火材料	减少矿物的孔隙
绝缘	石墨炉,聚苯乙烯和聚氨酯泡沫

4.4.4.1　橡胶炭黑

大约所生产炭黑的 90%在橡胶工业中用作轮胎、管材、传送带、电缆、橡胶型材和其他机械橡胶制品的补强剂。在橡胶的加工中采用炉黑居多。

广泛被人所公认的以补强性质为基准的炭黑类型分类方法如下。

（1）活性炭黑　高补强力,细炭黑,胎面炭黑（粒度 18~28nm）。

（2）半活性炭黑　低补强力,胎身炭黑（粒度 40~60nm）。

（3）非活性炭黑　忽略补强性,高充填率（粒度大于 60nm）。

虽然仍然广泛地采用惯用的炭黑类型分类法,但是一般来说,在此采用国际上认可的 ASTM 命名法（表 4-14）。橡胶用炭黑命名体系的第一个字母,是指炭黑对典型含炭黑的橡胶组合物硫化速度的作用。字母"N"用于表示没有经过专门改性来改变其对橡胶硫化速度作用的,典型炉黑的正常硫化速度。字母"S"用于表示通常经过氧化的方法改性的槽黑或炉黑,能有效地降低橡胶硫化速度。槽黑的特点是赋予橡胶的组合物较慢的硫化速度。因此,字母"S"表示缓慢硫化。在此体系中的第二个符号是一个三位数,第一位数表示用氮表面积测量的炭黑的平均表面积。炭黑的表面积的范围分为六个独立组,每一组指定一个数字来表示。

表 4-14　橡胶炭黑的类型（ASTM）

名称	粒度范围/nm	名称	粒度范围/nm
N110	11~19	N550	40~48
N220	20~25	N660	49~60
N330	26~30	N770	61~100

N300 系列的特点是包括大约 10 个不同类型宽广的橡胶炭黑品种。细颗粒的

活性炭黑用于需要经受相当机械应力的橡胶，例如胎面胶。另一方面，半活性炭黑用于胎身，也用于从屏幕和门的密封到地板坐垫的橡胶技术制品。轮胎也含有其他专用的炭黑，例如所谓的黏合炭黑以改善径向钢带的附着性，传导炭黑或非活性炭黑用于提高填料的充填率。

4.4.4.2 颜料炭黑

从量的角度来说，颜料炭黑远不如橡胶炭黑来得重要。从质的角度来说，颜料炭黑属于高度复杂的颜料。这些炭黑用于各种各样的用途，例如印刷、油漆和涂料的制造、塑料、纤维、纸张等。在工业上也广泛地采用以颗粒大小为基础的分类方法。

（1）颜料炭黑性质　颜料炭黑与其他的黑颜料和黑有机染料相比有许多优点：色泽稳定、耐溶剂、耐酸碱、热稳定性好、遮盖力高。

下列的分类系统，虽然还没有被视为国际的标准，但是已成为多数制造商主要的参照。该系统包括四组：高色素（HC）、中色素（MC）、普通色素（RC）和低色素（LC）。

第三个字母表示制造方法：F 为炉黑法，C 为槽黑法或气黑法。最后，氧化后处理是用后缀（O）来表示"氧化的"（表 4-15）。

表 4-15　颜料炭黑的分类

名称		粒度范围/nm
气黑	炉黑	
HCC	HCF	10～15
MCC	MCF	16～24
RCC	RCF	25～35
	LCF	＞60
氧化的气黑		
HCC(O)		10～17
MCC(O)		18～24
RCC(O)		＞25

炭黑的最重要的色彩性能是黑玉色度和着色力。黑玉色度是指所达到的黑色的强度。德固萨（Degussa）发明的测量残余组分（＜0.5%）的方法，已成为一个标准 DIN 55979。在此，炭黑的样品和亚麻仁油混合，光谱光度计测量得到的结果以 M_y 值表示。炭黑的颗粒越细，M_y 值越高，相应于较高的黑度。经过改进的上述色浆法是测定醇酸/氨基树脂体系（PA 1540）M_y 系数的方法。

着色力是炭黑相对于白色颜料（二氧化钛、氧化锌）而测量的上色的能力。但是，着色力不单受到粒度和结构的影响，而且在某种程度上受到粒度分布的影响。炭黑的粒子越细，着色力越大，其为表面或粒度规格的间接指示。

除了以黑玉色度（M_y 值）表示的颗粒大小外，颜料炭黑的表面化学对加工性能也有决定性的影响。

（2）印刷油墨用的颜料炭黑　印刷油墨工业对于颜料炭黑有许多要求。无论是印刷油墨还是被印刷的产品都期望颜料炭黑具有若干种性质。印刷油墨：良好的润湿性，容易分散，高浓度，适当的黏度，良好的流动性能，储存稳定性和经济性。被印刷的产品：黑玉色度，遮盖力，蓝色调，光泽，耐擦拭。

采用恰当的颜料炭黑就可能达到以下各种效果。

在印刷油墨工业中，颜料炭黑的应用几乎100％地涉及黑油墨的"染色"。颜料炭黑也用于灰色和带色的油墨（棕色、橄榄色等）的调色，但是其用量与整个消费量相比相当小。

颜料炭黑在印刷油墨中可以分为给色（上墨）部分和流变部分。上墨部分包括黑玉色度、底色和光泽，而流变部分包括黏度流动性质和黏性参数。

上墨部分在相当大的程度上随着颜料炭黑粒度变化而异。颜料炭黑越细，印刷油墨的色彩强度或黑玉色度越高。降低粒度，提高黑玉色度和棕色底色；提高粒度，降低黑玉色度和更蓝相的底色。

流变部分同样与粒度和表面积有关，但是也与结构和表面化学性质有关。分得越细的颜料炭黑有相对越高的表面积，因此有强的增稠作用。如果粒度加大，表面积减少，增稠效果降低。这就意味着：降低粒度，高黏度；提高粒度，低黏度。

颜料炭黑的结构是生产印刷油墨的重要参数。一系列的质量因素有赖于其结构，如分散性、黏度、流动性、色彩强度、光泽、耐擦拭性和电导性。

高结构：高屈服值，高黏度，光泽降低。低结构：良好的流动性，低黏度，光泽提高。

颜料炭黑的导电性是与其结构有关的。结构越高，颜料炭黑的导电性越好。导电印刷油墨是用专门的高结构颜料炭黑制造的。由于这些颜料炭黑特殊的性能，导电油墨具有相当高的黏度。为了使被印刷的物件上达到良好的导电性，印刷时采用高颜料炭黑浓度的印刷油墨和高油墨膜。

紫外线固化印刷油墨正在日益普及。但是，由于颜料炭黑强烈地吸收不可见光和紫外范围的入射光，黑色的紫外线固化油墨只能取一个折中的办法。所以，印刷油墨越黑，固化时间延迟越长。专用的炭黑适于此应用。

被印刷的底材是选择颜料炭黑的一个重要的准绳。低结构的颜料炭黑在铜版纸上可以达到高质量的黑玉色度和光泽。高结构的颜料炭黑在非涂布纸上产生较高的黑玉色度。一般来说，在铜版纸上会有较好的效果。

印刷底材的表面粗糙度和吸收性决定了印刷油墨的组成。高屈服值的油墨适用于这种用途，其在非涂布纸上的渗透较少，因此可以较大程度地再现黑玉色度。流动性质和结构黏度可按颜料的结构来调整。

报纸印刷油墨采用中到高结构的颜料炭黑。常用报纸印刷油墨的一个令人讨厌的特性，是其低下的耐擦性。颜料炭黑的结构是可以影响到这种性能的。低结构的颜料炭黑能够改进耐擦性，高结构的颜料炭黑容易留下墨迹而将报纸蹭脏。通常将这两种颜料混合使用来解决这个问题。现在粒状炭黑在报纸印刷油墨中用得多了。粒状炭黑不产生尘埃，因此改进了油墨自动化生产所必需的处置过程。在包括含油颗粒、干颗粒和湿颗粒在内的各种类型的粒状炭黑中最受欢迎的是含油颗粒炭黑，因为其相当容易分散。

由于杂志的印刷油墨在印刷过程中的印刷速度非常高，低黏度是必需的。用中等粒度的低结构颜料炭黑生产的印刷油墨，可以满足这些条件，同时显示极好的遮盖力、黑玉色度和光泽。

在装饰和包装印刷（柔版和凹版印刷）中，会遇到各种各样的被印刷的底材。印刷底材和连接料的选择要相互匹配。为此，在这种印刷油墨中有一系列的连接料体系可供选用。气黑法和槽黑法生产的颜料炭黑，不论是氧化的还是非氧化的都可应用。

在包装油墨领域，水性或者说水基印刷油墨起到一个重要的作用。用高结构的颜料炭黑，总是可以达到高水平的黑玉色度。但是，高结构也有损于印刷油墨的流动性。如果在铜版纸或厚板纸和不吸收的表面上印刷，应该首选低结构的氧化炭黑颜料。低结构的炭黑颜料赋予了较好的流动性，并且可以较高的浓度来使用。

（3）油漆用颜料炭黑　颜料炭黑具有卓越的性能，为涂料工业最经常使用的黑色颜料。这些颜料具有下列特殊性能，使其适于在几乎从装饰涂料体系，到相当复杂汽车面漆的所有涂料中应用：①杰出的色彩性能，从纯黑到带有蓝色或棕色底色的深黑；②高度的着色力，专用的调色黑浆没有浮色；③良好的耐碱和耐酸性，使其适用于水性涂料；④卓越的耐候性。

在大多数情况下，从色彩的角度来选择颜料炭黑。在这里，颜料炭黑最重要的性能差异是平均粒度。原则上讲，涂料达到的黑玉色度，是由原生粒子的平均粒径决定的。因此，粒径越小，黑玉色度越深。图 4-16 解释了颜料炭黑的色彩性能随原生粒子粒径的变化。

采用氧化后处理的颜料炭黑，与没有氧化后处理的产品相比，加工和应用技术的性能得到了改进，在较大的程度上满足了实际的需要。下列的性质得到了改进：分散性、流变性（特别是在颜料浆中）、黑玉色度、色调、絮凝稳定性、光泽和耐候性。

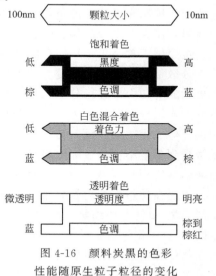

图 4-16　颜料炭黑的色彩
性能随原生粒子粒径的变化

因为颜料炭黑的粒径小和由此带来的大表面积，其被归类为较难分散的颜料。按供货形式的不同，颜料炭黑可以用各种研磨机来分散，例如砂磨机、珠磨机、球磨机、三辊机和其他的研磨机。

涂料颜料浆的配方对分散效率具有决定性作用，其对不同的分散设备必须是不同的。随树脂润湿性能不一，所采用的基料含量最好是 30%～50%，按照树脂固体含量计算，细粒径颜料炭黑的含量是 12%～20%。

为得到良好的不透明性，最终颜料炭黑的含量按树脂固体含量计算是 2%～5%，颜料浆可以到 10%。具有相当高结构和表面积的颜料炭黑，可以用于导电涂料。在此情况下，炭黑的含量是树脂固体含量的 30%～50%。

(4) 塑料用颜料炭黑　炭黑与其他的颜料不一样，其用在塑料中不仅产生色彩效果，同时也改善了电性能，赋予了抗热和抗紫外线的作用，并且可以作为填料来改进机械性质。

炭黑大量用于包括聚乙烯、聚丙烯、聚氯乙烯、聚苯乙烯、ABS 聚合物和聚氨酯在内的黑色和灰色塑料的着色。以吨位统计聚烯烃用量最大。粒状的炭黑是通常采用的。

饱和色的着色需要的炭黑含量是 0.5%～2%。对于清澈透亮的塑料，加入 1% 的炭黑一般就足够了。有明显本色的塑料用含量为 1%～2% 较高着色力的炭黑着色，例如 ABS。透明浅色炭黑含量为 0.02%～0.2%。

颜色的深度（黑度）随原生粒子粒径和聚集程度的减小而提高。但是，对于一个给定的炭黑来说，所达到的黑度随聚合物而异。用 HCC 和 HCF 的气黑和炉黑，可以达到光学上来说临界深黑的着色。对于普通黑色的着色，最佳的亮度和颜色深度不是主要的，采用 MCC、RCC 和 MCF 类中等细度、低价的炭黑。

用于塑料工业的炭黑大多数是由炉法生产的。在入射光下（饱和着色），通常细的炉黑比粗的炉黑更显蓝色调，但是在透射光（透明着色）和灰色着色下却显棕色调。控制炭黑的生产条件，色调大幅度漂移是可以达到的。一般来说蓝色调的炭黑，使人产生较深颜色的感觉。

炭黑用于食品包装和储存的制品的着色时，必须符合相关的法律规定。

分散是着色质量的关键。为了展示炭黑全部的色彩性质，其比其他的颜料需要更大的剪切力来进行分散。因为炭黑越细，要达到最佳的分散效果是比较难的。不良的炭黑分布对着色力会起到副作用，特别是对不透明的塑料进行灰色和黑色着色，会成为一个问题。另一方面，用黑颜色着色的透明塑料的颜色深度，只是稍微受到少量不良分散部分炭黑的影响。炭黑的不良分散在塑料件上也能造成表面缺陷（瑕疵），特别是在膜和纤维上会造成机械缺陷。

炭黑在塑料中的良好分布，是分为两个步骤掺入其中而达到的。在第一步是生产炭黑-塑料的浓缩物（色母料），例如在捏合机中进行。随基料吸收炭黑性能不同，这一部分含 20%～50% 的炭黑。在第二步的操作中，用恰当的聚合物稀释浓缩物以获得最终的炭黑含量。在制备被浓缩物的时候，炭黑就开始分散。高的炭黑浓度提高了黏度，并使介质能够传递，比直接掺入 1%～2% 炭黑时，能达到更高的剪切力。

炭黑-塑料浓缩物常常不是由塑料加工商来生产的。其可以从颜料炭黑的生产商那里以碎片状、粒状或粉状的形态买到。商业上也可以买到炭黑增塑剂浆〔例如炭黑/邻苯二甲酸二辛酯（DOP）着色塑溶胶浆〕以及水溶性和溶剂分散体（例如用于纤维生产）。

　　塑料中掺入足够大量的炭黑，可赋予塑料抗静电性能或导电性能。炭黑填料的塑料的电导率，随炭黑粒径减小、聚集程度加大和浓度提高而升高。炭黑的表面氧化物和含氢的表面基团则能降低电导率。炭黑加入塑料的时候，起初电导率升高，通过一个最高点，如果炭黑经受过量的剪切力的话，电导率反而下降。炭黑均匀地分布在聚合物中，但又没有充分分散时，炭黑的粒子完全地被介质所包围是最佳的状态。在此状态下，粒子之间形成桥，因此促进了电流的流动。炭黑粒子的定向（例如在挤出或膜塑情况下）有可能发生电导率的各向异性。电导率也取决于聚合物体系，因为聚合物的部分结晶会使得润湿性和局部浓度变化。例如，为了获得相同的电导率，软 PVC 需要大约聚丙烯两倍的炭黑浓度。

　　用于生产导电和抗静电塑料的炭黑，主要是相当细颗粒和低挥发物含量的高结构炉黑。导电体系炭黑的含量是 $10\%\sim40\%$。抗静电塑料（例如电缆的屏蔽套和塑料地板）炭黑含量是 $4\%\sim15\%$。

　　高挥发物含量的、相当粗颗粒的氧化气黑，特别适用于有良好电绝缘性的塑料，例如，电缆屏蔽物、高频焊接、静电复印粉用的塑料。

　　许多聚合物，特别是聚乙烯，在大气环境下被紫外线降解。炭黑对这种聚合物会赋予长期的稳定性，首先是吸收紫外线辐射，其次是作为游离基接受体钝化在降解过程中形成的活性中间体。减小炭黑的粒径和将其含量提高到 $2\%\sim3\%$，可以改进稳定作用。通常采用原生粒子粒径在 $20\sim25nm$ 的炭黑。用作稳定剂的炭黑的游离基接受能力，会受到聚合物的游离基交联的干扰。

4.5　特殊颜料

4.5.1　磁性颜料

4.5.1.1　氧化铁颜料

　　铁磁型氧化铁颜料被使用于音像盒式带、软盘、硬盘以及计算机带的磁性信息储存系统。在磁带技术的早期所使用的是无钴氧化铁（Ⅲ）和非化学计量混合相颜料（所谓的非定比化合物 $FeO_x Fe_2O_3$，其中，$0<x<1$）。目前，在低偏移（bias）录音盒带、电影、广播和计算机带的生产中主要使用的是 γ-氧化铁和 Fe_3O_4，后者少量。

　　（1）生产方法　颜料粒子的形状至关重要，这是保证良好磁性性质的前提。极少使用以直接沉淀法生产的同分异构的氧化铁颜料。1947 年之后，针状 γ-Fe_2O_3 被制备了出来，其长宽比大致为 $(5:1)\sim(20:1)$，其晶长达到 $0.1\sim1.0\mu m$。

　　具有尖晶石结构的非异构的 Fe_3O_4 或具有四方形超晶格结构的 γ-Fe_2O_3 都不能直接结晶。它们是由能形成针状结晶的铁化合物制得的（通常是 α-FeOOH 和

γ-FeOOH）。有一项变通的制备 α-FeOOH 母体的方法，那就是，对 Fe(OH)₂ 的水悬浮液进行氧化，使悬浮液在氧化气体的存在下形成 γ-FeOOH 的针状颗粒。制备时，pH 值维持在 11 以上，温度保持在 30～45℃ 之间，过程中应进行强力搅拌。所形成的氧化物氢氧化物经脱水还原，转化为 Fe₃O₄。还原剂可以是气体（氢、一氧化碳），也可以是有机化合物（即脂肪酸类）。在这个过程中，粒子形态保持不变。

在这个转化过程中，颜料会受到相当的热应力，需要有一个保护涂层使 FeOOH 粒子避免烧结，保持稳定（这个涂层通常是硅酸盐、磷酸盐、铬酸盐或如脂肪酸之类的有机化合物）。

细度很低的定比 Fe₃O₄ 颜料在大气条件下氧化时是不稳定的。因此，要么借局部氧化使之得到稳定，要么使完全氧化成 γ-Fe₂O₃，反应过程在 300℃ 以下进行。

还有一个方法，其所使用的起始原料不是 FeOOH 颜料，而是成为针状粒子的 α-Fe₂O₃。这样的合成是在水热反应釜中进行的，反应是从 Fe(OH)₃ 的悬浮液开始的，结晶生长以有机改性剂予以控制。

（2）性质　磁性颜料的形态和磁性性质可以很不相同，这种不同要取决于其应用范围以及所使用的录制介质。计算机带使用的是最大粒子（其长度大约为 $0.6\mu m$）的产品。粒度越小，磁带的噪声越低。因此越是质量好的盒式磁带，越是要使用粒子更细的颜料。对粉体或磁带的滞后曲线进行测量就可以确定磁性性质。

除形态和磁性性质之外，通常的颜料性状如 pH、堆积密度、可溶性盐含量、吸油量、分散性和化学稳定性对磁记录材料的制造也是很重要的。

4.5.1.2　含钴氧化铁颜料

（1）生产方法　在上述文中所描述的氧化铁颜料或者掺杂钴，或者涂（覆）钴。

① 在含有 2%～5% 质量分数的钴的（整）体蒙（敷）颜料中，钴是均匀地散布于颜料粒子的整体之中的。钴或者在生产 FeOOH 母体时加入，或者以氢氧化物的形态沉淀在中间产物之上，钴源是二价钴盐。

② 涂（覆）钴颜料粒子（含 1.6%～4% 的 Co）是由一个核和一个涂层构成的。核是由 γ-Fe₂O₃ 或非化学计量氧化铁相构成的，涂层厚度为 1～2nm，由高矫顽性铁酸钴构成。吸附氢氧化钴可以产生这个涂层，也可以使铁酸钴在强碱性介质中取向沉淀在核上。表面涂覆颜料比掺杂颜料有更好的磁稳定性。

（2）性质　矫顽场强（Hc）为 50～57kA·m^{-1} 的颜料被使用于录像带、高偏移录音带和高密度软盘。所使用的颜料的粒度在 0.2～0.4μm 之间，具体来说则取决于基带的质量。

超级 VHS 录像带则使用更高矫顽场强（大约为 70kA·m^{-1}）和更小粒度（0.15～0.2μm 的颗粒长度）的颜料。

4.5.1.3 二氧化铬

在为磁性信息储存系统开发颜料的过程中，CrO_2 是第一个被广泛使用的颜料，它给出的记录密度高于 γ-Fe_2O_3。

（1）物理性质　　CrO_2 是一个铁磁性物料，其比饱和磁化强度 Ms/ρ 在 0K 时为 $132A \cdot m^2 \cdot kg^{-1}$，相当于每个 Cr^{4+} 离子两个不成对电子的自旋。CrO_2 在室温下的 Ms/ρ 值大致是 $100A \cdot m^2 \cdot kg^{-1}$，$CrO_2$ 磁性颜料的 Ms/ρ 值为 $77\sim92A \cdot m^2 \cdot kg^{-1}$。这个物料结晶为以小针状形式出现的四方形金红石晶格，具有所要求的磁性各向异性。颗粒形态可以因掺杂而有几种变异，特别是掺锑和碲。可以借助掺杂过渡金属离子的方法控制矫顽场强在 $30\sim75kA \cdot m^{-1}$ 之间，这样的离子可以改进物料的磁-晶各向异性。

（2）生产和化学性质　　把 Cr（Ⅲ）和 Cr（Ⅵ）化合物的紧密混合物转化为 CrO_2 的过程可以在水热条件下进行，这个过程已经得到工业化，过程在高压釜中进行，运行条件是，温度大约为 350℃，压力大约为 $300bar(1bar=10^5Pa)$。

在水的存在下，纯 CrO_2 会缓慢歧化。商品颜料的 CrO_2 结晶表面因此会局部规整地转化为 β-$CrOOH$，它可以起保护层的作用。如果没有水分存在，CrO_2 直到大约 400℃ 都是稳定的。超过此温度，它就会分解为 Cr_2O_3 和氧。

4.5.1.4 金属铁颜料

铁的磁强比氧化铁高出 3 倍以上。金属铁颜料的矫顽场强可以高达 $150kA \cdot m^{-1}$，当然，这取决于粒度。这些性质高度适合于高密度记录介质。

（1）生产方法　　工业规模的金属铁颜料的生产是以针状形态的铁化合物的还原为基础的。如磁性氧化铁的生产一样，制备所用原料也是铁的氧化物氢氧化物或草酸铁，它们在氢气流中得到还原，或直接还原为铁，或通过一个氧化的中间体。

金属颜料的比表面积大，它们是易生火花的，因此，使之得到钝化是必要的。使粒子表面上的氧化缓慢而有控制地进行即可达到钝化的目的。

（2）性质　　金属铁颜料的矫顽场强主要决定于其粒子的形状和粒度，可变化于 $30\sim210kA \cdot m^{-1}$ 之间。模拟音乐盒带（$Hc\approx90kA \cdot m^{-1}$）的颜料其粒子长度通常为 $0.35\mu m$。颜料的针状粒子的长宽比大致为 10:1。细度很细（粒子长度大约为 $0.12\mu m$）、矫顽场强为 $130kA \cdot m^{-1}$ 的颜料可以用在 8mm 录像带和数码录音带（R-DAT）上。

金属颜料比氧化的磁性颜料有更大的比表面积（高达 $60m^2 \cdot g^{-1}$）和更高的饱和强度。它们的粒子排序能力相当于氧化物类。

4.5.1.5 铁酸钡颜料

铁酸钡颜料可应用于高密度数码储存介质。它们非常适合于制备非定向的（即软盘）、纵向定向的（常规磁带）和垂直定向的介质。对后者来说，磁化作用垂直于被涂装表面。这是垂直记录系统所要求的，这使达到极高数据密度成为可能，对软盘而言尤其如此。使用铁酸钡和铁酸锶制备磁条码，可以防止支票和识别卡的伪造。

(1) 性质 六方形的铁酸盐具有广泛系列的结构，其差别在于三个基本元素，即所谓的 M、S 和 Y 块的不同堆积布置。对磁性颜料来说，M 型结构是最重要的。M 铁酸盐的磁性可以在广泛的范围内予以控制，方法是，对 Fe^{3+} 离子予以局部取代，通常是用二价和四价的离子如钴和钛的配合物来进行取代。铁酸钡结晶为小的六角形片晶。磁化方向以平行于 c 轴为宜，因此，其定向也就垂直于片晶的表面。未掺杂材料的比饱和磁强大致为 $72A \cdot m^2 \cdot kg^{-1}$，相比于其他磁性氧化物颜料来说是稍低的。对铁酸钡来说，矫顽场强基本上决定于磁晶的各向异性，只在有限的程度上受粒子形态的影响。正是基于这个理由，所制成的铁酸钡具有极均匀的磁性。铁酸钡颜料为棕色，其化学性质类似于氧化铁。

(2) 生产方法 工业规模制造铁酸钡有三种方法：陶瓷法、水热法和玻璃结晶法。

① 陶瓷法 以碳酸钡和氧化铁的混合物在 $1200 \sim 1350 ℃$ 下反应使产生结晶性烧结物，把烧结物加以研磨，磨到大约 $1\mu m$ 的粒度。此法只适合于制备磁条码所要求的高矫顽性颜料。

② 水热法 铁、钡及掺杂物以它们的氢氧化物的形式沉淀并与过量氢氧化钠溶液（高达 $6mol \cdot L^{-1}$）反应。反应在高压釜中进行，反应温度达 $250 \sim 350 ℃$。一般来说，还要在 $750 \sim 800 ℃$ 下进行退火处理，以获得具有所要求的性质的产品。最早的报告出现在 1969 年。其后使用的制备过程是水热合成继之以用立方晶铁酸盐进行涂覆，这个过程类似于对氧化铁类所进行的钴改性。涂覆的目的是增加物料的饱和磁强。

③ 玻璃结晶法 这个过程是由 Toshiba（东芝）开发的。将制备铁酸钡的原料溶解在硼酸盐玻璃的熔融物中。将熔融物料倾注在旋转中的冷铜轮上，使生成玻璃片。对这个玻璃片进行退火处理，将铁酸盐结晶于玻璃基块中。最后，将玻璃基块溶解于酸。有一个变通的方法是通过喷干的办法生成基块。

(3) 磁记录性质 铁酸钡非常适合于高密度数字记录，主要是因为它的粒度非常小，其转换场分布非常窄。它还具有高的非滞后的敏感性。高的非滞后的敏感性使铁酸钡介质特别适合于非滞后的复制过程。

与应用于高密度录制的许多其他磁性物料不同，作为一个氧化物的铁酸钡不会受腐蚀影响。颜料的加工是会出现问题的，就是说，施加定向磁场会容易导致粒子的无谓的堆积，这对磁带的噪声水平和矫顽场强都有影响。在早期，磁性对温度的明显依赖是个问题，进行适当的掺杂可以克服之。

4.5.1.6 调色颜料

在照相复印和激光印刷中使用的许多调色剂含有黑色磁性氧化铁颜料（磁铁矿，Fe_3O_4）。

(1) 生产方法 通常，黑色磁性颜料是用铁盐溶液沉淀法或通过 Laux 法生产的。

（2）氧化铁性质　粒度介于 $0.2\sim0.5\mu m$ 之间是较好的。高质量调色剂含有的氧化物其粒度分布是窄的。

一个调色剂的矫顽性和顽磁性在一定程度上决定于复印机和印刷机所使用的系统的类型。许多复印调色剂含有矫顽性为 $7\sim9kA\cdot m^{-1}$ 的氧化物，而激光印刷调色剂则通常含有矫顽性较低的氧化物，在 $5kA\cdot m^{-1}$ 左右。磁铁矿的矫顽性由生产过程、粒子形状和粒度控制，以球形＜立方体＜八面体的顺序增加。因此，高质量激光印刷调色剂含有球形氧化物，而大多数复印调色剂则含有八面体和立方体的粒子。

4.5.2　防腐颜料

4.5.2.1　概论

防护金属材料使免于腐蚀长期以来是有机涂料所发挥的关键作用之一。在保护涂料技术的问题中，防腐蚀颜料的最重要的作用就是对腐蚀的控制，当然，以涂料防腐蚀所能达到的程度并不仅仅决定于所使用的防腐蚀颜料的类别。在所用颜料之外的最重要因素是所选择的用来配制涂料的树脂体系。在详细讨论防腐蚀颜料之前，回顾一下何谓腐蚀，是会有一定帮助的。

4.5.2.2　腐蚀机制

腐蚀是通过化学和电化学反应而使金属遭到破坏的过程。这些反应是因金属在其所在的环境中暴露在气候、水分、化学品以及其他物质之下而发生的。

通常，腐蚀被描绘为遵循电化学反应途径通过能量交换而发生的一个过程。

任何金属都会显示出组成上的多相性，表面污染或粒面结构都是例子。如果金属基材上这么一块多相面与一个电解质（如水分之类的电导体）相接触，则这个相挨着的面发生腐蚀的概率就会要么高些、要么低些，相邻两侧就会组成一个活泼的电化学电池，这个相挨着的面就会相应地要么起阳极作用、要么起阴极作用。

在阳极上，金属以金属离子的形式进入溶液，放出电子。由于有电解质的存在，电子得以迁移到阴极，被与环境的反应所消耗。

由于本节主要谈的是防腐蚀颜料问题，对腐蚀过程不准备进行更深入的讨论。但是，还是应当提到，腐蚀的电化学过程的一个关键点是电解质的存在。电解质的出现离不开雨水、雪和露水，其出现导致了离子的表面污染。电解质中的物质来自空气的污染，如尘土、水溶性氯化物和硫酸盐类。氯化物和硫酸盐是腐蚀的刺激性因素，它们对腐蚀反应的进程有着明显的影响。

4.5.2.3　防腐蚀颜料的分类

防腐蚀颜料可以通过几种途径来影响保护涂料的性能，这些途径是：防止膜下腐蚀；当漆膜因机械损毁而使之不再呈连续状态时起保护金属基材的作用；在已被破坏的面上防止腐蚀向别处蔓延；膜厚不变，而使耐久性得到改善；在膜薄的情况下改善耐久性，以使施工上的失误所可能带来的损害得以减小。

防腐蚀颜料可以按其作用模式分类，例如，化学性和/或电化学性（活性颜料）、物理性（屏蔽性颜料或屏蔽颜料）以及电化学/物理性（牺牲性颜料或牺牲颜料）。

① 活性颜料　活性颜料是通过化学和/或电化学作用而防止腐蚀的。在文献中也把它们称为抑制性颜料。这些颜料直接地或通过中间体与金属基材发生交互作用以减缓腐蚀。所谓中间体可以是通过与树脂的反应而形成的。

使一个金属表面变钝的能力叫做钝化。在基材表面上生成保护性涂层从而保护金属免于腐蚀的那些颜料是在阳极面积上呈现其活性的（阳极钝化）。基于其高氧化电势而阻止锈的形成的颜料是在阴极面积上呈现其活性的（阴极钝化）。一般来说，活性颜料是可以抑制两个电化学局部反应之一或两者兼防的。

活性颜料的又一个机制是对腐蚀物质如硫酸盐类、酸类或氯化物进行中和，从而使涂层 pH 保持恒定。

② 屏蔽性颜料　屏蔽性颜料发挥的是物理作用，它们可以增强油漆漆膜的屏蔽性质，就是说，减少漆膜的渗透性从而减少支持腐蚀过程的那些物质通过漆膜透入其下。一般来说，它们在化学上是惰性的，就是说，是不活泼的，是钝性的。

颜料粒子为小片状体或层状体形状就可以达到屏蔽的效果。这样的粒子在油漆漆膜内可以平铺开来，形成一道墙，使得电解质要想通过漆膜透入其下，就不得不费"更大的劲"，寻找更简捷的途径。

③ 牺牲性颜料　牺牲性颜料是活性颜料中的特殊一类。它们是金属颜料。

施敷于铁属基材之上时，通过阴极保护发挥作用。在这样的颜料中必须包含一种在金属电动势序列中比被保护的基材金属位置更高的金属。在腐蚀条件下，这个牺牲性金属比基材金属更为活泼，在电化学腐蚀电池中成为阳极，而基材则成为阴极。阴极保护之含义即在此。商业上具有重要性的唯一的牺牲性颜料就是金属锌，或为锌粉，或为锌片。作为牺牲性颜料，在其电化学作用之外，还有一层作用，即，通过锌与大气成分的化学反应，形成不溶性锌化合物，填塞漆膜上的孔洞从而使漆膜得到保护。

在涂料文献中，也提到一类叫做"膜增强剂"的防腐蚀颜料。它们显示出"良好的成膜性质"。这种说法，其含义可能只是说，某些颜料，当它们被加入涂料之中时，有助于提高漆膜的整体性，因为，在任何情况下，一种无机颜料是不可能成膜的。例如，氧化铁红就被形容为"膜增强剂"。其说法是，氧化铁红，除其光学性质外，还显示出优良的树脂/颜料结合性质，这个性质，足以增大涂层的屏蔽效应。"膜增强剂"的第二个例子是氧化锌。过去，氧化锌被使用于油性防腐蚀底漆中以改善其漆膜的硬度。在涂料领域，常把氧化锌与有活性的颜料配合使用。氧化锌在漆膜中还可以起紫外线吸收剂的作用从而使之得到保护。氧化锌的保护作用还在于其与腐蚀性物质发生化学反应并使涂层维持碱性 pH 的能力。

4.5.2.4　传统的铅和铬酸盐颜料

（1）铅颜料　通过保护涂料抑制腐蚀的做法可以追溯到文明史的早期。红丹

（Pb_3O_4），作为一种防腐蚀颜料其与亚麻仁油配合使用而制得的涂料曾被作为腐蚀抑制涂料的标准。多年以来，铅颜料被证明具有卓越的防腐蚀性能，特别是在表面处理做得不够完善的地方表现更佳。但是，保护人类健康问题日益受到重视，这导致铅颜料应用明显下降。

红丹是应用最为普遍的铅型防腐蚀颜料。工业上，它是以一氧化铅（PbO）在气流中、大约480℃温度下通过搅拌氧化15～24h而制成的。红丹是一种阴极钝化剂 [Pb(Ⅳ) 还原为 Pb(Ⅱ)]，这意味着它是一个氧化剂。但是，它的防腐蚀机制要复杂得多。红丹的主要用途是制备亚麻仁油油性漆。红丹可以与油中的脂肪酸反应形成皂。这些皂可以抑制锈的形成。铅皂还可以改善油漆漆膜的机械性质，把良好的机械强度、耐水性和附着力带给基材。

碱性硅铬酸铅 [4(PbCrO₄·PbO)＋3(SiO₂·4PbO)] 在工业上曾经具有一定的重要性。开发这个品种原是为了取代红丹的。这是一个所谓的包核颜料，是把活性颜料物质（PbCrO₄）沉降在惰性核 SiO₂ 之上而制成的。由于这种防腐蚀颜料既含铅又含六价铬，所以，其从前的重要性当然尽失。

在非常特殊、非常有限的应用中，下列铅基产品还有所使用：一氧化铅、碳酸铅和氨基氰铅（镜面涂料）、硅酸铅（电沉积底漆）、二盐基磷酸铅和高铅酸钙。

（2）铬酸盐颜料　长期以来铬酸盐类一直被用为防腐蚀颜料。铬酸盐类具有防腐蚀作用是因为在这些颜料中含有一定数量的水溶性铬酸盐。

铬酸盐类的应用一直获得广泛的成功，因为，大多数油漆漆膜是水透过性的。如果水分渗透速率跟得上所用铬酸盐的溶解度，就会有足够的铬酸盐离子迁移到金属表面上，使钝化层的形成得以被激发并得到维持。

铬酸盐颜料的防腐蚀性质与以下因素有关：水溶性铬酸盐离子的含量；存在于锌基铬酸盐颜料中的氢氧化锌的中和和 pH 稳定化作用；涂层中颜料的活泼表面（粒子形状、粒度、粒度分布、分散性）。

4.5.2.5　磷酸盐颜料

（1）磷酸锌　为了取代铅和铬酸盐颜料，人们把注意力集中到了磷酸锌上。今天，磷酸锌已经成了最常用的含磷酸盐防腐蚀颜料之一。与铬酸盐和其他颜料相比较，磷酸盐有着极低的溶解度，这为它带来了对配方进行广泛调整的便利，又带给产品以较低的反应性，这一切导致了磷酸锌在市场上具有的经济重要性。磷酸锌可以与广泛系列的树脂体系适用。

ISO 6745 "油漆用磷酸锌颜料——规格和测试方法" 把磷酸锌颜料定位为白色腐蚀抑制性颜料，其组成有三种可能：其一，以磷酸锌二水合物为主[Zn₃(PO₄)₂·2H₂O]；其二，为磷酸锌二水合物与磷酸锌四水合物 [Zn₃(PO₄)₂·4H₂O] 的混合物；其三，以四水合物为主。有关它们的组成对其防腐蚀行为的影响问题，ISO 6745 给予了注意，指出，不同类型的磷酸锌颜料其抑制腐蚀的性质可能不同。对磷酸锌的品质要求见表 4-16。

表 4-16　对磷酸锌的品质要求

项目	要求
锌(以 Zn 计)/%	50.5～52.0
磷(以 PO₄ 计)/%	47.0～49.0
电导率/mS·cm⁻¹	最高 154
pH 值	6.0～8.0
密度/g·cm⁻³	3.0～3.6
筛余(45μm)/%	最高 0.5
颜色	白色

正常情况下，工业规模生产，磷酸锌是用氧化锌（ZnO）与正磷酸（H₃PO₄）进行湿态化学反应而生成的，然后，再完成过滤、洗涤、干燥和研磨过程。

磷酸锌颜料的功能性质归因于其化学有效性，归因于其附着能力和在基材表面上形成复合抑制剂的能力。此外，就磷酸锌而言，倾向于在阳极面上发生的电化学有效性也是值得注意的。因为，磷酸锌在潮湿条件下会发生少量水解。人们认为这个反应的结果是形成氢氧化锌和磷酸根离子。它们会在金属表面的阳极面上形成保护层。

在潮湿条件下，磷酸锌会与无机离子或体系中所使用的树脂的羧酸基团反应，形成碱性络合物，通过与金属离子的反应，导致所谓的促进附着的、交联的、起抑制剂作用的络合物的形成。

在磷酸锌存在的情况下，水解产物的形成取决于保护涂层的渗透性。而保护涂层的渗透性自身又取决于涂料所使用的树脂类型，特别是取决于涂料的颜料体积浓度。这意味着颜料、填料和树脂的选择，涂料的整个配方将对含磷酸锌的保护涂料的防腐蚀行为有重要的影响。

（2）改性正磷酸盐　磷酸锌具有许多作为防腐蚀颜料所必需的性质，但其所显示的防腐蚀性质却达不到铅和铬酸盐颜料那样的程度。因此，颜料工业就集中精力开发性能有所改进的磷酸盐类颜料。

在对不同观点都有所考虑的情况下，以适合的元素和化合物进行有控制的化学改性，并与制造过程的最优化相联系，改善磷酸锌在许多应用中的有效性已经是可能的事。

表 4-17 所列是一些改性正磷酸盐的概况。从表中可以明显看出，颜料工业开发出了几种磷酸锌的变型以改善其性能性质。在把协同作用考虑进来的情况下，这些发展就有了可能性。例如，开发碱性磷酸锌就是根据这样的认知：当羟基离子浓度增加时，局部阳极反应的平衡将会得到稳定化，从而可以防止或抑制电子的发射。此外，由于碱性化合物在颜料中的存在而带来的涂层中的 pH 稳定化效应问题也被人们加以讨论。

表 4-17　改性正磷酸盐概况

产品	改性方法
磷酸锌铝	用磷酸铝
	含有碱性成分(如氢氧化锌)
	部分地使用经不同处理的有机化合物
	部分地使用钼酸锌和/或钼酸钙
	部分地使用碱性硼酸锌
碱性磷酸锌类	部分地使用磷酸铁
	部分地使用磷酸钙
	部分地使用磷酸钾
	部分地使用磷酸钡
	部分地使用磷酸铝和钼酸锌
	部分地使用经处理的无机化合物
无锌磷酸盐类	阳离子上的变化,即使用磷酸钙和/或磷酸镁
	部分地使用硅酸钙和磷酸锶
硅磷酸锌类	部分地使用磷酸钡
	部分地使用碳酸钙
	部分地使用经不同处理的有机化合物
	阳离子的变化,即使用硅磷酸钙
无锌硅磷酸盐类	部分地使用磷酸钡
	部分地使用磷酸锶

把磷酸盐和硼酸盐配合使用的目的是促使水解更易于发生，因为，水解过程是磷酸锌类具有有效性的前提之一，而这些颜料却要求一定的活化时间。

使磷酸二氢铝 $[Al(H_2PO_4)_3]$ 与氧化锌进行共沉淀可以生产出磷酸铝锌。这种高含量的磷酸盐使性能性质有所改善。

对那些有机处理改性磷酸盐颜料，人们所讨论的是，颜料与基料之间，涂层与基材之间的键合是否得到了增强。

再一个值得提起的例子是硅磷酸盐，它们常被称为混合相或包核颜料。把活性成分固定在硅酸钙核的表面，把 pH 调到近于中性，这样的颜料具有相对普遍的适用性。

（3）改性多磷酸盐　在开发与磷酸锌相比性能性质有所改善的防腐蚀颜料的过程中，所谓的改性多磷酸盐类的开发是进一步的聚焦点。正磷酸盐的制造利用的是正磷酸与碱性和/或两性的物质，多磷酸盐则是通过酸性正磷酸盐在较高温度下的缩合而制成的。

① 正磷酸盐类

$$3ZnO + 2H_3PO_4 \longrightarrow Zn_3(PO_4)_2 + 3H_2O$$

② 多磷酸盐类

$$Al(H_2PO_4)_3 \longrightarrow AlH_2P_3O_{10} \cdot 2H_2O$$

改性多磷酸盐颜料主要是酸性三磷酸铝与以锌、锶、钙和镁等为基础的化合物的反应产物（表 4-18）。

表 4-18 改性多磷酸盐概况

产品	改性方法
磷酸锌铝类	使用磷酸铝
	部分地使用硅酸钙
	部分地使用铬酸锶
	部分地使用二氧化硅
	部分地使用经不同处理的有机化合物
	使用磷酸锶
	使用硅酸钙
无锌磷酸铝	使用磷酸镁
	部分地使用磷酸钡
	部分地使用经处理的无机化合物

4.5.2.6 其他含磷颜料

（1）羟基亚磷酸锌 在美国专利 US 4386059 中，描述了一个叫做羟基亚磷酸锌的防腐蚀颜料，其理论分子式为 $[2Zn(OH)_2 \cdot ZnHPO_3] \cdot xZnO$，其中 $x = 0 \sim 17$。这种颜料是在羟基亚磷酸锌复合促进剂的存在下以氧化锌水浆与磷酸反应制得的。它是一种白色颜料，具有碱性性质。

这种防腐蚀颜料的有效性来自亚磷酸离子通过形成亚磷酸铁和磷酸铁而抑制阳极腐蚀反应的能力。

（2）磷化铁 商品的磷化铁类防腐蚀颜料主要成分为 Fe_2P，另有痕量的 FeP 和 SiO_2。此类颜料是呈金属灰色的粉末。据说，它们具有增益电导率的作用，这样，它们就可以在无机和有机富锌涂料中取代部分锌粉。当涂层中的锌粉取代度达到 50% 时，就有了改善焊接性的可能。磷化铁的使用还可以降低成本。与使用锌粉和层状锌片相比，磷化铁在市场上还没有具备如前两者一般的经济重要性。

4.5.2.7 硼酸盐颜料

一般来说，硼酸盐是碱性的。其碱性在其抑制性质中发挥着主要的作用。由于使用了硼酸盐防腐蚀颜料，就有了使涂层维持高 pH 值的可能性。硼酸盐颜料也可以与来源于漆膜的酸性物质反应成皂（主要是钙或钡，视具体颜料品种而定）。有讨论说，硼酸盐类也有阳极钝化剂的作用，可以在金属基材上形成保护层。据说，硼酸盐类在腐蚀防护的早期最为有效。

（1）硼酸硅酸钙 这是一类与硅磷酸盐类似的包核颜料。它们也像硅酸钙一样，包含了硅酸碱土金属盐类的复合组成物。

此类颜料主要被推荐使用于以醇酸树脂为基础的溶剂型防护涂料中。

（2）偏硼酸钡　以商品形式出现于市场上的此类颜料以改性偏硼酸钡为代表。这里所谓的改性是指有机硅改性。这种改性的目的是降低偏硼酸钡的溶解度。未改性的偏硼酸钡不适合作为颜料使用，因为它的溶解度太高。偏硼酸钡是以硫化钡与硼砂（$Na_2B_4O_7 \cdot 5H_2O$）的混合物在硅酸钠（Na_2SiO_3）的存在下沉淀而制成的。改性偏硼酸钡呈中性白色，主要用于工业溶剂型涂料中。

4.5.2.8　钼酸盐颜料

以钼酸盐为基础的防腐蚀颜料的抑制性质来源于其钼酸盐离子进入溶液的能力，进入溶液之后，即可迁移到金属表面之上，在基材上形成保护层，把金属绝缘（钝化）起来，使其免于被化学侵蚀，从而防止腐蚀的发生。

纯钼酸盐颜料的应用有限，因为价格太高。为了克服此缺点，可以把钼酸盐与磷酸盐颜料混合使用。也可以把钼酸盐化合物涂覆在无机填料如碳酸钙和/或氧化锌上。

与纯钼酸盐相比，这些配合物是难于分散的。超微分散的混合型钼酸盐颜料作为易分散型品种已出现在市场上。

4.5.2.9　离子交换颜料

离子交换颜料是以钙离子交换的硅胶为基础的。此类防腐蚀颜料被描述为一类稍具多孔性的颜料，有一个碱性的、钙离子交换了的二氧化硅表面和一个相当大的表面积。

离子交换颜料最重要的应用很可能就是使用于卷板底漆中，在大多数情况下是与其他防腐蚀颜料配合使用的。

4.5.2.10　以二氧化钛为基础料的颜料

1999 年以来，市场上出现了一个新的防腐蚀颜料，这种颜料既具有白色颜料的遮盖性，又具有防腐蚀性质。这种颜料是以二氧化钛载体为基础的，它可以提供诸如光散射作用的物理性质。在这种颜料中，二氧化钛的表面是用含磷酸盐防腐蚀物质（磷酸锰铝）处理的，处理过程是一个沉淀过程。此外，这种颜料还经过有机处理。这个处理是为了给予颜料在极性无机和有机介质中的良好分散性质。这个处理对颜料在水性和溶剂型涂料中的应用是重要的。

这种颜料可以说是双功能的，既有防腐蚀作用，又有光散射用。此颜料可供使用于水性和溶剂型底漆中，也可以适用于阴极电沉积底漆和卷板涂料中。

4.5.2.11　无机有机混合体颜料

把无机防腐蚀颜料与有机腐蚀抑制剂配合使用会出现一种特殊的协同作用。例如，美国专利 US 6139610 中，就提出了一个以稳定的单元混合体为基础的防腐蚀颜料。混合体中含有有机和无机的固体相组成成分。无机相含有一个阳离子，阳离子是从 Zn、Mg、Ca、Sr、Ti、Zr、Ce、Fe 中选出的，阴离子则来自磷酸盐、多磷酸盐、亚磷酸盐、钼酸盐或硅酸盐。有机相则包括有机巯基或硫代化合物或其衍生物的锌或烷基铵盐。

作为无机有机混合颜料的第二个例子应提到的是以羟氨基磷酸镁或镁和钙盐为基础的防腐蚀剂。据报道,当把这些颜料用在防护涂料之中时,会在金属基材上形成一个氧化镁层。如果基材是钢,则这个层就是钝化层,如果基材是铝,则这个层就是屏蔽层。在涂料中使用无机有机混合颜料,或无机防腐蚀颜料与有机腐蚀抑制剂的配合物所提供的腐蚀抑制作用中的许多现象迄今尚未得到充分的解释。

4.5.2.12 氰化锌颜料

氰化锌 $[Zn(CN)_2]$ 是为了取代氰化铅而开发的,主要应用于镜面涂料中。氨基氰的电化学有效性来源于在碱性条件下的钝化作用。

氰化锌的工业生产是以纯氰化钙与锌盐或氧化锌的浆状物在水性介质中生成的。但至今其在镜面涂料应用中的重要性还是赶不上氰化铅。

4.5.2.13 云母氧化铁颜料

将防腐蚀颜料按其所起作用的方式分为活性颜料、屏蔽颜料、牺牲颜料。在将近一个世纪的时间内,云母氧化铁颜料一直是最普遍采用的屏蔽颜料,并被证实是为结构钢提供长期防腐蚀性能的中间层涂料和面涂涂料的好颜料。云母氧化铁(MIO)应用的最佳例证应该是对巴黎的埃菲尔铁塔的保护。自 1889 年这座塔建成以来,其维护涂料就是用 MIO 制备的。MIO 是赤铁矿(α-Fe_2O_3)的自然生成形式,其结晶可为粒状,而在更多的情况下,是呈薄片状的,有时被称为镜铁矿。之所以在这种颜料的名称前冠以云母二字,是因为云母是最普通的粒子呈薄片状的颜料,云母以在涂料中被用为填料而著称,实际上,此类颜料中并不含云母,MIO 与人所熟知的红色氧化铁颜料在粒度上是有差别的。

MIO 呈暗灰色,有金属光泽。当置于光学显微镜下以透射光观察时,薄片的 MIO 粒子表现为红色半透明小片,较厚的和颗粒状粒子呈黑色调。MIO 被应用于防护涂料中时所发挥的主要作用是提供一个物理性的屏蔽层。这个屏蔽层是通过薄片状粒子的相互重叠而形成的。这种重叠使水分和造成腐蚀的物质穿过涂层的扩散通道不得不有所延伸。

4.5.3 效应颜料

效应颜料(光泽颜料)主要包括两类特殊效应颜料,即珠光颜料(干涉色颜料)和金属效应颜料。所有这些颜料都具有小而薄的片状体,在应用体系(涂料、塑料、印刷油墨和化妆品配方)中以平行排列定向从而显示强的光泽效应。

4.5.3.1 特殊效应颜料

(1)概论 特殊效应颜料可以是天然的,也可能是合成的,它们以光学的薄层显示出卓越的光泽质量、亮度和虹彩颜色效应。这种目见的印象来自多(层)薄层的反射和散射。在大自然中,这种现象不仅见于珍珠和贝壳,许多的鸟类、鱼类、宝石和矿物,甚至是昆虫都能显示光泽。了解天然珍珠光泽的光学原理的实验表明，这种光泽是以结构生物聚合物和分层结构为基础的，这些结构是由生物成矿作用造成的。图 4-17 所示为常规颜料（吸收颜料）（a）、金属效应颜料（b）、天然珍珠（c）和珠光颜料（d）的光学性质。后者为最重要类别的特殊效应颜料。作为吸收颜料，与光的交互作用是基于吸收和/或扩散散射的。而涉及效应颜料，包括珠光颜料和金属效应颜料，则可以观察到完全不同的光学表现。金属效应颜料中有不计其数的小金属片（例如铝、钛和铜），它们像小镜子一样，几乎可以完全地把入射光反射回去。

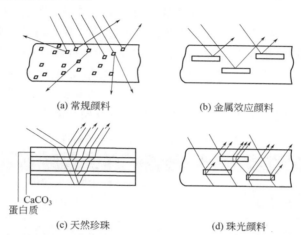

(a) 常规颜料   (b) 金属效应颜料

(c) 天然珍珠   (d) 珠光颜料

图 4-17　常规颜料、金属效应颜料、天然珍珠和珠光颜料的光学性质

　　珠光颜料模仿天然珍珠的光泽。它们由具有不同折射率的交替的透明层组成。这些层包括 $CaCO_3$（高折射率）和蛋白质（低折射率）。

　　折射率的这个差异是在这些介质中出现虹彩颜色影像的前提，在空气/油膜或油膜/水界面上一样会有此种差别。珠光颜料的较小的高度折光的片状体在从光学上看呈薄态的体系如油漆、印刷油墨和塑料中平行排列着，当各层之间的距离或片状体的厚度达到正确数值时，就出现了干涉现象。

　　合成的珠光颜料要么是透明的，要么是吸光的片状结晶。它们可能是单晶，如在 $Pb(OH)_2 \cdot 2PbCO_3$ 和 $BiOCl$ 中那样，或具有多层结构，其中各层具有不同的折射率和光吸收性质。

　　以装饰为目的使用珍珠和贝壳的做法可以追溯到古代。珍珠颜料的历史则可以追溯到公元 1656 年，那时，一个法国的念珠制作商 Jaquin 从鱼鳞（珠光粉）中获取了一种丝光悬浮液，把它涂覆在珠状体上以获取珍珠状的外观。又经过了 250 年以上的时间，才得到了纯净的珠光粉材料（鸟嘌呤片状体），并对珍珠效应有了了解。后来就出现了各种设想，设想要合成珍珠颜色，有机的或无机的，透明的，高度折光的，设想要制成呈结晶片状体的珠光颜料。自 1920 年以来，人们为此目的生产了锌、钙、钡、汞、铋、铅以及其他阳离子的氢氧化物、卤化物、磷酸盐、碳酸盐和砷酸盐。目前，只有天然珠光粉、碱性碳酸铅和氯氧化铋还具有重要性。

涂料和塑料工业在发展，对珍珠效应出现了强烈的需求。这些工业指望改善它们的产品的被接受性和普遍性。此外，艺术家和设计师们也希望借助于珠光颜料以创出只能在大自然中才能呈现的视觉效果。涂金属氧化物云母的发明使珠光颜料得到了突破。

使用珠光颜料可以得到珍珠、虹彩（雨虹）或金属效应，在透明颜色配方中可以得到亮度或双彩颜色、闪光和颜色迁移效应（因视角不同而出现的颜色变化）。最重要的应用是塑料、工业涂料、印刷油墨、化妆品和汽车漆。

表 4-19 所示为一些具有光泽效应的无机颜料的情况。效应颜料可按其组成被分为金属片状体、涂氧化物金属片状体、涂氧化物云母片状体、涂氧化物二氧化硅、氧化铝和硼硅酸盐片、类片状单晶、细碎的 PVD 膜（PVD 为物理性气相沉积）和液晶聚合物片状体（LCP 颜料——唯一的与工业有关的有机效应颜料类型）。新的发展正在实现中，其目的是取得新效应和颜色，使遮盖力得到改善，得到更强的干涉色，使耐光性和耐候性得以增加以及使分散性得到改善。

表 4-19　具有光泽效应的无机颜料

颜料类型	例子
金属片状体	Al、Zn/Cu、Cu、Ni、Au、Ag、Fe（钢）、C（石墨）
涂氧化物金属片状体	表面氧化的 Cu 片状体，Zn/Cu 片状体，Fe_2O_3 涂覆铝片状体
涂氧化物云母片状体[①]	非吸收涂层：TiO_2（金红石）、TiO_2（锐钛矿）、ZrO_2、SnO_2、SiO_2 选择性吸收涂层：FeOOH，Fe_2O_3、Cr_2O_3、$TiO_{2\sim x}$、$TiO_x N_y$、$CrPO_4$、$KFe[Fe(CN)_6]$ 全吸收涂层：Fe_3O_4、TiO、TiN、$FeTiO_3$、C、Ag、Au、Fe、Mo、Cr、W
类片状体单晶	BiOCl、$Pb(OH)_2 \cdot 2PbCO_3$、$\alpha\text{-}Fe_2O_3$、$\alpha\text{-}Fe_2O_3 \times nSiO_2$、$Al_x Fe_{2-x} O_3$、$Mn_y Fe_{2-y} O_3$、$Fe_3O_4$、铜-酞菁蓝
细碎的薄 PVD 膜	Cr（半透明）/SiO_2/Al/SiO_2/Cr（半透明）

① 除了云母片状体外，其他片状体如涂氧化物二氧化硅、氧化铝和硼硅酸盐也能使用。

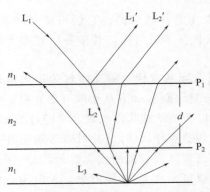

图 4-18　珠光（干涉色）颜料的光学原理

（2）珠光和干涉色颜料的光学原理　光学干扰效应的物理背景是许多出版物中的话题。珠光（干涉色）颜料的光学原理见图 4-18。这是一个简化了的情形，入射光近乎标准，而又不存在多次反射和吸收。在两个折射率分别为 n_1 和 n_2 的物料的界面上，光束的一部分 L_1 被反射（L_1'），另一部分被折射（L_2）。强度比取决于 n_1 和 n_2。如果是多层布置，如珍珠或珍珠光和虹彩物料的情形，则每一次干涉都会产生局部的反射。穿透几层之后，就得到了几乎完全的反射，具体是几层，那要视 n_1 和 n_2 的大小和两者的差别而定，当然，前提是这个材料是基本透明的。

光线在一个高折射率的薄的固体膜上的多次反射会在反射光和互补的透射光中造成干涉效应。

（3）无基材珠光颜料

① 天然珍珠粉　天然珍珠粉是从鱼鳞中取得的一种丝质珠光悬浮物。悬浮物中有机颜料粒子呈片状体形式，拥有很高的长宽比，包含有 $75\%\sim97\%$ 的鸟嘌呤和 $3\%\sim25\%$ 的次黄嘌呤。

② 碱式碳酸铅　第一个在商业上成功地合成的珠光颜料是六方形的铅盐结晶，特别是碱式碳酸铅，$Pb(OH)_2 \cdot 2PbCO_3$。碱式碳酸铅是通过醋酸铅水溶液与二氧化碳在小心控制的反应条件下沉淀而生成的。

$$3Pb(CH_3COO)_2 + 2CO_2 + 4H_2O \longrightarrow Pb(OH)_2 \cdot 2PbCO_3 + 6CH_3COOH$$

所得片状体厚度小于 $0.05\mu m$，六方形的平均长宽比大于 200。由于它们的折射率高达 2.0，表面均匀，所以具有很强的光泽。如果对反应条件稍加改进，则所得片状体会增厚，因而会得到干涉色。

结晶是非常脆的，只以悬浮物形式出现。其密度为 $6.14g \cdot cm^{-3}$，因此沉降甚快。其化学稳定性低，副产品有毒，因此，碱式碳酸铅的应用受到限制，应用时也要对毒性问题慎重考虑。

③ 氯氧化铋　氯氧化铋是在极端酸性（$pH<1.0$）条件下在氯化物的存在下使铋盐溶液水解而制成的。

$$Bi(NO_3)_3 + HCl + H_2O \longrightarrow BiOCl + 3HNO_3$$

小心地调节铋的浓度、温度、pH、压力、反应釜几何形状以及添加表面活性剂都可以改变结晶的质量。高长宽比可以使四方双棱锥结构平化为片状体。长宽比为 $10\sim15$ 的产品显示低光泽并有很好的肤感，在化妆品中被用为填料。较高长宽比的结晶显示出异常的光泽，主要用于指甲油中。

BiOCl 具有低的光稳定性，基于 $1.73g \cdot cm^{-3}$ 的高密度而带来的快的沉降性以及机械稳定性的缺失，这些使它在技术应用中受到了限制。这种颜料主要用在化妆品中，在纽扣和珠宝中也有应用。包铈和添加紫外线吸收剂可以在一定程度上改善其光稳定性。

④ 云母氧化铁　云母氧化铁含有纯的或被包覆的赤铁矿（$\alpha\text{-}Fe_2O_3$）。其密度为 $4.6\sim4.8g \cdot cm^{-3}$。云母氧化铁可以通过水热法在碱性介质中合成。但是，其暗淡的颜色与天然产物一样不吸引人。如果加入相当数量的掺杂剂，则其长宽比可以增加到 100，其光泽可以大大增加。其颜色也可以转化为较为吸引人的红棕色，可以用于装饰用漆。

最重要的掺杂剂为 Al_2O_3、SiO_2 和 Mn_2O_3。它们可以迫使尖晶石结构的形成。SiO_2 生成薄而小的片状体。Al_2O_3 生成薄而较大的片状体。Mn_2O_3 则可降低厚度。将起始物料 $Fe(OH)_3$ 或者 FeOOH（此物更好），在碱性悬浮液中与掺杂剂一起加热至 170℃以上，典型的是 250～300℃。数分钟到数小时后，就可以得到包覆的氧化铁片状体。在第二相反应中，进一步增大 pH，片状体就可以生长，并形成平底面。

⑤ 二氧化钛片状物　使 TiO₂ 的连续膜破裂就可以生产出二氧化钛片状物。最有效的过程是一个网涂过程，其中包括了 TiOCl₂ 在网上的热水解。另一个程序是，把烷氧化钛涂布在平滑表面上，使所形成的膜在蒸汽处理下开裂；或者，把 TiO₂ 溶胶涂在玻璃表面上，然后把形成的膜刮下。

用这些方法生产的二氧化钛片状物并不是单晶，相当多孔，缺乏基材的机械支撑，因此是脆的。因此，在一些产生机械应力的技术应用中还派不上用场。

4.5.3.2　金属效应颜料

(1) 定义　金属效应颜料是片状的金属粒子，以粉态、浆状、颗粒、悬浮液或浓浆形式供货。典型的金属效应颜料包括铝（银青铜）、铜和铜-锌合金（金粉）。

除金属效应颜料外，也有些金属颜料和粉末是供功能涂料如抗腐蚀涂料、反射涂料、耐热涂料和导电涂料使用的。其中，包括了锌、不锈钢和银颜料。

铝颜料（金属颜料 1，C.I.77000）本身是没有颜色的，但可以与透明彩色颜料或染料，或其他效应颜料配合使用。金粉（金属颜料 2，C.I.77400）的颜色取决于铜/锌合金，分为铜色（0%Zn）、淡金色（大约 l0%Zn）、亚金色（大约 20%Zn）、金色（大约 30%Zn）。

此外，市场上还有氧化金粉存在，其色相较浓，是通过有控制的氧化制成的。

(2) 历史和技术　制造金属颜料的技术可以回溯到金箔手艺时代。工业化时代来临之后，手工改为了机器锤打。这种技术，至今在有些国家，或为某些用途还在使用。机器锤打后来发展为球磨，包括干磨（Hametag 法）和湿磨（Hall 法）。

干磨法至今仍是制造金粉使用最广的方法。湿磨法则是制造铝颜料的最先进的技术。

将雾化的铝粉置于球磨中加入石油溶剂油在润滑剂的帮助下进行研磨，解体过程完毕后，将颜料浆筛分并分类，然后在压滤机中将多余的溶剂挤压出去，将滤饼（固体含量在 75%～80%之间）与有机溶剂混合，使形成固体含量为 65%的铝粉浆产品。

有些用途（即粉末涂料），要求使用铝粉；有些场合（印刷油墨、水性涂料和印刷油墨以及母体混合物等），铝粉浆中残余的石油溶剂油与其所使用的介质不相容，在这种情况下，就要把滤饼放在真空干燥器中将残余的石油溶剂油排除，并代之以任何品种的溶剂、水、增塑剂、矿物油或其他液体。

商品金属效应颜料的另一个常见形态是颗粒状形态。这种形态的产品由金属颜料与少数几个百分数的树脂组成，它没有粉尘，且易于输送和处置。在这种颗粒中不含溶剂，在众多好处之中，配方上的广泛适应性是重要的。金粉和铝粉都有颗粒状产品，主要使用于印刷油墨和母料着色中。

有一项相当新的技术，即，所谓的真空覆金属颜料（VMPs）的制造。在此过程中，将金属极薄而平整地涂覆在载体上，然后用溶剂溶掉载体，将金属膜解体，加工成在一系列溶剂中的悬浮液。

除"裸"金属效应颜料之外，还有一系列的经过特殊处理的或包封的金属颜料。它们可以提供新效应或为满足特定用途的要求而改进颜料的某些性质。

有一个化学气相沉积（CVD）法，使用此法可以生产氧化铁涂覆铝片，所生产的彩色铝颜料产品具有高的明亮度和引人入胜的干涉效应。某些很新的光致变颜料是由多层片状颜料构成的，它还拥有一个金属核，通过这个核，可以获得金属反射和覆盖。

其他一些金属颜料是用无机（多数是二氧化硅）或有机（聚合物）物料涂覆的，其目的是改善其在水性涂料、粉末涂料、母料着色和非导体涂料等之中的抗化学和热稳定性。

（3）特性

① 漂浮/非漂浮　金属颜料的一个最典型的性质就是它们在不同的溶剂（包括水）或基料溶液中的润湿表现。金属效应颜料基本上分为浮型和非浮型两类（图 4-19）。

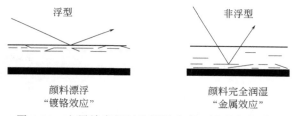

图 4-19　金属效应颜料的润湿表现：浮型和非浮型

浮型颜料漂浮在湿膜的表面上，平行于表面定向，在涂层表面形成一个致密的金属层。这个金属层具有高反射性，从而为其下的膜（树脂）提供优良的保护。这个性质不仅在装饰涂料和印刷油墨中建立起高度的金属色度效应，而且屋顶涂料、储罐涂料、抗腐蚀涂料等涂料中也有众多的用途。

非浮型颜料则完全地被基料所润湿，或多或少地相对于基材或湿膜底部平行定向。固化涂层能够抗打磨，为其上的清漆涂层提供良好的附着基础。可以很容易地用透明色颜料或染料为色漆膜着色，从而使涂层发挥多彩"金属效应"。

② 粒子形状　颜料粒子的形状在很大程度上取决于制造过程的条件。我们基本上把它们分为传统的"玉米片"型（不规则型）和所谓的"银元"型（透镜状，圆形，平滑表面）。这些颜料的厚度变化在 $0.1\sim1.0\mu m$ 之间。

VMPs（真空覆金属颜料）与这些传统的颜料片有很大的不同。基于其原始的物理气相沉积（PVD）过程，它们的厚度特别薄（大约 $0.3\mu m$），并能提供平整而具高度反射性的表面。粒子形状对金属效应具有特别重大的影响。

金属片的各向异性的形状在这些颜料的分散和应用中是应予以考虑的问题：

高剪切应力应避免出现，它会对颜料及其效应产生破坏作用。

③ 粒度/粒度分布　粒度，同粒子形状一样，也是由制造条件决定的，可以从几个微米到 $100\mu m$ 不等。取哪一等粒度，则决定于所要求的光学效应和应用的条件。

颜料的细度是以其最大粒度（由 DIN 或 ASTM 标准化的检测方法，以筛余表达）表征的，而平均粒度 D_{50} 则是用激光束衍射法测定的，此法尚未标准化，其读数值在很大程度上取决于所使用的设备和测试条件。此外，粒度分布可以用分布曲线的宽度，即"跨距"来表征。

（4）光学原理

① 金属效应　金属效应是由金属片平面上的反射造成的，而这个反射又被从金属片边缘处的散射所重叠（图 4-20）。金属片就像一个小镜子，服从反射角等于入射角的原理。

如果是一个理想的镜子，则光线被 100% 反射，因而光泽应当是 100%。但是，在金属效应颜料表面上，反射被一定数量的散射所重叠，造成典型的光分布，在光泽角处有一个明显的最高值，其周围则有可见光围绕之（图 4-21）。

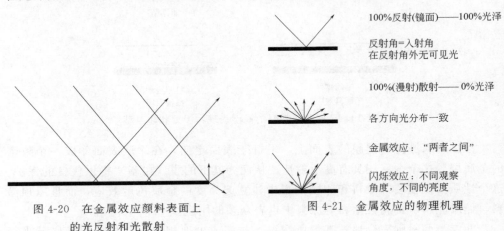

图 4-20　在金属效应颜料表面上
　　　　的光反射和光散射

图 4-21　金属效应的物理机理

这种表现导致了另一个金属效应颜料的典型光学性质：色跃迁，或双色调效应。这个效应所描绘的事实是，作为金属效应涂料，我们观察到的光度在很大程度上取决于观察角度，变化于紧挨着光泽角处的极亮到倾斜角处的相当暗之间。

② 参数　金属效应的物理参数对反射与散射之比是有影响的，因而，跃迁效应，亮度和明度，明亮性和闪烁性，光泽和鲜映性（DOI）等就可通过粒度、粒子形状（形态学）、粒度分布和粒子在膜中的定向来简单地加以描绘。

③ 粒度　粒度的影响是很清楚的：粒子越粗，反射越强；粒子越细，散射越大。粗粒子会造成所谓的"高闪烁效应"。

④ 粒子形状（形态学）　同粒度一样，粒子形状对光学效应也有显著影响：

表面越平，反射越好，越平行、粒子越圆、越规则，散射量越少。这意味着，与在同一个配方中有着类似的粒度分布的"玉米片"型和"银元"型铝颜料相比，圆的"银元"显示更亮、更明、更平的效应（"似丝"）。即使在极端的情况下，如果看看那些用覆金属的膜制造的真空覆金属铝颜料在其应用中的表现，颜料表面平整度的影响仍然是可以感受到的。这些颜料有着箔或镜子一样的表面，达到极明亮、高光泽的效果。因而它们适合于在反射涂料、高明亮度装饰涂料和印刷油墨（作为热冲击箔的代替品）中应用。

⑤ 粒度分布　对于金属效应的产生，单个片状粒子的粒度起着重要的作用，而对总体的效应来说，则粒度分布的作用就更加重要：细和超细粒子所占比例越小，则明亮度和色跃迁越高，着色体系的色度越好。

另外，细粒子可使着色力、遮盖力、光泽和鲜映性增加。对于一些用途而言，对粒度分布加以控制有助于取得最佳金属效应。

⑥ 粒子在膜中的定向　最后，但是也很重要的考虑是粒子在膜中的定向问题。所有的片状体以平行于基材定向为最佳。因为，所造成的平行的光反射能够使明亮度和色跃迁最大化。

另外，不良的定向还能造成不规则的反射，造成"盐和胡椒效应""雾浊"和恶劣的金属效应以及不良的色跃迁。不良定向的产生有两个原因：膜过湿（或使用了挥发过慢的溶剂）或膜太干（或使用了挥发过快的溶剂）（图4-22）。

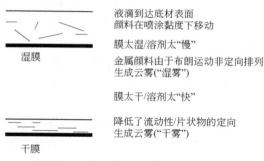

图 4-22　粒子定向对金属效应的影响

再一点，溶剂蒸发时发生的收缩也会把片状物压向平行的位置。为什么在高固体含量涂料和粉末涂料中颜料的定向较差，不如低固体含量和中固体含量涂料定向好，前者没有或很少有收缩是个原因（图4-23）。树脂能够快速释放溶剂对定向是有帮助的，使用特殊的助剂（蜡分散体、微凝胶等）也可以有助于定向。

⑦ 测量　为表征金属效应而进行的所有的光学测量都应当使用测角光度仪和/或测角分光光度计进行，这样可以把色跃迁效应考虑在内。

（5）应用　金属效应颜料的主要应用领域是涂料、印刷油墨、书画艺术以及塑料和色料（母料着色）。

① 涂料　在涂料中的应用包括汽车涂料、一般用途的工业涂料、罐头涂料、

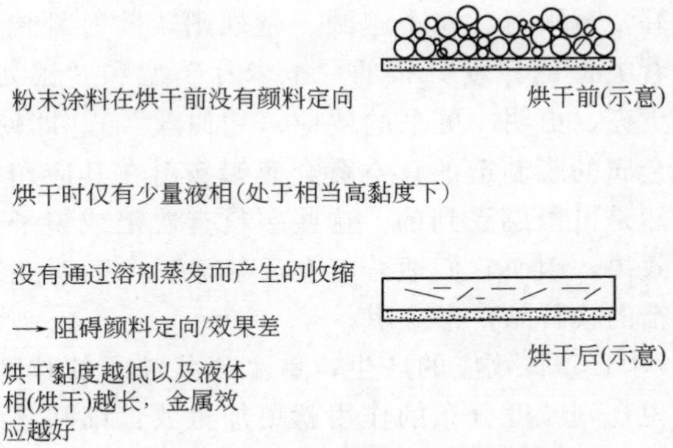

粉末涂料在烘干前没有颜料定向

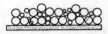

烘干前(示意)

烘干时仅有少量液相(处于相当高黏度下)

没有通过溶剂蒸发而产生的收缩

→ 阻碍颜料定向/效果差

烘干黏度越低以及液体
相(烘干)越长，金属效
应越好

烘干后(示意)

图 4-23 粉末涂料中颜料的定向（金属效应）

卷板涂料、粉末涂料、装饰涂料、气溶胶、防腐蚀涂料、屋顶涂料、海洋涂料、导电涂料以及其他特殊应用。

如何正确选择颜料以便得到最佳的性能在很大程度上取决于最终用途。除了常规的浮型和非浮型之外，市场上为汽车涂料、水性涂料、粉末涂料等备有一系列的特殊产品供其使用。

② 印刷油墨、书画艺术 在印刷油墨和书画艺术领域，金属颜料在胶印、凹印、柔性版印刷、丝漏印和印染过程以及撒粉过程和其他涂层用途（纸张、织物、皮革和塑料）中都有使用。金属颜料，包括金粉和铝粉，均有不同的商品形态，包括粉状、糊状（包含溶剂）、颗粒状（包含树脂）、悬浮液（VMPs）、色浆，甚至是可以直接上机的印刷油墨。

粒度的适宜与否，取决于所面临的印刷方法：撒粉 $20\sim40\mu m$，印染 $12\sim40\mu m$，丝网印刷 $10\sim25\mu m$，轮转凹印 $10\sim14\mu m$，柔性版印刷 $6\sim14\mu m$，胶印 $2\sim6\mu m$。

在浆状和悬浮液颜料中所使用的溶剂，也要取决于所涉及的印刷方法和印刷油墨的配方：胶印油墨，矿物油；凹印和柔性版印刷油墨，醇类、酯类、芳烃类；水性油墨，水、醇类、乙二醇类；UV 油墨，反应性稀释剂。

主要的最终用途包括香烟包装、食物包装和非食物包装、插图、商标、礼品包装纸、墙纸和手纸等。

③ 色母粒 金属颜料（铝粉以及金粉）在塑料中最典型的用途是为色母粒着色。这些母体混合物可用于注射、吹塑、挤出、压延以及其他供热塑性塑料使用的过程。但是，在热固性塑料中它们也有各种用途，例如聚酯腻子、聚酯和环氧地板材、工艺品及其他。

较好的供应形式是粉（金粉）、增塑剂（诸如白油、邻苯二甲酸二异壬酯等）浆（铝）和聚乙烯颗粒。由于金粉的化学性质，它们用于高温过程的经过特殊涂覆的颜料（褪光的或耐热的金粉）。市场上也有供 PVC 使用的特殊的抗化学的铝和金粉。

④ 在非污染涂料中的特殊应用　许多年来，迫于环保的要求，涂料和印刷油墨行业努力地设法降低所使用的有机溶剂量（VOCs）。把低固体含量改为高固体含量到超高固体含量，再到无溶剂的粉末涂料是解决 VOCs 问题的第一个正确途径。

第二个途径是以水代替有机溶剂，生产水性涂料和印刷油墨。第三个途径，现在对印刷油墨越来越重要，就是辐射固化体系的应用，在其中，反应性稀释剂取代了有机溶剂，而这些稀释剂则进入了干膜，没有挥发到大气中。

⑤ 水性涂料　基于其化学性质，铝在水性体系中会发生反应，在碱性或酸性体系中亦然，反应产生氢气。作为加有铝颜料的水性涂料来说，这不仅是个安全问题，也使金属效应遭到破坏。

使用经过稳定化的铝颜料就可以很容易地解决这个问题。用磷有机化合物抑制，进行铬处理，或进行有机或无机的封装。

应尽可能使配方达到中性，pH 为 7，用以使树脂溶解的碱应尽可能弱，强烈推荐使用二甲基乙醇胺和 N-甲基吡咯烷酮等。

今天，在欧洲和北美，越来越多的 OEM 汽车金属底面漆，已经采用水性涂料了，水性修补底面漆也已出现在市场上。在印刷油墨领域，水性油墨的应用也在稳定增长。

⑥ 粉末涂料　粉末涂料中绝对没有有机溶剂。应当被视为对环境最为有利的涂料体系。除不存在溶剂外，没有喷在部件上的涂料可以回收再用，这使它更有利于我们的生态目标。为了把金属效应颜料掺和到粉末涂料之中，有三种途径可循：共挤出、干混合和黏附。

经典的制备粉末涂料的方法是共挤出，我们不推荐把这种方法使用于金属颜料。共挤出中的高剪力会破坏颜料片，从而使金属效应遭到破坏。

所谓干混合就是在最后的混合阶段把金属颜料投入到已经制备完了的粉末涂料之中，长时间以来，这是制备金属粉末涂料的唯一推荐方法。这个方法的好处就是对片状物处置甚轻，所得涂层金属外观最好。缺点是金属离子载荷与树脂粒子有所不同，因此，在喷涂物中有分离倾向。喷涂物回收再用时如不重新配色会造成问题。

所谓黏附是指用加热和机械的方法将颜料片黏附在树脂粉末的表面上。此法可防止喷涂物的分离，保证再用时不会发生问题。用此法时，金属片分布非常均匀，光学上的好处也是显然的。这是此法的又一优点。

现在，金属效应颜料有许多用途，例如，作为钢制家具、工具、运输设备、家用设备和建筑的涂料等。

除粉态正规金银粉外，市场上还有专为粉末涂料使用的经特殊处理（涂覆）的金属颜料，它们有化学稳定性好、加载（荷）性好、相容性和颜料分布好等优点。

4.5.4　透明颜料

透明颜料可以很方便地分为两类：有色类和无色类。

一种颜料在使用时因散射而导致的透明或遮盖取决于其在应用介质中的粒子尺寸，对在可见光范围内没有吸收的颜料来说，则取决于颜料与基料的折射率之差。当粒度增加时，单位质量颜料的散射达到峰值，当总表面积减少时，单位质量的吸收也减少。一种颜料要达到最高透明度，颜料的分散必须尽可能接近最适宜值。当把颜料掺入基料或塑料时，必须对聚集体和附聚物加以破坏。存在于介质中的颜料粒子大部分应当是初级粒子。一个具有一定化学组成的彩色颜料的透明度完全取决于具有特定尺寸的初级粒子。

彩色颜料在透明基料中时，如其粒度在 $2\sim15nm$ 之间，则呈透明状。如果粒子为针状，则其在光线方向的直径为关键性因素。在实践中，一个加有颜料的体系，其透明度在 DIN 55988 中以透明度值 T 来表达。T 由路径长度或浓度 h 的系数和按 DIN 6174 对着理想黑色背景测量的色差 ΔE_{ab}^{*} 来决定。

4.5.4.1 透明氧化铁颜料

图 4-24 告诉我们赤铁矿的颜料性质是如何与粒度相关联的。透明氧化铁包含有纳米粒子，其初级粒子尺寸在 $0.001\sim0.05\mu m$ 之间，其商品的颜色在黄红之间。其应用包括效应涂料（与效应颜料相混合）、纯黄和红色相（与二氧化钛相混合）产品以及木材保护涂料。适用的基料应为烘烤型（透明氧化铁黄 $<180℃$）、水性基料、丙烯酸-异氰酸酯体系、酸固化体系、胺固化体系和气干基料。给透明塑料着色只能使用透明氧化铁红，因为塑料要求高耐热性。由于这些颜料极难分散，因而最好以颜料制剂的形式使用。透明氧化铁的颜料粒子为不透明氧化铁粒子的 $1/10^3\sim1/10^2$。基于制造过程之不同，其初级粒子或为针状（沉淀法），或为球形（五羰基铁法）。

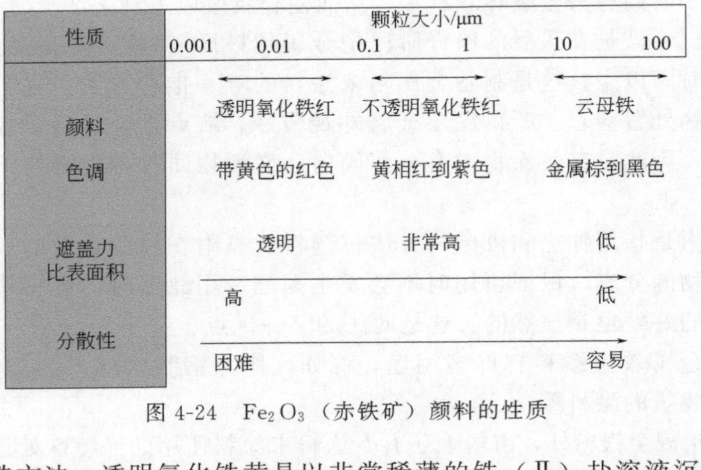

性质	颗粒大小/μm					
	0.001	0.01	0.1	1	10	100
颜料		透明氧化铁红		不透明氧化铁红		云母铁
色调		带黄色的红色		黄相红到紫色		金属棕到黑色
遮盖力 比表面积		透明		非常高		低
		高				低
分散性		困难				容易

图 4-24 Fe_2O_3（赤铁矿）颜料的性质

(1) 制造方法 透明氧化铁黄是以非常稀薄的铁（Ⅱ）盐溶液沉淀出氢氧化铁（Ⅱ）或碳酸铁（Ⅱ），继而被空气氧化为 FeOOH。产物质量由一些参数决定，这些参数是：沉淀时的铁盐浓度、沉淀温度、氧化时间、pH 以及沉淀出来的颜料粒子在悬浮液中的熟化时间。所得颜料经倾析洗涤、过滤、干燥和研磨而为成品。

粒子呈针状，长度为 50～150nm，宽度 10～20nm，厚度 2～5nm，因具体产品而异。

透明氧化铁红是以氧化铁黄在 300～500℃ 进行热分解，经失水而成。最好是以干燥并打碎的滤饼作为原料。所得颜料应进行研磨。进一步处理可得到低电导率的颜料。也可以从含量为 85% 的赤铁矿直接制得透明氧化铁红。其过程是：以铁盐溶液沉淀出氢氧化铁或碳酸铁，然后，在氯化镁、氯化钙或氯化铝之一的存在条件下在大约 30℃ 进行空气氧化。

以五羰基铁在过量空气下，在 580～800℃ 进行直接燃烧，使形成氧化铁和二氧化碳，如此可得到具有极高纯度的半透明氧化铁颜料。所得颜料具有从橙到红的颜色。颜料粒度为 10～20nm，X 射线下呈无定形状或立方晶状。与从沉淀法制得的透明氧化铁红相比，自羰基过程制得的颜料相对较易分散，但较大的粒度也意味着其透明性不高。

（2）性质和应用　透明氧化铁具有与不透明氧化铁一样的耐性性质，但着色强度高得多，色纯度也明显较高。

透明氧化铁颜料具有高 UV 吸收的特征，使其特别适合为塑料瓶、食品包装膜着色，也适合于制备木材保护涂料。沉淀的、针状的颜料粒子比用五羰基铁燃烧制成的颜料粒子要透明得多，但也更难以分散。使用全分散的颜料制剂是一个好的选择。

4.5.4.2　透明钴蓝

透明钴蓝（颜料蓝 28：77346）为细小的，很薄的，或多或少的六角形片状体。

其初级粒子直径为 20～100nm。按 BET 法测定的比表面积大约为 $100m^2 \cdot g^{-1}$，透明钴蓝具有优良的耐光性和耐候性以及很好的耐化学品性。就这些耐性性质而言，它比具有相同透明性的有机蓝颜料好。但是，它的色强度低，这意味着它在市场上永远不会真正取得成功。透明钴蓝是以钴盐和铝盐的很稀薄溶液沉淀出的氢氧化物而制成的，其方程式如下：

$$2Al(OH)_3 + Co(OH)_2 \longrightarrow CoAl_2O_4 + 4H_2O$$

将所得氢氧化物过滤、洗涤、干燥，在大约 1000℃ 下煅烧，最后干磨。

4.5.4.3　透明功能颜料

透明功能颜料在可见光领域没有任何颜色性质。其主要应用领域是以其吸收 UV 辐射的能力为基础的。它们可以被用来保护有机物料，如塑料和涂料树脂乃至于人的皮肤（以防晒膏的形式）。但在使用这些颜料时务必要小心，因为，其粒子的表面积大，反应性因而增加。

（1）透明二氧化钛　透明二氧化钛既有锐钛矿型，也有金红石型。平均初级粒径（未涂覆）在 8～25nm 之间。其比表面积在 $80～200m^2 \cdot g^{-1}$ 之间。

其典型应用有 UV 吸收剂、催化剂（DeNO$_x$）、涂料中效应颜料、通过吸收的气体净化、硅橡胶的热稳定剂、防止聚合物受紫外线氧化降解、陶瓷原料。

透明二氧化钛可以用多种方法制成，包括湿态化学法和气相法。反应产物的性质有很大变异，具体变异取决于反应条件和起始物料。为了减少未处理透明二氧化钛的高光化学活性，可以用一系列的无机氧化物组合物（硅、铝、锆的氧化物）对颜料进行涂覆。以下反应被用来制造透明二氧化钛。

① 锐钛矿水解

$$TiOSO_4 + H_2O \longrightarrow TiO_2 + H_2SO_4$$

② 金红石水解

$$TiOCl_2 + H_2O \longrightarrow TiO_2 + 2HCl$$

③ 金红石/锐钛矿在氢氧气焰下燃烧

$$TiCl_4 + 2H_2 + O_2 \longrightarrow TiO_2 + 4HCl$$

④ 有机钛酸盐水解

$$Ti(OC_3H_7)_4 + 2H_2O \longrightarrow TiO_2 + 4C_3H_7OH$$

（2）透明氧化锌　透明氧化锌最显著的性质是对紫外辐射的吸收。氧化锌的主要用途是用于防晒剂。其通常的工业制备过程或者是高纯锌金属的直接燃烧，如下式：

$$2Zn + O_2 \longrightarrow 2ZnO$$

所得氧化锌粉其初级粒径分布为 20～30nm。或者是很稀薄的有机锌化合物溶液的水解，如下式：

$$Zn(OR)_2 + H_2O \longrightarrow ZnO + 2ROH$$

此过程所产氧化锌其初级粒度大约为 15nm。这个过程费时且昂贵。

4.5.5　发光颜料

4.5.5.1　概论

发光材料（磷光体）以在热平衡以上的能量下发光为特征，因此，发光的性质与黑体辐射是不同的。其结果是，从外部施加能量于发光材料对其发光是个必要的条件。不同种类的激发都可以导致发光，如光致发光和电致发光。在实践中，发光一般是 X 射线、阴极射线、紫外线甚至是可见光线激发的结果。

原子和分子中的电激发态导致的发光和发射过程由量子力学选择规则控制。禁戒跃迁一般比允许光跃迁为慢。允许光跃迁导致的发射，其衰减时间以微秒数量级计或稍快时称为荧光；衰减时间较长的发射叫作磷光。发射强度降到 1/e 或 1/10（分别对于指数衰减和双曲线衰减）的时间为衰减时间。

发光材料改变了世界。节能灯、许多类型的显示牌和现代医用设备都要靠发光材料。很难想象，发光材料的大规模应用的历史才不过刚刚超过 100 年。

4.5.5.2　发光机制

发光材料，又称磷光体，在大多数情况下是固体无机物料，由一个共生晶格构成，通常要有意地蒙敷以杂质。杂质浓度一般较低，因为，浓度一高，发光过程效率一般就会下降。

导致发光的能量吸收是由共生晶格或有意蒙敷的杂质产生的。更有甚者，激发能量会通过晶格转移，这个过程就叫能量转移。在大多数情况下，发射发生在杂质离子上。通常，选择适当的杂质离子而不必更换加入杂质的共生晶格就可以调节发射光线的颜色。

（1）中心发光　作为中心发光，发射是在一个光学中心上生成的。这与共生晶格波段状态之间的光学跃迁所导致的发射是不同的。这样一个中心可以是一个离子，也可以是一个分子离子络合物。

在真空中的发射也能在离子上发生时，就是说，当光线跃迁仅包含离子的电子态时，我们就可以谈论到特征性发光。特征性发光可以包含一个极窄的发射波段（典型光谱宽度只是少数几个纳米），但也可能包含超过 50nm 的较宽波段。当一个化学键处在基态和处在激发态时的性质有较大差别时就会观察到较宽的发射波段。这与发射离子与其相邻的化学环境之间的平衡距离的变化密切相关。

在许多局部充满 d 壳层的过渡金属离子（d—d 跃迁）的许多光学跃迁中都会观察到宽波段。在稀土离子 5d 与 4f 壳层之间的跃迁（d—f 跃迁）以及 S^{2-} 离子（这些离子具有 8 电子的"未共享电子对"，如 Tl^+、Pb^{2+} 或 Sb^{3+} 均是）发射也是如此。极窄发射波段是其基态与激发态化学键性质大致相同的电子态之间光跃迁的特征。同理，难以参与化学键（稀土离子上的 f—f 跃迁）的电子态之间的跃迁也是如此。

在参与到化学键合的电子态的光学过程中，键合的性质（共价、离子）以及发射离子加入的位置的对称性起了很重要的作用。这通常被配位场理论所描述，在这里，我们不准备涉及此理论。但是，描述电子态跃迁的词语符号却是要加以使用的。

宽的 d—d 发射波段（光谱的绿色部分）的有关例子是在 $BaMgAl_{10}O_{17}$：Eu，Mn 中 Mn^{2+} 的发射。弱的蓝色波段则源于 Eu^{2+} 上 d—f 的光学跃迁。

绿色发射是由在 Mn^{2+} 离子上的有着高自旋 d^5 电子构型（所有电子以同一方向定向自旋）的 d—d 光学跃迁产生的。光学跃迁导致的发射是 4Tlg—6Alg。基态和激发态的电子构型各是 $(t_{2g})^3(eg)^2$ 和 $(t_{2g})^4(eg)^1$。所产生的发射反映了离子的光学性质是如何地取决于其化学环境。这个发光材料可以在非常高质量的荧光灯和等离子显示屏中被使用为绿色磷光体。

含有少量相对较窄波段的 d—d 发射的有关例子是在 $Mg_4GeO_{5.5}F$：Mn 中的 Mn^{4+} 发射。请注意，发生离子是一样的，仅载荷不同（因而其电子构型也不同）。在这种情况下，光学跃迁中包含了一个在 $(t_{2g})^3$ 之中的自旋反转跃迁，大量的（^2E—$^4A_2$ 跃迁），就是说，很难改变键合的性质。这显现在相对狭窄的发射波段中。这个磷光体可以被应用于以红光为首的荧光灯中。它可以使深红颜色重现。

以上讨论的光学跃迁是禁自旋的，因而相当缓慢（滞后时间以毫秒计）。

大多数稀土离子显示极窄的发射波段，这是由于在 f 簇，即 Tb^{3+}（$4f^8$ 构型）和 Eu^{3+}（$4f^6$ 构型）中的跃迁而造成的，在其中，$(Ce,Tb)MgAl_{11}O_{19}$ 和 Y_2O_3：Eu 的发射光谱得以再现（图 4-25 和图 4-26）。这些磷光体都使用在高质量的荧光灯中。

Y_2O_3：Eu 则以阴极射线管为基础，使用在投影电视中。在这样的投影电视中使用的是小的阴极射线管，其影像投射到一个大的屏幕上。

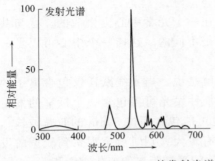

图 4-25　$(Ce,Tb)MgAl_{11}O_{19}$ 的发射光谱

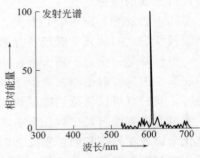

图 4-26　Y_2O_3：Eu 的发射光谱

有少数的 Tb^{3+} 绿色磷光体适合于荧光灯的应用。虽然进行了大力的开发，但迄今仍没有发现与 Y_2O_3：Eu 所具有的同样光谱性质的替代品，使它成为在大约611nm 处拥有线发射的唯一的红色主体磷光体。源自 f 电子壳层的光学跃迁的发射波段的宽度和位置几乎与化学环境无关。各个波段的相对强度取决于结晶晶格。在许多稀土离子上的跃迁是禁自旋和禁奇偶的，因此是相当慢的（以毫秒计）。但是，也已知有一些稀土离子具有基于 d—f 发射，即 Eu^{2+}（$4f^7$ 构型）或 Ce^{3+}（$4f^1$ 构型）的宽发射波段。这些跃迁是允许的，因而很快（以微秒计，甚至更快）。相当少数的稀土离子成为重要的商品磷光体。稀土基磷光体常使用于有较高要求的场合。

（2）载荷转移发光　在载荷转移的情况下，光学跃迁发生在不同类型的轨道之间或不同离子的电子态之间。在这些情况下，发射波段的宽度和位置同样取决于其化学环境。

一个很广为人知的例子是 $CaWO_4$，它在过去的数十年间一直被使用于 X 射线的侦测，侦测时有基于 $(WO_4)^{2-}$ 的发光（图 4-27）。跃迁包括了从氧离子到钨离子空着的 d 级位的电荷转移。在这里，化学键合性质有很强烈的变化，反映为很宽的发射光谱。由于在这个物料中没有有意地引入掺杂剂，所以也称为自活化。

（3）给予体接受体成对发光　在某些既蒙（敷）给予体又蒙（敷）接受体的半导体材料中发现有发光机制。图 4-28 描绘了这种机制，在其中的Ⅳ步骤导致发光。发射包含了中性的给予体和中性的接受体之间的电子转移。最后状态（离子化的给予体和接受体）是库仑作用得到稳定化。因此，生成在给予体-接受体成对的发射的光谱位置取决于在这个成对中的给予体与接受体之间的距离：距离越短，所产生的光子能量越高。在磷光体结晶晶格中，存在许多不同的给予体-接受体距离是可能的，其结果，会有一个较宽的发射波段。这个机制可以在蓝色和绿色发射磷光体中运行，这个机制被使用于彩色电视显像管（分别为 ZnS：Ag，Cl 和ZnS：Cu，Au，Al）中。

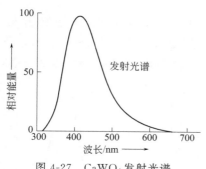

图 4-27 $CaWO_4$ 发射光谱

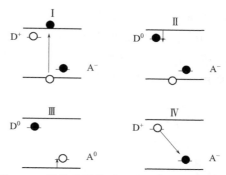

图 4-28 导致给予体-接受体成对发光的过程

（4）长余辉磷光体 在长余辉磷光体中，光学激发能量作为光激发电荷携带体储存于晶格中。最突出的例子就是 $SrAl_2O_4$：Eu，Dy 在 Eu^{2+} 被光学激发后，Eu^{2+} 被氧化为 Eu^{3+}，而 Dy^{3+} 被还原为 Dy^{2+}。Dy^{2+} 热激发到 Dy^{3+}，继之以电子被 Eu^{2+} 俘获，继而 Eu^{2+} 导致延时 Eu^{2+} 发射。Dy^{2+} 的热激发过程决定着延时的长短。特定的材料能在几个小时之后，在暗中仍能生成可见光。

长余辉磷光体可用于钟表指针和安全用途，即，在闭灯后仍可运行的出口指示。其他长余辉材料为 ZnS：Cu 或 SrS：Bi。

4.5.5.3 激发机制

（1）发光的光学激发和能量转移 当紫外线甚或可见光线的吸收导致发射时，我们说这是光学激发的发光。这个过程在荧光灯和磷光体转换 LED 中发生，在后者中，磷光体的使用是为了至少部分地改变 LED 发出的辐射的波长。光学吸收可以发生在已经讨论过的杂质（光学中心）上，它们或者是活化剂离子，或者是敏化剂离子。当担负活化剂离子的吸收过弱（就是说光线跃迁受阻）而不能在实用装置中使用时，就要使用敏化剂离子。在这种情况下，从敏化剂离子到活化剂离子的能量转移就势必发生。光学吸收导致的发射也可由基质晶格本身发生（光谱吸收）。在这种情况下，我们谈论的是基质晶格敏化。这时，基质晶格态到活化剂离子（在一些情况下也涉及敏化剂）的能量转移就势必发生。

对蓝色发射发光材料 $BaMgAl_{10}O_{17}$：Eu 来说，吸收过程和发射过程都源于 Eu^{2+} 离子从 4f 到 5d 的光学跃迁。由于导致光学吸收的跃迁是允许的，所以，相对小浓度的 Eu^{2+} 就足以在实用装置中调节出足够强的吸收。$BaMgAl_{10}O_{17}$：Eu 的激发光谱见图 4-29。

当 Eu^{2+} 离子的受激 5d 态被环绕于其周围的氧离子的配合基场交互作用所分裂时，我们可以在光谱的紫外部分观察到一个强而宽的吸收光谱。

在 $BaMgAl_{10}O_{17}$：Eu，Mn 中的 Mn^{2+} 的激发光谱在其紫外部分，与没有 Mn^{2+} 的化合物的激发光谱很类似。这是 Mn^{2+} 的 Eu^{2+} 敏化发射的一个例子，Eu^{2+} 和 Mn^{2+} 发射的激发光谱的相似也证实了这一点。Eu^{2+} 的很局限的激发（激子）转移到了 Mn^{2+} 离子上。能量转移过程可能包含多于一个的 Eu^{2+} 离子（通过

Eu^{2+} 亚晶格的激子能量转移)。

Mn^{2+} 发射也可以被其他离子敏化,例如,在知名的白色发射材料 $Ca_5(PO_4)_3(F,Cl):Sb,Mn$ 中的 Sb^{3+} 即是。在这里,橙色发射由 Mn^{2+} 生成,蓝色发射由 Sb^{3+} 生成。在荧光灯中这个物料得到广泛的应用。其发射光谱见图 4-30。

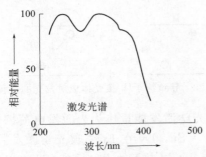

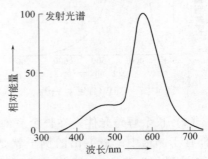

图 4-29 $BaMgAl_{10}O_{17}:Eu$ 的激发光谱

图 4-30 $Ca_5(PO_4)_3(F,Cl):Sb,Mn$ 的发射光谱

应该注意到,此发射光谱取决于 Sb^{3+} 和 Mn^{2+} 的浓度。调节它们的浓度可变化发射的颜色。另一个知名的敏化剂-活化剂对是 $Ce^{3+}-Tb^{3+}$。所有的应用于高质量荧光灯中的绿色磷光体都是以之为基础的。

(2)电发光   高压电发光靠的是电突入于半导体材料之中,这要求相当高的电压。所施加的电压达到以百伏计的程度。电荷携带剂产生在主晶格中,并在那里加速。在下一个步骤,它会激发一个活化剂离子。一般来说,这样的电发光装置的持续时间可以很长,但其效率却相当低(在 1% 的程度),其应用限于那些可靠性是个问题而效率却并不是重要的考虑的所在(紧急情况指示、出口指示等)。知名的材料有 $ZnS:Mn$、$ZnS:Cu$ 或 $SrS:Ce$。

蓝色发光二极管(LED)和有机电发光结构的发明使这种发光机制得以恢复生机。这是有效的发光结构第一次既无需高压也无需低压就可以实现。此外,迄今为止的发光装置都使用一个格栅:在荧光灯中,第一次产生放电,因此而产生的不可见辐射转化为可见光,并导致相当的能量损失。在阴极射线管中,第一次产生的是包含有相当高动能的电子的电子束,这个电子束继而撞击在发光材料上。在磷光体中,电子轰击最终导致传导带电子与价带(激子)孔洞偶合处的激发。这些激子转移到活化剂离子上。虽然是运行在物理极限上,磷光体的能量效率仍然只局限于 20% 的程度。其结果,就不可能有能量效率大于 50% 的白色光发光装置。低压电发光装置可能是一个解决这个问题的途径。在这样的装置中,导致发射的步骤是传导带态电子与价带态孔洞的再结合,而且,基本上只需带间隙能量就可以激发发光。在限度内,发射的颜色是可以通过半导体的选择而选择的。发光的产生可以很具能量效率,主要的问题是如何将发射的光引出装置。市场上有蓝色 LED,其墙上插头效率接近 30%。红色 LED 的效率甚至会接近 60%。

除效率之外，LED 的功率也是一个重要的驱动力。

为 LED 而使用的磷光体需面对苛刻的条件。其斯托克斯（Stokes）频移必须要小，其吸收必须要高，此外，由于激发密度在 $20W \cdot cm^{-2}$ 的程度（发射光的面积比荧光灯的要小很多），发光材料必须在高温下保持有效，且不能显示饱和（意味着在高激发密度下输出功率随输入功率的增长少于线性增长），而且对辐射必须是稳定的。

（3）高能粒子激发　在吸收了撞击在磷光体材料之上的电子或高能光子（即 X 射线量子）之后，次生载荷携带剂，即电子-空穴对，将在晶格中产生。电子-空穴对热能化，最终导致带隙激发。在热能化后，激发转移到一个活化剂（或敏化剂）上，导致发射。每一个吸收的电子或高能光子，将会产生大量的电子-空穴对。每一个电子-空穴对可导致在活化剂离子上的一个光子的发射。

4.5.5.4　发光材料的应用

（1）应用领域和所使用的磷光体　在许多应用中，蓝色和红色 CRT 磷光体涂覆有日光吸收颜料以便在日光下观察时加大对比度。蓝色磷光体涂覆的是（蓝色）$CoAl_2O_4$ 颗粒涂层；红色磷光体则是（红色）α-Fe_2O_3 颗粒涂层。为绿色磷光体涂覆吸收绿色的颜料不大有用，因为人眼对绿色光线具有高灵敏度。由于液晶显示（LCD）和等离子显示屏所获得的强大进展，已几乎不再就 CRT 磷光体开展工作。但是，即使是 LCD 也仍然需要发光材料，因为它需要背光，或是薄的或平的荧光灯或 LED。在等离子屏中在释载时会遇到最严重的能量损失。这是图像元素（像素）的小尺寸造成的。磷光体的使用已经经历了一个漫长的时期，但蓝色磷光体的运行寿命仍然存在问题。

在荧光灯中，三色混合使产白光的灯比以卤磷酸盐为基础的灯更为明亮，因为三色磷光体混合物的发射光谱更接近于人眼的灵敏度，而灯以自然方式再生所有颜色的能力（显色性）仍然是很好的。荧光灯含汞，从环保上看这是个缺点。有一个可能性就是通过调整荧光灯组分以减少荧光灯中汞的消耗。目前的荧光灯所含汞是超过灯的正常运行所需要的。换个方法，以氙释放为基础的无汞荧光灯可以是一个解决方案。但是，氙释放在真空紫外（VUV）领域产生辐射，磷光体的能量效率降低，使照明装置的能量效率降低。但是，基于 VUV 辐射造成的激发，每一个被吸收的 VUV 光子可产生多于一个的可见光子，又可以使无汞荧光灯像目前的荧光灯一样有效。

对 X 射线检测使用的磷光体所进行的研究主要涉及计算机层析 X 射线照相术（CT）和正电子发射 X 射线层析照相术（PET）。X 射线（CT）或 γ 射线（PET）被这些磷光体转化为可见光。对这个可见光的检测由光电子倍增器或发光二极管来完成。发射延迟时间应当短，对 PET 应为纳秒，这是由测量原理造成的，在正电子消失过程中产生的两个光子必须同时被检测到；对 CT 应为微秒，以增大扫描速度。此外，如何得到半透明甚至是透明的陶瓷材料（闪烁器）在这里也是个问题。这些晶体的厚度对 CT 来说应以毫米计，对 PET 闪烁器来说，应以厘米计。一般来说，闪烁器是通过单晶生长制成的，也可以用热压法制备。

X 射线磷光体也使用于 X 射线强化屏。先把 X 射线转化为可见光子，可见光子照射胶片。在大多数情况下，照相胶片夹在两个磷光体片之间。向远离胶片方向移动的光线可以因所应用的 TiO_2 反射层而被使用。这样一个磷光体层的厚度以数百微米计。

在以蓝色 LED 为基础的 LED 灯中，把红色磷光体（其发射是基于 Eu^{2+}）添加到黄色 $(Y, Gd)_3Al_5O_{12}$：Ce 中，这使具有低色温的白色 LED 灯可能产生。只以 $(Y, Gd)_3Al_5O_{12}$：Ce 为基础的磷光体转化 LED 会发射相当蓝的白光，就是说，这个光线具有相当高的色温。很有意思的是，有一类在磷光体应用中迄今不为人所知的物料在此项用途中很有希望：多氮化硅酸盐。诸如 $LaSi_3N_5$：Eu^{2+}，O^{2-} 或 $Ba_2Si_5N_8$：Eu^{2+} 磷光体可能是这一大类物料中的第一批代表。LED 灯也可以以近紫外发射 LED 为基础。在这种情况下，至少需要两个磷光体（蓝和黄）才能生成白光。换个方式，也可以使用在可见光谱中发射蓝色、绿色和红色部分的三个磷光体。此外，LED 封装胶囊的 UV 稳定性可能存在问题而导致最终发射 UV 的 LED 会具有内在的低效率。把电子和空穴运输到发射 InGaN 层的载荷运输层一般所含的是蒙敷的 InGaN 层。为了得到最适宜的光线输出，载荷运输层应比发射层具有更大的带隙。这意味着活化层应比载荷运输层具有更高的 In 含量。除非能找到一个具有较大带隙的有效的载荷运输层（意味着一个不同的化学组成），否则对于一个大致是纯的 GaN 发射层来说，这个条件是不可能实现的。

（2）重要发光装置能量效率方面的考虑　一般来说，我们使用的发光材料都是在物理限度内运行的，这个限度以激发辐射的吸收和产生发光的量子效率（生成的可见光子数目除以被吸收的光子数）表达。在阴极射线管中所使用的磷光体的能量效率大致在 20% 的程度上。在等离子显示屏、荧光灯和 LED 中，量子效率大约可达 100%，吸收系数也很高。但是发光装置的能量效率，当把能量损失考虑在内的话，却是相当低的。磷光体能量损失因数主要决定于斯托克斯（Stokes）频移（吸收的辐射光子能量和发射的辐射之差）。这导致能量损失，可能还相当大，即使量子效率是 100% 也不例外。我们观察到，虽然磷光体在物理限度内运行，但能量效率却是相当低的，尤其是在显示应用中。

4.5.5.5　发光材料的制备

传统上，发光材料是以混合和烧制的技术制备的：将小颗粒（一般具有微米级的直径或更小）反应物混合（或干混或以悬浮态混合）均匀并加热。加热温度典型而言要超过 1000℃。为了促进反应并使所得发光材料具有足够的结晶性（结晶性一般可以显著改善发光过程的效率），可以添加助熔剂或熔融盐。这一般会使反应温度降低，结晶性改善。这样的助剂还可以使发光体颗粒度最佳化，不同的用途要求不同的最佳化颗粒度。

一个适宜的助熔剂可以至少使一个反应物熔解，从而不仅促进在制造中的发光材料的结晶性，还可以促进反应性。助熔剂可以分为两类：一类是纯粹的非挥发性液体，即熔融盐或熔融氧化物；另一类是挥发性液体或气体（挥发性助熔剂）。

熔融中的盐一般不会与起始物料反应，它只是一个熔融体。可以大量使用（直至磷光体质量的 30%）这种物料，它在磷光体合成中既不分解也不挥发。Na_2MoO_4、$Na_2B_4O_7$、Na_2SiO_3 和 $Na_4P_2O_7$ 是此类物料的例子。

助熔剂则与起始物料反应，有时是一个熔融体，当少量（磷光体质量的 10% 以下）使用时，在磷光体合成中，一般会显示分解或挥发。常用助熔剂为 NH_4Cl、NH_4Br 和 AlF_3。

使用在加热时会分解的起始物料，诸如碳酸盐或氢氧化物时，反应性会得到改善。分解后（在所举的例子中就应有 CO_2 或 H_2O 离开反应混合物），由于比表面积较大，所得是一个更具反应性的混合物。

更进一步，也可以使用共沉淀法。使用共沉淀，可以得到一个起始物料以原子级混合的反应混合物。先把反应物溶解再使之共沉淀就可以得到混合紧密的起始物料。可以举这样一个例子：将 $Y(NO_3)_3$ 和 $Tb(NO_3)_3$ 溶于水中，加入溶于热水中的过量草酸（2:1 的摩尔比）使之共沉淀。换个方法，也可以把这些东西的氧化物溶于热稀硝酸中（4mol/L）。所得草酸盐加热到 800℃ 就可以使之转化为氧化物。如果每一个反应组成的不溶盐都可以被识别出来，则可用此法。其他可能的共沉淀途径包括硫酸盐或氢氧化物。

也可以使用喷雾干燥法。于此，人们首先将反应物溶解在介质，最好是水中。以小滴转输至气流中并加热，这会导致水的极快速蒸发。其结果就是得到了混合紧密的反应混合物。把不同的方法配合使用很是有趣。那就是多硫化物熔流法。此法可用于以 Ln_2O_2S（Ln 三价稀土离子）为基础的发光材料（即 Y_2O_2S：Eu 或 Gd_2O_2S：Pr）的制备。在此法中，各个金属的混合氧化物与过量硫黄和一种碱式碳酸盐混合在一起。当加热时，碱式碳酸盐分解并与硫黄反应形成液体多硫化物熔流。氧化物与多硫化物熔流反应形成羟硫化物。将反应产物洗入水中可去除熔流残渣。当掺杂剂浓度很低，即为 CRT 制备 ZnS 磷光体时，就要使用不同的途径。这里，掺杂剂浓度在 $1×10^{-4}$ mol 的数量级。可以使少量的这些活化剂离子沉淀在 ZnS 的颗粒上，就是说，制备一个 ZnS 在水中的悬浮液并加入可溶性活化剂盐。加入 $(NH_4)_2S$ 可使活化剂沉淀在 ZnS 上。有些反应要求还原性的氛围以便在一个低于如 Eu^{2+} 的最高氧化态的氧化态下投入活化剂离子，或者在制备 ZnS 磷光体的情况下，要防止基质晶格的氧化。使反应在稀薄氢气或 CO 中进行就可以做到这一点。在密闭室中加热石墨颗粒就可以得到 CO 氛围，在其中放置第二个较小的盛装反应混合物的釜。

第**5**章

■■■■■■■

颜料生态学和毒理学

5.1 颜料有关的立法概述

5.1.1 概述

为了满足产品安全、环保的要求，塑料材料及其制品必须满足世界各国、各地区的法规要求，其中最为重要而且特别受人关注的是化学物质控制的要求，特别是对于作为塑料着色剂——颜料的化学要求。由于各国家、地区的差异和产品类型的不同，目前对于塑料着色用颜料的化学要求，有的是针对颜料本身的，有的是针对塑料材料的，而有的则是针对产品的通用要求。

化学品对皮肤、眼睛和其他黏膜的作用是在实验室中与受控动物暴露接触后测试其受影响组织的状况，依照暴露接触点受伤害的程度而定。可分为无刺激性、有刺激性或腐蚀性。

有人对 192 个常用的商品化的有机颜料对小白兔皮肤及黏膜的影响，只有极少数有机颜料（6 个）能对小白兔的皮肤及黏膜产生刺激。

有机颜料反复接触后的毒性采用在有生命的生物体上，采用非杀伤性剂量来测定。没有一种显示有毒性作用。

欧盟规定凡是反复施用或延迟暴露接触导致严重伤害的物质需要贴 R48 标志标明。有机颜料没有需用 R48 标志的。

无机颜料的化学组成是金属氧化物和金属盐，所以大多数无机颜料都含有重金属成分。几乎所有客户均明确要求：着色塑料制品需不含重金属。国外是以密度大于 4.5g/mL 的物质来定义重金属的。因此按此定义，除了铝粉、炭黑、群青蓝、群青紫之外所有无机颜料均含有重金属。

经国外对重要的无机颜料进行仔细的检测，总体来看除了有害的铬系和镉系颜料外，其他的无机颜料在毒物学和生态学上是无害的。

5.1.2 食品包装

为避免在包装材料特别是塑料中所含不宜物质，尤其是毒性物质向食品的过度释放和迁移，危害消费者的健康，需要制定包装材料在迁移领域的安全性法规。下面将列举美国、德国、意大利等几个国家的相关法律法规。

5.1.2.1 美国

1958 年美国食品与药品管理局（FDA）在世界上第一个制定了包装材料安全性法规《联邦食品、药品和化妆品法案及其修正案》。FDA 把食品包装认为是食品的添加剂，包装材料在使用期间向食品迁移的物质会成为食品的成分，从而影响食品的特性。制定上述法规是为了限制包装材料向食品的迁移量，只有当食品添加剂的申请中给出的证据能够证明迁移量不会对消费者造成伤害，在日常饮食中的浓度水平等于或低于阈限，FDA 才批准这种食品包装材料可以上市销售。

FDA 对包装材料的安全评价是根据饮食吸收估计进行的。吸收估计是由企业在申请中提供的迁移有关数据和信息，并由迁移模型（扩散系数模型）估计对食品包装材料成分的吸收而得到的。

企业在申请中应提供以下与迁移有关的信息和数据：

① 包装材料聚合物的物质成分及化学、物理、生物特性。

② 与食品接触的塑料包装材料的类型（膜或模塑制品）、最大厚度、密度、在目标使用条件下的稳定性等。

③ 聚合物能实现的目标技术效果。

④ 估计添加剂（聚合物）吸收量的充分信息，包括迁移和分析方法等。

5.1.2.2 德国和意大利

德国、意大利继美国之后也颁布了在迁移领域的法规，限制可能引起致癌物的某些单体（如氯乙烯、丙烯腈）的迁移量；限制某些高毒性金属（来自陶瓷表面的铅和镉）的释放；以及限制用作奶头的某些类型的橡胶中存在的亚硝胺的释放量等。

法国、荷兰、比利时在其后也相继颁布了类似的法规。

5.1.2.3 欧盟

为了消除欧洲各国采用不同的包装安全法规而形成的贸易壁垒，1972 年欧共体（欧盟前身）制定了与食品接触的材料和制品的立法，以协调欧洲各国在与食品接触材料（塑料、纸、陶瓷、橡胶等）领域的所有法规。其主要内容是制定了适用于所有材料和制品的条令（1）、（2）和适用三种主要材料：再生纤维膜、陶瓷和塑料的条令（3）、（4）、（5）。

（1）材料的"惰性"和食品的"纯度"原则 该原则要求包装材料及制品中的成分向食品的迁移量一定不能危及人体健康，使食品组成发生不可接受的改变，或者使食物感官特征恶化。

(2) "许可标记" 原则　欧盟规定与食物接触的材料和制品必须附有 "用于食品" 的词句。材料包括塑料、纸、陶瓷、橡胶等。

(3) 关于再生纤维素膜（从纤维素制得玻璃纸塑料）的条令　认可再生纤维素膜由 72 种化合物和 42 种物质组成的 114 种物质，其在成品中最大量的迁移极限为 $30\mu g/g$。

(4) 关于陶瓷的条令　对陶瓷表面的高毒性金属：铅和镉的释放作了限制，规定了在不同用途下的铅和镉的特定迁移极限。

对不可充装的制品或内部深度不超过 25mm 的可充装制品，铅的迁移极限为 $0.8mg/dm^2$，镉为 $0.07mg/dm^2$。

对其他所有可充装制品，铅的迁移极限为 $4.0mg/L$，镉为 $0.3mg/L$。

(5) 关于塑料材料的条令　塑料是包装安全法规中最重要也最复杂的，欧盟在以下三方面对欧洲各国进行了协调。协调的条令适用于全部由一层或多层塑料构成的包装材料及制品，而不适用大表面的涂料。

① 共同体认可的物质目录　该目录包含在条令 90/128/EEC、92/39/EEC、93/9/EEC、95/3/EEC 和 96/11/EEC 中。包含的物质有完备的单体和大部分添加剂。

② 使用限制　条令对所有与食品接触的材料的总体迁移限制为 60mg/kg 或 $10mg/dm^2$；对于不可能设立日摄入量或容忍日摄入量的某种物质，其特定迁移限制为 0.01mg/kg；而对有毒性怀疑、怀疑有致癌性的物质，则特定迁移限制为 0.05mg/kg。

③ 关于迁移检验系统的条令　欧共体委员会条令 82/711/EEC 制定了检验特定迁移和总体迁移的系统的标准结构，它设定了在标准化的条件下进行迁移测试所用的模拟液体（即能够模拟食物提取能力的液体）、接触时间和温度。欧共体委员会条令 93/8/EEC 使迁移测试的条件更有弹性，允许采用更多的时间温度组合，在不可能使用模拟液体时，准许使用其他模拟物进行 "脂肪测试"。条令 97/48/EEC 进一步制定了在 "脂肪测试" 中作为测试液体的挥发性溶剂（例如异辛烷和乙醇）的使用条件。

(6) 与个别物质有关的条令　欧共体委员会在对生产部门进行立法的同时，也对公众密切关注的个别物质制定了标准。

① 关于 PVC 中氯乙烯单体的条令　1978 年在条令 78/142/EEC 中规定，材料和制品中允许氯乙烯的最大单体含量为 1mg/kg，且这种材料及制品向食品释放的氯乙烯一定不能以检测极限为 0.01mg/kg 的分析方法检测出。

② 关于在再生纤维素膜中一缩二乙二醇和二甘醇的条令　1986 年 86/388/EC 规定一缩二乙二醇和二甘醇在食物中迁移极限为 50mg/kg，以后在条令 93/10/EEC 中减少为 30mg/kg。

③ 关于在橡皮奶头中的亚硝胺的条令　93/11/EEC 规定：用能够检测

0.01mg/kg 全亚硝胺和 0.1mg/kg 可硝化物质的已验证方法，不能检测出弹性体或橡皮奶头中有亚硝胺和可亚硝化的物质。

5.1.3 玩具

随着玩具和儿童用品的畅销，玩具和儿童用品的安全性也是不可忽视的。世界各国对玩具和儿童用品的安全性也做了一定法律法规。下面以美国、欧盟和中国为例。美国、欧盟和中国有关玩具和儿童用品的法规要求见表 5-1。

表 5-1 美国、欧盟和中国有关玩具和儿童用品的法规要求

国家	法规
美国	联邦法规：CPSIA H. R. 4040《消费品安全改进法案》CPSIA H. R. 2715《消费品安全改进法案修订案》 州法规：加利福尼亚州　加州 65《加州健康和安全法规》第 25214.10 标准：ASTM《标准消费者安全规范：玩具安全》
欧盟	欧盟指令 2009/48/EC（替代 88/378/EC） 玩具协调标准 EN71 系列和 EN62115
中国	玩具安全，GB/T 6675—2014

2008 年 8 月，美国国会、参众两院分别通过了《消费品安全改进法案》。进一步规范含铅玩具，玩具上加贴可追溯性标签，将自愿性标准 ASTM F963 转化为强制性标准，对某些儿童产品实行强制性第三方检测。

《消费品安全改进法案》规定对于儿童产品材料中总铅限量的规定，将在法案实施后 3 年内按阶段执行见表 5-2。《消费品安全改进法案》规定在法案实施 180 天后在儿童玩具和儿童护理用品对某些邻苯二甲酸酯含量提出明确要求见表 5-3，美国 ASTM F963 标准将成为强制玩具安全标准，见表 5-4。如果 ASTM F963 标准中的有关要求与法规不一致时，以 H. R. 4040《消费品安全改进法案》为准；如果有比 ASTM 更严格的标准，则 ASTM F963 标准将会被替代。

表 5-2 儿童玩具产品材料中总铅限量的规定

对象	要求	生效日期
儿童玩具	≤600mg/kg	2009-02-10
	≤300mg/kg	2009-08-14
	≤100mg/kg	2011-08-14

法案实施 3 年后若执行这个限量不可行，美国消费品安全委员会（CPSC）将 300mg/kg 和 100mg/kg 之间设定一个限量。在规定的日期之后，如果产品的总铅限量超标，则制造商和销售商要承担相应的民事和刑事责任。

表 5-3　儿童玩具和儿童护理用品中的 6 种邻苯二甲酸酯的限量规定

对象	要求		生效日期
儿童玩具和儿童护理用品	邻苯二甲酸二(2-乙基己基）酯(DEHP) 邻苯二甲酸二丁酯（DBP) 邻苯二甲酸丁苄酯（BBP) 邻苯二甲酸二异壬酯（DINP)	≤0.01% ≤0.01% ≤0.01% ≤0.01%	2009-02-10
可被儿童放入空中的儿童玩具和儿童护理用品	邻苯二甲酸二异癸酯（DIDP) 邻苯二甲酸二辛酯（DNOP)	≤0.01% ≤0.01%	

注：可被儿童放入口中的玩具和儿童护理用品是指任一维尺寸＜5cm。

表 5-4　ASTM F963 标准关于玩具特定元素的限量要求

元素	迁移量要求/（mg/kg）
铅(Pb)	90
砷(As)	25
锑(Sb)	60
钡(Ba)	1000
镉(Cd)	75
铬(Cr)	60
汞(Hg)	60
硒(Se)	500

美国《消费品安全改进法案修订案》于 2011 年 8 月 12 日生效。该修订案主要为解决 2008 年生效的《消费品安全改进法案》在具体实施中出现的问题而制订，其主要内容包括：实施新的铅含量标准，从 2011 年 8 月 14 日起，供 12 岁及以下儿童使用的产品总铅含量不得超过 100mg/kg 等。

5.1.4　食品

食品安全性是各国都关注的问题，所以都有相关法律法规。美国、欧盟和中国有关食品接触性产品法规要求见表 5-5。

表 5-5　美国、欧盟和中国有关食品接触性产品法规要求

国家地区	相关法规标准
美国	联邦法规：美国联邦法规（CFR）和食品药品化妆品法（FFDCA）。21CFR178.3297《与食品接触的聚合物材料中着色剂的要求》
欧盟	欧盟法规第 1935/2004 号指令，2007/19/EC 欧盟 AP（89）1 号决议
欧盟成员国	（1）德国：LFGB《食品、日用品和饲料法》，BGV《日用品法令》。德意志联邦共和国风险评估研究所（BfR）的推荐标准 （2）法国 2007-766 法令框架性法规 DGCCRF2004-64 和 French Arrete2005 Aug. 9
中国	GB 9685—2008《食品容器、包装材料用助剂使用卫生标准》

5.1.4.1 美国联邦法规（CFR）

其监管机构为美国食品和药品管理局（FDA），所以通常把食品材料的认证和检测，称为 FDA 要求。

美国联邦法规（CFR）规定的与塑料着色剂相关的章节为：21CFR178.3297《与食品接触的聚合物材料中着色剂的要求》。本法规中列举了用在生产、制造、包扎、加工、制备、处理、包装、运输或者盛放食品的塑料产品或者塑料材料中的着色剂物质，并且规定了它们的使用条件、使用限量以及符合性条件等。

5.1.4.2 欧盟食品包装材料法规体系

欧盟食品包装材料的管理包括框架法规、特殊法规和单独法规 3 种。框架法规规定了对食品包装材料管理的一般原则，特殊法规规定了框架法规中列举的每一类物质的特殊要求，单独法规是针对单独的某一种物质所做的特殊规定。

欧盟法规第 1935/2004 号是欧盟对于食品接触性产品的一个框架性指令，指令对包装材料管理的范围、一般要求、评估机构等作了规定。一般要求规定，食品包装材料必须安全，迁移到食品的量不得危害人体健康，不得改变食品成分、导致食品的品质恶化，影响食品的口感。

欧盟除了有框架性指令以外，对于一些特殊的食品接触性材料也有要求，对于最为重要的塑料材料的要求，于 2007 年 3 月 30 日发布，是 2002/72/EC 和 85/572/EC 的修订版和融合版。在指令正文中规定，一般塑料材料中的成分迁移到食品中的量不得超过 $10mg/dm^3$；容量超过 500mL 的容器、食品接触表面积不易估算的容器、盖子、垫片、塞子等物品，迁移到食品中的物质不得超过 $60mg/kg$，主要模拟不同食品物质，如水、酸性物质、油性物质和酒精在使用温度下塑料材料的释出物（溶出物）总量，以及相应限制物质的限量要求。塑料的生产不应当使用指令附录中列出的单体和原料名单以及添加剂名单之外的物质。

5.1.4.3 德国食品接触材料安全法规体系

德国的食品接触材料法规体系主要包括三个层次。第一个层次是欧盟颁布的框架法令以及德国 2005 年颁布的《食品、商品和饲料法》简称 LFGB。LFGB 中的第 30、31 和 33 章对食品接触材料规定了原则性的安全要求。

由于 LFGB 只是原则性条例，它并没有规定具体的产品安全卫生指标，因此德国出台了《日用品法令》（BedGgstV，BGV）来作为配套的实施性法规，BedGgstV 对日用品、食品、食品接触材料规定了禁用物质清单、批准物质清单以及规定了相应的限量指标、使用条件、标签、调查、违法和处罚等要求，并列出一些检测方法。

2002 年 10 月 31 日，BGV 被取消，其各项职能之间被分为德国联邦风险评估研究所（BfR）和联邦消费者权益和健康安全保护局。虽然机构的重新组合，但推荐文件等均没有变化。

目前，BfR 已经出台了三十几个涉及食品接触材料的建议，其中大部分与塑料有关。它依据不同塑料材料种类分别规定了生产中允许使用的各种化学物质的最大用量、成品中物质允许残留量或迁移量，并通过建议的方式对外公布实施。此外，针对欧盟指令未涉及的一些产品和物质，BfR 也根据需要制定了相关的安全要求和测试方法并予以执行，包括石蜡、橡胶、硅胶和纸和纸板等。

5.2 颜料的毒理学与生态学

由于颜料实际在水中不溶，而且在其他常见的溶剂中也很难溶，所以颜料对生态的影响主要是由制造商和加工者造成的。这种影响主要来自废气和废水的排放。

废气：有机颜料主要是由粉尘引起的污染，空气的有机颜料粉尘浓度不允许超过 $6 mg/m^3$。生产中可通过过滤净化后排放。在颜料生产、研磨、分散和复配时，应注意颜料粉尘的污染。为了防止颜料粉尘的可能接触，生产人员必须佩戴必要的防护设备。

废水：颜料在生产过程中排出的污水经常含有致癌性物质（如芳胺、亚硝酸盐），可通过过滤、沉降等方法净化。如有必要，还可采用生物处理。所排的水应达到对鱼没有毒害，至少未有确凿的有害证据。

经过大量的调查确认染料的毒理学与生态学内容包括 9 个方面。

5.2.1 急性毒性

急性毒性定义为某种物质对人或动物在口服、皮肤或呼吸接触后的毒性。动物试验（如老鼠、白兔）能提供短期接触对人体影响的初步信息。

有人研究了 108 种有机颜料对小老鼠的毒性，研究表明，这些颜料的 LD_{50} 值都高于 5000mg/kg（体重）。欧盟的化学条例规定，只有口服 LD_{50} 值低于 2000mg/kg 才认为有毒。相比较食盐的 LD_{50} 值约为 3000mg/kg，因此有机颜料实际上不呈急性毒性特性。通常颜料一般通过胃肠排出，而不经尿液排出。

颜料的急性毒性是指对每千克人体或动物体的致命量小于 100mg 的颜料性质，具有急性毒性的颜料称为急性毒性颜料。染料与有机颜料制造商生态学与毒理学协会（ETAD）规定颜料的急性毒性为 2000mg/kg 即 $LD_{50} < 2000mg/kg$，他们对 4400 多种染料和有机颜料进行了单次接触的试验，结果仅 350～360 种具有急性毒性，约占所有试验染料和有机颜料的 8%，其中主要是阳离子染料和金属络合染料，也有因染料和有机颜料商品中含有的助剂的毒性作用所造成。按照目前 $LD_{50} < 100mg/kg$ 的要求来衡量属于急性毒性染料数量更少了。但由于它们对人体的危害很大，因此在纺织品上禁止使用，目前市场上禁用的急性毒性颜料有 13 种（表 5-6），其中碱性颜料 6 种、酸性颜料 2 种、直接颜料 1 种、冰染色基 3 种和酞菁素 1 种。

表 5-6　目前市场上禁用的急性毒性颜料

序号	颜料	序号	颜料
1	碱性黄 21	8	酸性橙 165
2	碱性红 12	9	直接橙 62
3	碱性紫 16	10	冰染色基 20
4	碱性蓝 3	11	冰染色基 24
5	碱性蓝 7	12	冰染色基 41
6	碱性蓝 81	13	Ingrain 蓝 2：2
7	酸性橙 156		

这些急性毒性颜料具有下列特点：水溶性颜料占绝大多数；易溶解在乙醇等极性溶剂中；分子结构中含有氨基或取代氨基等强给电子取代基。

5.2.2　反复接触毒性

反复接触染料和有机颜料的毒性通常采用非杀伤性的剂量对动物体反复接触进行测定，从已有的研究中发现许多染料和有机颜料的口服剂量不超过 1000mg/kg，不会对任何器官产生毒性。

5.2.3　刺激性

染料和有机颜料的刺激性是指染料和有机颜料对人体或动物体的皮肤及黏膜等产生刺激作用的性能。它可用人体或动物体进行试验来测定。ETAD 在对 68 种染料和有机颜料的试验中发现，共有 3 种染料对皮肤产生刺激作用和 17 种染料对眼睛有刺激性，比例为 30％，据分析这些染料中的添加物对刺激性起着一定的作用。

5.2.4　过敏性

颜料的过敏性是指某些颜料对人体或动物体的皮肤和呼吸器官等引起过敏作用的性能，当这种作用严重到一定程度会影响人体的健康，这种颜料称之为过敏性颜料。目前国际市场上严格规定纺织品上过敏性颜料的含量必须控制在 0.006％以下。ETAD 通过大量的研究证明主要是一些分散颜料和活性颜料商品会对人体产生过敏作用，目前市场上初步确认的过敏性颜料有 27 种（表 5-7），其中分散颜料 26 种和酸性颜料 1 种，但在 Eco-Tex Standard 100 中只规定了 20 种过敏性颜料，都是分散颜料，即表 5-7 中序号 1 至序号 20 的颜料。

表 5-7　目前已知的过敏性颜料

序号	颜料	序号	颜料
1	C. I. 分散黄 1	2	C. I. 分散黄 3

序号	颜料	序号	颜料
3	C. I. 分散黄 9	16	C. I. 分散蓝 3
4	C. I. 分散黄 39	17	C. I. 分散蓝 7
5	C. I. 分散黄 49	18	C. I. 分散蓝 26
6	C. I. 分散橙 1	19	C. I. 分散蓝 35
7	C. I. 分散橙 3	20	C. I. 分散蓝 85
8	C. I. 分散橙 13	21	C. I. 分散蓝 102
9	C. I. 分散橙 37	22	C. I. 分散蓝 106
10	C. I. 分散橙 76	23	C. I. 分散蓝 124
11	C. I. 分散红 1	24	C. I. 分散棕 1
12	C. I. 分散红 11	25	C. I. 分散黑 1
13	C. I. 分散红 15	26	C. I. 分散黑 2
14	C. I. 分散红 17	27	C. I. 酸性黑 48
15	C. I. 分散蓝 1		

这些过敏性颜料具有下列特点：①偶氮型结构居多，蒽醌型结构次之，两者合计约占 85%；②化学结构比较简单；③分子比较小，分子量在 230～400 之间，比较集中在 270～340 范围内；④基本上不溶于水，能溶解在醇和丙酮等有机溶剂中；⑤分子中含有羟基、氨基和取代氨基等强给电子取代基；⑥属直接接触型过敏性。

5.2.5 诱变性

颜料对人体基因的诱变性可通过短期诱变性试验来测定，最常用的方法是埃姆斯（Ames）试验，即沙门氏菌微粒体试验。用此法对 200 多种不同结构的染料进行测定，发现 2/3 以上的染料是非诱变性的，在对 36 种有机颜料的研究中仅发现 1 种颜料有基因毒性作用。近年的研究指出除了染料和有机颜料本身的结构会对诱变性起作用外，它们中所含的杂质有时对诱变性也起着重要的作用。

表 5-8 列出了用埃姆斯法测试 25 种有机颜料的诱变性，其中发现只有个别品种有机颜料有轻微的诱变效应。

表 5-8　用埃姆斯法测试有机颜料的诱变性结果

颜料	染料索引结构号	结果	颜料	染料索引结构号	结果
C. I. 颜料黄 1	11680	阴性	C. I. 颜料红 49：2	15630：2	阴性
C. I. 颜料黄 12	21090	阴性	C. I. 颜料红 53：1	15585 1	阴性
C. I. 颜料黄 74	11741	阴性	C. I. 颜料红 57：1	15850 1	阴性
C. I. 颜料橙 5	12075	弱阳性	C. I. 颜料红 63：1	15880 1	阴性

颜料	染料索引结构号	结果	颜料	染料索引结构号	结果
C. I. 颜料橙 13	21110	阴性	C. I. 颜料蓝 15	74160	阴性
C. I. 颜料红 1	12070	弱阳性	C. I. 颜料蓝 15：1	74160.1	阴性
C. I. 颜料红 4	12085	阴性	C. I. 颜料蓝 15：2	74160 2	阴性
C. I. 颜料红 22	12315	阴性	C. I. 颜料蓝 15：3	74160_3	阴性
C. I. 颜料红 23	12355	阴性	C. I. 颜料蓝 15：4	74160 4	阴性
C. I. 颜料红 48：1	15865-1	阴性	C. I. 颜料绿 7	74260	阴性
C. I. 颜料红 48：2	15865 2	阴性	C. I. 颜料绿 36	74265	阴性
C. I. 颜料红 49	15630	阴性	C. I. 颜料紫 19	73900	阴性
C. I. 颜料红 49：1	15630；1	阴性			

5.2.6　慢性毒性与致癌性

染料和有机颜料的致癌性是指某些染料和有机颜料对人体或动物体引起肿瘤或癌变的性能。ETAD 通过大量调查证明具有致癌性的染料只是一小部分，而且不同的染料有不同的致癌性。染料产生致癌性的原因有多种，一种是在某种条件下裂解产生具有致癌作用的化学物质，如某些偶氮染料在还原条件下会分解产生致癌芳香胺；另一种是染料本身直接与人体或动物体接触就会引起癌变，这就是致癌性染料。目前属第一种产生致癌性的染料较多，据德国药品审评中心（CDE）指出有 143 种，而属于第二种的致癌性染料较少，市场上已知的有 11 种，其中分散染料 2 种、直接染料 3 种、碱性染料 1 种、酸性染料 2 种和溶剂性染料 3 种。其特点是：①偶氮型结构居多；②分子结构比较简单，均含有氨基、取代氨基、羟基和烷氧基等强给电子取代基；③能溶解在乙醇中。

除了急性和亚急性毒性以外，颜料是否会引起慢性毒性已引起关注，特别是致癌性。Kurdandsky 等人指出，许多颜料由于不溶于水而不能被人体新陈代谢，但可被吸附。例如铜钛菁可被血清中的蛋白质吸附，这种吸附积聚在生物体内不能被消除。由于这种吸附积聚可导致血纤维蛋白结构破坏，而引起血液凝结力的改变。

有机颜料的致癌性问题一直存在不同的看法。在 1994 年 7 月 15 日德国政府颁布的 20 种有害芳香胺以及其后欧共体在其指令 67/1548 附录 C2 级中增加的 2 种有害芳香胺，共计 22 种有害芳香胺中，能用作重氮组分生产偶氮类有机颜料的芳香胺只有 8 种，即联苯胺、3,3'-双氯联苯胺、3,3'-二甲基联苯胺、3,3'-二甲氧基联苯胺、对氯苯胺、邻氨基苯甲醚、2-甲基-5-硝基苯胺（即大红色基 G）和 2-甲基-4-氯苯胺，其他 14 种有害芳香胺，如 4-氨基联苯、4-氨基偶氮苯等，迄今还没有用来制造偶氮类有机颜料。按照这个草案的内容，涉及有《染料索引》号的有机颜料共有 47 种，而涉及我国生产的颜料共有 12 种，即 C. I. 颜料黄 12、14、

17、63、83，C. I. 颜料橙 3、13、16，C. I. 颜料红 8、22，再加上无《染料索引》号的永固黄 GR 和 7G。德国政府把能分解产生有害芳香胺的有机颜料划入禁用行列，然而德国的许多大化工公司和 ETAD 对此有不同的看法。拜耳公司曾发表文章明确指出由 3,3'-双氯联苯胺制造的偶氮颜料有致癌性。ETAD 从 20 世纪 70 年代起，有组织地开展了一系列有机颜料毒理学与生态学的研究工作，没有发现由有害芳香胺制成的偶氮颜料有致癌性的问题。尤其是采用动物长期接触的方法对 10 多种有机颜料进行致癌性测试，没有发现因内源代谢使有机颜料的偶氮键断裂而产生游离的 3,3'-双氯联苯胺和 2-甲基-5-硝基苯胺等有害芳香胺，也没有发现它们有引起肿瘤的活性，这些都表明有机颜料没有致癌性。德国的纺织环境最优化公司（Eco-tex）最近指出，由于使偶氮颜料中的偶氮键断裂的条件非常苛刻，迄今还没有一个合适的、定量的方法能用来检测偶氮颜料的偶氮键断裂，因此德国政府法令中提到的禁用有机颜料很难实施。

5.2.7 水中的毒性和生物降解性

这项内容是指染料和有机颜料在水体系中对鱼和细菌等的毒性试验以及生物降解性试验。ETAD 曾对 300 种染料和有机颜料进行试验，所试验的 59% 的染料和有机颜料商品对鱼的毒性不大，即 $LD_{50} > 100mg/L$，仅 2% 的商品对鱼的毒性在 1mg/L 以下；在用 200 多种染料和有机颜料对细菌的毒性试验中发现仅 18 种会抑制细菌生长，它们的 $LD_{50} < 100mg/L$，其中 3 种的 LD_{50} 在 1～10mg/L 之间。

5.2.8 对皮肤及黏膜的刺激

表 5-9 概括了 192 个常用的、商品化的有机颜料对小白兔皮肤及黏膜的影响，其影响包括助剂的作用。

表 5-9 有机颜料中对小白兔皮肤及黏膜有刺激效应的数目

刺激程度	皮肤	黏膜	刺激程度	皮肤	黏膜
没有刺激	186	168	中等程度刺激	1	1
轻微刺激	5	20	强刺激	0	3

表 5-9 表明，只有极少数有机颜料能对小白兔的皮肤及黏膜产生刺激。

5.2.9 颜料的杂质

在颜料中，杂质影响主要包括以下 3 个方面。

5.2.9.1 痕量的芳胺

在有机颜料中，大多数品种不可避免地会存在痕量的芳胺，各国的法规对此有相应的含量限制规定。如作为食品包装材料，颜料的芳胺含量不能超过 50μg/g。对于有些会分解成致癌性（MAK-ⅢA 类）芳胺的偶氮颜料，更应注意其毒性，不过这些颜料许多已成为禁用颜料。

5.2.9.2 痕量的重金属

早在 1973 年，美国染料生产协会（DCMA）对在美国市场上的商品颜料的重金属进行了综合测试与研究，表明有机颜料重金属含量都很低，符合法律规定的标准。

5.2.9.3 多氯联苯（PCB）

在美国和欧盟对于多氯联苯作了很严格的限制，因为这些化合物分布极广，且毒性持久。典型的二噁英曾引起欧洲四国牛奶及奶制品市场的恐慌。痕量 PCB 主要存在于两类颜料中，即偶氮颜料（包括使用一氯苯胺、二氯联苯胺或四氯联苯胺的品种）和采用二氯苯或三氯苯为溶剂生产的颜料。这些颜料在生产中可能通过副反应产生痕量的多氯联苯。

由上述情况可见，在通常条件下有机颜料对生命体没有急性毒性和反复接触后的毒性，也没有明显的诱变性和致癌性，这里包括由 3,3'-双氯联苯胺作重氮组分生产的偶氮类有机颜料。因此，德国政府在 1994 年 7 月 15 日颁布的禁用着色剂只有染料，没有有机颜料。显然由有机颜料制成的涂料印花浆或涂料染色浆即使用于纺织品的着色，同样是安全的，不会在特殊条件下因偶氮键断裂而分解出有害的芳香胺。不过作为有机颜料商品，必须注意在生产过程中添加的助剂和添加剂，试验发现它们往往会对有机颜料的毒性发生作用。同样要严格控制制造有机颜料的原料，不使其含有对人体有害的芳胺。另外，用 3,3'-双氯联苯胺作重氮组分生产的偶氮颜料，当它处在 240℃ 以上的环境中会发生热裂解，分解出对人体有害的双氯联苯胺。制造和应用双氯联苯胺系颜料中，废水中含有有机氯化合物，在焚烧处理时会产生二噁英和呋喃等突变物质。尽管它们与涂料印花浆或涂料染色浆用于纺织品的着色后，与人体接触的情况不同，但也是必须注意的。

参 考 文 献

[1]　周春隆，穆振义.有机颜料化学及工艺学［M］.北京：中国石化出版社，2002.

[2]　（德）冈特·布克斯鲍姆，（德）格哈德·普法夫.工业无机颜料［M］.朱传棨，项端四译.第三版.北京：化学工业出版社，2007.

[3]　沈永嘉.有机颜料——品种与应用［M］.第二版.北京：化学工业出版社，2007.

[4]　周春隆，穆振义.有机颜料化学及工艺学［M］.第3版.北京：中国石化出版社，2014.

[5]　周春隆.有机颜料品种及应用手册（修订版）［M］.北京：中国石化出版社，2011.

[6]　崔春芳，项哲学.化工产品手册·颜料［M］.第6版.北京：化学工业出版社，2016.

[7]　赵晨阳.化工产品手册·有机化工原料［M］.第6版.北京：化学工业出版社，2016.

[8]　王光建.化工产品手册·无机化工原料［M］.第6版.北京：化学工业出版社，2016.

[9]　沈永嘉，王成云，徐晓勇.精细化学品化学［M］.第2版.北京：高等教育出版社，2016.

[10]　周春隆.有机颜料化学结构特性及其发展（一）［J］.精细与专用化学品，2007，15（21）：7-10.

[11]　周春隆.有机颜料化学结构特性及其发展（二）［J］.精细与专用化学品，2007，15（22）：12-16.

[12]　杨光，邓安仲.复合无机颜料在涂料中的应用［J］.合成材料老化与应用，2016，45（5）：77-82.

[13]　赖雅文.无机颜料在涂料应用中的性能要求［J］.上海染料，2017，45（2）：22-24.

[14]　张合杰，张东江.金属络合有机颜料［J］.上海染料，2014，42（5）：18-23.

[15]　周春隆.有机颜料分子结构氢键特性及应用［J］.染料与染色，2016，53（1）：1-9.

[16]　杨力祥.无机颜料细化工艺及其光谱性能研究［D］.长沙：国防科学技术大学，2016.

[17]　刘兰.工业无机颜料的改性技术及应用研究［D］.武汉：武汉理工大学，2010.

[18]　侯其超.有机颜料分散及稳定性研究［D］.北京：北京印刷学院，2017.

[19]　王璇.若干有机颜料的工程技术问题和解决方案［D］.上海：华东理工大学，2013.